A Laura, Luca e Nicola
A.D.M.

A Marisa, Gurmukh, Annalisa
R.S.

Antonio Di Molfetta · Rajandrea Sethi

Ingegneria degli acquiferi

Antonio Di Molfetta
Dipartimento di Ingegneria dell'Ambiente,
del Territorio e delle Infrastrutture –
DITAG
Politecnico di Torino

Rajandrea Sethi
Dipartimento di Ingegneria dell'Ambiente,
del Territorio e delle Infrastrutture –
DITAG
Politecnico di Torino

UNITEXT – Collana di Ingegneria
ISSN versione cartacea: 2038-5714

ISSN elettronico: 2038-5765

ISBN 978-88-470-1850-1
DOI 10.1007/978-88-470-1851-8

ISBN 978-88-470-1851-8 (eBook)

Springer Milan Dordrecht Heidelberg London New York

9 8 7 6 5 4 3 2 1

Layout copertina: Beatrice &, Milano

Impaginazione: PTP-Berlin, Protago $\TeX$-Production GmbH, Germany (www.ptp-berlin.eu)
Stampa: Grafiche Porpora, Segrate (MI)

Springer-Verlag Italia S.r.l., Via Decembrio 28, I-20137 Milano
Springer-Verlag fa parte di Springer Science+Business Media (www.springer.com)

Indice

1

Nozioni di base

La comprensione delle problematiche specifiche riguardanti le risorse idriche sotterranee presuppone la padronanza delle proprietà dell'acqua e di nozioni fondamentali quali il concetto di acquifero, la sua capacità d'immagazzinamento, rilascio e trasporto, i criteri di classificazione di un sistema acquifero, la capacità di scambio tra acquiferi diversi. Tali nozioni di base vengono nel seguito sinteticamente illustrate con riferimento alle proprietà che le quantificano.

1.1 L'acqua e le sue proprietà

La molecola dell'acqua è una molecola asimmetrica e angolare di dimensioni molto piccole: il suo diametro è dell'ordine di $3 \cdot 10^{-10} m$, vale a dire 0.3 milionesimi di millimetro, e quindi in un volume di 1 cm^3 possono trovare posto fino a $34 \cdot 10^{21}$ molecole, vale a dire 34000 miliardi di miliardi.

Come tutti sanno, una molecola di acqua è costituita da un atomo di ossigeno e da due d'idrogeno. La mancanza di due elettroni nell'orbita esterna dell'atomo di ossigeno fa sì che questo attragga due atomi d'idrogeno e si realizzi un legame covalente polare molto forte, vedasi Fig. 1.1. La denominazione covalente si riferisce al fatto che il legame è creato da coppie di elettroni messi in comune tra gli atomi, l'aggettivo polare indica che tali elettroni gravitano preferenzialmente intorno al nucleo dell'ossigeno.

La struttura molecolare dell'acqua è asimmetrica, con i due atomi di idrogeno che si trovano dalla stessa parte rispetto all'atomo di ossigeno e formano un angolo di circa 105°. Una tale conformazione determina un elevato momento dipolare (dato dal prodotto del valore assoluto delle cariche elettriche per la distanza intercorrente), che è dovuto al fatto che il baricentro delle cariche positive non coincide con il baricentro delle cariche negative.

Una molecola d'acqua si comporta, pertanto, come un piccolo dipolo. Al contatto delle molecole polarizzate si sviluppano conseguentemente delle forze di attrazione molecolare che possono superare di decine di migliaia di volte la

Di Molfetta A., Sethi R.: Ingegneria degli acquiferi.
DOI 10.1007/978-88-470-1851-8_1, © Springer-Verlag Italia 2012

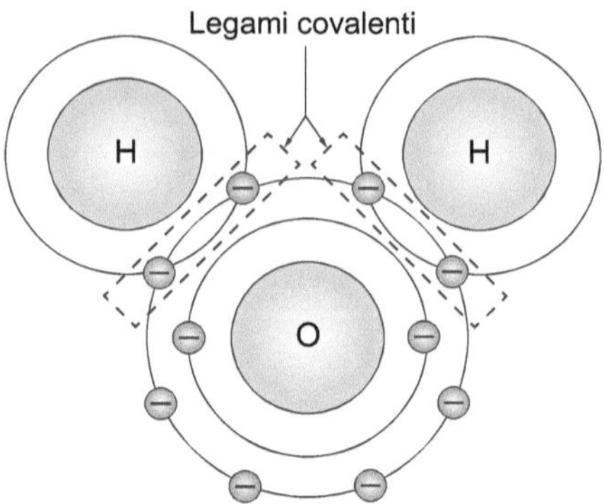

Fig. 1.1. Struttura degli atomi di idrogeno e ossigeno nella molecola di acqua

forza di gravità. Queste forze di attrazione agiscono: tra le varie molecole d'acqua, creando catene o particelle, esse stesse polarizzate; tra le molecole d'acqua e i grani solidi costituenti la roccia serbatoio o l'acquifero, determinando interazioni acqua-solido.

La grande forza del legame covalente, che tiene uniti gli atomi di idrogeno e ossigeno in una molecola, e il suo elevato momento dipolare spiegano la capacità di solvente dell'acqua che è alla base della nostra vita. La molecola d'acqua è attratta dalla maggior parte dei composti minerali: nella maggioranza dei casi la forza di attrazione è tale da spezzare i legami che tengono uniti gli atomi delle altre sostanze nelle rispettive molecole. Nel linguaggio comune si dice che una sostanza si è sciolta nell'acqua (vedasi il cloruro di sodio); più precisamente, tale risultato è dovuto all'elevata costante dielettrica dell'acqua (a sua volta legata all'elevato momento dipolare), per cui nell'acqua due cariche di segno opposto si attraggono con una forza che è circa 80 volte minore che nel vuoto.

Circa metà degli elementi chimici conosciuti si trova in soluzione nelle acque naturali. Questa proprietà è uno dei fattori essenziali della vita sulla terra dal momento che, per esempio, permette e facilita gli scambi nutritivi nei vegetali, negli animali, nell'uomo: le radici non potrebbero assorbire il nutrimento (gas, sali minerali, ecc.) contenuto nel suolo se questo non fosse soluto nell'acqua.

Dal punto di vista reologico, infine, l'acqua è un fluido newtoniano con un valore di viscosità che, a parità di pressione e temperatura, resta costante.

Le principali proprietà dell'acqua in funzione della temperatura sono sintetizzate in Tabella 1.1.

In particolare, Perrochet [88] ha stimato i coefficienti del polinomio di ordine 6 che meglio approssima la dipendenza della densità dalla temperatura tra 0 e 100°C (Fig. 1.2):

$$\rho\left(T\right) = a + bT + cT^2 + dT^3 + eT^4 + fT^5 + gT^6, \qquad (1.1)$$

Tabella 1.1. Valori delle principali proprietà dell'acqua al variare della temperatura

Tempe-ratura ($^\circ$C)	Peso specifico (kg/m^3)	Densità (kN/m^3)	Viscosità dinamica ($10^{-3}Pa\ s$)	Viscosità cinematica ($10^{-6}\ m^2/s$)	Tensione di vapore (kPa)	Compres-sibilità ($10^{-10}Pa^{-1}$)	Modulo di Young ($10^6 kPa$)
0	9.805	999.8	1.781	1.785	0.61	5.098	2.02
5	9.807	1000.0	1.518	1.519	0.87	4.928	2.06
10	9.804	999.7	1.307	1.306	1.23	4.789	2.10
15	9.798	999.1	1.139	1.139	1.70	4.678	2.15
20	9.789	998.2	1.002	1.003	2.34	4.591	2.18
25	9.777	997.0	0.890	0.893	3.17	4.524	2.22
30	9.764	995.7	0.798	0.800	4.24	4.475	2.25
40	9.730	992.2	0.653	0.658	7.38	4.422	2.28
50	9.689	988.0	0.547	0.553	12.33	4.417	2.29
60	9.642	983.2	0.466	0.474	19.92	4.450	2.28
70	9.589	977.8	0.404	0.413	31.16	4.515	2.25
80	9.530	971.8	0.354	0.364	47.34	4.610	2.20
90	9.466	965.3	0.315	0.326	70.10	4.734	2.14
100	9.399	958.4	0.282	0.294	101.33	4.890	2.07

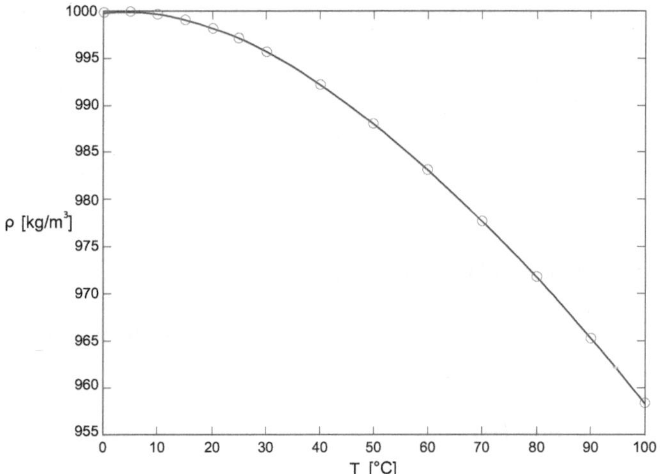

Fig. 1.2. Dipendenza della densità dell'acqua dalla temperatura

con:

$$a = 9.998396 \cdot 10^2 \quad b = 6.764771 \cdot 10^2 \quad c = -8.993699 \cdot 10^3$$
$$d = 9.143518 \cdot 10^5 \quad e = -8.907391 \cdot 10^{-7} \quad f = 5.291959 \cdot 10^{-9}$$
$$g = -1.359813 \cdot 10^{-11}.$$

Nell'equazione (1.1) la temperatura è espressa in $^\circ$C e il coefficiente a rappresenta la densità dell'acqua a 0°C.

Una relazione empirica che esprima, invece, la dipendenza della viscosità dinamica dell'acqua in funzione della temperatura è stata fornita da Mercer

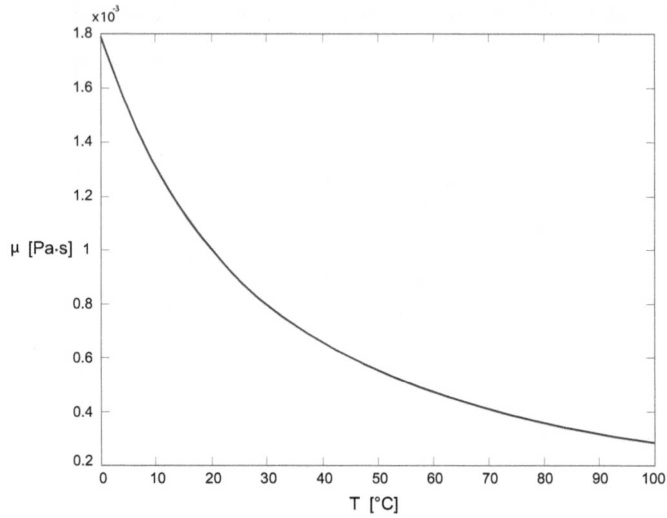

Fig. 1.3. Dipendenza viscosità dinamica dell'acqua dalla temperatura

e Pinder [79], vedasi Fig. 1.3:

$$\frac{1}{\mu\left(T\right)} = \frac{1 + 0.7063\varsigma - 0.04832\varsigma^3}{\bar{\mu}_0} \quad \text{con} \quad \varsigma = \frac{T - 150}{100}. \tag{1.2}$$

1.2 L'acqua nel sottosuolo

L'acqua presente nel sottosuolo può essere suddivisa in due tipologie: gravifica (o mobilizzabile) e di ritenzione (o non mobilizzabile).

1.2.1 Acqua gravifica

L'acqua gravifica è quella frazione di acqua presente nel sottosuolo che è mobilizzabile per effetto della sola forza di gravità. È solo questa, pertanto, l'acqua che fluisce nel sottosuolo per effetto dei gradienti idraulici, naturali o indotti dalla presenza di opere di captazione. Tutta l'acqua utilizzata dall'uomo è acqua gravifica.

1.2.2 Acqua di ritenzione

L'acqua di ritenzione è quella frazione di acqua presente nel sottosuolo, che è legata alla superficie della parte solida dell'acquifero da forze superiori a quella di gravità e che pertanto non è mobilizzabile in campo, ma solo in laboratorio. L'acqua di ritenzione si suddivide in: adsorbita o igroscopica, pellicolare e capillare.

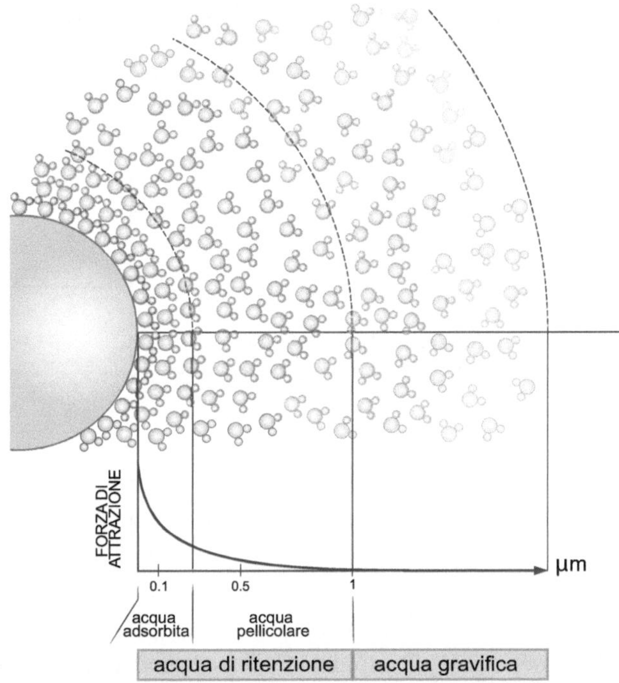

Fig. 1.4. Interazione fisica acqua-terreno

Acqua adsorbita o igroscopica

L'acqua igroscopica costituisce una pellicola sottilissima (dell'ordine di 0.1 μm) che avvolge il grano solido costituente l'acquifero per effetto delle forze di attrazione molecolare che possono superare 10^5 g, vedasi Fig. 1.4. Tale forza di attrazione, legata all'alto valore del momento dipolare della molecola d'acqua, è così elevata che l'acqua igroscopica può essere liberata solo riscaldando un campione di acquifero in laboratorio a temperature superiori ai 100°C.

Acqua pellicolare

La forza di attrazione molecolare diminuisce man mano che ci si allontana dalle pareti del solido. L'acqua pellicolare è la frazione di acqua che avvolge, per uno spessore di circa 1 μm, il grano solido e l'acqua igroscopica, tenuto inamovibile da una forza di attrazione molecolare compresa fra 1 e 10^5 g, vedasi Fig. 1.4. L'acqua pellicolare può essere estratta in laboratorio sottoponendo a centrifugazione un campione di acquifero.

Acqua capillare

Dopo che è stato soddisfatto il fabbisogno di acqua igroscopica e pellicolare, una frazione dell'ulteriore acqua presente nel mezzo non saturo (il resto dei

Tabella 1.2. Tipologia di acqua nel sottosuolo: forze agenti, estraibilità e disponibilità (modificata da [19])

Tipologia di acqua		Forze agenti	Disponibilità per	
			Captazione	Evapotraspirazione
igroscopica		attrazione molecolare	no (acqua di ritenzione)	no
pellicolare				si
capillare	sospesa			
	continua			
gravifica		gravità	si	

pori è saturato da aria) viene fissato come acqua capillare nei pori di dimensioni più piccole. Anche l'acqua capillare non è soggetta alla forza di gravità e pertanto rientra nella tipologia dell'acqua di ritenzione; essa è legata alle forze capillari che si originano dal contatto fra due fluidi non miscibili (nel caso specifico l'acqua e l'aria) e il solido. In laboratorio può essere estratta per centrifugazione di un campione dell'acquifero.

L'acqua capillare può essere continua o sospesa: l'acqua capillare continua è localizzata in corrispondenza della frangia capillare, all'interfaccia fra mezzo saturo e non saturo; l'acqua capillare sospesa è presente anche nella zona non satura.

La Tabella 1.2 riassume le diverse tipologie di acqua presenti nel sottosuolo, che sono anche schematizzate in Fig. 1.5.

1.3 Il concetto di acquifero

Si definisce "acquifero" una formazione geologica in grado di immagazzinare acqua all'interno dei suoi pori o delle sue fessure e di consentirne la circolazione (o il flusso) con portate economicamente utilizzabili dall'uomo. L'acquifero è costituito da due fasi interagenti fra loro: il serbatoio e l'acqua.

La precedente definizione evidenzia le tre condizioni che devono essere verificate simultaneamente perché si possa parlare di acquifero:

- capacità di immagazzinamento;
- capacità di flusso;
- possibilità di utilizzo in termini economici.

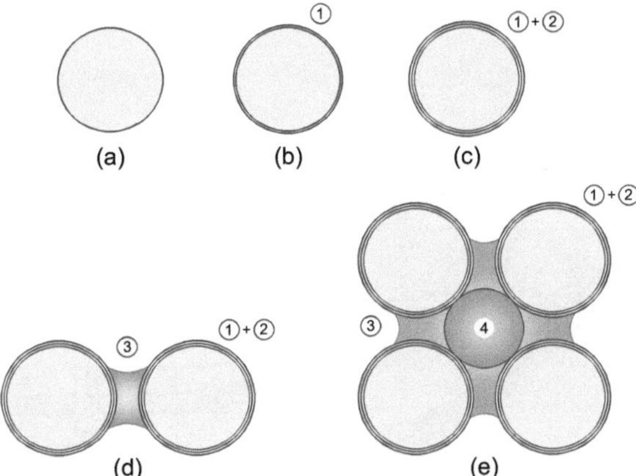

Fig. 1.5. Schematizzazione dell'acqua presente nel sottosuolo: 1 acqua igroscopica; 2 acqua pellicolare; 3 acqua capillare; 4 acqua gravifica; a) singolo grano solido; b) grano con acqua igroscopica; c) singolo grano con acqua igroscopica e pellicolare; d) due grani con formazione di acqua capillare; e) mezzo poroso con la presenza di acqua gravifica nella parte centrale del vuoto intergranulare

Un sistema idrico sotterraneo congloba in sé la capacità di immagazzinamento e quella di trasporto che, invece, sono distinte nei sistemi idrici superficiali (si pensi ad un bacino di stoccaggio e alla rete di adduzione). Le proprietà fondamentali che definiscono la capacità di immagazzinamento e di trasporto di un acquifero sono rispettivamente la porosità e la conducibilità idraulica.

L'acqua contenuta nell'acquifero forma una "falda idrica"; non è corretto il termine "falda acquifera".

A seconda della pressione che si esercita sull'acqua contenuta nell'acquifero, questi può ospitare una falda libera o freatica (pressione atmosferica) o una falda in pressione (pressione maggiore di quella atmosferica), vedasi Fig. 1.6.

Un bacino idrogeologico può contenere uno o più acquiferi separati fra loro da formazioni impermeabili o a ridotta permeabilità.

Si definisce acquicludo una formazione geologica a permeabilità talmente bassa che, pur contenendo eventualmente acqua, non ne consente la circolazione; le argille sono un esempio tipico di acquicludo.

Si definisce, invece, acquitardo una formazione geologica, satura di acqua ma caratterizzata da ridotta permeabilità, che non può essere utilizzata come formazione produttiva ma che, per effetto di variazioni dinamiche di carico idraulico, può consentire il flusso fra due acquiferi contigui permettendo la ricarica verticale dell'acquifero caratterizzato da carico idraulico minore, vedasi Fig. 1.7. Una formazione limosa o limoso-sabbiosa rappresenta un tipico esempio di acquitardo.

Se una falda idrica in pressione risulta delimitata da due acquicludi, la falda si dice confinata; se risulta delimitata da un acquicludo e da un acquitardo, si definisce semiconfinata. Analogamente si parla di acquifero confinato

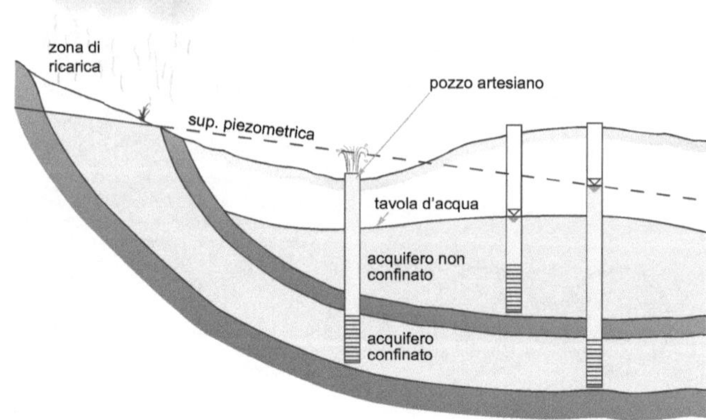

Fig. 1.6. Rappresentazione schematica di acquiferi in pressione e con superficie libera

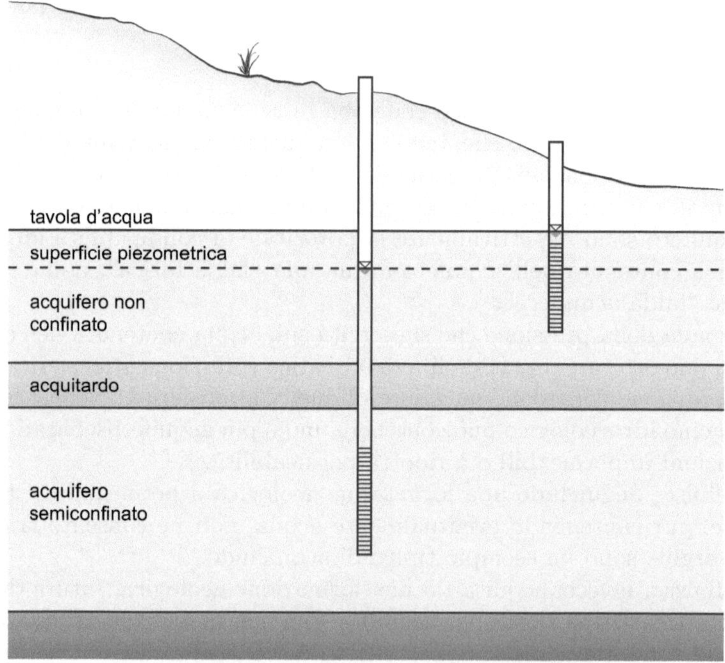

Fig. 1.7. Presentazione schematica di acquifero semiconfinato

o semiconfinato. Per contrapposizione, un acquifero che ospita una falda freatica o con superficie libera si definisce acquifero non confinato. I criteri di classificazione di un acquifero sono approfonditi nel paragrafo 1.6.

1.4 Capacità di immagazzinamento e di rilascio

La porosità quantifica la capacità posseduta da una formazione geologica di immagazzinare acqua. Si definisce porosità di un campione di acquifero il rapporto fra il volume dei pori V_v e il volume del campione V_t:

$$n = \frac{V_v}{V_t} = \frac{V_v}{V_v + V_s},\qquad(1.3)$$

essendo V_s il volume della parte solida del campione considerato.

In geotecnica si usa spesso una proprietà analoga che è il grado di vuoto:

$$e = \frac{V_v}{V_s},\qquad(1.4)$$

ne conseguono le seguenti relazioni:

$$n = \frac{e}{1+e},\quad e = \frac{n}{1-n}.$$

Il valore della porosità dipende dalla forma e dalla dimensione dei grani costituenti il mezzo, dalla disposizione con cui i grani si sono accumulati, dalla pressione litostatica che si esercita su di loro e dalla composizione mineralogica, vedasi Fig. 1.8. I valori di porosità sono compresi fra 0 e 48%.

Il concetto di porosità è indipendente dalla natura dei vuoti: ne consegue che, oltre alla porosità di tipo intergranulare (anche detta primaria) legata ai vuoti esistenti tra i grani costituenti il mezzo poroso, si può avere una porosità per fessurazione (anche detta secondaria o indotta), legata ai vuoti costituiti

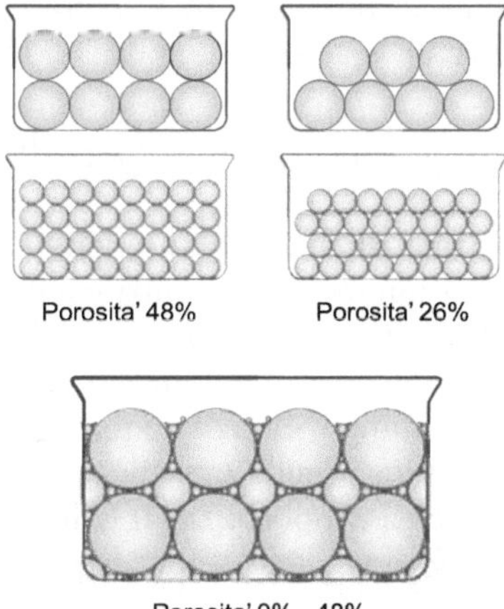

Fig. 1.8. Rappresentazione schematica della porosità di tipo intergranulare: influenza della disposizione dei grani e della eterogeneità dimensionale

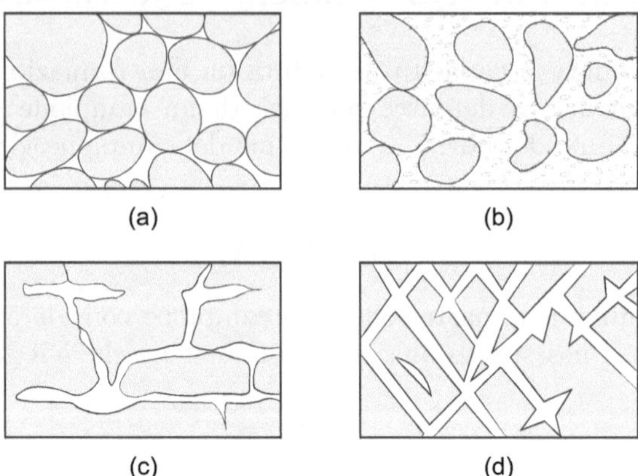

Fig. 1.9. Relazione tra tessitura e porosità: a) depositi sedimentari a granulometria uniforme con alta porosità; b) depositi sedimentari a granulometria varia con bassa porosità; c) roccia carsificata; d) roccia fessurata

da fessure, fratture, vacuoli, indotti da fenomeni tettonici e/o di lisciviazione chimica (carsismo), vedasi Fig. 1.9.

L'acqua occupa lo spazio esistente fra i diversi grani solidi della formazione; si definisce saturazione il rapporto fra il volume di acqua V_w contenuto nel campione esaminato e il corrispondente volume dei pori V_v:

$$S_w = \frac{V_w}{V_v}.$$ (1.5)

La saturazione, così come la porosità, può essere espressa in termini frazionari o in termini percentuali; a seconda dei casi si avrà:

$$0 \leq S_w \leq 1 \quad \text{oppure} \quad 0 \leq S_w \leq 100\%.$$

Fatta eccezione per la zona di fluttuazione della superficie freatica negli acquiferi non confinati, un acquifero è per definizione una formazione i cui pori sono totalmente riempiti da acqua; pertanto un acquifero è una formazione a saturazione unitaria o, come spesso si dice, un mezzo saturo.

La porosità quantifica il volume totale di acqua immagazzinata nell'acquifero, ma solo una parte di questa (quella gravifica) è utilizzabile dall'uomo.

Si definisce porosità efficace il rapporto tra il volume di acqua rilasciato da un campione saturo di acquifero per effetto del solo drenaggio gravitazionale e il volume totale del campione.

La valutazione avviene in un tempo sufficientemente grande per consentire la liberazione dell'acqua; spesso si assume convenzionalmente un tempo di 24 h.

Tabella 1.3. Valori di porosità efficace per le principali litologie (modificata da [67])

Litologia	Porosità efficace		
	Massimo	*Minimo*	*Medio*
Argilla	5	0	2
Argilla sabbiosa	12	3	7
Limo	19	3	18
Sabbia fine	28	10	21
Sabbia media	32	15	26
Sabbia grossa	35	20	27
Sabbia e ghiaia	35	20	25
Ghiaia fine	35	21	25
Ghiaia media	26	13	23
Ghiaia grossa	26	12	22

Se si considera un campione saturo di forma cubica, avente superficie A e spessore b, la porosità efficace sarà:

$$n_e = S_y = \frac{V_{wg}}{A \cdot b}. \tag{1.6}$$

Se si assume $A \cdot b = 1$, ne consegue che la porosità efficace coincide con il volume di acqua liberato per drenaggio gravitazionale: pertanto, la porosità efficace può essere definita come il volume di acqua liberato da un campione saturo di acquifero di volume unitario, per effetto del solo drenaggio gravitazionale.

Il termine anglosassone per indicare la porosità efficace è *specific yield* S_y (rendimento specifico). In Tabella 1.3 sono riportati alcuni valori medi di porosità efficace per diversi acquiferi.

Solo una parte dell'acqua presente nei pori viene liberata per drenaggio gravitazionale; la parte restante viene ritenuta e costituisce l'acqua di ritenzione (acqua igroscopica, pellicolare e capillare).

Si definisce coefficiente di ritenzione (o ritenzione specifica) il rapporto tra il volume di acqua ritenuta V_{wr} e il volume totale V_t del campione:

$$r = \frac{V_{wr}}{V_t}, \tag{1.7}$$

anche il coefficiente di ritenzione, come la porosità e la porosità efficace, può essere espresso in termini frazionari o percentuali.

Maggiore è la granulometria dell'acquifero, minore è il coefficiente di ritenzione e maggiore è la porosità efficace. In un acquifero, che – come è stato già ricordato – è un mezzo totalmente saturo, vale la relazione:

$$n = n_e + r. \tag{1.8}$$

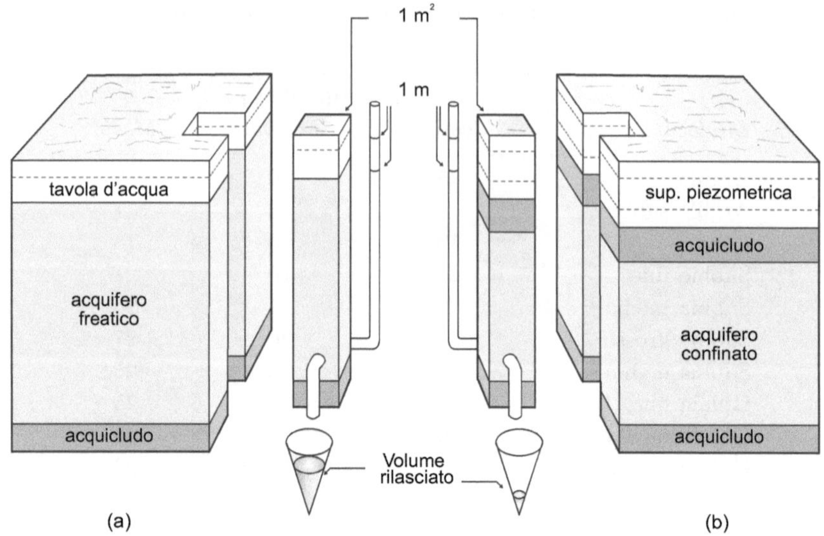

Fig. 1.10. Rappresentazione schematica illustrante il concetto di immagazzinamento in: a) un acquifero non confinato; b) un acquifero confinato (modificata da [61])

La capacità di rilascio dell'acqua immagazzinata in un acquifero è misurata dal coefficiente di immagazzinamento S (*storage coefficient o storativity*), che è definito come il volume di acqua liberato da una porzione di acquifero di sezione unitaria e spessore generico, per una diminuzione unitaria di carico idraulico. Ne consegue che il coefficiente di immagazzinamento è un parametro adimensionale.

La precedente definizione è indipendente dalla tipologia dell'acquifero ed è pertanto valida sia per gli acquiferi con superficie libera, che per gli acquiferi in pressione, anche se i meccanismi coinvolti nel rilascio dell'acqua sono molto diversi, vedasi Fig. 1.10.

Nel caso di un acquifero con superficie libera, in cui agisce la sola pressione atmosferica e quindi la sola forza di gravità, il coefficiente di immagazzinamento coincide con la porosità efficace:

$$S = n_e. \tag{1.9}$$

Negli acquiferi in pressione, invece, l'acqua viene liberata per effetto dell'espulsione che consegue alla diminuzione di carico idraulico ed è dovuta sia all'espansione dell'acqua a seguito della decrescita della pressione, sia alla contrazione dello scheletro solido per l'aumento delle tensioni efficaci. Il primo contributo può essere espresso come:

$$dV_w = c_w n V_t dp = c_w n V_t \rho g dh, \tag{1.10}$$

Tabella 1.4. Range di variazione dei valori di immagazzinamento specifico in funzione della litologia

Litologia	*Coefficiente di immagazzinamento specifico S_s (m^{-1})*
Argilla	$2.0 \cdot 10^{-2} - 9.2 \cdot 10^{-4}$
Sabbia sciolta	$1.0 \cdot 10^{-3} - 4.9 \cdot 10^{-4}$
Sabbia addensata	$2.0 \cdot 10^{-4} - 1.3 \cdot 10^{-4}$
Sabbia e ghiaia	$1.0 \cdot 10^{-4} - 4.9 \cdot 10^{-5}$
Roccia fessurata	$6.9 \cdot 10^{-5} - 3.3 \cdot 10^{-6}$
Roccia compatta	$< 3.3 \cdot 10^{-6}$

mentre la compattazione dello scheletro solido secondo la:

$$dV_t = -c_f V_t d\sigma' = c_f V_t \rho g dh, \tag{1.11}$$

dove c_w e c_f rappresentano la compressibilità dell'acqua in funzione delle pressioni neutre e quella della formazione acquifera in funzione delle tensioni efficaci σ'; per una definizione del carico idraulico h si rimanda al par. 2.1

Definendo l'immagazzinamento specifico (*specific storage*) come il volume di acqua liberato per unità di volume dell'acquifero per una diminuzione unitaria di carico idraulico:

$$S_s = g\rho(c_f + nc_w), \tag{1.12}$$

è possibile scrivere il coefficiente di immagazzinamento per acquiferi confinati come il prodotto dell'immagazzinamento specifico per lo spessore saturo del sistema:

$$S = S_s b = g\rho b(c_f + nc_w). \tag{1.13}$$

Mentre negli acquiferi con superficie libera si ha $S = n_e = 0.1 \div 0.3$, negli acquiferi in pressione $S = 10^{-2} \div 10^{-5}$.

La Tabella 1.4 riporta il range di variazione del coefficiente di immagazzinamento specifico per diverse litologie di acquifero.

1.5 Capacità di trasporto

L'attitudine di un acquifero a consentire la circolazione dell'acqua sotto l'effetto di un gradiente idraulico è misurata dalla conducibilità idraulica K, detta anche coefficiente di permeabilità. Sulla base della legge di Darcy, vedasi Fig. 1.11,

$$Q = KA\frac{\Delta h}{L} = K A i, \tag{1.14}$$

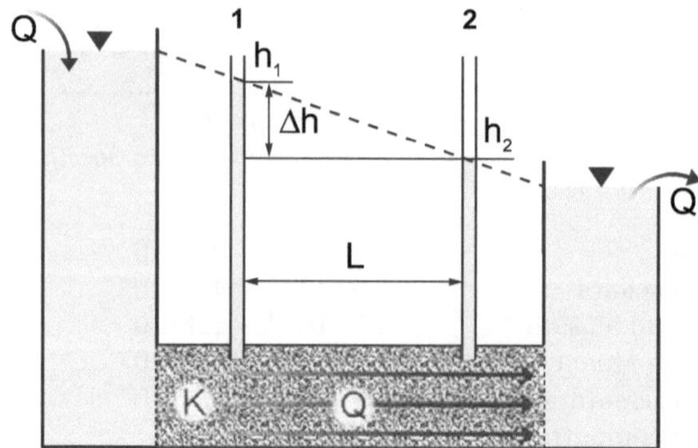

Fig. 1.11. Dispositivo di laboratorio per la verifica della legge di Darcy

la conducibilità idraulica è definibile come la portata volumetrica di acqua che fluisce attraverso un mezzo poroso di sezione unitaria sotto l'effetto di un gradiente idraulico di valore unitario, alla temperatura di 20°C. Ha le dimensioni di una velocità e, conseguentemente, nel S.I. si misura in m/s.

La legge di Darcy è un'equazione empirica, valida in regime stazionario, che dimostra che la portata volumetrica è proporzionale al gradiente idraulico (o piezometrico) i. La sua validità richiede il rispetto delle seguenti condizioni:

- che il flusso sia laminare;
- che il sistema sia saturato totalmente da un solo fluido;
- che non si creino interazioni chimiche e fisiche tra fluido e solido;
- che il fluido abbia una densità sufficiente (condizione sempre rispettata per l'acqua).

La conducibilità idraulica di un mezzo poroso varia tra 10 e 10^{-9} m/s, vedasi Fig. 1.12; i valori più usuali per un acquifero sono compresi fra 10^{-1} e 10^{-4} m/s, con un range che copre tre ordini di grandezza.

Dalla legge di Darcy si ha che la velocità apparente (detta anche velocità di filtrazione o velocità darcyana) con cui si muove l'acqua in un acquifero

<table>
<tr><td rowspan="2">K (m/s)</td><td colspan="2"></td><td>10^1</td><td>1</td><td>10^{-1}</td><td>10^{-2}</td><td>10^{-3}</td><td>10^{-4}</td><td>10^{-5}</td><td>10^{-6}</td><td>10^{-7}</td><td>10^{-8}</td><td>10^{-9}</td><td>10^{-10}</td><td>10^{-11}</td></tr>
<tr></tr>
<tr><td rowspan="2">GRANULOMETRIA</td><td>omogenea</td><td colspan="5">Ghiaia</td><td colspan="2">Sabbia</td><td colspan="2">Sabbia molto fine</td><td colspan="2">Silt</td><td colspan="2">Argilla</td></tr>
<tr><td>varia</td><td colspan="2">Ghiaia grossa e media</td><td colspan="2">Ghiaia e sabbia</td><td colspan="5">Sabbia e argilla</td><td colspan="2"></td></tr>
<tr><td colspan="2">GRADI DI PERMEABILITA'</td><td colspan="7">ELEVATA</td><td colspan="4">BASSA</td><td colspan="2">NULLA</td></tr>
<tr><td colspan="2">TIPI DI FORMAZIONI</td><td colspan="7">PERMEABILI</td><td colspan="4">SEMI-PERM.</td><td colspan="2">IMPERM.</td></tr>
</table>

Fig. 1.12. Valori di conducibilità idraulica dei sistemi naturali in funzione della litologia e della granulometria

vale:

$$v = K\,i \tag{1.15}$$

mentre la velocità effettiva è:

$$v_e = \frac{v}{n_e} = \frac{K\,i}{n_e}. \tag{1.16}$$

Spesso, nel linguaggio corrente si usa il termine permeabilità in luogo di conducibilità idraulica. Va osservato che trattasi di una proprietà fisica distinta (anche dimensionalmente), ancorché esista un legame di proporzionalità diretta fra le due.

Infatti, la conducibilità idraulica K è legata alla permeabilità assoluta o permeabilità intrinseca k (comunemente ricordata semplicemente come permeabilità) dalla seguente relazione:

$$K = \frac{\rho g k}{\mu}, \tag{1.17}$$

essendo g l'accelerazione di gravità, ρ la densità o massa specifica del fluido e μ la sua viscosità dinamica. Il controllo dimensionale consente di verificare che la permeabilità assoluta ha le dimensioni di una lunghezza al quadrato e, pertanto, nel S.I. si misura in m^2. Poiché, però, tale unità di misura è molto grande rispetto ai valori che si riscontrano in natura, nelle applicazioni la permeabilità assoluta si misura in un'unità pratica che è il darcy:

$$1 \text{ darcy} = 0.987 \cdot 10^{-12}\, m^2.$$

Applicando la (1.17), si può trovare la seguente relazione:

$$1 \text{ darcy} \rightarrow \sim 10^{-5} m/s = 10^{-3}\, cm/s.$$

È importante osservare che la permeabilità assoluta è una proprietà intrinseca ed esclusiva del mezzo poroso, mentre la conducibilità idraulica dipende anche dalle proprietà del fluido considerato, attraverso la dipendenza dai valori di densità e di viscosità dinamica, quest'ultima influenzata notevolmente dalla temperatura.

Finora si è fatto riferimento esclusivamente all'ipotesi di un flusso monodimensionale, analogo a quello riproducibile in laboratorio con un'apparecchiatura simile a quella necessaria a verificare la legge di Darcy. Quando si voglia generalizzare il concetto di flusso, estendendolo ad una geometria tridimensionale, bisogna ricordare che la natura dei processi deposizionali è tale per cui la conducibilità idraulica assume normalmente valori dipendenti dalla direzione in cui viene misurata: in particolare, la conducibilità idraulica orizzontale è usualmente maggiore di quella verticale. Questo significa che la conducibilità idraulica non è una proprietà scalare (come la porosità), bensì tensoriale.

Ne consegue che in termini vettoriali, la legge di Darcy si scrive nella forma:

$$v = -K \, \nabla h, \tag{1.18}$$

essendo

$$K = \begin{pmatrix} K_{xx} & K_{xy} & K_{xz} \\ K_{yx} & K_{yy} & K_{yz} \\ K_{zx} & K_{zy} & K_{zz} \end{pmatrix}, \tag{1.19}$$

il tensore della conducibilità idraulica, dove $K_{xy} = K_{yx}; K_{xz} = K_{zx}$ e $K_{yz} = K_{zy}$.

Assumendo il sistema di assi cartesiani di riferimento coincidente con le direzioni degli autovettori della matrice K (in pratica assumendo uno degli assi cartesiani coincidente con la direzione di massima permeabilità), il tensore di conducibilità si riduce alle sue tre componenti lungo la diagonale:

$$K = \begin{pmatrix} K_{xx} & 0 & 0 \\ 0 & K_{yy} & 0 \\ 0 & 0 & K_{zz} \end{pmatrix}, \tag{1.20}$$

e le componenti della velocità di filtrazione risultano essere:

$$v_x = -K_{xx}\frac{\partial h}{\partial x},$$

$$v_y = -K_{yy}\frac{\partial h}{\partial y},$$

$$v_z = -K_{zz}\frac{\partial h}{\partial z}. \tag{1.21}$$

Un acquifero che presenti conducibilità $K_{xx} \neq K_{yy} \neq K_{zz}$ si definisce anisotropo; se invece i valori coincidono (ma ciò spesso è un'approssimazione) si definisce isotropo.

Si definisce invece eterogeneo un acquifero che presenta proprietà (porosità, conducibilità idraulica, ecc.) che variano da punto a punto del dominio spaziale; omogeneo un acquifero caratterizzato da valori costanti delle proprietà considerate.

Combinando i due diversi concetti, si ha che un acquifero può essere omogeneo e isotropo, omogeneo e anisotropo, eterogeneo e anisotropo.

Per quanto la conducibilità idraulica sia un parametro importante per definire la capacità di trasporto di un mezzo poroso, non è da sola sufficiente a definire la produttività di un acquifero. È infatti evidente che, a parità di conducibilità idraulica, un acquifero potente 100 m consente il flusso di una portata molto superiore rispetto a quella che fluisce attraverso un acquifero potente 10 m. È necessario, cioè, introdurre una proprietà che tenga conto sia del valore di conducibilità idraulica, che dello spessore produttivo. Questa proprietà è la trasmissività che è definita dall'integrale della conducibilità

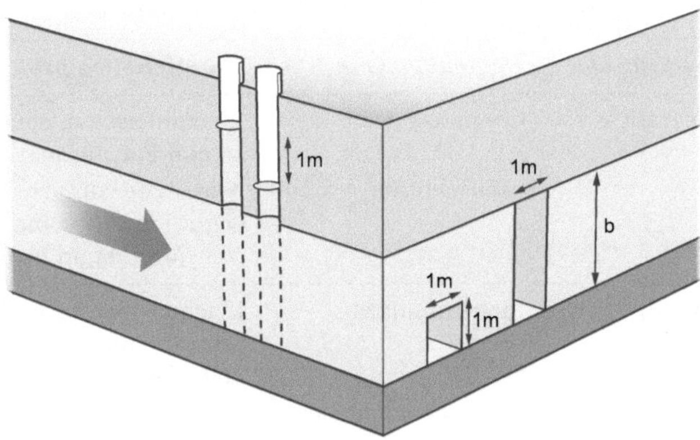

Fig. 1.13. Schematizzazione dei concetti di conducibilità idraulica e trasmissività (modificata da [50])

idraulica lungo lo spessore b dell'acquifero:

$$T = \int_0^b K dz. \tag{1.22}$$

Se la conducibilità idraulica può essere assunta come costante lungo lo spessore verticale dell'acquifero, si ha ovviamente:

$$T = K \cdot b. \tag{1.23}$$

Ne consegue che la trasmissività, che è una misura della produttività di un acquifero, vale dimensionalmente una lunghezza al quadrato diviso un tempo e, perciò, nel S.I. si misura in m^2/s. La trasmissività di un acquifero è normalmente compresa fra 10^{-1} e 10^{-5} m^2/s.

La Fig. 1.13 evidenzia la differenza pratica fra i concetti di conducibilità idraulica e trasmissività.

1.6 Criteri di classificazione degli acquiferi

I principali criteri che consentono di classificare un acquifero sono l'ubicazione geografica, le caratteristiche di permeabilità, il grado di confinamento e il comportamento idrodinamico. I primi tre criteri sono molto semplici, come si può evincere dalla sintesi di Tabella 1.5, e consentono di distinguere tra acquiferi costieri e continentali, tra acquiferi porosi e fessurati, tra acquiferi liberi e in pressione. Il quarto criterio, quello del comportamento idrodinamico, è sia dal punto di vista teorico, che applicativo il più importante e merita qualche approfondimento.

L'equazione differenziale di diffusività che governa la distribuzione del campo di moto (carico idraulico e velocità) in un sistema acquifero non è

Tabella 1.5. Criteri di classificazione degli acquiferi

Criteri di classificazione	*Denominazione*	*Caratteristica principale*
Ubicazione geografica	Costiero	L'acquifero è in contatto idraulico con l'acqua marina.
	Continentale	Non esiste contatto idraulico con acque marine, ma può esserci con fiumi, laghi ecc.
Caratteristiche di permeabilità	Intergranulare	L'acqua circola nello spazio intergranulare esistente tra i grani della formazione acquifera.
	Fessurato o carsico	Il flusso avviene principalmente nel sistema di fessure, fratture, vacuoli che costituiscono il sistema di porosità indotta o secondaria.
Grado di confinamento	Libero	Il livello idrico in pozzo in condizioni statiche coincide con il livello della superficie freatica.
	In pressione	Il livello idrico in pozzo è più elevato del tetto dell'acquifero.
Comportamento idrodinamico	Non confinato o freatico con drenaggio ritardato	L'acquifero è costituito da materiale permeabile di granulometria diversa e poggia su un orizzonte a ridotta permeabilità; sulla superficie freatica si esercita la pressione atmosferica.
	Semi-confinato	L'acquifero è delimitato da una formazione di tipo semi-permeabile.
	Confinato	L'acquifero è delimitato a tetto e a letto da formazioni del tutto impermeabili.

univoca, ma si differenzia a seconda della struttura idrogeologica che costituisce l'acquifero e delle conseguenti condizioni al contorno. Naturalmente, se è diversa l'equazione differenziale che descrive il fenomeno fisico, saranno diverse le corrispondenti soluzioni analitiche che forniscono la relazione portata-abbassamento piezometrico-tempo in un punto generico del sistema analizzato. La tipologia del comportamento idrodinamico di un acquifero è conseguentemente individuata dalla configurazione della curva declino piezometrico-tempo registrata in un piezometro ubicato ad una certa distanza da un pozzo, mediante il quale viene erogata una portata costante.

Dal punto di vista del comportamento idrodinamico un acquifero può essere classificato come confinato, semiconfinato o non confinato, vedasi Tabella 1.5.

Si definisce confinato un acquifero che è delimitato a tetto e a letto da formazioni del tutto impermeabili (acquicludi); la configurazione della curva abbassamenti-tempo registrata in un piezometro distante r dal pozzo attivo durante l'erogazione di una portata costante è monotona crescente, vedasi Fig. 1.14a.

Si definisce semiconfinato un acquifero delimitato una formazione del tutto impermeabile (acquicludo) e da una formazione a permeabilità ridotta (acquitardo); la curva abbassamenti-tempo si stabilizza, dopo un periodo di crescita iniziale, verso un asintoto orizzontale, vedasi Fig. 1.14b.

Si definisce, infine, non confinato o freatico con drenaggio ritardato un acquifero costituito da materiale permeabile di granulometria diversa che poggia su un orizzonte impermeabile (acquicludo) e sulla cui superficie freatica si esercita la pressione atmosferica. La configurazione della curva abbassamenti-tempo è complessa ed è costituita da tre tratti caratteristici, vedasi Fig. 1.14c: inizialmente la curva è di tipo crescente come per le altre due tipologie; segue un periodo in cui l'incremento nel tempo degli abbassamenti si riduce sensibilmente, per poi riprendere nella terza parte. La parte centrale segnala il tipico effetto di drenaggio ritardato; tutti gli acquiferi non confinati mostrano questo comportamento: è però evidente che se la registrazione non è accurata, le prime due fasi possono non essere evidenziate.

Per gli approfondimenti relativi al comportamento idrodinamico di un acquifero, si veda il Capitolo 4.

1.7 Capacità di scambio tra acquiferi diversi

Come è stato già evidenziato, quando un acquifero è di tipo semiconfinato, in condizioni dinamiche si verifica un flusso verticale di alimentazione attraverso il setto a ridotta permeabilità che costituisce l'acquitardo.

Si definisce drenanza (*leakage*) il flusso per unità di superficie scambiato attraverso un setto a ridotta permeabilità. Con riferimento allo schema b) di Fig. 1.14 o alla Fig. 1.7, la drenanza risulta così quantificabile:

$$\frac{Q_v}{A} = \frac{K'(h_0 - h)}{b'} = c\,(h_0 - h), \qquad (1.24)$$

essendo Q_v la portata verticale di alimentazione, h_0 il carico idraulico dell'acquifero alimentante, h il carico idraulico dell'acquifero semiconfinato, c la conduttanza idraulica dell'acquitardo (rapporto tra la conducibilità idraulica e lo spessore dello stesso).

Nella pratica, molto spesso per quantificare la capacità di scambio fra due

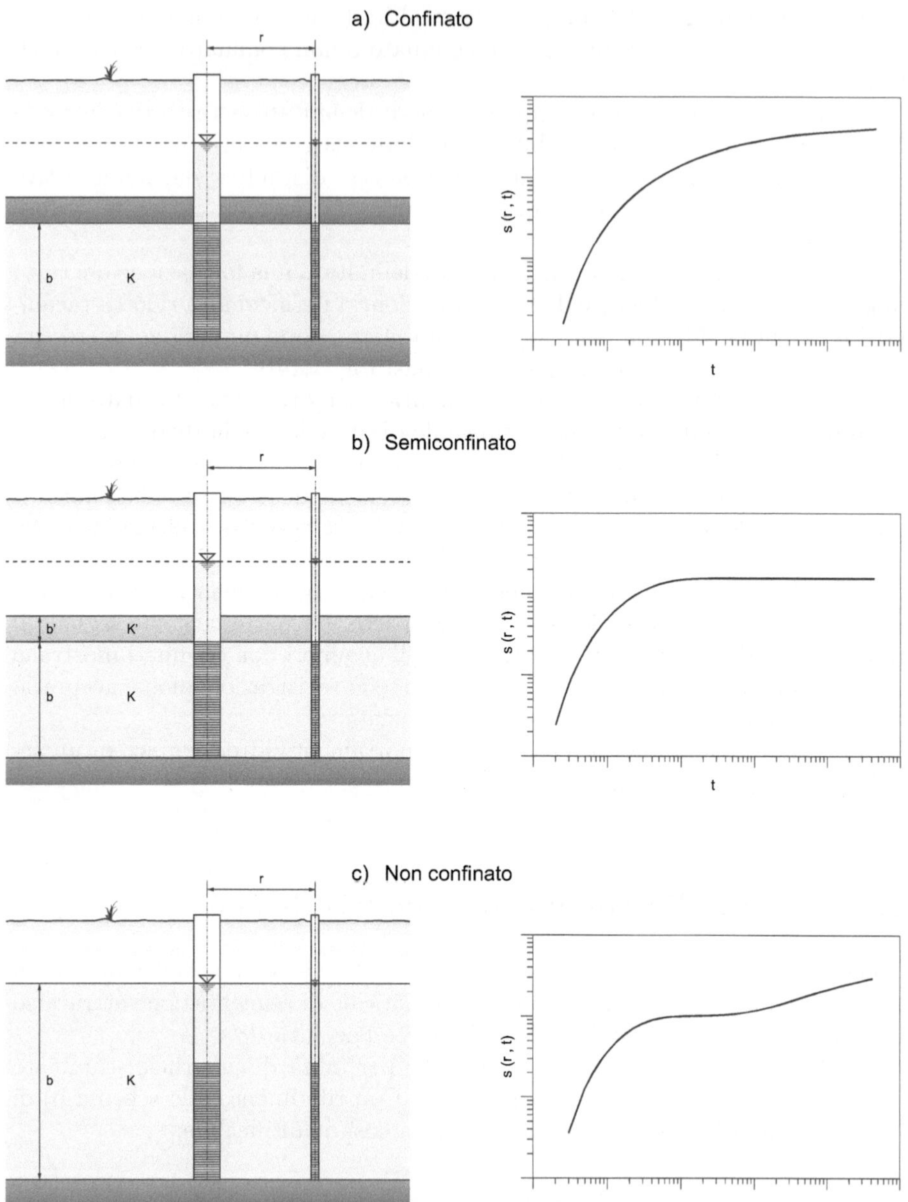

Fig. 1.14. Identificazione della tipologia idraulica di un acquifero sulla base della configurazione della curva abbassamenti-tempo, registrata in un piezometro distante r dal pozzo attivo, durante una prova di falda a portata costante: a) acquifero confinato; b) acquifero semiconfinato; c) acquifero non confinato

acquiferi contigui, si utilizza un parametro definito fattore di fuga:

$$B = \sqrt{\frac{T}{c}}, \tag{1.25}$$

vale a dire la radice quadrata del rapporto fra la trasmissività dell'acquifero semiconfinato e la conduttanza idraulica dell'acquitardo. Il fattore di fuga è dimensionalmente una lunghezza ed è usualmente compreso fra 30 e 3000 m.

Poiché nell'espressione (1.25) c compare a denominatore, se ne deduce che il fattore di fuga è inversamente proporzionale alla drenanza; maggiore è il valore di B, maggiore è il grado di confinamento di un acquifero.

2

L'applicazione della legge di Darcy

Qualunque studio sulle risorse idriche sotterranee presuppone la conoscenza delle modalità con cui l'acqua si muove nel sottosuolo e ciò può essere ottenuto ricostruendo il campo di moto della falda, vale a dire la distribuzione delle linee di flusso e delle linee a potenziale costante.

2.1 Definizione di base

Si definisce carico idraulico (*hydraulic head*) l'energia totale per unità di peso posseduta da una particella di acqua:

$$h = \frac{v^2}{2g} + z + \frac{p}{g\rho}, \tag{2.1}$$

nella quale $\frac{v^2}{2g}$ rappresenta la componente cinetica, z la componente gravitazionale e $\frac{p}{g\rho}$ la componente di pressione.

Tenuto conto che la velocità dell'acqua nel sottosuolo è molto bassa, il termine cinetico è del tutto trascurabile e l'espressione del carico idraulico si riduce a:

$$h = z + \frac{p}{g\rho} = z + h_p, \tag{2.2}$$

nella quale z rappresenta l'altezza geodetica del punto in cui viene misurato il carico idraulico e h_p l'altezza idrostatica, vedasi Fig. 2.1.

Oltre che di carico idraulico, spesso si parla di potenziale idraulico o semplicemente di potenziale.

Per potenziale s'intende l'energia per unità di massa posseduta dal fluido. La relazione che lega potenziale e carico idraulico è la seguente:

$$\Phi = gh = gz + \frac{p}{\rho}. \tag{2.3}$$

Di Molfetta A., Sethi R.: Ingegneria degli acquiferi.
DOI 10.1007/978-88-470-1851-8_2, © Springer-Verlag Italia 2012

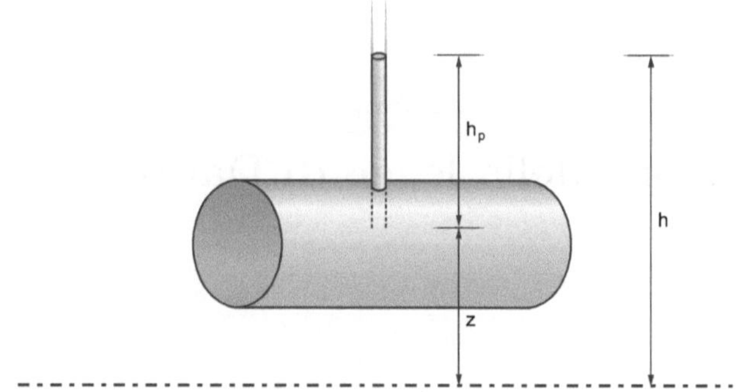

Fig. 2.1. Rappresentazione schematica delle componenti del carico idraulico

2.2 La misura del carico idraulico in campo

La misura del carico idraulico sul campo può essere effettuata misurando il livello dell'acqua in un pozzo o in un piezometro (pozzo di piccolo diametro realizzato per il monitoraggio qualitativo e quantitativo delle risorse idriche sotterranee).

La misura avviene utilizzando una sonda piezometrica (vedasi Fig. 2.2) che emette un segnale nel momento in cui il sensore tocca il livello dell'acqua.

La misura del carico idraulico di una falda idrica è data dal livello piezometrico H, ottenuto come differenza fra la quota geodetica del piano campagna z_t e la profondità alla quale si ritrova l'acqua nel piezometro h_w, vedasi Fig. 2.3.

$$H = z_t - h_w = h = z + h_p. \tag{2.4}$$

Il livello piezometrico rappresenta pertanto la misura del carico idraulico in un punto dell'acquifero.

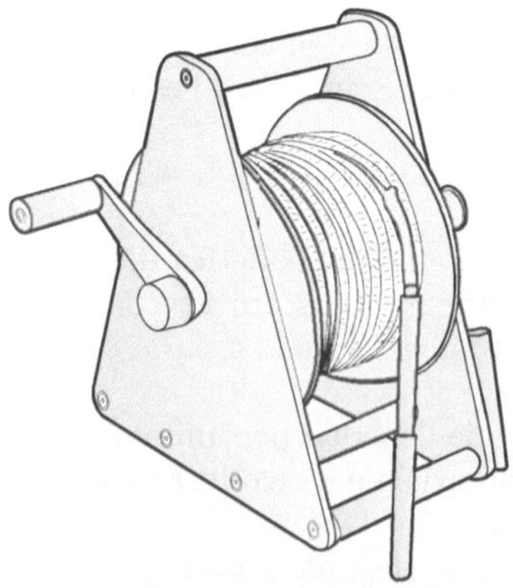

Fig. 2.2. Sonda piezometrica o freatimetro (*water level meter*)

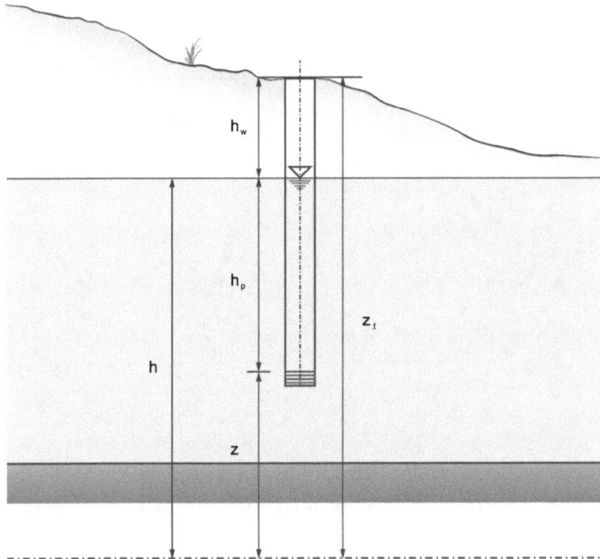

Fig. 2.3. Misura del carico idraulico

Una linea che unisce punti ad ugual valore di carico idraulico si chiama
linea equipotenziale; le linee a ugual livello piezometrico sono pertanto linee
equipotenziali.

Una linea di flusso è invece una linea immaginaria che individua il percorso
seguito da una particella di acqua nel suo movimento all'interno dell'acquifero.

In un acquifero isotropo, le linee di flusso sono perpendicolari alle linee
equipotenziali; in un acquifero anisotropo le linee di flusso intersecano le linee
equipotenziali secondo un angolo che dipende dal grado di anisotropia, vedasi
Fig. 2.4.

L'insieme delle linee di flusso e delle linee equipotenziali di un settore
dell'acquifero si chiama reticolo di flusso.

2.3 Ricostruzione della superficie piezometrica

La superficie che collega punti ad ugual livello piezometrico (e perciò ad ugual
carico idraulico) si definisce superficie piezometrica: tale termine è generale e
può essere applicato sia ad acquiferi in pressione, sia ad acquiferi con superficie
libera. Nel caso di acquiferi con superficie libera il termine superficie piezometrica può essere sostituito anche con superficie freatica o tavola d'acqua.

Per ricostruire una superficie piezometrica è necessario aver misurato il livello piezometrico nel maggior numero di punti possibile; poiché la superficie
più semplice è costituita dal piano e un piano è individuato da 3 punti, ne
consegue che il numero minimo di punti di misura per tracciare una superficie
piezometrica, approssimata ad un piano, è 3.

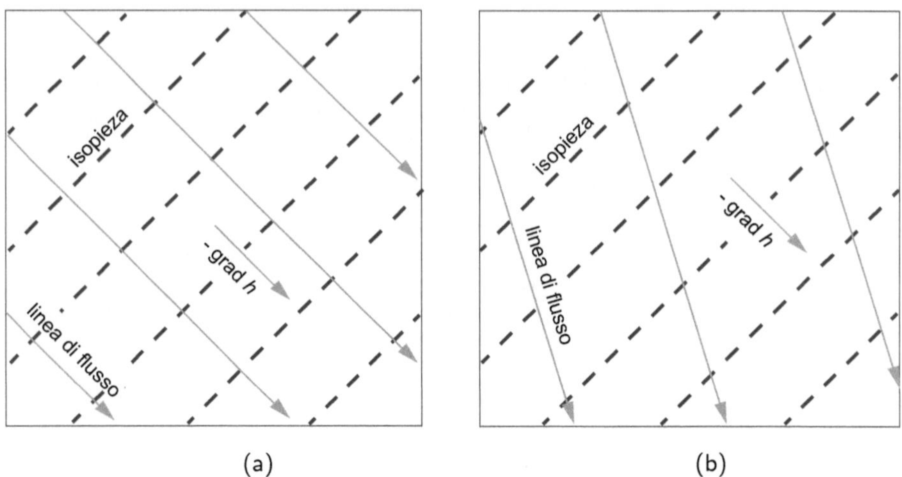

Fig. 2.4. Relazione tra linee di flusso e linee equipotenziali: a) acquifero isotropo; b) acquifero anisotropo

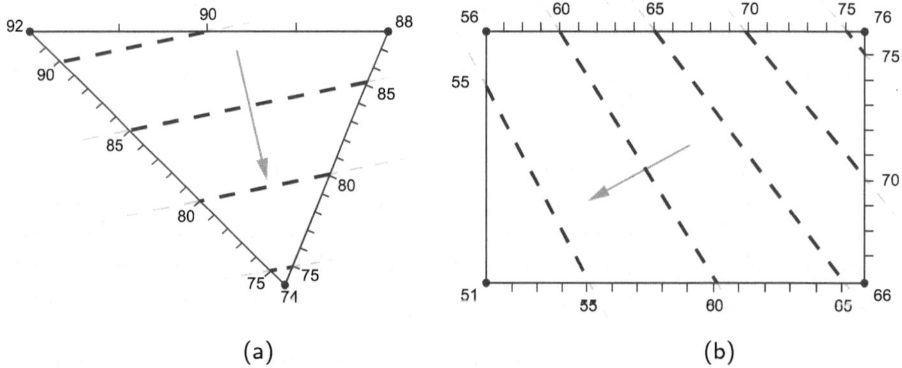

Fig. 2.5. Costruzione grafica per la determinazione delle linee equipotenziali, del gradiente piezometrico e della direzione di flusso: a) disponibilità di tre punti di misura; b) disponibilità di quattro punti di misura

La Fig. 2.5 mostra la semplice costruzione grafica.

Se i punti sono in numero maggiore di 3, la ricostruzione diviene più affidabile ed è realizzata mediante una serie di triangoli che coprono tutta l'area di misura.

La ricostruzione della superficie piezometrica su un'area vasta prende il nome di carta piezometrica, vedasi Fig. 2.6. In tale rappresentazione, la differenza di carico idraulico fra due linee contigue (passo) deve essere mantenuta costante.

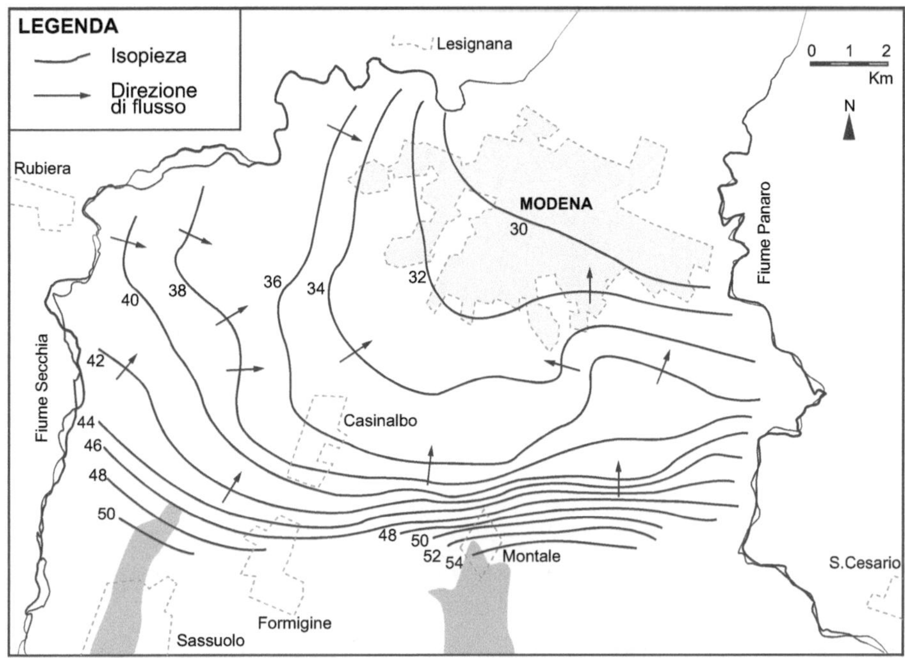

Fig. 2.6. Esempio di carta piezometrica

Il modulo del gradiente piezometrico $i = |\nabla \mathbf{h}| = \frac{\Delta h}{\Delta l}$ si ottiene dividendo la differenza di carico idraulico fra due linee equipotenziali contigue Δh per la distanza Δl misurata perpendicolarmente alle due linee. Il verso del flusso, opposto a quello del gradiente piezometrico, va dal carico idraulico maggiore a quello minore.

3

Fondamenti teorici dell'equazione differenziale di flusso

La risoluzione di qualsiasi problema di flusso, sia che venga affrontata per via analitica che per via numerica, presuppone la conoscenza delle equazioni che governano il campo di moto, vale a dire la distribuzione dei carichi idraulici e delle velocità di flusso nel sistema acquifero.

3.1 Derivazione dell'equazione di continuità

Una trattazione del flusso in un mezzo poroso su scala microscopica, ovvero risolvendo le equazioni di Navier-Stokes su un dominio estremamente complesso, risulterebbe inutile ai fini pratici ed eccessivamente dispendiosa dal punto di vista computazionale. È necessario, pertanto, l'adozione di un approccio macroscopico che trascuri le informazioni relative alle interfacce solido-liquido. Queste vengono incorporate in coefficienti presenti all'interno di equazioni mediate che permettono, comunque, una descrizione del sistema per i fini pratici.

Per passare dal modello microscopico discreto al modello continuo occorre individuare un volume di mezzo poroso, all'interno del quale vengono mediate le proprietà caratteristiche del mezzo (dette proprietà macroscopiche). Il REV, volume rappresentativo elementare, deve essere sufficientemente grande da non evidenziare le variazioni a scala microscopica, ma abbastanza piccolo da rispecchiare la variabilità locale delle proprietà macroscopiche (Fig. 3.1 e Fig. 3.2).

L'equazione di continuità rappresenta l'applicazione della legge di conservazione della massa al REV considerato, vale a dire:

$$M_u - M_e = M_i - M_f, \tag{3.1}$$

avendo indicato con M_u la massa di acqua uscente nell'intervallo di tempo dt dal volume di acquifero considerato, M_e la massa entrante, M_f la massa di acqua presente nei pori dell'elemento di volume considerato alla fine dell'in-

Di Molfetta A., Sethi R.: Ingegneria degli acquiferi.
DOI 10.1007/978-88-470-1851-8_3, © Springer-Verlag Italia 2012

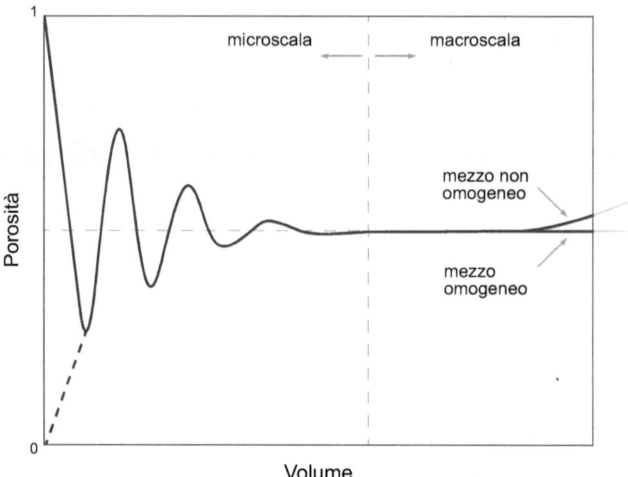

Fig. 3.1. Influenza della dimensione del volume sulla porosità media

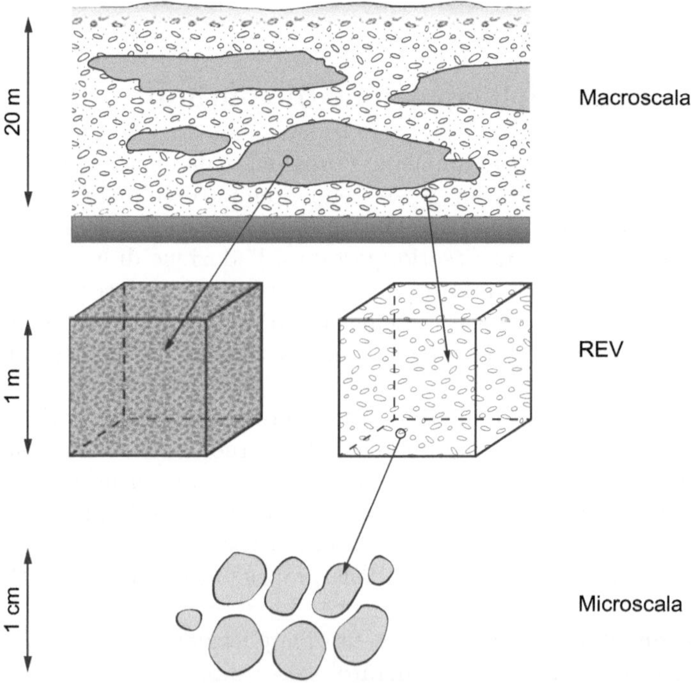

Fig. 3.2. Volume rappresentativo elementare e scale di eterogeneità nel mezzo poroso

tervallo temporale dt, M_i la massa presente all'inizio dell'intervallo preso in esame. Sarà:

$$M_e = \left(\rho v_x \, dydz + \rho v_y dxdz + \rho v_z dxdy\right) dt,$$

$$M_u = \left[\rho v_x + \frac{\partial}{\partial x} \left(\rho v_x\right) dx\right] dydzdt + \left[\rho v_y + \frac{\partial}{\partial y} \left(\rho v_y\right) dy\right] dxdzdt +$$

$$+ \left[\rho v_z + \frac{\partial}{\partial z} \left(\rho v_z\right) dz\right] dxdydt,$$

$$M_i = \rho n \, dx \, dy \, dz,$$

$$M_f = \left[\rho n + \frac{\partial}{\partial t} \left(\rho n\right) dt\right] dxdydz,$$

avendo indicato con ρ la densità di massa dell'acqua, con n la porosità dell'acquifero e con v_x, v_y, v_z le componenti della velocità di filtrazione lungo i tre assi di riferimento.

Pertanto, applicando il bilancio espresso dalla (3.1) alle precedenti espressioni, si ottiene l'equazione di continuità:

$$\frac{\partial}{\partial x} \left(\rho v_x\right) + \frac{\partial}{\partial y} \left(\rho v_y\right) + \frac{\partial}{\partial z} \left(\rho v_z\right) = -\frac{\partial}{\partial t} \left(\rho n\right), \tag{3.2}$$

che può sinteticamente essere scritta come:

$$\frac{\partial}{\partial t} \left(\rho n\right) = -\nabla \cdot \left(\rho \mathbf{v}\right), \tag{3.3}$$

oppure

$$\frac{\partial}{\partial t} \left(\rho n\right) = -\mathbf{div} \left(\rho \mathbf{v}\right). \tag{3.4}$$

3.2 L'equazione differenziale di flusso

L'equazione differenziale di flusso governa la distribuzione del campo di moto nel sistema acquifero. Essa è la sintesi delle equazioni che esprimono la legge di conservazione della massa, le perdite di carico, l'equazione di consolidazione del sistema acquifero:

$$\nabla \cdot \left(\rho \mathbf{v}\right) = -\frac{\partial}{\partial t} \left(\rho n\right), \tag{3.5}$$

$$\mathbf{v} = -\, K \, \nabla h, \tag{3.6}$$

$$\frac{\partial}{\partial t} \left(\rho n\right) = \rho S_s \frac{\partial h}{\partial t}, \tag{3.7}$$

essendo K il tensore delle conducibilità idrauliche, S_s il coefficiente di immagazzinamento specifico del sistema acquifero, ρ la densità dell'acqua.

Nel caso di acquiferi semiconfinati, in cui si ha un'alimentazione dall'esterno, alle precedenti equazioni va aggiunto il termine di drenanza, vedasi paragrafo 1.7:

$$\frac{q_v}{A} = \frac{K'(h_0 - h)}{b'} = c(h_0 - h),$$

da cui dividendo ambo i membri per T si ottiene:

$$\frac{q_v}{AT} = \frac{h - h}{B^2}, \tag{3.8}$$

essendo B il fattore di fuga, dimensionalmente espresso da una lunghezza.

Operando la sintesi delle precedenti equazioni, e moltiplicando per lo spessore saturo, si ottiene l'equazione differenziale di flusso:

per acquiferi confinati $\nabla^2 h = \dfrac{S}{T}\dfrac{\partial h}{\partial t}$, $\tag{3.9}$

per acquiferi semiconfinati $\nabla^2 h - \dfrac{(h_0 - h)}{B^2} = \dfrac{S}{T}\dfrac{\partial h}{\partial t}$, $\tag{3.10}$

per acquiferi non confinati, in prima approssimazione $\nabla^2 h = \dfrac{n_e}{T}\dfrac{\partial h}{\partial t}$. $\tag{3.11}$

Nelle precedenti equazioni ∇^2 è l'operatore Laplaciano che assume le seguenti espressioni in relazione alla geometria di flusso:

- *Flusso unidimensionale*

$$\nabla^2 = \frac{\partial^2}{\partial x^2};$$

- *Flusso bidimensionale*

$$\nabla^2 = \frac{\partial^2}{\partial x^2} + \frac{\partial^2}{\partial y^2} \text{ nel piano orizzontale,}$$

$$\nabla^2 = \frac{\partial^2}{\partial x^2} + \frac{\partial^2}{\partial z^2} \text{ nel piano verticale,}$$

$$\nabla^2 = \frac{\partial^2}{\partial r^2} + \frac{1}{r}\frac{\partial}{\partial r} = \frac{1}{r}\frac{\partial}{\partial r}\left(r\frac{\partial}{\partial r}\right) \text{ in un sistema radialpiano;}$$

- *Flusso tridimensionale*

$$\nabla^2 = \frac{\partial^2}{\partial x^2} + \frac{\partial^2}{\partial y^2} + \frac{\partial^2}{\partial z^2} \text{ in una geometria tridimensionale generica,}$$

$$\nabla^2 = \frac{\partial^2}{\partial r^2} + \frac{2}{r}\frac{\partial}{\partial r} = \frac{1}{r^2}\frac{\partial}{\partial r}\left(r^2\frac{\partial}{\partial r}\right) \text{ in un sistema a simmetria sferica.}$$

Le equazioni (3.9), (3.10) e (3.11) sono valide in regime di non equilibrio (o variabile o transitorio); in regime di equilibrio o stazionario è sufficiente annullare il termine $\frac{\partial h}{\partial t}$.

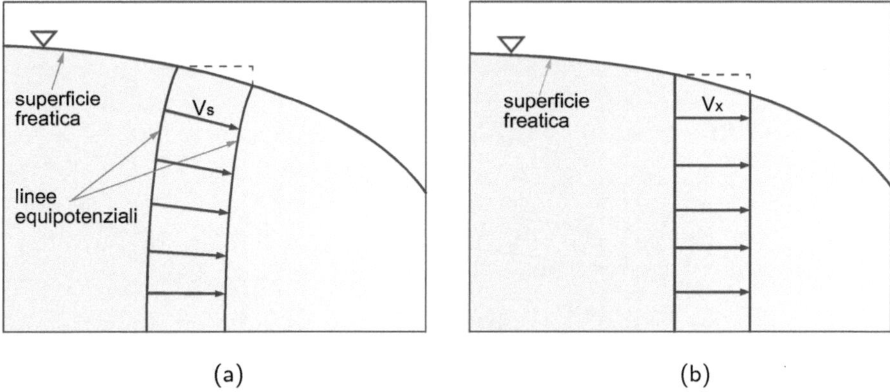

Fig. 3.3. Deformazione delle linee equipotenziali e di flusso in una falda non confinata: a) situazione effettiva; b) approssimazione operata dalla equazione (3.11)

Per descrivere il flusso in un acquifero non confinato, l'utilizzo dell'equazione (3.11), analoga a quella valida per gli acquiferi confinati, è un'approssimazione dovuta semplicemente al fatto che l'equazione rigorosa è un'equazione differenziale non lineare e non omogenea. Le cause sono riconducibili all'inclinazione della superficie freatica per cui le linee equipotenziali non sono delle rette (vedasi Fig. 3.3) e, quindi, esiste una componente verticale di velocità, e al fatto che la trasmissività non è costante a motivo dello spessore saturo progressivamente decrescente, man mano che ci si avvicina ad un'opera di captazione.

L'approssimazione è ovviamente tanto più accettabile, quanto minore è l'inclinazione della superficie freatica e, quindi, trascurabile la componente verticale di velocità. Per tutti i casi in cui l'approssimazione insita nella (3.11) non è accettabile, e quindi in particolare nella risoluzione di problemi di flusso in prossimità di pozzi in pompaggio, si rimanda all'approfondimento del paragrafo 4.3.1.

L'inclinazione della superficie freatica ha una implicazione rilevante sul piano applicativo: se si misura il livello piezometrico in un piezometro completato in un acquifero non confinato e finestrato solo parzialmente, si avrà un valore diverso a seconda della profondità del tratto finestrato, vedasi Fig. 3.4.

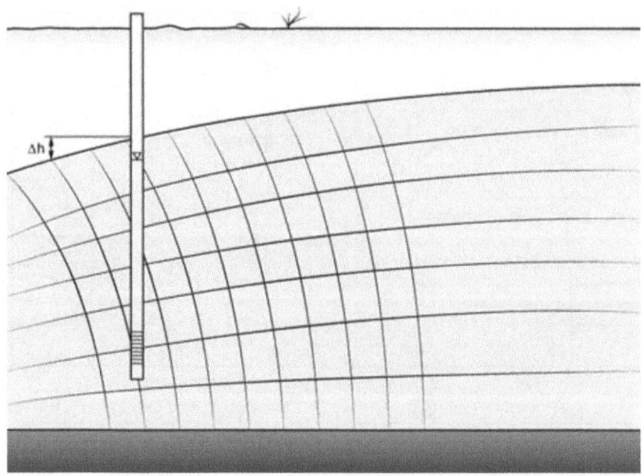

Fig. 3.4. Influenza del parziale completamento di un piezometro sulla lettura del livello piezometrico in un acquifero non confinato. Nel caso specifico, il piezometro parzialmente finestrato fornirebbe un valore di carico idraulico minore di quello che si sarebbe misurato se fosse stato finestrato lungo tutto lo spessore saturo

4

Soluzioni analitiche dell'equazione differenziale di flusso per una geometria radialpiana

La geometria radialpiana è la geometria di flusso solitamente utilizzata per analizzare problemi di flusso pozzo-acquifero: si tratta di una particolare geometria bidimensionale, nella quale le linee di flusso sono rettilinee e convergenti verso l'asse del pozzo, vedasi Fig. 4.1, e la configurazione di flusso è identica in ciascun piano indipendentemente dalla quota.

Perché venga rispettato lo schema di flusso radialpiano è pertanto necessario che siano verificate simultaneamente le due condizioni:

a) acquifero di spessore costante;
b) pozzo completo, vale a dire finestrato lungo tutto lo spessore saturo dell'acquifero.

Indipendentemente dalla geometria, è possibile trovare una soluzione dell'equazione differenziale di flusso solo nel caso si possano ritenere accettabili per il sistema considerato le seguenti ipotesi:

c) acquifero omogeneo e isotropo;
d) acquifero di estensione non limitata, almeno fino al tempo di analisi;
e) superficie piezometrica iniziale orizzontale.

Per quanto concerne l'opera di captazione, infine, vengono assunte le seguenti ipotesi:

f) pozzo di raggio infinitesimo;
g) flusso laminare;
h) portata erogata costante.

Nell'ipotesi di validità delle condizioni a)-h), vengono di seguito presentate le principali soluzioni analitiche dell'equazione differenziale di flusso per le diverse tipologie di acquifero, sia in regime di equilibrio sia di non equilibrio.

Di Molfetta A., Sethi R.: Ingegneria degli acquiferi.
DOI 10.1007/978-88-470-1851-8_4, © Springer-Verlag Italia 2012

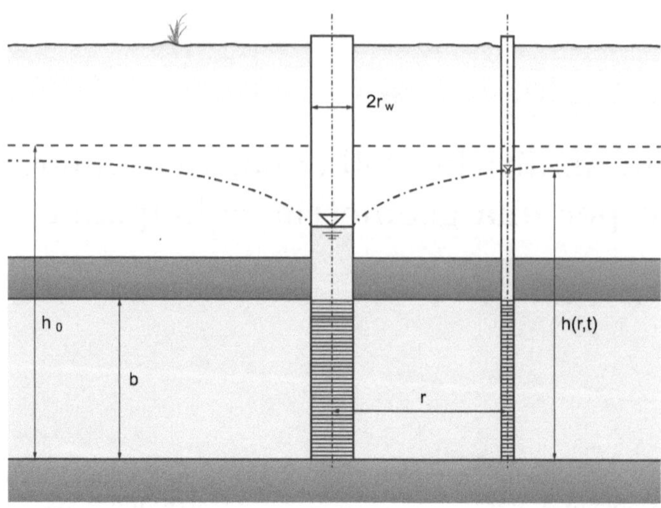

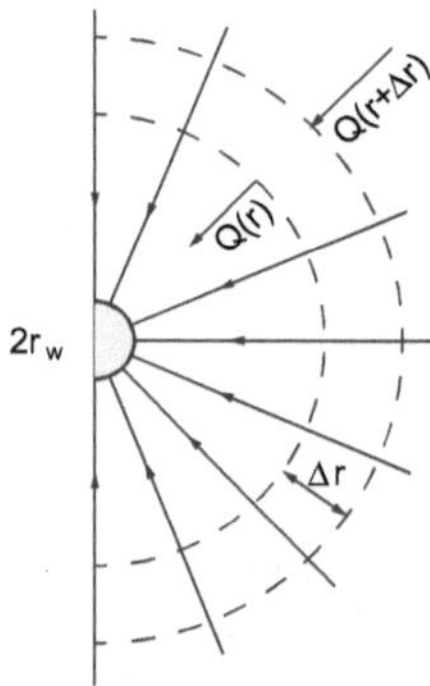

Fig. 4.1. Rappresentazione schematica della geometria radialpiana riferita ad un acquifero confinato

4.1 Acquifero confinato

L'acquifero confinato è un acquifero in pressione, delimitato a tetto e a letto da due formazioni impermeabili (acquicludi). Il conseguente sistema pozzo-acquifero è schematizzato in Fig. 4.1.

4.1.1 Regime transitorio o di non equilibrio

Nel rispetto delle condizioni precedentemente illustrate, l'equazione differenziale è:

$$\frac{\partial^2 h}{\partial r^2} + \frac{1}{r}\frac{\partial h}{\partial r} = \frac{S}{T}\frac{\partial h}{\partial t}, \tag{4.1}$$

e le condizioni iniziali e al contorno valgono:

$$h\,(r,\,0) = h_0, \tag{4.2}$$

$$h\,(\infty,\,t) = h_0, \tag{4.3}$$

$$\lim_{r \to o} \left(r \frac{\partial h}{\partial r} \right) = \frac{Q}{2\pi T} \ \text{per } t > 0. \tag{4.4}$$

La soluzione analitica è dovuta a Theis [97], che per primo risolse il problema utilizzando l'analogia con il flusso di calore in un solido. La soluzione, nota pertanto come equazione di Theis, è:

$$s(r,\,t) = h_0 - h = \frac{Q}{4\pi T} \int_u^\infty \frac{e^{-u}}{u}\,du, \tag{4.5}$$

essendo

$$u = \frac{Sr^2}{4tT}. \tag{4.6}$$

La funzione adimensionale $\int_u^\infty \frac{e^{-u}}{u}\,du$, il cui andamento è illustrato in Fig. 4.2, è nota nella matematica applicata come integrale esponenziale $E_i(-u)$; nell'ingegneria degli acquiferi è usualmente indicata come funzione di Theis $W(u)$.

Tenuto conto che $1/u$ è proporzionale al tempo, l'andamento di Fig. 4.2 dimostra che, in un acquifero confinato, l'abbassamento indotto dall'erogazione di una portata costante ad una distanza generica dal pozzo in pompaggio continua ad aumentare nel tempo.

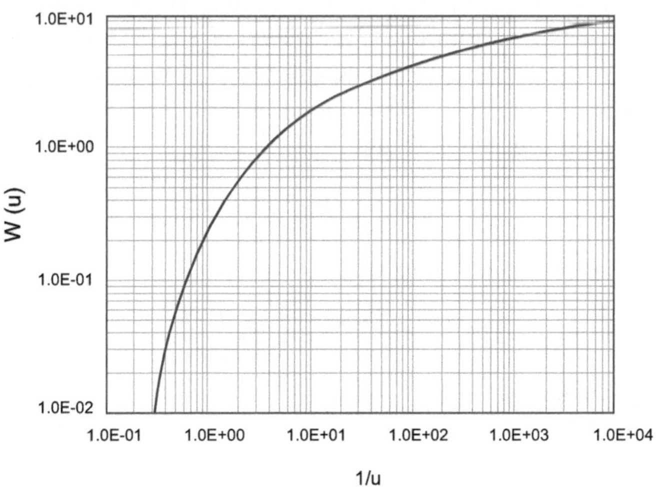

Fig. 4.2. Funzione adimensionale di Theis

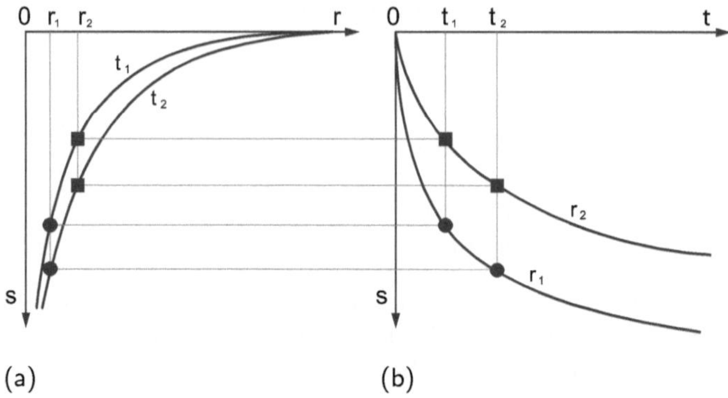

Fig. 4.3. Variazione degli abbassamenti in un acquifero confinato in funzione della distanza radiale (a) e del tempo (b) dal pozzo in pompaggio

La soluzione (4.5) può pertanto scriversi nella forma sintetica:

$$s(r, t) = \frac{Q}{4\pi T} \, W(u). \tag{4.7}$$

I valori della funzione di Theis sono tabulati in Tabella 4.1; essi possono essere calcolati mediante lo sviluppo in serie dell'integrale esponenziale:

$$\int_u^\infty \frac{e^{-u}}{u} du = E_i(-u) = W(u) =$$

$$= \left[-0{,}5772 - \ln u + u - \frac{u^2}{2 \cdot 2!} + \frac{u^3}{3 \cdot 3!} - \frac{u^4}{4 \cdot 4!} \cdots \right]. \tag{4.8}$$

La Fig. 4.3 illustra, in funzione della distanza radiale e del tempo, la variazione dell'abbassamento indotto in un acquifero confinato per l'erogazione di una portata costante da un pozzo completo, di raggio infinitesimo.

Per valori piccoli dell'argomento u, tali che $u \leq 0{,}02$, ossia $\frac{Sr^2}{4Tt} \leq 0.02$ e conseguentemente $t \geq 12{,}5 \, \frac{Sr^2}{T}$, lo sviluppo in serie della funzione $W(u)$ può essere arrestato ai primi due termini:

$$W(u) = -0{,}5772 - \ln u = - \ln (1.781 \cdot u) = \ln \frac{1}{1{,}781 \cdot u}. \tag{4.9}$$

Conseguentemente l'equazione di Theis diventa:

$$s(r, t) = \frac{Q}{4\pi T} \, \ln 2.25 \, \frac{T \cdot t}{Sr^2}, \tag{4.10}$$

nota come equazione di Jacob.

Se, anziché utilizzare i logaritmi in base naturale, si fa ricorso ai logaritmi in base dieci e si congloba 4π nella costante numerica, si ottiene anche:

$$s(r, t) = 0.183 \frac{Q}{T} \, \log 2.25 \, \frac{T \cdot t}{Sr^2}. \tag{4.11}$$

Tabella 4.1. Valori numerici dell'integrale esponenziale o funzione di Theis

N/u	$N \cdot 10^{-15}$	$N \cdot 10^{-14}$	$N \cdot 10^{-13}$	$N \cdot 10^{-12}$	$N \cdot 10^{-11}$	$N \cdot 10^{-10}$	$N \cdot 10^{-9}$	$N \cdot 10^{-8}$	$N \cdot 10^{-7}$	$N \cdot 10^{-6}$	$N \cdot 10^{-5}$	$N \cdot 10^{-4}$	$N \cdot 10^{-3}$	$N \cdot 10^{-2}$	$N \cdot 10^{-1}$	N
1.0	33.9616	31.6590	29.3564	27.0538	24.7512	22.4486	20.1461	17.8435	15.5409	13.2383	10.9357	8.6332	6.3315	4.0379	1.8229	$2.1938 \cdot 10^{-1}$
1.1	33.8663	31.5637	29.2611	26.9585	24.6559	22.3533	20.0507	17.7482	15.4456	13.1430	10.8404	8.5379	6.2363	3.9436	1.7371	$1.8599 \cdot 10^{-1}$
1.2	33.7792	31.4767	29.1741	26.8715	24.5689	22.2663	19.9637	17.6611	15.3586	13.0560	10.7534	8.4509	6.1494	3.8576	1.6595	$1.5841 \cdot 10^{-1}$
1.3	33.6992	31.3966	29.0940	26.7914	24.4889	22.1863	19.8837	17.5811	15.2785	12.9759	10.6734	8.3709	6.0695	3.7785	1.5889	$1.3545 \cdot 10^{-1}$
1.4	33.6251	31.3225	29.0199	26.7173	24.4147	22.1122	19.8096	17.5070	15.2044	12.9018	10.5993	8.2968	5.9955	3.7054	1.5241	$1.1622 \cdot 10^{-1}$
1.5	33.5561	31.2535	28.9509	26.6483	24.3458	22.0432	19.7406	17.4380	15.1354	12.8328	10.5303	8.2278	5.9266	3.6374	1.4645	$1.0002 \cdot 10^{-1}$
1.6	33.4916	31.1890	28.8864	26.5838	24.2812	21.9786	19.6760	17.3735	15.0709	12.7683	10.4657	8.1633	5.8621	3.5739	1.4092	$8.6308 \cdot 10^{-2}$
1.7	33.4309	31.1283	28.8258	26.5232	24.2206	21.9180	19.6154	17.3128	15.0103	12.7077	10.4051	8.1027	5.8016	3.5143	1.3578	$7.4655 \cdot 10^{-2}$
1.8	33.3738	31.0712	28.7686	26.4660	24.1634	21.8608	19.5583	17.2557	14.9531	12.6505	10.3479	8.0455	5.7446	3.4581	1.3098	$6.4713 \cdot 10^{-2}$
1.9	33.3197	31.0171	28.7145	26.4120	24.1094	21.8068	19.5042	17.2016	14.8990	12.5964	10.2939	7.9915	5.6906	3.4050	1.2649	$5.6204 \cdot 10^{-2}$
2.0	33.2684	30.9658	28.6632	26.3607	24.0581	21.7555	19.4529	17.1503	14.8477	12.5451	10.2426	7.9402	5.6394	3.3547	1.2227	$4.8901 \cdot 10^{-2}$
2.1	33.2196	30.9170	28.6145	26.3119	24.0093	21.7067	19.4041	17.1015	14.7989	12.4964	10.1938	7.8914	5.5907	3.3069	1.1829	$4.2614 \cdot 10^{-2}$
2.2	33.1731	30.8705	28.5679	26.2653	23.9628	21.6602	19.3576	17.0550	14.7524	12.4498	10.1473	7.8449	5.5443	3.2614	1.1454	$3.7191 \cdot 10^{-2}$
2.3	33.1287	30.8261	28.5235	26.2209	23.9183	21.6157	19.3131	17.0106	14.7080	12.4054	10.1028	7.8004	5.4999	3.2179	1.1099	$3.2502 \cdot 10^{-2}$
2.4	33.0861	30.7835	28.4809	26.1783	23.8758	21.5732	19.2706	16.9680	14.6654	12.3628	10.0603	7.7579	5.4575	3.1763	1.0762	$2.8440 \cdot 10^{-2}$
2.5	33.0453	30.7427	28.4401	26.1375	23.8349	21.5323	19.2298	16.9272	14.6246	12.3220	10.0194	7.7171	5.4167	3.1365	1.0443	$2.4915 \cdot 10^{-2}$
2.6	33.0060	30.7035	28.4009	26.0983	23.7957	21.4931	19.1905	16.8880	14.5854	12.2828	9.9802	7.6779	5.3776	3.0983	1.0139	$2.1850 \cdot 10^{-2}$
2.7	32.9683	30.6657	28.3631	26.0606	23.7580	21.4554	19.1528	16.8502	14.5476	12.2450	9.9425	7.6401	5.3400	3.0615	0.9849	$1.9182 \cdot 10^{-2}$
2.8	32.9319	30.6294	28.3268	26.0242	23.7216	21.4190	19.1164	16.8138	14.5113	12.2087	9.9061	7.6038	5.3037	3.0261	0.9573	$1.6855 \cdot 10^{-2}$
2.9	32.8968	30.5943	28.2917	25.9891	23.6865	21.3839	19.0813	16.7788	14.4762	12.1736	9.8710	7.5687	5.2687	2.9920	0.9309	$1.4824 \cdot 10^{-2}$
3.0	32.8629	30.5604	28.2578	25.9552	23.6526	21.3500	19.0474	16.7449	14.4423	12.1397	9.8371	7.5348	5.2349	2.9591	0.9057	$1.3048 \cdot 10^{-2}$
3.1	32.8302	30.5276	28.2250	25.9224	23.6198	21.3172	19.0146	16.7121	14.4095	12.1069	9.8043	7.5020	5.2022	2.9273	0.8815	$1.1494 \cdot 10^{-2}$
3.2	32.7984	30.4958	28.1932	25.8907	23.5881	21.2855	18.9829	16.6803	14.3777	12.0751	9.7726	7.4703	5.1706	2.8965	0.8583	$1.0133 \cdot 10^{-2}$

Tabella 4.1. cont.

N/u	$N \cdot 10^{-15}$	$N \cdot 10^{-14}$	$N \cdot 10^{-13}$	$N \cdot 10^{-12}$	$N \cdot 10^{-11}$	$N \cdot 10^{-10}$	$N \cdot 10^{-9}$	$N \cdot 10^{-8}$	$N \cdot 10^{-7}$	$N \cdot 10^{-6}$	$N \cdot 10^{-5}$	$N \cdot 10^{-4}$	$N \cdot 10^{-3}$	$N \cdot 10^{-2}$	$N \cdot 10^{-1}$	N
3.3	32.7676	30.4651	28.1625	25.8599	23.5573	21.2547	18.9521	16.6495	14.3470	12.0444	9.7418	7.4395	5.1399	2.8668	0.8361	$8.9390 \cdot 10^{-3}$
3.4	32.7378	30.4352	28.1326	25.8300	23.5274	21.2249	18.9223	16.6197	14.3171	12.0145	9.7120	7.4097	5.1102	2.8379	0.8147	$7.8910 \cdot 10^{-3}$
3.5	32.7088	30.4062	28.1036	25.8010	23.4985	21.1959	18.8933	16.5907	14.2881	11.9855	9.6830	7.3807	5.0813	2.8099	0.7942	$6.9701 \cdot 10^{-3}$
3.6	32.6806	30.3780	28.0755	25.7729	23.4703	21.1677	18.8651	16.5625	14.2599	11.9574	9.6548	7.3526	5.0532	2.7827	0.7745	$6.1604 \cdot 10^{-3}$
3.7	32.6532	30.3506	28.0481	25.7455	23.4429	21.1403	18.8377	16.5351	14.2325	11.9300	9.6274	7.3252	5.0259	2.7563	0.7554	$5.4478 \cdot 10^{-3}$
3.8	32.6266	30.3240	28.0214	25.7188	23.4162	21.1136	18.8110	16.5085	14.2059	11.9033	9.6007	7.2985	4.9993	2.7306	0.7371	$4.8202 \cdot 10^{-3}$
3.9	32.6006	30.2980	27.9954	25.6928	23.3902	21.0877	18.7851	16.4825	14.1799	11.8773	9.5748	7.2725	4.9735	2.7056	0.7194	$4.2671 \cdot 10^{-3}$
4.0	32.5753	30.2727	27.9701	25.6675	23.3649	21.0623	18.7598	16.4572	14.1546	11.8520	9.5495	7.2472	4.9482	2.6813	0.7024	$3.7794 \cdot 10^{-3}$
4.1	32.5506	30.2480	27.9454	25.6428	23.3402	21.0376	18.7351	16.4325	14.1299	11.8273	9.5248	7.2225	4.9236	2.6576	0.6859	$3.3489 \cdot 10^{-3}$
4.2	32.5265	30.2239	27.9213	25.6187	23.3161	21.0136	18.7110	16.4084	14.1058	11.8032	9.5007	7.1985	4.8997	2.6344	0.6700	$2.9688 \cdot 10^{-3}$
4.3	32.5029	30.2004	27.8978	25.5952	23.2926	20.9900	18.6874	16.3849	14.0823	11.7797	9.4771	7.1749	4.8762	2.6119	0.6546	$2.6329 \cdot 10^{-3}$
4.4	32.4800	30.1774	27.8748	25.5722	23.2696	20.9670	18.6644	16.3619	14.0593	11.7567	9.4541	7.1520	4.8533	2.5899	0.6397	$2.3360 \cdot 10^{-3}$
4.5	32.4575	30.1549	27.8523	25.5497	23.2471	20.9446	18.6420	16.3394	14.0368	11.7342	9.4317	7.1295	4.8310	2.5684	0.6253	$2.0734 \cdot 10^{-3}$
4.6	32.4355	30.1329	27.8303	25.5277	23.2252	20.9226	18.6200	16.3174	14.0148	11.7122	9.4097	7.1075	4.8091	2.5474	0.6114	$1.8410 \cdot 10^{-3}$
4.7	32.4140	30.1114	27.8088	25.5062	23.2037	20.9011	18.5985	16.2959	13.9933	11.6907	9.3882	7.0860	4.7877	2.5268	0.5979	$1.6352 \cdot 10^{-3}$
4.8	32.3929	30.0904	27.7878	25.4852	23.1826	20.8800	18.5774	16.2748	13.9723	11.6697	9.3671	7.0650	4.7667	2.5068	0.5848	$1.4530 \cdot 10^{-3}$
4.9	32.3723	30.0697	27.7672	25.4646	23.1620	20.8594	18.5568	16.2542	13.9516	11.6491	9.3465	7.0444	4.7462	2.4871	0.5721	$1.2915 \cdot 10^{-3}$
5.0	32.3521	30.0495	27.7470	25.4444	23.1418	20.8392	18.5366	16.2340	13.9314	11.6289	9.3263	7.0242	4.7261	2.4679	0.5598	$1.1483 \cdot 10^{-3}$
5.1	32.3323	30.0297	27.7272	25.4246	23.1220	20.8194	18.5168	16.2142	13.9116	11.6091	9.3065	7.0044	4.7064	2.4491	0.5478	$1.0213 \cdot 10^{-3}$
5.2	32.3129	30.0103	27.7077	25.4051	23.1026	20.8000	18.4974	16.1948	13.8922	11.5896	9.2871	6.9850	4.6871	2.4306	0.5362	$9.0862 \cdot 10^{-4}$
5.3	32.2939	29.9913	27.6887	25.3861	23.0835	20.7809	18.4783	16.1758	13.8732	11.5706	9.2681	6.9659	4.6681	2.4126	0.5250	$8.0861 \cdot 10^{-4}$
5.4	32.2752	29.9726	27.6700	25.3674	23.0648	20.7622	18.4597	16.1571	13.8545	11.5519	9.2494	6.9473	4.6495	2.3948	0.5140	$7.1980 \cdot 10^{-4}$
5.5	32.2568	29.9542	27.6516	25.3491	23.0465	20.7439	18.4413	16.1387	13.8361	11.5336	9.2310	6.9289	4.6313	2.3775	0.5034	$6.4093 \cdot 10^{-4}$

Tabella 4.1. cont.

N/u	$N \cdot 10^{-15}$	$N \cdot 10^{-14}$	$N \cdot 10^{-13}$	$N \cdot 10^{-12}$	$N \cdot 10^{-11}$	$N \cdot 10^{-10}$	$N \cdot 10^{-9}$	$N \cdot 10^{-8}$	$N \cdot 10^{-7}$	$N \cdot 10^{-6}$	$N \cdot 10^{-5}$	$N \cdot 10^{-4}$	$N \cdot 10^{-3}$	$N \cdot 10^{-2}$	$N \cdot 10^{-1}$	N
5.6	32.2388	29.9362	27.6336	25.3310	23.0285	20.7259	18.4233	16.1207	13.8181	11.5155	9.2130	6.9109	4.6134	2.3604	0.4930	$5.7084 \cdot 10^{-4}$
5.7	32.2211	29.9185	27.6159	25.3133	23.0108	20.7082	18.4056	16.1030	13.8004	11.4978	9.1953	6.8932	4.5958	2.3437	0.4830	$5.0855 \cdot 10^{-4}$
5.8	32.2037	29.9011	27.5985	25.2959	22.9934	20.6908	18.3882	16.0856	13.7830	11.4804	9.1779	6.8758	4.5785	2.3273	0.4732	$4.5316 \cdot 10^{-4}$
5.9	32.1866	29.8840	27.5814	25.2789	22.9763	20.6737	18.3711	16.0685	13.7659	11.4633	9.1608	6.8588	4.5615	2.3111	0.4636	$4.0390 \cdot 10^{-4}$
6.0	32.1698	29.8672	27.5646	25.2620	22.9595	20.6569	18.3543	16.0517	13.7491	11.4465	9.1440	6.8420	4.5448	2.2953	0.4544	$3.6008 \cdot 10^{-4}$
6.1	32.1533	29.8507	27.5481	25.2455	22.9429	20.6403	18.3378	16.0352	13.7326	11.4300	9.1275	6.8254	4.5283	2.2797	0.4454	$3.2109 \cdot 10^{-4}$
6.2	32.1370	29.8344	27.5318	25.2293	22.9267	20.6241	18.3215	16.0189	13.7163	11.4138	9.1112	6.8092	4.5122	2.2645	0.4366	$2.8638 \cdot 10^{-4}$
6.3	32.1210	29.8184	27.5158	25.2133	22.9107	20.6081	18.3055	16.0029	13.7003	11.3978	9.0952	6.7932	4.4963	2.2494	0.4280	$2.5547 \cdot 10^{-4}$
6.4	32.1053	29.8027	27.5001	25.1975	22.8949	20.5923	18.2898	15.9872	13.6846	11.3820	9.0795	6.7775	4.4806	2.2346	0.4197	$2.2795 \cdot 10^{-4}$
6.5	32.0898	29.7872	27.4846	25.1820	22.8794	20.5768	18.2742	15.9717	13.6691	11.3665	9.0640	6.7620	4.4652	2.2201	0.4115	$2.0343 \cdot 10^{-4}$
6.6	32.0745	29.7719	27.4693	25.1667	22.8642	20.5616	18.2590	15.9564	13.6538	11.3512	9.0487	6.7467	4.4501	2.2058	0.4036	$1.8158 \cdot 10^{-4}$
6.7	32.0595	29.7569	27.4543	25.1517	22.8491	20.5465	18.2439	15.9414	13.6388	11.3362	9.0337	6.7317	4.4351	2.1917	0.3959	$1.6211 \cdot 10^{-4}$
6.8	32.0446	29.7421	27.4395	25.1369	22.8343	20.5317	18.2291	15.9265	13.6240	11.3214	9.0189	6.7169	4.4204	2.1779	0.3883	$1.4476 \cdot 10^{-4}$
6.9	32.0300	29.7275	27.4249	25.1223	22.8197	20.5171	18.2145	15.9119	13.6094	11.3068	9.0043	6.7023	4.4059	2.1643	0.3810	$1.2928 \cdot 10^{-4}$
7.0	32.0157	29.7131	27.4105	25.1079	22.8053	20.5027	18.2001	15.8976	13.5950	11.2924	8.9899	6.6879	4.3916	2.1508	0.3738	$1.1548 \cdot 10^{-4}$
7.1	32.0015	29.6989	27.3963	25.0937	22.7911	20.4885	18.1860	15.8834	13.5808	11.2782	8.9757	6.6737	4.3775	2.1376	0.3668	$1.0317 \cdot 10^{-4}$
7.2	31.9875	29.6849	27.3823	25.0797	22.7771	20.4746	18.1720	15.8694	13.5668	11.2642	8.9617	6.6598	4.3636	2.1246	0.3599	$9.2188 \cdot 10^{-5}$
7.3	31.9737	29.6711	27.3685	25.0659	22.7633	20.4608	18.1582	15.8556	13.5530	11.2504	8.9479	6.6460	4.3500	2.1118	0.3532	$8.2387 \cdot 10^{-5}$
7.4	31.9601	29.6575	27.3549	25.0523	22.7497	20.4472	18.1446	15.8420	13.5394	11.2368	8.9343	6.6324	4.3364	2.0991	0.3467	$7.3640 \cdot 10^{-5}$
7.5	31.9467	29.6441	27.3415	25.0389	22.7363	20.4337	18.1311	15.8286	13.5260	11.2234	8.9209	6.6190	4.3231	2.0867	0.3403	$6.5831 \cdot 10^{-5}$
7.6	31.9334	29.6308	27.3282	25.0257	22.7231	20.4205	18.1179	15.8153	13.5127	11.2102	8.9076	6.6057	4.3100	2.0744	0.3341	$5.8859 \cdot 10^{-5}$
7.7	31.9203	29.6178	27.3152	25.0126	22.7100	20.4074	18.1048	15.8022	13.4997	11.1971	8.8946	6.5927	4.2970	2.0623	0.3280	$5.2633 \cdot 10^{-5}$
7.8	31.9074	29.6049	27.3023	24.9997	22.6971	20.3945	18.0919	15.7893	13.4868	11.1842	8.8817	6.5798	4.2842	2.0503	0.3221	$4.7072 \cdot 10^{-5}$

Tabella 4.2. Tempi minimi per l'applicazione dell'approssimazione logaritmica di Jacob agli acquiferi confinati. I tempi sono espressi in ore, quando non diversamente specificato

r (m)	$T = 10^{-2} m^2/s$		$T = 10^{-4} m^2/s$	
	$S = 10^{-4}$	$S = 10^{-2}$	$S = 10^{-4}$	$S = 10^{-2}$
10	12s	0.3	0.3	34.7
50	0.09	8.7	8v7	868.1
100	0.3	34.7	34.7	3472.2
200	1.4	138.9	138.9	13888.9

L'equazione di Jacob evidenzia come, superata la fase iniziale del transitorio, gli abbassamenti del livello piezometrico aumentano rispetto al tempo con legge logaritmica.

I tempi per i quali è valida l'approssimazione logaritmica di Jacob, vedasi Tabella 4.2, definiscono un range temporale che è anche definito regime di semi-equilibrio, in quanto per una generica distanza radiale l'incremento di abbassamento rispetto al tempo tende a diminuire progressivamente.

4.1.2 Regime di equilibrio

La soluzione può essere ottenuta sia partendo dall'equazione differenziale (4.1), annullando la derivata rispetto al tempo, sia direttamente dalla legge di Darcy, che è un'equazione valida in condizioni stazionarie.

Con riferimento alla geometria radialpiana di Fig. 4.1, la legge di Darcy si scrive:

$$Q - 2\pi r b\, K\, \frac{dh}{dr} = 2\pi T\, r\frac{dh}{dr},$$

da cui, separando le variabili e integrando tra il valore del generico raggio r e il "raggio di influenza" R, in corrispondenza del quale il carico idraulico è ancora pari al valore iniziale h_0, si ottiene:

$$Q \int_r^R \frac{dr}{r} = 2\pi T \int_h^{h_0} dh,$$

e quindi:

$$s(r) = h_0 - h = \frac{Q}{2\pi T}\, \ln\frac{R}{r}. \tag{4.12}$$

Se al posto del raggio generico r si considera il raggio di pozzo r_w, si ha

$$s_w = h_0 - h_w = \frac{Q}{2\pi T}\, \ln\frac{R}{r_w}, \tag{4.13}$$

nota come equazione di Thiem [99].

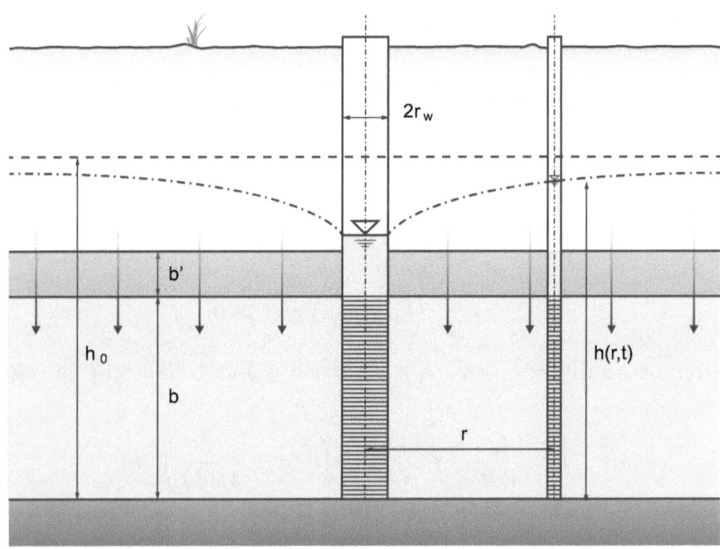

Fig. 4.4. Rappresentazione schematica di un pozzo completato in un acquifero semiconfinato

4.2 Acquifero semiconfinato

L'acquifero semiconfinato è un acquifero in pressione delimitato da un acquicludo e da un acquitardo. Quest'ultima è una formazione geologica dotata di una conducibilità idraulica minore di quella dell'acquifero, ma sufficiente a consentire in condizioni dinamiche un flusso verticale di alimentazione, vedasi Fig. 4.4.

Le soluzioni analitiche di seguito illustrate sono valide, oltre che nel rispetto delle condizioni a)–h) già ricordate all'inizio del presente capitolo, nell'osservanza delle seguenti ulteriori ipotesi:

i)   il livello freatico dell'acquifero non confinato h_0 si mantiene costante nel tempo; al tempo $t = 0$ tale livello coincide con il livello piezometrico dell'acquifero semiconfinato;

l)   nell'acquitardo il flusso è esclusivamente verticale, mentre nell'acquifero semiconfinato è orizzontale;

m) l'alimentazione verticale non avviene a spese dell'acqua immagazzinata nell'acquitardo.

4.2.1 Regime transitorio o di non equilibrio

L'equazione differenziale di flusso è:

$$\frac{\partial^2 h}{\partial r^2} + \frac{1}{r}\,\frac{\partial h}{\partial r} - \frac{h_0 - h}{B^2} = \frac{S}{T}\,\frac{\partial h}{\partial t}, \tag{4.14}$$

e le condizioni iniziali e al contorno valgono:

$$h(r, 0) = h_0, \tag{4.15}$$

$$h(\infty, t) = h_0, \tag{4.16}$$

$$\lim_{r \to 0} \left(r \frac{\partial h}{\partial r} \right) = \frac{Q}{2\pi T} \text{ per } t > 0, \tag{4.17}$$

$$\frac{Q_v}{A} = \frac{K'}{b'}(h_0 - h) \text{ per } t > 0. \tag{4.18}$$

La soluzione analitica è dovuta a Hantush e Jacob [60] ed è la seguente:

$$s(r, t) = \frac{Q}{4\pi T} \int_u^\infty \frac{1}{y} \exp \left(-y - \frac{r^2}{4B^2 y} \right) \, dy, \tag{4.19}$$

essendo

$$u = \frac{Sr^2}{4Tt}, \tag{4.20}$$

$$B = \sqrt{\frac{T}{c}} = \sqrt{\frac{K}{K'}bb'}. \tag{4.21}$$

Poiché l'integrale adimensionale che compare nella (4.19) è funzione di u, r e B, usualmente si sintetizza nella forma:

$$\int_u^\infty \frac{1}{y} \exp \left(-y - \frac{r^2}{4B^2 y} \right) \, dy = W \left(u, \frac{r}{B} \right), \tag{4.22}$$

e la soluzione dell'equazione differenziale diventa:

$$s(r, t) = \frac{Q}{4\pi T} W \left(u, \frac{r}{B} \right), \tag{4.23}$$

nota come equazione di Hantush e Jacob [60].

La funzione $W \left(u, \frac{r}{B} \right)$ è diagrammata in Fig. 4.5 e tabulata in Tabella 4.3.

In forma grafica, le curve $W \left(u, \frac{r}{B} \right)$ $vs \frac{1}{u}$ sono usualmente note come curve di Walton [106]. Esse mostrano tutte un asintoto orizzontale (abbassamento costante nel tempo) che individua il raggiungimento delle condizioni di stazionarietà dovute all'alimentazione verticale attraverso l'acquitardo. Maggiore è il valore di B (quindi minore quello di $\frac{r}{B}$), più tardi si raggiunge la stazionarietà, in quanto maggiore è la resistenza al flusso opposta dall'acquitardo. Per B tendente a infinito, il flusso verticale di alimentazione diviene nullo e la funzione $W \left(u, \frac{r}{B} \to 0 \right)$ coincide con quella di Theis caratteristica degli acquiferi confinati.

Tabella 4.3. Valori numerici della funzione di Hantush-Jacob

u \ r/B	$2\cdot10^{-3}$	$4\cdot10^{-3}$	$6\cdot10^{-3}$	$8\cdot10^{-3}$	$1\cdot10^{-2}$	$2\cdot10^{-2}$	$4\cdot10^{-2}$	$6\cdot10^{-2}$	$8\cdot10^{-2}$	$1\cdot10^{-1}$	$2\cdot10^{-1}$	$4\cdot10^{-1}$	$6\cdot10^{-1}$	$8\cdot10^{-1}$	1	2
0	12.661	11.275	10.464	9.889	9.442	8.057	6.673	5.866	5.295	4.854	3.505	2.229	1.555	1.131	0.842	0.228
$1\cdot10^{-6}$	12.442	11.271	10.464	9.889	9.442	8.057	6.673	5.866	5.295	4.854	3.505	2.229	1.555	1.131	0.842	0.228
$2\cdot10^{-6}$	12.101	11.226	10.462	9.889	9.442	8.057	6.673	5.866	5.295	4.854	3.505	2.229	1.555	1.131	0.842	0.228
$3\cdot10^{-6}$	11.832	11.146	10.451	9.888	9.442	8.057	6.673	5.866	5.295	4.854	3.505	2.229	1.555	1.131	0.842	0.223
$4\cdot10^{-6}$	11.617	11.055	10.429	9.885	9.442	8.057	6.673	5.866	5.295	4.854	3.505	2.229	1.555	1.131	0.842	0.223
$5\cdot10^{-6}$	11.438	10.964	10.399	9.879	9.441	8.057	6.673	5.866	5.295	4.854	3.505	2.229	1.555	1.131	0.842	0.223
$6\cdot10^{-6}$	11.287	10.876	10.364	9.869	9.439	8.057	6.673	5.866	5.295	4.854	3.505	2.229	1.555	1.131	0.842	0.223
$7\cdot10^{-6}$	11.154	10.793	10.325	9.856	9.436	8.057	6.673	5.866	5.295	4.854	3.505	2.229	1.555	1.131	0.842	0.223
$8\cdot10^{-6}$	11.038	10.715	10.285	9.840	9.431	8.057	6.673	5.866	5.295	4.854	3.505	2.229	1.555	1.131	0.842	0.223
$9\cdot10^{-6}$	10.933	10.642	10.245	9.822	9.425	8.057	6.673	5.866	5.295	4.854	3.505	2.229	1.555	1.131	0.842	0.223
$1\cdot10^{-5}$	10.838	10.572	10.204	9.802	9.418	8.057	6.673	5.866	5.295	4.854	3.505	2.229	1.555	1.131	0.842	0.223
$2\cdot10^{-5}$	10.193	10.052	9.839	9.578	9.296	8.056	6.673	5.866	5.295	4.854	3.505	2.229	1.555	1.131	0.842	0.223
$3\cdot10^{-5}$	9.804	9.708	9.558	9.367	9.150	8.048	6.673	5.866	5.295	4.854	3.505	2.229	1.555	1.131	0.842	0.223
$4\cdot10^{-5}$	9.525	9.452	9.337	9.186	9.010	8.032	6.673	5.866	5.295	4.854	3.505	2.229	1.555	1.131	0.842	0.223
$5\cdot10^{-5}$	9.306	9.248	9.154	9.030	8.883	8.008	6.673	5.866	5.295	4.854	3.505	2.229	1.555	1.131	0.842	0.223
$6\cdot10^{-5}$	9.127	9.078	9.000	8.894	8.767	7.979	6.673	5.866	5.295	4.854	3.505	2.229	1.555	1.131	0.842	0.223
$7\cdot10^{-5}$	8.976	8.934	8.865	8.774	8.662	7.946	6.673	5.866	5.295	4.854	3.505	2.229	1.555	1.131	0.842	0.223
$8\cdot10^{-5}$	8.844	8.807	8.747	8.666	8.567	7.911	6.672	5.866	5.295	4.854	3.505	2.229	1.555	1.131	0.842	0.228
$9\cdot10^{-5}$	8.727	8.695	8.641	8.568	8.479	7.874	6.671	5.866	5.295	4.854	3.505	2.229	1.555	1.131	0.842	0.228
$1\cdot10^{-4}$	8.623	8.594	8.545	8.479	8.398	7.838	6.669	5.866	5.295	4.854	3.505	2.229	1.555	1.131	0.842	0.228
$2\cdot10^{-4}$	7.935	7.920	7.896	7.862	7.819	7.497	6.624	5.864	5.295	4.854	3.505	2.229	1.555	1.131	0.842	0.228
$3\cdot10^{-4}$	7.531	7.521	7.505	7.482	7.453	7.228	6.544	5.853	5.294	4.854	3.505	2.229	1.555	1.131	0.842	0.228
$4\cdot10^{-4}$	7.245	7.237	7.225	7.207	7.186	7.013	6.454	5.831	5.291	4.854	3.505	2.229	1.555	1.131	0.842	0.228
$5\cdot10^{-4}$	7.022	7.016	7.006	6.992	6.975	6.834	6.362	5.801	5.285	4.853	3.505	2.229	1.555	1.131	0.842	0.228
$6\cdot10^{-4}$	6.840	6.835	6.827	6.815	6.801	6.682	6.275	5.766	5.275	4.851	3.505	2.229	1.555	1.131	0.842	0.228
$7\cdot10^{-4}$	6.686	6.682	6.675	6.665	6.652	6.550	6.192	5.727	5.262	4.848	3.505	2.229	1.555	1.131	0.842	0.228
$8\cdot10^{-4}$	6.553	6.549	6.543	6.534	6.523	6.434	6.113	5.687	5.246	4.843	3.505	2.229	1.555	1.131	0.842	0.228
$9\cdot10^{-4}$	6.436	6.432	6.426	6.419	6.409	6.329	6.040	5.646	5.228	4.837	3.505	2.229	1.555	1.131	0.842	0.228
$1\cdot10^{-3}$	6.331	6.327	6.322	6.315	6.306	6.234	5.971	5.606	5.209	4.829	3.505	2.229	1.555	1.131	0.842	0.228

Tabella 4.3. cont.

u \ r/B	$2 \cdot 10^{-3}$	$4 \cdot 10^{-3}$	$6 \cdot 10^{-3}$	$8 \cdot 10^{-3}$	$1 \cdot 10^{-2}$	$2 \cdot 10^{-2}$	$4 \cdot 10^{-2}$	$6 \cdot 10^{-2}$	$8 \cdot 10^{-2}$	$1 \cdot 10^{-1}$	$2 \cdot 10^{-1}$	$4 \cdot 10^{-1}$	$6 \cdot 10^{-1}$	$8 \cdot 10^{-1}$	1	2
$2 \cdot 10^{-3}$	5.639	5.637	5.635	5.631	5.626	5.590	5.451	5.241	4.984	4.708	3.504	2.229	1.555	1.131	0.842	0.228
$3 \cdot 10^{-3}$	5.235	5.234	5.232	5.229	5.226	5.201	5.107	4.960	4.774	4.562	3.497	2.229	1.555	1.131	0.842	0.228
$4 \cdot 10^{-3}$	4.948	4.948	4.946	4.944	4.942	4.922	4.851	4.739	4.593	4.422	3.481	2.229	1.555	1.131	0.842	0.228
$5 \cdot 10^{-3}$	4.726	4.726	4.725	4.723	4.721	4.705	4.648	4.557	4.437	4.295	3.457	2.229	1.555	1.131	0.842	0.228
$6 \cdot 10^{-3}$	4.545	4.544	4.544	4.543	4.541	4.527	4.479	4.403	4.301	4.179	3.427	2.229	1.555	1.131	0.842	0.228
$7 \cdot 10^{-3}$	4.392	4.391	4.391	4.390	4.389	4.377	4.335	4.269	4.181	4.075	3.394	2.229	1.555	1.131	0.842	0.228
$8 \cdot 10^{-3}$	4.259	4.259	4.259	4.258	4.257	4.246	4.209	4.151	4.074	3.980	3.359	2.228	1.555	1.131	0.842	0.228
$9 \cdot 10^{-3}$	4.142	4.142	4.142	4.141	4.140	4.131	4.098	4.046	3.977	3.892	3.323	2.227	1.555	1.131	0.842	0.228
$1 \cdot 10^{-2}$	4.038	4.038	4.038	4.037	4.036	4.028	3.998	3.951	3.888	3.812	3.286	2.225	1.555	1.131	0.842	0.228
$2 \cdot 10^{-2}$	3.355	3.355	3.355	3.354	3.354	3.352	3.337	3.311	3.279	3.239	2.948	2.180	1.553	1.131	0.842	0.228
$3 \cdot 10^{-2}$	2.959	2.959	2.959	2.959	2.959	2.958	2.950	2.933	2.910	2.882	2.684	2.102	1.542	1.130	0.842	0.228
$4 \cdot 10^{-2}$	2.681	2.681	2.681	2.681	2.681	2.680	2.676	2.664	2.647	2.626	2.474	2.013	1.521	1.127	0.842	0.228
$5 \cdot 10^{-2}$	2.468	2.468	2.468	2.468	2.468	2.467	2.464	2.456	2.444	2.427	2.304	1.924	1.492	1.121	0.841	0.228
$6 \cdot 10^{-2}$	2.295	2.295	2.295	2.295	2.295	2.295	2.293	2.287	2.278	2.264	2.160	1.840	1.457	1.111	0.839	0.228
$7 \cdot 10^{-2}$	2.151	2.151	2.151	2.151	2.151	2.151	2.149	2.145	2.137	2.127	2.038	1.761	1.421	1.099	0.836	0.228
$8 \cdot 10^{-2}$	2.027	2.027	2.027	2.027	2.027	2.027	2.025	2.022	2.016	2.008	1.931	1.687	1.383	1.084	0.831	0.228
$9 \cdot 10^{-2}$	1.919	1.919	1.919	1.919	1.919	1.919	1.918	1.915	1.910	1.903	1.837	1.619	1.344	1.067	0.825	0.228
$1 \cdot 10^{-1}$	1.823	1.823	1.823	1.823	1.823	1.823	1.822	1.820	1.816	1.810	1.753	1.556	1.306	1.048	0.818	0.228
$2 \cdot 10^{-1}$	1.223	1.223	1.223	1.223	1.223	1.223	1.222	1.222	1.221	1.220	1.202	1.115	0.990	0.852	0.711	0.227
$3 \cdot 10^{-1}$	0.906	0.906	0.906	0.906	0.906	0.906	0.906	0.905	0.905	0.904	0.897	0.852	0.778	0.689	0.597	0.221
$4 \cdot 10^{-1}$	0.702	0.702	0.702	0.702	0.702	0.702	0.702	0.702	0.702	0.702	0.698	0.673	0.626	0.565	0.500	0.209
$5 \cdot 10^{-1}$	0.560	0.560	0.560	0.560	0.560	0.560	0.560	0.560	0.560	0.559	0.557	0.542	0.511	0.469	0.421	0.194
$6 \cdot 10^{-1}$	0.454	0.454	0.454	0.454	0.454	0.454	0.454	0.454	0.454	0.454	0.453	0.443	0.422	0.392	0.356	0.177
$8 \cdot 10^{-1}$	0.311	0.311	0.311	0.311	0.311	0.311	0.311	0.311	0.311	0.310	0.310	0.305	0.295	0.279	0.258	0.144
1	0.219	0.219	0.219	0.219	0.219	0.219	0.219	0.219	0.219	0.219	0.219	0.216	0.211	0.202	0.190	0.114
2	$4.890 \cdot 10^{-2}$	$4.890 \cdot 10^{-2}$	$4.890 \cdot 10^{-2}$	$4.890 \cdot 10^{-2}$	$4.890 \cdot 10^{-2}$	$4.890 \cdot 10^{-2}$	$4.890 \cdot 10^{-2}$	$4.890 \cdot 10^{-2}$	$4.890 \cdot 10^{-2}$	$4.890 \cdot 10^{-2}$	$4.886 \cdot 10^{-2}$	$4.862 \cdot 10^{-2}$	$4.806 \cdot 10^{-2}$	$4.712 \cdot 10^{-2}$	$4.575 \cdot 10^{-2}$	$3.406 \cdot 10^{-2}$
4	$3.779 \cdot 10^{-3}$	$3.779 \cdot 10^{-3}$	$3.779 \cdot 10^{-3}$	$3.779 \cdot 10^{-3}$	$3.779 \cdot 10^{-3}$	$3.779 \cdot 10^{-3}$	$3.779 \cdot 10^{-3}$	$3.779 \cdot 10^{-3}$	$3.779 \cdot 10^{-3}$	$3.779 \cdot 10^{-3}$	$3.778 \cdot 10^{-3}$	$3.770 \cdot 10^{-3}$	$3.751 \cdot 10^{-3}$	$3.717 \cdot 10^{-3}$	$3.667 \cdot 10^{-3}$	$3.171 \cdot 10^{-3}$
6	$3.601 \cdot 10^{-4}$	$3.601 \cdot 10^{-4}$	$3.601 \cdot 10^{-4}$	$3.601 \cdot 10^{-4}$	$3.601 \cdot 10^{-4}$	$3.601 \cdot 10^{-4}$	$3.601 \cdot 10^{-4}$	$3.601 \cdot 10^{-4}$	$3.601 \cdot 10^{-4}$	$3.601 \cdot 10^{-4}$	$3.600 \cdot 10^{-4}$	$3.595 \cdot 10^{-4}$	$3.583 \cdot 10^{-4}$	$3.563 \cdot 10^{-4}$	$3.532 \cdot 10^{-4}$	$3.214 \cdot 10^{-4}$
8	$3.767 \cdot 10^{-5}$	$3.767 \cdot 10^{-5}$	$3.767 \cdot 10^{-5}$	$3.767 \cdot 10^{-5}$	$3.767 \cdot 10^{-5}$	$3.767 \cdot 10^{-5}$	$3.767 \cdot 10^{-5}$	$3.767 \cdot 10^{-5}$	$3.767 \cdot 10^{-5}$	$3.766 \cdot 10^{-5}$	$3.766 \cdot 10^{-5}$	$3.762 \cdot 10^{-5}$	$3.753 \cdot 10^{-5}$	$3.738 \cdot 10^{-5}$	$3.714 \cdot 10^{-5}$	$3.464 \cdot 10^{-5}$

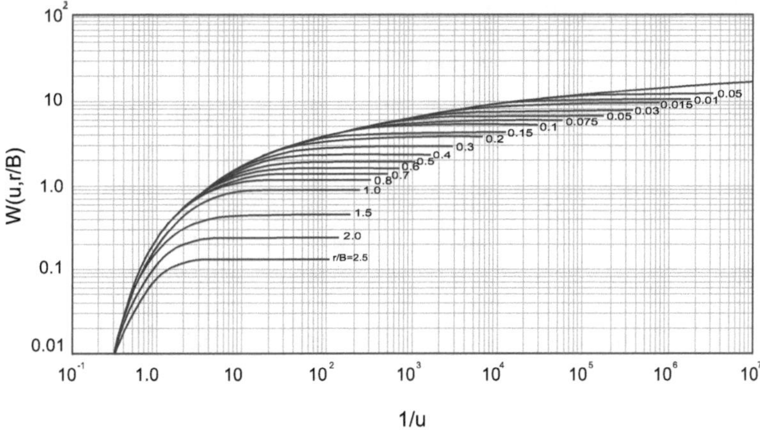

Fig. 4.5. Funzione adimensionale di Hantush-Jacob per gli acquiferi semiconfinati. Le curve sono anche note come curve di Walton

In un generico istante del transitorio, se Q è la portata erogata dal pozzo, l'aliquota (q_s) deriva dall'immagazzinamento elastico dell'acquifero, mentre la restante quota (q_l) dalla ricarica attraverso l'acquitardo:

$$q_s = Q \, \exp\left(-\frac{Tt}{SB^2}\right), \tag{4.24}$$

$$q_l = Q - q_s. \tag{4.25}$$

Come già ricordato, la soluzione di Hantush e Jacob è valida, fra le altre, nell'ipotesi che sia trascurabile l'immagazzinamento di acqua nell'acquitardo: ciò porta a sovrastimare leggermente l'abbassamento indotto dal pompaggio. Neuman e Witherspoon [81] hanno dimostrato che tale effetto è trascurabile se:

$$\frac{r}{4b}\left(\frac{K'}{K}\,\frac{S'_s}{S_s}\right)^{0.5} < 0.01, \tag{4.26}$$

avendo indicato con S'_s e S_s l'immagazzinamento specifico rispettivamente dell'acquitardo e dell'acquifero semiconfinato.

4.2.2 Regime stazionario

L'acquifero semiconfinato corrisponde all'unica tipologia di acquifero in cui, a motivo dell'alimentazione verticale attraverso l'acquitardo, si raggiunge effettivamente la condizione di stazionarietà. In tali condizioni, l'equazione differenziale di flusso diventa:

$$\frac{\partial^2 h}{\partial r^2} + \frac{1}{r}\,\frac{\partial h}{\partial r} - \frac{h_0 - h}{B^2} = 0, \tag{4.27}$$

Tabella 4.4. Valori della funzione $K_0(x)$

x	$K_0(x)$	x	$K_0(x)$
0.001	7.02	0.25	1.54
0.005	5.41	0.30	1.37
0.01	4.72	0.35	1.23
0.015	4.32	0.40	1.11
0.02	4.03	0.45	1.01
0.025	3.81	0.50	0.92
0.03	3.62	0.55	0.85
0.035	3.47	0.60	0.78
0.04	3.34	0.65	0.72
0.045	3.22	0.70	0.66
0.05	3.11	0.75	0.61
0.055	3.02	0.80	0.57
0.06	2.93	0.85	0.52
0.065	2.85	0.90	0.49
0.07	2.78	0.95	0.45
0.075	2.71	1.0	0.42
0.08	2.65	1.5	0.21
0.085	2.59	2.0	0.11
0.09	2.53	2.5	0.062
0.095	2.48	3.0	0.035
0.10	2.43	3.5	0.020
0.15	2.03	4.0	0.011
0.20	1.75	4.5	0.006
		5.0	0.004

la cui soluzione è stata fornita da De Glee [33] nella forma:

$$s\,(r) = \frac{Q}{2\pi T}\,K_0\left(\frac{r}{B}\right),\qquad(4.28)$$

nella quale $K_0\left(\frac{r}{B}\right)$ è la funzione modificata di Bessel di 2^a specie e ordine 0, i cui valori numerici sono riportati in Tabella 4.4. Per valori di $r/B \leq 0.10$ (e quindi sempre in prossimità del pozzo in pompaggio) si ha:

$$K_0\left(\frac{r}{B}\right) = \ln 1.123\frac{B}{r},\qquad(4.29)$$

e quindi l'equazione di De Glee si semplifica nella forma:

$$s\,(r) = \frac{Q}{2\pi T}\,\ln 1.123\,\frac{B}{r}.\qquad(4.30)$$

In particolare, ponendo $r = r_w$ si ha che l'abbassamento stabilizzato al raggio di pozzo vale:

$$s\,(r_w) = \frac{Q}{2\pi T}\, \ln\, 1.123\, \frac{B}{r_w}. \qquad (4.31)$$

La precedente equazione può anche essere scritta in funzione dei logaritmi in base 10; in tal caso, inglobando la costante 2π nel coefficiente numerico, si ha:

$$s\,(r_w) = 0.366\, \frac{Q}{T}\, \log\, 1.123\, \frac{B}{r_w}. \qquad (4.32)$$

4.3 Acquifero non confinato

Nel paragrafo 3.2 si è scritto che, con alcune ipotesi semplificatrici, l'equazione differenziale valida per gli acquiferi confinati può essere applicata anche agli acquiferi con superficie libera. Ciò è però accettabile solo se non si analizza la prima parte del transitorio e se ci si pone a distanza sufficiente dal pozzo in erogazione, mentre risulterà del tutto inadeguata a descrivere il comportamento dell'acquifero negli altri casi.

Prima di esaminare le soluzioni matematiche del problema, è opportuno approfondire il fenomeno fisico. Si consideri un pozzo completato in un acquifero non confinato, che eroga una portata costante di valore Q, vedasi Fig. 4.6.

Nella prima fase del transitorio l'acqua estratta deriva dall'immagazzinamento elastico dell'acquifero, secondo un meccanismo di espansione del tutto analogo a quello di un acquifero confinato. Il livello piezometrico declina rapidamente per effetto del sistema di pompaggio, ma troppo rapidamente perché la forza di gravità possa mobilizzare in maniera significativa l'acqua gravifica contenuta nella porzione di acquifero che resta al di sopra del cono di depressione. Questa porzione di acquifero continua pertanto a restare pressoché satura, nonostante il livello piezometrico sia inferiore. Gli abbassamenti evolvono in questa prima fase secondo una configurazione che ricorda la curva di Theis, in maniera del tutto analoga a quello di un acquifero confinato, sulla base del coefficiente di immagazzinamento elastico S.

All'aumentare del tempo di erogazione, la porzione di acquifero che si trova al di sopra del cono di depressione comincia a contribuire alla portata estratta per effetto del drenaggio operato dalla forza di gravità. Questo drenaggio ha un effetto di ricarica verticale dell'acquifero e ciò è segnalato dal rallentamento dell'evoluzione del cono di depressione. Questo meccanismo, proprio perché si attiva con ritardo rispetto all'inizio del pompaggio, è chiamato "drenaggio gravitazionale ritardato".

Poiché all'aumentare del tempo di erogazione il volume interessato dal cono di depressione aumenta progressivamente, mentre la portata estratta si mantiene costante, l'incremento di abbassamento al generico raggio diminuisce

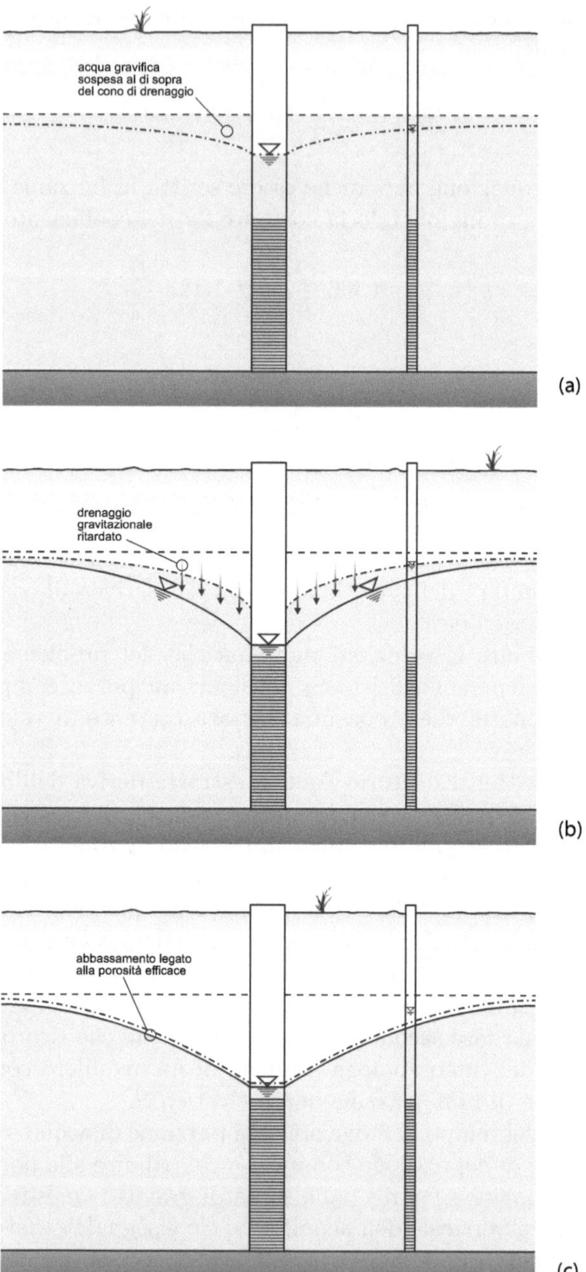

Fig. 4.6. Comportamento idrodinamico di un pozzo completato in un acquifero non confinato: a) cono di drenaggio iniziale; b) drenaggio gravitazionale ritardato; c) il drenaggio verticale è terminato e il transitorio prosegue sulla base del valore di porosità efficace

progressivamente e il drenaggio gravitazionale raggiunge il cono di depressione. Da questo momento cessa il drenaggio ritardato e l'erogazione avviene sulla base del valore di porosità efficace n_e con una evoluzione della curva degli abbassamenti che torna a seguire la configurazione della curva di Theis.

In sintesi, pertanto, il comportamento idrodinamico di un acquifero non confinato si sviluppa in tre fasi, vedasi Fig. 4.7:

a) inizialmente, l'erogazione avviene sulla base dell'immagazzinamento elastico S dell'acquifero, in maniera del tutto analoga a quella di un acquifero confinato;

b) segue una fase dominata dal drenaggio gravitazionale ritardato, durante la quale gli incrementi di abbassamento tendono a diminuire;

c) terminato l'effetto di ricarica del drenaggio gravitazionale, gli abbassamenti ricominciano a crescere sulla base del valore di porosità efficace n_e.

La durata delle prime due fasi è variabile in relazione alla granulometria e quindi alla permeabilità ed alla omogeneità dell'acquifero, ma tutti gli acquiferi non confinati seguono questo comportamento. Ne deriva che, se il problema che si deve risolvere non coinvolge la fase iniziale del transitorio, si possono trascurare le fasi a) e b) precedentemente descritte e sarà sufficiente applicare la stessa equazione differenziale valida per gli acquiferi confinati, sostituendo il coefficiente di immagazzinamento elastico S con la porosità efficace n_e. Se invece è importante analizzare anche la prima parte del transitorio (ad esempio per interpretare una prova di falda, vedasi Capitolo 5), sarà necessario

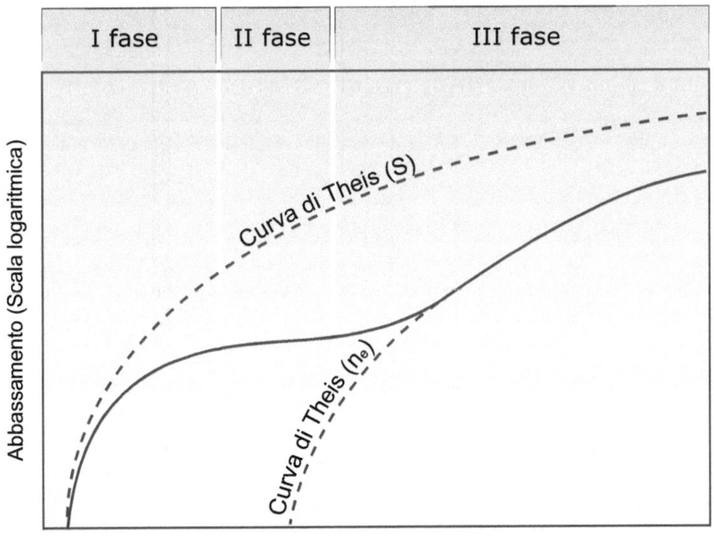

Fig. 4.7. Comportamento idrodinamico di un acquifero non confinato

partire da un'equazione differenziale che tenga conto anche delle fasi a) e b) che caratterizzano la fase iniziale dell'erogazione. È ciò che si farà nei paragrafi che seguono.

4.3.1 Regime transitorio o di non equilibrio

Vengono di seguito fornite due diverse soluzioni analitiche valide per analizzare problemi di flusso in regime transitorio in acquiferi non confinati.

4.3.1.1 Soluzione di Neuman

Si consideri la geometria del sistema pozzo-acquifero schematizzata in Fig. 4.8; la considerazione del drenaggio gravitazionale comporta l'analisi della componente verticale di flusso e, conseguentemente, l'opportunità di prendere in esame l'eventuale anisotropia di conducibilità idraulica sul piano verticale. L'equazione differenziale di Neuman [82] è pertanto:

$$K_r \frac{\partial^2 h}{\partial r^2} + \frac{K_r}{r} \frac{\partial h}{\partial r} + K_z \frac{\partial^2 h}{\partial z^2} = S_s \frac{\partial h}{\partial t}. \tag{4.33}$$

Nello scrivere le condizioni iniziali e al contorno, è opportuno ricordare che la posizione della superficie libera di un acquifero non confinato si sposta nello spazio durante la fase di transitorio, costituendo di fatto una condizione al contorno mobile, vedasi Fig. 4.8.

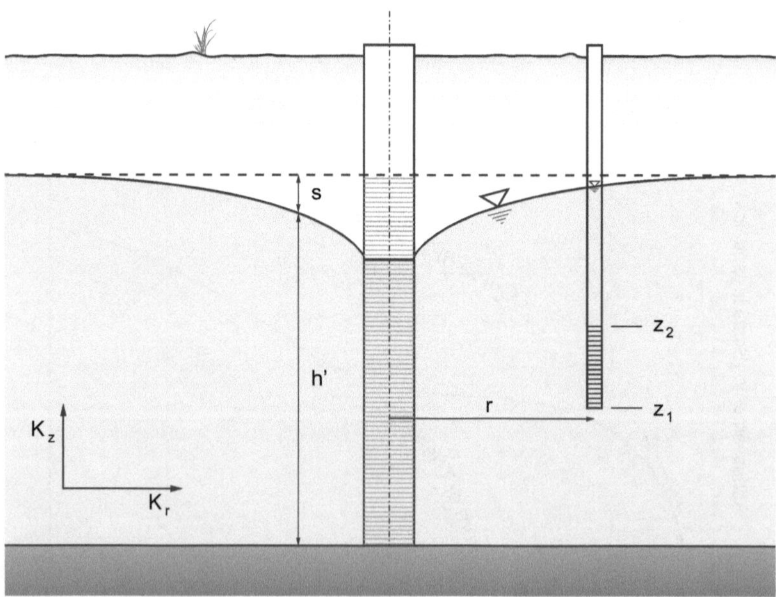

Fig. 4.8. Schematizzazione del sistema pozzo-piezometro-acquifero non confinato per l'applicazione della soluzione di Neuman

In termini analitici, le condizioni iniziali e al contorno sono:

$$h\left(r,\,z,\,0\right)=h_0=b,\tag{4.34}$$

$$h\left(\infty,\,z,\,t\right)=h_0=b,\tag{4.35}$$

in corrispondenza del bottom:

$$\frac{\partial h\ \left(r,\,0,\,t\right)}{\partial z}=0,\tag{4.36}$$

in corrispondenza del pozzo:

$$\lim_{r\to 0}\int_0^b \frac{r\,\partial h}{\partial r}\,dz=\frac{Q}{2\pi K_r},\tag{4.37}$$

in corrispondenza della superficie libera

$$\frac{\partial h\ \left(r,\,b,\,t\right)}{\partial z}=-\frac{S_y}{K_z}\frac{\partial h}{\partial t}\ \ \left(r,\,b,\,t\right).\tag{4.38}$$

La soluzione analitica (1973) ottenuta da Neuman è:

$$s(r,z,t)=\frac{Q}{4\pi T}\int_0^\infty 4yJ_0\left(y\beta^{\frac{1}{2}}\right)\left[\omega_0(y)+\sum_{n=1}^{\infty}\omega_n(y)\right]dy,\tag{4.39}$$

essendo

$$\omega_0\left(y\right)=\frac{\left\{1-\exp\left[-t_s\beta\left(y^2-y_0^2\right)\right]\right\}\cosh\left(\gamma_0 z_D\right)}{\left\{y^2+(1+\sigma)\,y_0^2-\left[\frac{(y^2-y_0^2)^2}{\sigma}\right]\right\}\cosh\left(y_0\right)},\tag{4.40}$$

$$\omega_n\left(y\right)=\frac{\left\{1-\exp\left[-t_s\beta\left(y^2-y_n^2\right)\right]\right\}\cosh\left(\gamma_n z_D\right)}{\left\{y^2+(1+\sigma)\,y_n^2-\left[\frac{(y^2-y_n^2)^2}{\sigma}\right]\right\}\cosh\left(y_n\right)},\tag{4.41}$$

e i termini γ_0 e γ_n le radici delle equazioni:

$$\sigma y_0\sinh\left(\gamma_0\right)-\left(y^2-y_0^2\right)\cosh\left(\gamma_0\right)=0\ \ \text{con}\ \ \gamma_0<y^2,\tag{4.42}$$

$$\sigma y_0\sin\left(\gamma_n\right)+\left(y^2+y_n^2\right)\cos\left(\gamma_n\right)=0,\tag{4.43}$$

dove

$$(2n-1)\frac{\pi}{2}<\gamma_n<n\pi,\quad n\geq 1.$$

L'equazione (4.39), nota come equazione di Neuman, viene usualmente sintetizzata nella forma:

$$s\left(r,\,z,\,t\right)=\frac{Q}{4\pi T}s_D\left(\sigma,\,\beta,\,t_s,\,z_D\right),\tag{4.44}$$

essendo s_D l'abbassamento adimensionale ed, inoltre:

$$\sigma = \frac{S}{S_y} = \frac{t_y}{t_s}, \tag{4.45}$$

$$\beta = \frac{K_z}{K_r}\left(\frac{r}{b}\right)^2, \tag{4.46}$$

$$t_S = \frac{T \cdot t}{Sr^2}, \tag{4.47}$$

$$z_D = \frac{z}{b}. \tag{4.48}$$

Dalla combinazione della (4.45) e della (4.47), si ha ovviamente:

$$t_y = \frac{T \cdot t}{S_y\, r^2}. \tag{4.49}$$

Se si fa riferimento all'abbassamento medio misurabile in un piezometro distante r dal pozzo in pompaggio e completato tra le profondità z_1 e z_2, vedasi Fig. 4.8, definito come:

$$s_{z_1,z_2} = \frac{1}{z_1 - z_2} \int_{z_1}^{z_2} s\left(r, z, t\right)\, dz, \tag{4.50}$$

la soluzione di Neuman (4.44) diviene indipendente da z_D e si semplifica nella forma usualmente impiegata nelle applicazioni:

$$s\left(r, t\right) = \frac{Q}{4\pi T} s_D\left(t_s, t_y, \beta\right) = \frac{Q}{4\pi T} s_D. \tag{4.51}$$

Si noti che nell'argomento della funzione s_D nell'equazione (4.51) è indifferente porre σ o t_y dal momento che i due parametri sono legati dalla relazione (4.45):

$$t_y = \sigma \cdot t_s.$$

Pur nella sua forma più semplificata, la soluzione di Neuman dipende da 3 parametri adimensionali e, pertanto, è di difficile rappresentazione. Per ovviare a tale inconveniente, Neuman, seguendo l'impostazione concettuale di Boulton e tenendo conto che $S \ll S_y$, ha calcolato la funzione s_D per $\sigma \to 0$ (in pratica è stato utilizzato il valore $\sigma = 10^{-9}$), ottenendo le due famiglie di curve:

$s_D = s_D\left(t_s, \beta\right)$ valida per tempi brevi e
$s_D = s_D\left(t_y, \beta\right)$ valida per tempi lunghi e ottenuta ponendo $t_y = 10^{-9}t_s$.

Le due famiglie di curve sono rappresentate nella Fig. 4.9 e Fig. 4.10 e tabulate in Tabella 4.5 e Tabella 4.6

Le due famiglie di curve possono essere unite in un solo diagramma, una volta che si conosca l'effettivo valore di σ di un determinato acquifero, vedasi ad esempio Fig. 4.11 rappresentata per $\sigma = 10^{-4}$.

Tabella 4.5. Funzione adimensionale di Neuman $s_D\,(t_s,\,\beta)$ valida per tempi brevi

t_s	$\beta = 0.001$	$\beta = 0.004$	$\beta = 0.01$	$\beta = 0.03$	$\beta = 0.06$	$\beta = 0.1$	$\beta = 0.2$	$\beta = 0.4$	$\beta = 0.6$
$1.0 \cdot 10^{-1}$	0.02336	0.02440	0.02403	0.02350	0.02297	0.02240	0.02140	0.01994	0.01880
$1.5 \cdot 10^{-1}$	0.07708	0.07647	0.07531	0.07326	0.07117	0.06908	0.06525	0.05977	0.05561
$2.0 \cdot 10^{-1}$	0.14411	0.14235	0.14013	0.13566	0.13127	0.12689	0.11885	0.10758	0.09884
$2.5 \cdot 10^{-1}$	0.21575	0.21279	0.20908	0.20178	0.19459	0.18744	0.17450	0.15589	0.14161
$3.0 \cdot 10^{-1}$	0.28790	0.28354	0.27825	0.26778	0.25749	0.24691	0.22809	0.20147	0.18105
$3.5 \cdot 10^{-1}$	0.35766	0.35187	0.34489	0.33108	0.31750	0.30400	0.27918	0.24374	0.21685
$4.0 \cdot 10^{-1}$	0.42407	0.41676	0.40807	0.39080	0.37383	0.35696	0.32648	0.28262	0.24906
$5.0 \cdot 10^{-1}$	0.54938	0.53813	0.52592	0.50160	0.47773	0.45399	0.41036	0.34870	0.30229
$6.0 \cdot 10^{-1}$	0.66174	0.64836	0.63261	0.60123	0.57042	0.53981	0.48266	0.40323	0.34335
$7.0 \cdot 10^{-1}$	0.76346	0.74710	0.72784	0.68951	0.65187	0.61447	0.54572	0.44803	0.37587
$8.0 \cdot 10^{-1}$	0.85606	0.83676	0.81408	0.76891	0.72459	0.68053	0.59956	0.48504	0.40145
$9.0 \cdot 10^{-1}$	0.93916	0.91697	0.89097	0.84081	0.78995	0.73940	0.64650	0.51580	0.42168
$1.0 \cdot 10$	1.01726	0.99227	0.96298	0.90467	0.84909	0.79219	0.68768	0.54237	0.43779
$2.0 \cdot 10$	1.57138	1.52166	1.46364	1.34798	1.23454	1.12187	0.91770	0.65874	0.49737
$3.0 \cdot 10$	1.92046	1.85021	1.76334	1.60524	1.44180	1.28367	1.00625	0.68571	0.50574
$4.0 \cdot 10$	2.17014	2.08217	1.97965	1.77538	1.57176	1.37588	1.04563	0.69300	0.50711
$5.0 \cdot 10$	2.36518	2.26122	2.14024	1.89908	1.66349	1.43260	1.06454	0.69513	0.50736
$6.0 \cdot 10$	2.52475	2.40628	2.26839	1.99358	1.72624	1.46917	1.07406	0.69579	0.50740
$7.0 \cdot 10$	2.65952	2.52762	2.37407	2.06814	1.77229	1.49348	1.07900	0.69599	0.50741
$8.0 \cdot 10$	2.77604	2.63154	2.46334	2.12836	1.80686	1.51001	1.08162	0.69606	0.50742
$9.0 \cdot 10$	2.87851	2.72210	2.54009	2.17784	1.83326	1.52144	1.08304	0.69608	0.50742
$1.0 \cdot 10^{1}$	2.96980	2.80216	2.60704	2.21906	1.85367	1.52946	1.08382	0.69609	0.50742
$2.0 \cdot 10^{1}$	3.55857	3.29914	2.99737	2.41285	1.92463	1.54914	1.08480	0.69610	0.50742
$3.0 \cdot 10^{1}$	3.88887	3.55845	3.17497	2.46644	1.93385	1.55007	1.08480	0.69610	0.50742
$4.0 \cdot 10^{1}$	4.11437	3.72399	3.27542	2.48450	1.93532	1.55013	1.08480	0.69610	0.50742

Tabella 4.5. cont.

t_s	$\beta = 0.001$	$\beta = 0.004$	$\beta = 0.01$	$\beta = 0.03$	$\beta = 0.06$	$\beta = 0.1$	$\beta = 0.2$	$\beta = 0.4$	$\beta = 0.6$
$5.0 \cdot 10^1$	4.28328	3.83996	3.33309	2.49117	1.93558	1.55013	1.08480	0.69610	0.50742
$6.0 \cdot 10^1$	4.41682	3.92571	3.37120	2.49377	1.93563	1.55013	1.08480	0.69610	0.50742
$7.0 \cdot 10^1$	4.52621	3.99139	3.39638	2.49481	1.93564	1.55013	1.08480	0.69610	0.50742
$8.0 \cdot 10^1$	4.61820	4.04294	3.41342	2.49525	1.93564	1.55013	1.08480	0.69610	0.50742
$9.0 \cdot 10^1$	4.69702	4.08413	3.42516	2.49543	1.93564	1.55013	1.08480	0.69609	0.50742
$1.0 \cdot 10^2$	4.76556	4.11753	3.43335	2.49550	1.93564	1.55013	1.08480	0.69610	0.50742
$2.0 \cdot 10^2$	5.16256	4.25797	3.45340	2.49556	1.93564	1.55013	1.08480	0.69610	0.50742
$3.0 \cdot 10^2$	5.34090	4.28777	3.45434	2.49556	1.93564	1.55013	1.08480	0.69610	0.50742
$4.0 \cdot 10^2$	5.44001	4.29561	3.45439	2.49556	1.93564	1.55013	1.08480	0.69610	0.50742
$5.0 \cdot 10^2$	5.50104	4.29791	3.45440	2.49556	1.93564	1.55013	1.08480	0.69610	0.50742
$6.0 \cdot 10^2$	5.54054	4.29861	3.45440	2.49556	1.93564	1.55013	1.08480	0.69610	0.50742
$7.0 \cdot 10^2$	5.56673	4.29884	3.45440	2.49556	1.93564	1.55013	1.08480	0.69610	0.50742
$8.0 \cdot 10^2$	5.58431	4.29891	3.45440	2.49556	1.93564	1.55013	1.08480	0.69610	0.50742
$9.0 \cdot 10^2$	5.59622	4.29893	3.45440	2.49556	1.93564	1.55013	1.08480	0.69610	0.50742
$1.0 \cdot 10^3$	5.60436	4.29894	3.45440	2.49556	1.93564	1.55013	1.08480	0.69610	0.50742
$2.0 \cdot 10^3$	5.62263	4.29894	3.45440	2.49556	1.93564	1.55013	1.08480	0.69610	0.50742
$3.0 \cdot 10^3$	5.62340	4.29894	3.45440	2.49556	1.93564	1.55013	1.08480	0.69610	0.50742
$4.0 \cdot 10^3$	5.62346	4.29894	3.45440	2.49556	1.93564	1.55013	1.08480	0.69610	0.50742
$5.0 \cdot 10^3$	5.62346	4.29894	3.45440	2.49556	1.93564	1.55013	1.08480	0.69610	0.50742
$6.0 \cdot 10^3$	5.62346	4.29894	3.45440	2.49556	1.93564	1.55013	1.08481	0.69610	0.50742
$7.0 \cdot 10^3$	5.62346	4.29894	3.45440	2.49556	1.93564	1.55013	1.08481	0.69610	0.50742
$8.0 \cdot 10^3$	5.62346	4.29894	3.45440	2.49556	1.93564	1.55013	1.08481	0.69610	0.50742
$9.0 \cdot 10^3$	5.62346	4.29894	3.45440	2.49557	1.93564	1.55013	1.08481	0.69610	0.50742
$1.0 \cdot 10^4$	5.62346	4.29894	3.45440	2.49557	1.93564	1.55013	1.08481	0.69610	0.50742

Tabella 4.5. cont.

t_s	$\beta = 0.8$	$\beta = 1.0$	$\beta = 1.5$	$\beta = 2.0$	$\beta = 2.5$	$\beta = 3.0$	$\beta = 4.0$	$\beta = 5.0$	$\beta = 6.0$	$\beta = 7.0$
$1.0 \cdot 10^{-1}$	0.01786	0.01702	0.01526	0.01376	0.01247	0.01131	0.00933	0.00772	0.00639	0.00530
$1.5 \cdot 10^{-1}$	0.05210	0.04904	0.04248	0.03700	0.03238	0.02835	0.02184	0.01692	0.01318	0.01031
$2.0 \cdot 10^{-1}$	0.09148	0.08492	0.07131	0.06031	0.05111	0.04350	0.03172	0.02335	0.01737	0.01306
$2.5 \cdot 10^{-1}$	0.12944	0.11890	0.09713	0.07978	0.06596	0.05470	0.03817	0.02709	0.01954	0.01430
$3.0 \cdot 10^{-1}$	0.16411	0.14918	0.11850	0.09516	0.07682	0.06254	0.04217	0.02911	0.02057	0.01484
$3.5 \cdot 10^{-1}$	0.19435	0.17511	0.13588	0.10671	0.08464	0.06779	0.04454	0.03018	0.02105	0.01505
$4.0 \cdot 10^{-1}$	0.22084	0.19692	0.14990	0.11546	0.09023	0.07121	0.04592	0.03075	0.02127	0.01514
$5.0 \cdot 10^{-1}$	0.26382	0.23113	0.16961	0.12683	0.09681	0.07502	0.04720	0.03118	0.02142	0.01519
$6.0 \cdot 10^{-1}$	0.29552	0.25564	0.18174	0.13313	0.10002	0.07666	0.04760	0.03130	0.02145	0.01520
$7.0 \cdot 10^{-1}$	0.31914	0.27279	0.18946	0.13675	0.10160	0.07737	0.04774	0.03133	0.02145	0.01520
$8.0 \cdot 10^{-1}$	0.33682	0.28502	0.19433	0.13869	0.10237	0.07768	0.04779	0.03133	0.02145	0.01520
$9.0 \cdot 10^{-1}$	0.34965	0.29379	0.19741	0.13978	0.10275	0.07781	0.04781	0.03134	0.02145	0.01520
$1.0 \cdot 10$	0.35974	0.30011	0.19938	0.14039	0.10294	0.07787	0.04782	0.03134	0.02145	0.01520
$2.0 \cdot 10$	0.39076	0.31651	0.20291	0.14120	0.10314	0.07792	0.04782	0.03134	0.02145	0.01520
$3.0 \cdot 10$	0.39340	0.31736	0.20296	0.14120	0.10314	0.07792	0.04782	0.03134	0.02145	0.01520
$4.0 \cdot 10$	0.39367	0.31741	0.20296	0.14120	0.10314	0.07792	0.04782	0.03134	0.02145	0.01520
$5.0 \cdot 10$	0.39370	0.31741	0.20296	0.14120	0.10314	0.07792	0.04782	0.03134	0.02145	0.01520
$6.0 \cdot 10$	0.39370	0.31741	0.20296	0.14120	0.10314	0.07792	0.04782	0.03134	0.02145	0.01520
$7.0 \cdot 10$	0.39370	0.31741	0.20296	0.14120	0.10314	0.07792	0.04782	0.03134	0.02145	0.01520
$8.0 \cdot 10$	0.39370	0.31741	0.20296	0.14120	0.10314	0.07792	0.04782	0.03134	0.02145	0.01520
$9.0 \cdot 10$	0.39370	0.31741	0.20296	0.14120	0.10314	0.07792	0.04782	0.03134	0.02145	0.01520
$1.0 \cdot 10^{1}$	0.39370	0.31741	0.20296	0.14120	0.10314	0.07792	0.04782	0.03134	0.02145	0.01520
$2.0 \cdot 10^{1}$	0.39370	0.31741	0.20296	0.14120	0.10314	0.07792	0.04782	0.03134	0.02145	0.01520
$3.0 \cdot 10^{1}$	0.39370	0.31741	0.20296	0.14120	0.10314	0.07792	0.04782	0.03134	0.02145	0.01520
$4.0 \cdot 10^{1}$	0.39370	0.31741	0.20296	0.14120	0.10314	0.07792	0.04782	0.03134	0.02145	0.01520

Tabella 4.5. cont.

t_s	$\beta = 0.8$	$\beta = 1.0$	$\beta = 1.5$	$\beta = 2.0$	$\beta = 2.5$	$\beta = 3.0$	$\beta = 4.0$	$\beta = 5.0$	$\beta = 6.0$	$\beta = 7.0$
$5.0 \cdot 10^1$	0.39370	0.31741	0.20296	0.14120	0.10314	0.07792	0.04782	0.03134	0.02145	0.01520
$6.0 \cdot 10^1$	0.39370	0.31741	0.20296	0.14120	0.10314	0.07792	0.04782	0.03134	0.02145	0.01520
$7.0 \cdot 10^1$	0.39370	0.31741	0.20296	0.14120	0.10314	0.07792	0.04782	0.03134	0.02145	0.01520
$8.0 \cdot 10^1$	0.39370	0.31741	0.20296	0.14120	0.10314	0.07792	0.04782	0.03134	0.02145	0.01520
$9.0 \cdot 10^1$	0.39370	0.31741	0.20296	0.14120	0.10314	0.07792	0.04782	0.03134	0.02145	0.01520
$1.0 \cdot 10^2$	0.39370	0.31741	0.20296	0.14120	0.10314	0.07792	0.04782	0.03134	0.02145	0.01520
$2.0 \cdot 10^2$	0.39370	0.31741	0.20296	0.14120	0.10314	0.07792	0.04782	0.03134	0.02145	0.01520
$3.0 \cdot 10^2$	0.39370	0.31741	0.20296	0.14120	0.10314	0.07792	0.04782	0.03134	0.02145	0.01520
$4.0 \cdot 10^2$	0.39370	0.31741	0.20296	0.14120	0.10314	0.07792	0.04782	0.03134	0.02145	0.01520
$5.0 \cdot 10^2$	0.39370	0.31741	0.20296	0.14120	0.10314	0.07792	0.04782	0.03134	0.02145	0.01520
$6.0 \cdot 10^2$	0.39370	0.31741	0.20296	0.14120	0.10314	0.07792	0.04782	0.03134	0.02145	0.01520
$7.0 \cdot 10^2$	0.39370	0.31741	0.20296	0.14120	0.10314	0.07792	0.04782	0.03134	0.02145	0.01520
$8.0 \cdot 10^2$	0.39370	0.31741	0.20296	0.14120	0.10314	0.07792	0.04782	0.03134	0.02145	0.01520
$9.0 \cdot 10^2$	0.39370	0.31741	0.20296	0.14120	0.10314	0.07792	0.04782	0.03134	0.02145	0.01520
$1.0 \cdot 10^3$	0.39370	0.31741	0.20296	0.14120	0.10314	0.07792	0.04782	0.03134	0.02145	0.01520
$2.0 \cdot 10^3$	0.39370	0.31741	0.20296	0.14120	0.10314	0.07792	0.04782	0.03134	0.02146	0.01520
$3.0 \cdot 10^3$	0.39370	0.31741	0.20296	0.14120	0.10314	0.07792	0.04782	0.03134	0.02146	0.01520
$4.0 \cdot 10^3$	0.39370	0.31742	0.20296	0.14120	0.10314	0.07793	0.04782	0.03134	0.02146	0.01520
$5.0 \cdot 10^3$	0.39370	0.31742	0.20296	0.14120	0.10314	0.07793	0.04782	0.03134	0.02146	0.01520
$6.0 \cdot 10^3$	0.39370	0.31742	0.20296	0.14121	0.10314	0.07793	0.04782	0.03134	0.02146	0.01520
$7.0 \cdot 10^3$	0.39371	0.31742	0.20297	0.14121	0.10314	0.07793	0.04783	0.03134	0.02146	0.01521
$8.0 \cdot 10^3$	0.39371	0.31742	0.20297	0.14121	0.10314	0.07793	0.04783	0.03134	0.02146	0.01521
$9.0 \cdot 10^3$	0.39371	0.31742	0.20297	0.14121	0.10315	0.07793	0.04783	0.03134	0.02146	0.01521
$1.0 \cdot 10^4$	0.39371	0.31742	0.20297	0.14121	0.10315	0.07793	0.04783	0.03135	0.02146	0.01521

Tabella 4.6. Funzione adimensionale di Neuman $s_D(t_y, \beta)$ valida per tempi lunghi

t_y	$\beta = 0.001$	$\beta = 0.004$	$\beta = 0.01$	$\beta = 0.03$	$\beta = 0.06$	$\beta = 0.1$	$\beta = 0.2$	$\beta = 0.4$	$\beta = 0.6$
$1.0 \cdot 10^{-4}$	5.62346	4.29895	3.45440	2.49558	1.93566	1.55016	1.08485	0.69616	0.50750
$1.5 \cdot 10^{-4}$	5.62346	4.29895	3.45441	2.49558	1.93567	1.55018	1.08487	0.69620	0.50754
$2.0 \cdot 10^{-4}$	5.62346	4.29895	3.45441	2.49559	1.93568	1.55019	1.08490	0.69623	0.50578
$2.5 \cdot 10^{-4}$	5.62346	4.29895	3.45441	2.49559	1.93569	1.55021	1.08492	0.69626	0.50762
$3.0 \cdot 10^{-4}$	5.62346	4.29895	3.45442	2.49560	1.93570	1.55022	1.08494	0.69630	0.50766
$3.5 \cdot 10^{-4}$	5.62346	4.29895	3.45442	2.49561	1.93571	1.55024	1.08496	0.69633	0.50770
$4.0 \cdot 10^{-4}$	5.62346	4.29895	3.45442	2.49561	1.93572	1.55025	1.08499	0.69637	0.50774
$5.0 \cdot 10^{-4}$	5.62347	4.29896	3.45443	2.49562	1.93574	1.55028	1.08503	0.69643	0.50782
$6.0 \cdot 10^{-4}$	5.62347	4.29896	3.45443	2.49564	1.93576	1.55031	1.08508	0.69650	0.50790
$7.0 \cdot 10^{-4}$	5.62347	4.29896	3.45444	2.49565	1.93578	1.55034	1.08513	0.69657	0.50799
$8.0 \cdot 10^{-4}$	5.62347	4.29896	3.45444	2.49566	1.93580	1.55037	1.08517	0.69664	0.50807
$9.0 \cdot 10^{-4}$	5.62347	4.29897	3.45445	2.49567	1.93583	1.55040	1.08522	0.69670	0.50815
$1.0 \cdot 10^{-3}$	5.62347	4.29897	3.45445	2.49569	1.93585	1.55043	1.08527	0.69677	0.50823
$2.0 \cdot 10^{-3}$	5.62348	4.29899	3.45451	2.49581	1.93606	1.55074	1.08573	0.69745	0.50904
$3.0 \cdot 10^{-3}$	5.62348	4.29902	3.45456	2.49593	1.93627	1.55104	1.08619	0.69813	0.50986
$4.0 \cdot 10^{-3}$	5.62349	4.29905	3.45462	2.49605	1.93647	1.55134	1.08666	0.69880	0.51067
$5.0 \cdot 10^{-3}$	5.62350	4.29907	3.45467	2.49617	1.93668	1.55164	1.08712	0.69948	0.51149
$6.0 \cdot 10^{-3}$	5.62350	4.29910	3.45473	2.49630	1.93689	1.55195	1.08758	0.70015	0.51230
$7.0 \cdot 10^{-3}$	5.62351	4.29912	3.45478	2.49642	1.93710	1.55225	1.08804	0.70083	0.51311
$8.0 \cdot 10^{-3}$	5.62352	4.29915	3.45484	2.49654	1.93731	1.55255	1.08851	0.70151	0.51392
$9.0 \cdot 10^{-3}$	5.62353	4.29917	3.45489	2.49666	1.93752	1.55285	1.08897	0.70218	0.51474
$1.0 \cdot 10^{-2}$	5.62353	4.29920	3.45495	2.49678	1.93773	1.55316	1.08943	0.70286	0.51637
$2.0 \cdot 10^{-2}$	5.62360	4.29946	3.45550	2.49800	1.93982	1.55618	1.09405	0.70961	0.52448
$3.0 \cdot 10^{-2}$	5.62368	4.29971	3.45605	2.49922	1.94191	1.55919	1.09866	0.71635	0.53257
$4.0 \cdot 10^{-2}$	5.62375	4.29997	3.45660	2.50043	1.94399	1.56220	1.10327	0.72307	0.54064
$5.0 \cdot 10^{-2}$	5.62382	4.30023	3.45715	2.50164	1.94608	1.56520	1.10786	0.72978	0.54870
$6.0 \cdot 10^{-2}$	5.62389	4.30048	3.45769	2.50285	1.94816	1.56820	1.11245	0.73647	0.55673
$7.0 \cdot 10^{-2}$	5.62396	4.30074	3.45824	2.50407	1.95024	1.57472	1.11703	0.74315	0.56474

Tabella 4.6. cont.

t_y	$\beta = 0.001$	$\beta = 0.004$	$\beta = 0.01$	$\beta = 0.03$	$\beta = 0.06$	$\beta = 0.1$	$\beta = 0.2$	$\beta = 0.4$	$\beta = 0.6$
$8.0 \cdot 10^{-2}$	5.62403	4.30100	3.45879	2.50528	1.95231	1.57771	1.12161	0.74982	0.57274
$9.0 \cdot 10^{-2}$	5.62410	4.30125	3.45934	2.50650	1.95439	1.58070	1.12617	0.75647	0.58071
$1.0 \cdot 10^{-1}$	5.62417	4.30151	3.45989	2.50771	1.95646	1.58369	1.13073	0.76311	0.58866
$2.0 \cdot 10^{-1}$	5.62488	4.30406	3.46535	2.51982	1.97705	1.61326	1.17584	0.82857	0.66698
$3.0 \cdot 10^{-1}$	5.62559	4.30661	3.47079	2.53187	1.99743	1.64235	1.22009	0.89086	0.74299
$4.0 \cdot 10^{-1}$	5.62630	4.30916	3.47620	2.54387	2.01760	1.67099	1.26346	0.95279	0.81653
$5.0 \cdot 10^{-1}$	5.62701	4.31170	3.48160	2.55580	2.03756	1.69918	1.30594	1.01291	0.88751
$6.0 \cdot 10^{-1}$	5.62772	4.31423	3.48696	2.56767	2.05731	1.72694	1.34752	1.07119	0.95419
$7.0 \cdot 10^{-1}$	5.62843	4.31675	3.49230	2.57948	2.07683	1.75426	1.38821	1.12766	1.02000
$8.0 \cdot 10^{-1}$	5.62913	4.31927	3.49762	2.59122	2.09616	1.78117	1.42801	1.18233	1.08327
$9.0 \cdot 10^{-1}$	5.62984	4.32178	3.50292	2.60290	2.11527	1.80767	1.46693	1.23522	1.14405
$1.0 \cdot 10$	5.63055	4.32428	3.50816	2.61448	2.13419	1.83377	1.50497	1.28639	1.20244
$2.0 \cdot 10$	5.63757	4.34899	3.55963	2.72657	2.31232	2.07401	1.84507	1.71954	1.68048
$3.0 \cdot 10$	5.64455	4.37309	3.60895	2.83133	2.47181	2.28050	2.11477	2.03791	2.01730
$4.0 \cdot 10$	5.65147	4.39661	3.65626	2.92900	2.61490	2.45931	2.33585	2.28584	2.27371
$5.0 \cdot 10$	5.65833	4.41959	3.70173	3.02006	2.74389	2.61578	2.52144	2.48720	2.47942
$6.0 \cdot 10$	5.66515	4.44205	3.74546	3.10519	2.86088	2.75423	2.68045	2.65605	2.65074
$7.0 \cdot 10$	5.67191	4.46401	3.78760	3.18493	2.96765	2.87800	2.81918	2.80117	2.79735
$8.0 \cdot 10$	5.67856	4.48549	3.82823	3.25984	3.06566	2.98964	2.94195	2.92826	2.92540
$9.0 \cdot 10$	5.68522	4.50652	3.86746	3.33041	3.15612	3.09115	3.05188	3.04123	3.03901
$1.0 \cdot 10^{1}$	5.69183	4.52710	3.90541	3.39705	3.24001	3.18411	3.15133	3.14287	3.14111
$2.0 \cdot 10^{1}$	5.75539	4.71277	4.22812	3.91226	3.84756	3.83144	3.82221	3.82059	3.82021
$3.0 \cdot 10^{1}$	5.81475	4.86999	4.47913	4.26437	4.23259	4.22655	4.22186	4.22138	4.22123
$4.0 \cdot 10^{1}$	5.87046	5.00682	4.68454	4.52975	4.51254	4.51013	4.50692	4.50681	4.50674
$5.0 \cdot 10^{1}$	5.92298	5.12830	4.85823	4.74177	4.73193	4.73114	4.72857	4.72863	4.72859
$6.0 \cdot 10^{1}$	5.97268	5.23766	5.00847	4.91782	4.91208	4.91216	4.90993	4.91007	4.91006
$8.0 \cdot 10^{1}$	6.06483	5.42851	5.25874	5.19918	5.19751	5.19834	5.19643	5.19665	5.19665
$1.0 \cdot 10^{2}$	6.14883	5.59154	5.46200	5.41939	5.41951	5.42069	5.41891	5.41916	5.41916

Tabella 4.6. cont.

t_y	$\beta = 0.8$	$\beta = 1.0$	$\beta = 1.5$	$\beta = 2.0$	$\beta = 2.5$	$\beta = 3.0$	$\beta = 4.0$	$\beta = 5.0$	$\beta = 6.0$	$\beta = 7.0$
$1.0 \cdot 10^{-4}$	0.39379	0.31751	0.20306	0.14130	0.10324	0.07802	0.04791	0.03142	0.02152	0.01526
$1.5 \cdot 10^{-4}$	0.39383	0.31756	0.20311	0.14136	0.10329	0.07807	0.04795	0.03145	0.02156	0.01529
$2.0 \cdot 10^{-4}$	0.39388	0.31760	0.20316	0.14141	0.10334	0.07812	0.04800	0.03149	0.02159	0.01532
$2.5 \cdot 10^{-4}$	0.39392	0.31765	0.20322	0.14146	0.10339	0.07817	0.04804	0.03153	0.02163	0.01535
$3.0 \cdot 10^{-4}$	0.39397	0.31770	0.20327	0.14151	0.10344	0.07822	0.04808	0.03157	0.02166	0.01538
$3.5 \cdot 10^{-4}$	0.39401	0.31775	0.20332	0.14156	0.10349	0.07826	0.04813	0.03161	0.02169	0.01541
$4.0 \cdot 10^{-4}$	0.39406	0.31780	0.20337	0.14162	0.10354	0.07831	0.04817	0.03165	0.02173	0.01544
$5.0 \cdot 10^{-4}$	0.39415	0.31789	0.20347	0.14172	0.10365	0.07841	0.04826	0.03173	0.02180	0.01550
$6.0 \cdot 10^{-4}$	0.39424	0.31799	0.20358	0.14182	0.10375	0.07851	0.04835	0.03181	0.02187	0.01556
$7.0 \cdot 10^{-4}$	0.39433	0.31808	0.20368	0.14193	0.10385	0.07861	0.04844	0.03189	0.02193	0.01562
$8.0 \cdot 10^{-4}$	0.39442	0.31818	0.20378	0.14203	0.10395	0.07871	0.04853	0.03196	0.02200	0.01568
$9.0 \cdot 10^{-4}$	0.39451	0.31828	0.20389	0.14214	0.10405	0.07880	0.04861	0.03204	0.02207	0.01574
$1.0 \cdot 10^{-3}$	0.39460	0.31837	0.20399	0.14224	0.10415	0.07890	0.04870	0.03212	0.02214	0.01580
$2.0 \cdot 10^{-3}$	0.39550	0.31933	0.20502	0.14328	0.10507	0.07988	0.04959	0.03291	0.02284	0.01641
$3.0 \cdot 10^{-3}$	0.39640	0.32029	0.20605	0.14432	0.10609	0.08087	0.05048	0.03370	0.02353	0.01702
$4.0 \cdot 10^{-3}$	0.39731	0.32125	0.20708	0.14537	0.10711	0.08185	0.05138	0.03450	0.02425	0.01764
$5.0 \cdot 10^{-3}$	0.39821	0.32221	0.20812	0.14641	0.10814	0.08284	0.05227	0.03530	0.02496	0.01827
$6.0 \cdot 10^{-3}$	0.39911	0.32318	0.20915	0.14745	0.10916	0.08383	0.05317	0.03608	0.02568	0.01890
$7.0 \cdot 10^{-3}$	0.40001	0.32414	0.21018	0.14850	0.11019	0.08482	0.05408	0.03689	0.02640	0.01955
$8.0 \cdot 10^{-3}$	0.40091	0.32510	0.21121	0.14954	0.11122	0.08582	0.05498	0.03770	0.02712	0.02020
$9.0 \cdot 10^{-3}$	0.40181	0.32606	0.21225	0.15059	0.11225	0.08689	0.05589	0.03852	0.02784	0.02085
$1.0 \cdot 10^{-2}$	0.40271	0.32702	0.21328	0.15164	0.11328	0.08789	0.05680	0.03934	0.02857	0.02150
$2.0 \cdot 10^{-2}$	0.41170	0.33661	0.22362	0.16214	0.12364	0.90797	0.06614	0.04782	0.03624	0.02840
$3.0 \cdot 10^{-2}$	0.42067	0.34620	0.23398	0.17271	0.13413	0.10822	0.07566	0.05663	0.04438	0.03590
$4.0 \cdot 10^{-2}$	0.42963	0.35527	0.24436	0.18334	0.14487	0.11852	0.08551	0.06589	0.05293	0.04393
$5.0 \cdot 10^{-2}$	0.43857	0.36482	0.25508	0.19381	0.15556	0.12907	0.09569	0.07538	0.06201	0.05242
$6.0 \cdot 10^{-2}$	0.44749	0.37436	0.26549	0.20453	0.16634	0.13977	0.10602	0.08527	0.07144	0.06144
$7.0 \cdot 10^{-2}$	0.45639	0.38389	0.27590	0.21530	0.17721	0.15074	0.11645	0.09553	0.08118	0.07094

Tabella 4.6. cont.

t_y	$\beta = 0.8$	$\beta = 1.0$	$\beta = 1.5$	$\beta = 2.0$	$\beta = 2.5$	$\beta = 3.0$	$\beta = 4.0$	$\beta = 5.0$	$\beta = 6.0$	$\beta = 7.0$
$8.0 \cdot 10^{-2}$	0.46527	0.39340	0.28632	0.22610	0.18814	0.16167	0.12719	0.10599	0.09134	0.08074
$9.0 \cdot 10^{-2}$	0.47413	0.40289	0.29673	0.23694	0.19892	0.17271	0.13811	0.11658	0.10190	0.09099
$1.0 \cdot 10^{-1}$	0.48297	0.41237	0.30715	0.24780	0.20998	0.18384	0.14935	0.12752	0.11266	0.10166
$2.0 \cdot 10^{-1}$	0.57103	0.50595	0.41026	0.35730	0.32277	0.29848	0.26628	0.24538	0.23100	0.22035
$3.0 \cdot 10^{-1}$	0.65558	0.59775	0.51163	0.46457	0.43449	0.41349	0.38596	0.36864	0.35725	0.34852
$4.0 \cdot 10^{-1}$	0.73721	0.68540	0.61030	0.56966	0.54318	0.52558	0.50293	0.48899	0.47956	0.47277
$5.0 \cdot 10^{-1}$	0.81572	0.76948	0.70370	0.66892	0.64744	0.63290	0.61451	0.60343	0.59605	0.59080
$6.0 \cdot 10^{-1}$	0.88931	0.84985	0.79240	0.76274	0.74476	0.73277	0.71786	0.70903	0.70321	0.69911
$7.0 \cdot 10^{-1}$	0.96140	0.92477	0.87634	0.85105	0.83598	0.82607	0.81390	0.80678	0.80214	0.79888
$8.0 \cdot 10^{-1}$	1.03033	0.99774	0.95394	0.93231	0.91963	0.91138	0.90135	0.89555	0.89178	0.88915
$9.0 \cdot 10^{-1}$	1.09621	1.06718	1.02883	1.01028	0.99954	0.99260	0.98427	0.97947	0.97637	0.97420
$1.0 \cdot 10$	1.15917	1.13326	1.09959	1.08358	1.07442	1.06856	1.06155	1.05753	1.05494	1.05313
$2.0 \cdot 10$	1.66297	1.65346	1.63855	1.63369	1.63103	1.62937	1.62739	1.62628	1.62556	1.62506
$3.0 \cdot 10$	2.00874	2.00429	1.99920	1.99702	1.99583	1.99508	1.99419	1.99369	1.99337	1.99314
$4.0 \cdot 10$	2.26887	2.26639	2.26356	2.26235	2.26168	2.26127	2.26077	2.26049	2.26031	2.26018
$5.0 \cdot 10$	2.47638	2.47482	2.47305	2.47228	2.47186	2.47160	2.47128	2.47111	2.47099	2.47091
$6.0 \cdot 10$	2.64868	2.64761	2.64640	2.64588	2.64559	2.64541	2.64520	2.64508	2.64500	2.64494
$7.0 \cdot 10$	2.79586	2.79510	2.79422	2.79385	2.79363	2.79351	2.79335	2.79326	2.79321	2.79316
$8.0 \cdot 10$	2.92427	2.92370	2.92304	2.92275	2.92260	2.92251	2.92239	2.92232	2.92228	2.92225
$9.0 \cdot 10$	3.03814	3.03770	3.03718	3.03696	3.03684	3.03676	3.03668	3.03663	3.03659	3.03657
$1.0 \cdot 10^{1}$	3.14041	3.14006	3.13965	3.13947	3.13937	3.13931	3.13925	3.13920	3.13918	3.13916
$2.0 \cdot 10^{1}$	3.82006	3.82000	3.81992	3.81988	3.81986	3.81984	3.81984	3.81983	3.81983	3.81983
$3.0 \cdot 10^{1}$	4.22118	4.22117	4.22114	4.22113	4.22112	4.22112	4.22113	4.22112	4.22113	4.22113
$4.0 \cdot 10^{1}$	4.50672	4.50673	4.50671	4.50670	4.50671	4.50671	4.50672	4.50672	4.50673	4.50673
$5.0 \cdot 10^{1}$	4.72859	4.72860	4.72860	4.72859	4.72860	4.72860	4.72861	4.72862	4.72863	4.72863
$6.0 \cdot 10^{1}$	4.91006	4.91007	4.91008	4.91007	4.91009	4.91009	4.91010	4.91011	4.91012	4.91012
$8.0 \cdot 10^{1}$	5.19665	5.19668	5.19669	5.19669	5.19670	5.19671	5.19672	5.19672	5.19673	5.19674
$1.0 \cdot 10^{2}$	5.41916	5.41918	5.41920	5.41920	5.41921	5.41921	5.41922	5.49123	5.41924	5.41924

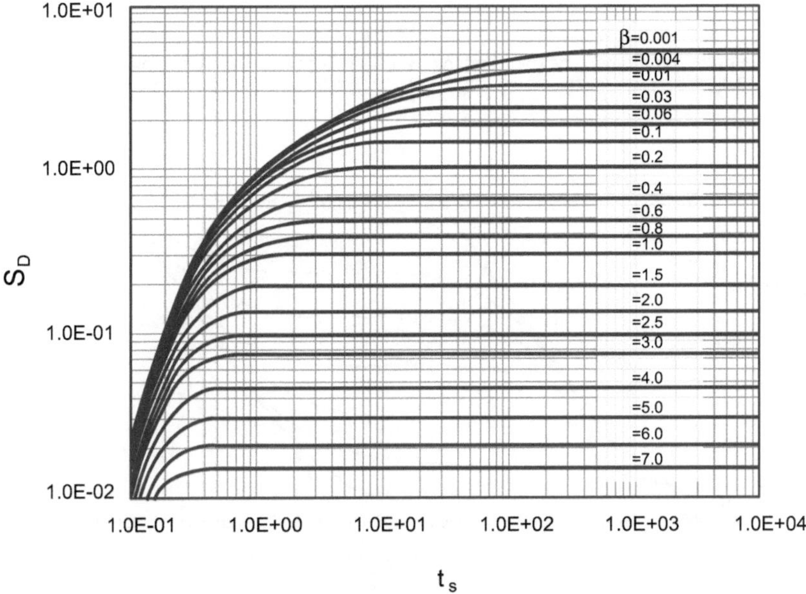

Fig. 4.9. Funzione adimensionale di Neuman $s_D\,(t_s,\,\beta)$ valida per tempi brevi

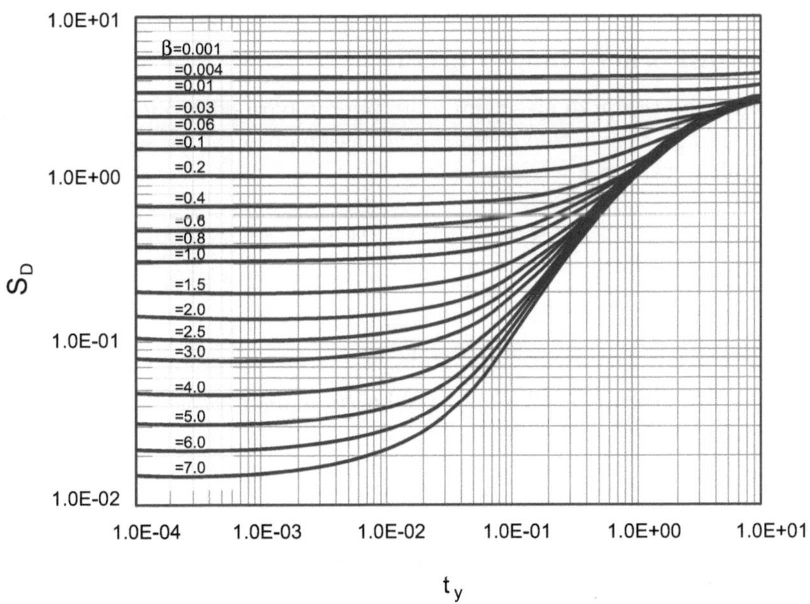

Fig. 4.10. Funzione adimensionale di Neuman $s_D\,(t_y,\,\beta)$ valida per tempi lunghi

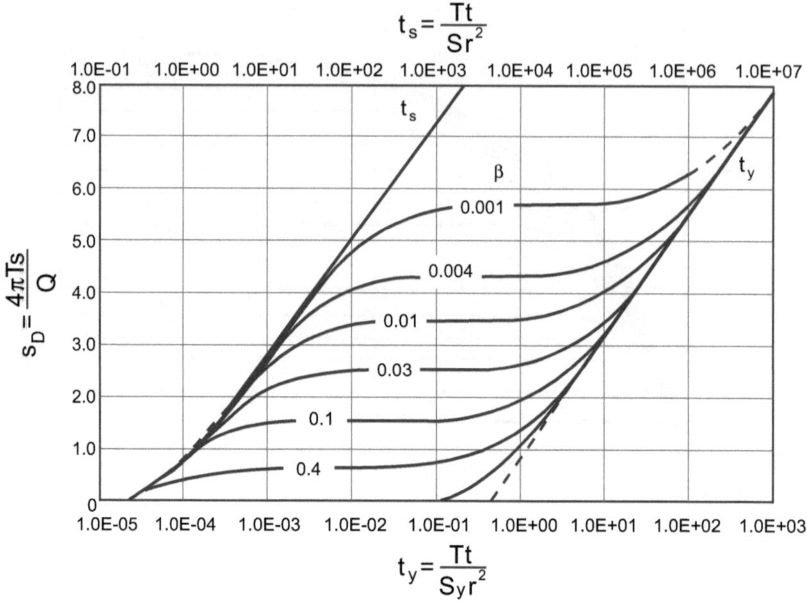

Fig. 4.11. Curve adimensionali di Neuman $s_D\,(t_s\ t_y,\ \beta)$ rappresentate per il caso $\sigma = 10^{-4}$

4.3.1.2 Transitorio di lunga durata

Se si considerano tempi di erogazione tali per cui ogni effetto legato al drenaggio gravitazionale ritardato è cessato, l'abbassamento evolve secondo la curva di Theis, calcolata per $S = S_y = n_e$:

$$s\,(r,\,t) = \frac{Q}{4\pi T}\,W\,(u)\,,\tag{4.52}$$

essendo

$$u = \frac{n_e r^2}{4T \cdot t}.\tag{4.53}$$

Se poi addirittura $t \geq 12{,}5\frac{n_e r^2}{T}$, l'abbassamento evolve con legge logaritmica secondo l'approssimazione di Jacob:

$$s\,(r,\,t) = \frac{Q}{4\pi T}\,\ln 2{,}25\,\frac{T \cdot t}{n_e r^2},\tag{4.54}$$

esprimibile anche mediante i logaritmi in base 10:

$$s\,(r,\,t) = 0{,}183\,\frac{Q}{T}\,\log 2{,}25\,\frac{T \cdot t}{n_e r^2}.\tag{4.55}$$

Tabella 4.7. Tempi minimi per l'applicazione dell'approssimazione logaritmica di Jacob agli acquiferi non confinati. I tempi sono espressi in ore

| r | $T = 10^{-2}\ m^2/s$ | | $T = 10^{-4}\ m^2/s$ | |
(m)	$n_e = 0.1$	$n_e = 0.3$	$n_e = 0.1$	$n_e = 0.3$
10	3.5	10.4	347.2	1041.2
50	86.8	260.4	8680.6	26041.7

Poiché è ovviamente $n_e \gg S$, sarà molto maggiore il tempo necessario a rendere applicabile ad un acquifero non confinato l'approssimazione logaritmica, vedasi Tabella 4.7.

I valori in Tabella 4.7 dimostrano che l'approssimazione logaritmica è di fatto inapplicabile a distanze superiori a $50\,m$ dal pozzo in pompaggio. Tuttavia, anche in prossimità del pozzo, i valori sono molto elevati; l'ignoranza di tale aspetto è la prima causa di errore nell'interpretazione di prove di falda eseguite in un acquifero non confinato.

4.3.2 Regime di equilibrio

La soluzione stazionaria dell'equazione differenziale di flusso può essere ottenuta integrando direttamente l'equazione di Darcy e tenendo conto che la trasmissività dell'acquifero in prossimità dell'opera di captazione non è costante, ma diminuisce con l'abbassarsi della superficie freatica:

$$Q = 2\pi r h K \frac{dh}{dr}, \tag{4.56}$$

da cui separando le variabili e integrando:

$$\frac{Q}{2\pi K} \int_r^R \frac{dr}{r} = \int_h^{h_0} h\,dh,$$

si ottiene la soluzione:

$$h_0^2 - h^2 = \frac{Q}{\pi K}\ \ln\frac{R}{r}, \tag{4.57}$$

nella quale R rappresenta il raggio di influenza, vale a dire la distanza dal pozzo in pompaggio alla quale l'abbassamento diventa trascurabile.

Poiché è:

$$h_0^2 - h^2 = (h_0 - h)(h_0 + h) = s(h_0 + h_0 - s) = 2h_0 s', \tag{4.58}$$

essendo s' la correzione di Jacob:

$$s' = s - \frac{s^2}{2h_0}, \tag{4.59}$$

la (4.57) si può anche scrivere nella forma:

$$s'\,(r) = \frac{Q}{2\pi T}\,\ln\frac{R}{r},\qquad (4.60)$$

assolutamente identica alla soluzione di Thiem valida per gli acquiferi confinati, salvo la sostituzione degli abbassamenti teorici $s\,(r)$ con gli abbassamenti corretti $s'\,(r)$. Si noti che nella precedente espressione $T = K \cdot h_0$, vale a dire è il valore della trasmissività iniziale, in condizioni indisturbate.

4.4 Il concetto di raggio di drenaggio istantaneo e di raggio di influenza

Ad esclusione degli acquiferi semiconfinati, nelle altre tipologie di acquifero (confinato e non confinato), purché sia rispettata la diseguaglianza:

$$t \geq 12.5\frac{Sr^2}{T},\qquad (4.61)$$

il transitorio può essere descritto dall'equazione logaritmica di Jacob:

$$s\,(r,\,t) = \frac{Q}{4\pi T}\,\ln\,2.25\frac{T\cdot t}{Sr^2}.\qquad (4.62)$$

Dal punto di vista teorico, entrambe le equazioni precedenti sono valide sia per acquiferi confinati, che per acquiferi non confinati, salvo ricordare, dal punto di vista applicativo, che in questi ultimi il coefficiente di immagazzinamento S coincide con la porosità efficace e che il tempo necessario a garantire l'osservanza della disuguaglianza (4.61) può essere elevato.

Se si introduce il concetto di raggio di drenaggio istantaneo r_d come la distanza radiale che soddisfa la seguente identità:

$$\ln\frac{r_d}{r} = \frac{1}{2}\,\ln\,2.25\frac{T\cdot t}{Sr^2},\qquad (4.63)$$

ne consegue che, applicando le proprietà dei logaritmi, si ha:

$$r_d = 1.5\sqrt{\frac{T\cdot t}{S}}.\qquad (4.64)$$

Il raggio di drenaggio è funzione dei valori di trasmissività e coefficiente di immagazzinamento, ma è soprattutto un parametro che evolve nel tempo in maniera proporzionale alla radice quadrata di quest'ultimo.

Se si sostituisce la (4.64) nell'equazione (4.60), si ottiene:

$$s\,(r,\,t) = \frac{Q}{2\pi T}\,\ln\frac{r_d}{r},\qquad (4.65)$$

che, scritta per il raggio di pozzo, diventa:

$$s\,(r_w,t) = \frac{Q}{2\pi T}\,\ln\frac{r_d}{r_w}.\qquad (4.66)$$

Come si può osservare la (4.66) coincide con l'equazione di Thiem valida in condizioni di stazionarietà, salvo la sostituzione del raggio di influenza R con il raggio di drenaggio istantaneo r_d. In altri termini, un problema di flusso in regime transitorio può anche essere affrontato con un'equazione valida in regime stazionario, ma riferita al raggio di drenaggio istantaneo.

Il raggio di influenza R, parametro di uso pratico perché da un punto di vista tecnico la stazionarietà non si raggiunge mai negli acquiferi confinati e non confinati di estensione illimitata, rappresenta il limite a cui tende il raggio di drenaggio istantaneo per tempi elevati.

5

Caratterizzazione di un acquifero

Caratterizzare un acquifero significa determinare la tipologia idraulica e la distribuzione dei valori dei parametri idrodinamici che ne governano il comportamento.

La metodologia più idonea per raggiungere con la richiesta affidabilità tale obiettivo è costituita dalle prove di falda, che – d'altra parte – rappresentano l'unico approccio oggettivo per valutare la tipologia idraulica e l'effetto di alcune condizioni al contorno [37].

5.1 Classificazione e pianificazione di una prova di falda

Le prove di falda sono prove di pompaggio eseguite in regime transitorio, dal momento che il coefficiente di immagazzinamento e la porosità efficace non giocano alcun ruolo nel rilascio dell'acqua dal mezzo poroso in regime di equilibrio e, conseguentemente, non possono essere determinati mediante una prova eseguita in flusso stazionario, anche se di maggior onere temporale ed economico.

Dal punto di vista operativo, vedasi Fig. 5.1, le prove di falda possono essere eseguite:

- *a portata costante*, misurando il conseguente declino di livello in funzione del tempo (prova di falda in declino o a carico idraulico decrescente);
- *a portata nulla*, ottenuta arrestando il pompaggio successivamente ad un periodo di erogazione a portata costante e misurando la conseguente risalita del livello in funzione del tempo, fino a recuperare il livello indisturbato (prova di risalita o di recupero);
- *a portata variabile*, ottenuta facendo avvenire una variazione istantanea di livello in pozzo e misurando in funzione del tempo il ripristino del livello indisturbato (*slug test*).

Le prove di falda possono coinvolgere un solo pozzo oppure, in aggiunta, uno o più punti di osservazione (prove a pozzo singolo o prove multi-pozzo).

Di Molfetta A., Sethi R.: Ingegneria degli acquiferi.
DOI 10.1007/978-88-470-1851-8_5, © Springer-Verlag Italia 2012

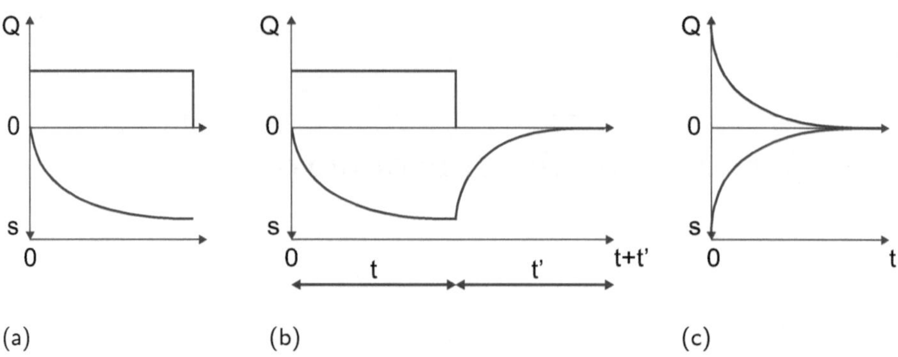

Fig. 5.1. Modalità di esecuzione delle prove di falda: a) a portata costante, o prova in declino; b) prova di risalita; c) slug test

Nel primo caso, la variazione di livello indotta dal pompaggio o dall'arresto dell'erogazione o dalla variazione istantanea di livello viene misurata nel pozzo stesso (pozzo attivo); nel secondo caso, invece, la variazione di livello idrico viene misurata in uno o più punti di osservazione (pozzi o piezometri), diversi e distanti dal pozzo attivo.

Le prove di falda in declino o in risalita sono preferibilmente prove multi-pozzo; è possibile realizzarle a pozzo singolo unicamente se non esiste l'opportunità di utilizzare un punto di osservazione diverso dal pozzo attivo: in questo caso, infatti, l'inosservanza di alcune delle ipotesi che sono alla base delle soluzioni analitiche dell'equazione di diffusività, utilizzate per l'interpretazione della prova, rendono più difficile la stessa. Per contro, maggiore è il numero di punti di osservazione di cui si può disporre in una prova di falda, maggiori sono l'affidabilità dell'interpretazione e il numero di informazioni ricavabili.

Le prove di falda con variazione istantanea del livello idrico in pozzo (*slug test*) sono invece prove a pozzo singolo che, pur fornendo un numero limitato di informazioni rispetto alle prove multi-pozzo, consentono di determinare la conducibilità idraulica orizzontale dell'acquifero.

La realizzazione di una prova di falda comporta la pianificazione di una serie di decisioni operative concernenti la scelta del sito, le caratteristiche del pozzo attivo, le caratteristiche dei punti di osservazione, la durata delle prove, le apparecchiature di misura, la frequenza e le modalità di misura.

La sottovalutazione di taluni aspetti operativi, alcuni dei quali possono apparire scontati, può inficiare i risultati dell'intera prova.

5.1.1. La scelta del sito, intesa come individuazione del sito più idoneo per la realizzazione di una prova di pompaggio di cui siano stati fissati gli obiettivi, è limitata a quei casi in cui la realizzazione della prova comporta la preliminare realizzazione delle opere di captazione e/o osservazione. Tale situazione è frequente nei casi di caratterizzazione di un acquifero contaminato, data l'importanza economica dell'intervento da compiere, mentre in altre situazioni il sito è già individuato, essendo legato alla disponibilità di un pozzo esistente, ed in questo caso le considerazioni che seguono vanno intese solo come verifica dell'idoneità del sito.

Il sito ideale è un sito facilmente accessibile, significativo dell'area che si vuole studiare, lontano da disturbi che possono mascherare o alterare i segnali registrati durante la prova (presenza di altri pozzi in esercizio, vicinanza di fonti di vibrazione quali ferrovie o strade di grande comunicazione). Esso deve essere, inoltre, distante da limiti idrogeologici (impermeabili, drenanti o alimentanti), a meno che la loro caratterizzazione costituisca uno degli obiettivi della prova, e soprattutto deve consentire l'allontanamento dell'acqua emunta a distanza superiore al raggio di influenza della prova, per evitare che la stessa, infiltrandosi nel sottosuolo, alimenti la falda influenzando il cono di drenaggio indotto dal pompaggio.

5.1.2. Se il pozzo attivo è già esistente, è indispensabile che si conosca la colonna litostratigrafica dei terreni attraversati e la geometria del completamento (diametro della colonna di rivestimento; profondità; numero, tipologia e posizione degli elementi finestrati), essendo elementi conoscitivi indispensabili per una corretta interpretazione della prova.

Se il pozzo, invece, deve essere appositamente realizzato, sarà opportuno progettarlo con un diametro compreso nel campo 300–500 mm, "finestrando" tutto lo spessore saturo dell'acquifero (pozzo completo), onde realizzare una delle condizioni teoriche che facilitano l'interpretazione della prova. Qualora considerazioni economiche o tecniche impediscano di realizzare un pozzo completo, sarà indispensabile, comunque, conoscere perfettamente la geometria definitiva per tenerne conto in fase di interpretazione.

Ad eccezione del caso in cui ci si limiti ad eseguire uno *slug test*, il pozzo dovrà essere attrezzato con una pompa ed un eventuale gruppo elettrogeno (se non esiste l'allacciamento alla rete elettrica o se la potenza disponibile è insufficiente) perfettamente efficienti, in grado di mantenere costante la portata erogata durante tutto l'intervallo temporale prefissato.

5.1.3. Ad eccezione degli *slug tests* che richiedono la disponibilità del solo pozzo attivo, le altre prove di falda, essendo tipicamente prove multi-pozzo, richiedono l'idoneità delle caratteristiche dei punti di osservazione nei quali l'effetto indotto dal pompaggio (o dal suo arresto) viene misurato, ad una distanza r dal pozzo attivo.

Come punti di osservazione potranno essere utilizzati piezometri o pozzi già esistenti, purché completati nello stesso acquifero del pozzo attivo, con caratteristiche geometriche note, e ubicati ad una distanza dal pozzo attivo tale da consentire la misura di abbassamenti significativi e sufficienti per una interpretazione affidabile. Tale distanza dipende, oltre che dalla portata erogata e dalla durata della prova, dalla tipologia dell'acquifero e dalla sua trasmissività. Fondamentale è l'influenza della tipologia dell'acquifero che condiziona l'ordine di grandezza del coefficiente di immagazzinamento: sarà difficile misurare un numero di dati significativi a distanze maggiori di 100 m per gli acquiferi non confinati o di 400 m per gli acquiferi confinati.

Naturalmente se i punti di osservazione devono essere realizzati appositamente, sarà opportuno ubicarli a distanze più ravvicinate dei limiti precedentemente citati e comprese fra 5 m e 1/3 del raggio di influenza della prova. Se non si hanno informazioni preliminari sufficienti a valutare tale parametro, si consiglia di ubicare i punti di osservazione a distanza dell'ordine di 10–20 m per gli acquiferi con superficie libera e di 50–70 m per gli acquiferi confinati; valori intermedi potranno essere adottati per gli acquiferi semiconfinati.

È consigliabile realizzare piezometri del tipo "a tubo aperto" per la loro maggiore affidabilità; il diametro non deve essere troppo grande perché aumenta il ritardo della risposta, né troppo piccolo per evitare fenomeni di pistonaggio da parte del sensore piezometrico. Valori consigliabili sono compresi fra 5 e 10 cm.

Come è già stato ricordato, maggiore è il numero dei punti di osservazione disponibili, maggiori saranno l'affidabilità e il numero di informazioni acquisibili con l'interpretazione della prova. Nel caso, quindi, sia possibile realizzare più di un piezometro, sarà opportuno ubicarli lungo direzioni diverse rispetto al pozzo attivo e a distanze crescenti con legge logaritmica, tali cioè che: $\ln \frac{r_{i+1}}{r_i} = a = \text{cost}$.

Per $a = 1.1$, l'applicazione del criterio esposto comporta $r_{i+1} = 3r_i$.

Se in una prova di falda sono disponibili almeno 3 piezometri ubicati lungo direzioni distinte, è possibile valutare, oltre ai parametri di base, anche l'anisotropia di conducibilità idraulica, eventualmente presente nel piano orizzontale di flusso.

5.1.4. La durata ottimale di una prova di falda è compresa fra 6 e 72 ore, a seconda del tipo di prova, del regime di flusso e delle caratteristiche dell'acquifero (tipologia, parametri idrodinamici, presenza di limiti). La durata di uno *slug test*, invece, è nettamente inferiore e varia usualmente da 1 a 100 min.

5.1.5. Qualsiasi prova di falda comporta la misura delle variazioni di livello piezometrico in funzione del tempo, indotte dall'erogazione di una certa portata o di una variazione istantanea di livello nel pozzo attivo; per l'esecuzione di una prova di falda vanno predisposti, pertanto, dispositivi per la misura dei tempi, dei livelli idrici e della portata.

Nessun approfondimento particolare merita la misura dei tempi, in quanto i cronometri digitali presenti sul mercato a costi contenuti rispondono perfettamente ai requisiti richiesti.

Per la misura dei livelli idrici, si dovrà operare una scelta fra l'adozione di un sistema manuale (sonda piezometrica, freatimetro) o un sistema di acquisizione automatica con compensazione della pressione atmosferica (sensore di pressione + data logger). Mentre per le prove di falda in declino o risalita, la scelta è soggettiva ed è legata soprattutto alla disponibilità della strumentazione, nel caso di realizzazione di uno *slug test* è spesso indispensabile ricorrere all'acquisizione automatica in quanto le variazioni di livello negli acquiferi dotati di media-buona permeabilità sono troppo rapide per consentire una adeguata misurazione manuale.

Merita, invece, un approfondimento la misura della portata, che spesso nelle condizioni di campo è sottovalutata e che, invece, è un parametro determinante ai fini dell'interpretazione della prova.

I sistemi più usati nella pratica delle prove di pompaggio sono:

a) il serbatoio tarato, mediante il quale si misura il tempo impiegato dal pozzo a riempire un volume noto (normalmente 200 o 500 l); è il sistema più semplice ed è adatto a piccole portate, in quanto è necessario un tempo di riempimento dell'ordine di almeno 30–60 s per limitare l'errore di misura;

b) il contatore volumetrico, usualmente di tipo Woltman, con il quale si legge direttamente il valore del volume d'acqua; il suo diametro va scelto in funzione del range di portata erogato e va montato su un tratto di tubazione orizzontale, rettilineo a monte e a valle del contatore stesso per una lunghezza pari ad almeno 20 volte il diametro della tubazione, al fine di evitare l'innesco di fenomeni di turbolenza. Si ricorda che la saracinesca di manovra va posizionata a valle del contatore, per avere comunque un flusso a sezione piena;

c) la vasca a stramazzo, a parete sottile, con la quale il valore di portata viene ottenuto correlando l'altezza della lama d'acqua sullo sfioratore con le caratteristiche costruttive della vasca;

d) il tubo con diaframma, mediante il quale la portata viene valutata sulla base del teorema di Bernoulli, una volta letto il valore del carico idraulico a monte del diaframma, che deve essere montato all'estremità di un tratto di tubazione liscia, orizzontale e rettilinea per una lunghezza pari a circa 20 volte il diametro della stessa.

In Tabella 5.1 sono riportati i valori degli errori relativi connessi alla misura della portata istantanea con i diversi dispositivi descritti, nell'ipotesi – ovviamente – che gli stessi siano impiegati in maniera corretta.

Tabella 5.1. Valori degli errori relativi connessi alla misura della portata istantanea durante una prova di pompaggio [55]

Dispositivo	*Errore relativo, %*
serbatoio tarato	1–2
contatore volumetrico	2
vasca a stramazzo	1.5–2.5
tubo con diaframma	5

5.1.6. La frequenza e le modalità di misura di una prova di pompaggio devono essere tali da registrare in funzione del tempo gli abbassamenti indotti nel pozzo attivo e/o in uno o più punti di osservazione per effetto dell'erogazione di una portata costante dal pozzo attivo. Le modalità di misura possono prevedere o la misura degli abbassamenti in corrispondenza di determinati valori di tempo o la determinazione dei tempi in corrispondenza di valori di abbassamento prefissati.

Nel primo caso bisogna ricordare che, fatta eccezione per la fase iniziale della prova e per quella finale corrispondente alla comparsa dell'effetto di eventuali limiti (sia interni sia esterni), gli abbassamenti evolvono nel tempo con una legge di tipo logaritmico; conseguentemente non ha senso misurare gli abbassamenti ad intervalli di tempo costanti, ma bisognerebbe seguire una legge del tipo $t_{i+1} = e^{\alpha} \cdot t_i$, essendo α una costante.

Poiché, però, la durata della fase iniziale di scostamento dalla legge logaritmica e la comparsa di eventuali limiti non possono essere noti a priori, nella letteratura specialistica sono consigliate modalità di misura che adottano un criterio empirico tendente, ovviamente, a ridurre la frequenza di lettura con il procedere del tempo di prova. La Tabella 5.2 e Tabella 5.3 possono rappresentarne un esempio. Questo approccio misuristico è consigliabile, in particolare, quando si dispone di un sistema di acquisizione automatico che può essere impostato secondo le frequenze sopra esemplificate.

Quando, invece, si fà ricorso alla procedura manuale, si può ottenere una migliore precisione nei punti di osservazione, adottando il criterio di leggere i tempi in corrispondenza dei quali si raggiungono dei valori di abbassamento predeterminati. In questo caso, infatti, si evitano le imprecisioni di lettura dovute alla valutazione delle frazioni di centimetro, essendo le sonde piezometriche manuali quotate con scansione centimetrica; inoltre, si evita il rischio di perdere tratti significativi della curva abbassamenti-tempo solo perché non previsti nella frequenza temporale di misura.

Nel caso si adotti questo criterio, è consigliabile seguire una scansione di misura quale quella suggerita in Tabella 5.4, nella quale si evidenzia che la

Tabella 5.2. Frequenza di misura del livello piezometrico consigliata nei punti di osservazione

Tempo di prova min	Intervallo di misura min
0–2	0.5
2–5	1
5–60	5
60–120	15
120–240	30
> 240	60

Tabella 5.3. Frequenza di misura del livello piezometrico consigliata nei punti di osservazione

Tempo di prova *min*	*Intervallo di misura* *min*
0–2	0.25
2–5	0.50
5–15	1
15–60	5
60–120	10
120–360	30
360–720	60
720–2880	180
> 2880	480

Tabella 5.4. Scansione di misura consigliata nei punti di osservazione in funzione dell'entità dell'abbassamento cumulativo del livello piezometrico

Abbassamento cumulati *cm*	*Scansione di misura* *cm*
0–30	1
30–50	2
50–100	5
> 100	10

scansione aumenta con il progredire della prova, in quanto valori di abbassamento troppo ravvicinati diventano difficilmente (e inutilmente) rappresentabili in scala logaritmica.

Per quanto riguarda l'esecuzione degli *slug tests*, infine, data la brevità della prova e la necessità di ricorrere ad un'acquisizione automatica delle variazioni di livello, è opportuno utilizzare frequenze di acquisizione dell'ordine di 1–3 s.

5.2 Prova di falda in declino

Le prove in declino costituiscono la tipologia fondamentale delle prove di falda: esse richiedono la misura, in funzione del tempo, del declino di livello indotto in uno o più punti di osservazione dall'erogazione di una portata costante dal pozzo attivo (Fig. 5.1a).

La corretta interpretazione di una prova di falda eseguita con declino di livello richiede l'adozione di una rigorosa sequenza procedurale secondo lo schema di Fig. 5.2.

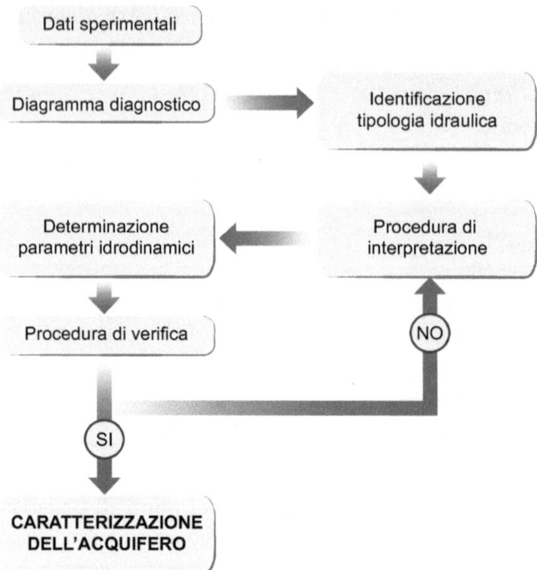

Fig. 5.2. Sequenza procedurale per la caratterizzazione di un acquifero sulla base della interpretazione di una prova di falda a portata costante

5.2.1 Identificazione della tipologia idraulica

Obiettivo principale di una prova di falda in declino è la caratterizzazione idraulica del sistema acquifero allo scopo di poter calcolare, e quindi prevedere, gli effetti indotti da un determinato programma di pompaggio. D'altra parte, la relazione portata-abbassamento piezometrico-tempo non è univoca nei sistemi acquiferi, in quanto l'equazione differenziale di diffusività che governa la distribuzione del campo di moto è diversa in relazione alla specificità delle condizioni idrauliche di contorno. Poiché, qualunque metodo di interpretazione si applichi, si utilizza necessariamente una soluzione analitica dell'equazione di diffusività pertinente, ne consegue che la scelta del metodo di interpretazione deve essere preceduta dall'individuazione della tipologia idraulica del sistema acquifero.

Questo risultato può essere ottenuto molto semplicemente, utilizzando i dati sperimentali raccolti durante la prova di falda per costruire una curva diagnostica, ottenuta diagrammando in scale logaritmiche gli abbassamenti del livello piezometrico s, misurati nel punto di osservazione, in funzione del tempo t di pompaggio, vedasi Fig. 5.3.

La configurazione della curva diagnostica ottenuta consente di individuare la tipologia idraulica del sistema acquifero, vedasi Fig. 1.14, vale a dire il modello fisico che meglio riproduce il comportamento idrodinamico della falda idrica, sollecitata mediante il test eseguito.

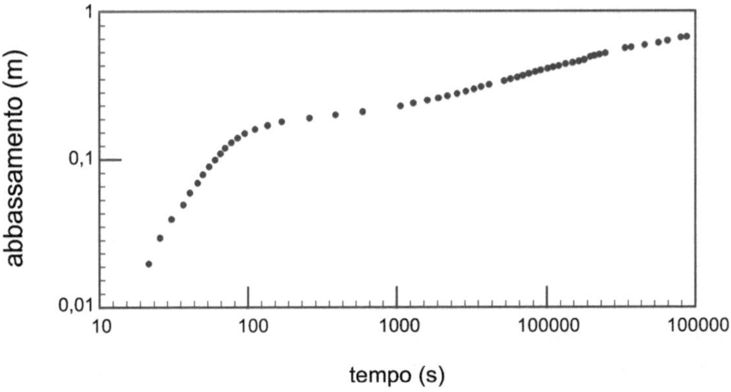

Fig. 5.3. Esempio di diagramma diagnostico

L'identificazione sperimentale, e quindi oggettiva in quanto riproducibile, del modello fisico, a cui corrisponde un conseguente modello analitico, è il fondamento dell'interpretazione di una prova di falda; la scelta di tale modello non può derivare dalla ricostruzione dell'assetto litostratigrafico e idrogeologico del sottosuolo: il modello geologico è valido ed utile ad una scala molto più ampia di quella interessata da una prova di falda, mentre la ricostruzione della colonna litostratigrafica delle formazioni interessate dalle opere di captazione fornisce – prescindendo dalla correttezza delle informazioni – solo un'indicazione puntuale, che può non avere rilevanza sul comportamento idrodinamico dell'acquifero.

L'assunzione a priori di un modello fisico, non basato sulla risposta sperimentale del sistema, rappresenta una delle cause più frequenti di errore nella caratterizzazione dei sistemi acquiferi.

5.2.2 Procedura di interpretazione

Una volta individuata la tipologia idraulica del sistema acquifero, la sequenza procedurale prevede la scelta di uno o più metodi per la interpretazione della prova di falda, allo scopo di determinare il valore più probabile dei parametri idrodinamici, il cui numero dipende dal modello fisico adottato.

I metodi di interpretazione sono molteplici, ma possono schematicamente essere suddivisi in due categorie con riferimento al rispetto delle ipotesi di base e delle condizioni al contorno, necessarie alla risoluzione analitica della rispettiva equazione differenziale di diffusività.

5.2.2.1 Metodi base

Rientrano in questa categoria tutti i metodi più frequentemente impiegati, fondati sul rispetto delle seguenti ipotesi di base:

- mezzo omogeneo e isotropo, di spessore costante;
- condizioni di validità della legge di Darcy;
- fluido di densità e viscosità costanti;
- superficie piezometrica in equilibrio e con pendenza trascurabile rispetto agli effetti indotti dal pompaggio del pozzo attivo;
- flusso con geometria radialpiana;
- acquifero illimitatamente esteso;
- pozzo attivo di raggio e volume infinitesimo, aperto al flusso lungo tutto lo spessore saturo dell'acquifero (pozzo completo) e con efficienza idraulica pari al 100%;
- portata costante durante tutta la prova;
- pozzo o piezometro di osservazione completato con le stesse caratteristiche del pozzo attivo.

Alle precedenti condizioni, va aggiunto per gli acquiferi semiconfinati il rispetto delle seguenti ulteriori ipotesi:

- l'acquifero semiconfinato è delimitato da un acquitardo, attraverso il quale il flusso di alimentazione è verticale;
- la variazione di immagazzinamento nell'acquitardo è trascurabile;
- la superficie piezometrica dell'acquifero che alimenta, attraverso l'acquitardo, l'acquifero semiconfinato è orizzontale e non subisce variazioni per effetto dell'alimentazione esercitata.

I principali metodi di base utilizzati nell'interpretazione delle prove di falda sono riassunti in Tabella 5.5, con riferimento unicamente alle prove condotte in regime di non equilibrio, dal momento che – come è già stato ricordato – le prove in regime stazionario consentono di ricavare un minor numero di parametri, a fronte di un costo maggiore.

Come si vede in Tabella 5.5, il procedimento più comunemente impiegato è il metodo di sovrapposizione con una o più curve campione (*Type curve matching*), che può essere impiegato per tutte le tipologie di acquifero, ovviamente facendo riferimento a famiglie specifiche di curve.

La metodologia è molto semplice e può essere giustificata in termini generali, partendo dalla generica soluzione dell'equazione di diffusività:

$$s\left(r,t\right) = \frac{Q}{4\pi T}\, s_D(u) \quad \text{essendo} \tag{5.1}$$

$$u = \frac{Sr^2}{4Tt}, \tag{5.2}$$

ed s_D la generica funzione adimensionale, soluzione dell'equazione di diffusività, che riproduce il comportamento idrodinamico della tipologia di acqui-

Tabella 5.5. Metodi base più frequentemente utilizzati per l'interpretazione di prove di falda eseguite a portata costante, in regime di non equilibrio. Sono evidenziati il procedimento usato per l'interpretazione della prova, l'equazione che rappresenta la soluzione della corrispondente equazione di diffusività, i parametri determinabili e il tipo di diagramma da utilizzare per la rappresentazione dei risultati sperimentali ottenuti con la prova. L'applicazione del metodo di Jacob agli acquiferi non confinati richiede, per la validità dell'approssimazione logaritmica, che sia stata eseguita una prova di lunga durata

Tipologia Acquifero	Metodo	Procedimento d'interpretazione	Equazione	Parametri determinabili	Diagramma s vs t
Confinato	Theis	Curva campione	$s = \dfrac{Q}{4\pi T} W(u)$	T,S,K_R	log-log
	Jacob	Linearizzazione	$s = \dfrac{Q}{4\pi T} \ln 2.25 \dfrac{tT}{Sr^2}$	T,S,K_R	semilog
Semiconfinato	Walton	Curva campione	$s = \dfrac{Q}{4\pi T} W\left(u, \dfrac{r}{B}\right)$	T,S,B,K_r	log-log
Non confinato	Neuman	Curva campione	$s = \dfrac{Q}{4\pi T} s_D(t_s, t_y, \beta)$	T,S,n_e,K_r,K_z	log-log
	Jacob	Linearizzazione	$s = \dfrac{Q}{4\pi T} \ln 2.25 \dfrac{tT}{n_e r^2}$	T,n_e,K_r	semilog

fero considerato; per gli acquiferi confinati $s_D = W(u)$, per i semiconfinati $s_D = W(u,r/\beta)$, per i non confinati $s_D = s_D(t_s,t_y,B)$. Se delle equazioni (5.1) e (5.2) si prendono i logaritmi di entrambi i membri, si ottiene:

$$\log s = \log \frac{Q}{4\pi T} + \log s_D, \qquad (5.3)$$

$$\log t = \log \frac{S\,r^2}{4T} + \log 1/u. \qquad (5.4)$$

Poiché i due gruppi $\frac{Q}{4\pi T}$ e $\frac{Sr^2}{4T}$ rappresentano due costanti, le equazioni (5.3) e (5.4) indicano che, in un diagramma logaritmico avente lo stesso modulo (uguale ampiezza di un ciclo logaritmico), la curva sperimentale s vs t, registrata durante la prova di falda, avrà la stessa configurazione della curva adimensionale s_D vs $1/u$, caratteristica della tipologia di acquifero che meglio riproduce il comportamento reale del sistema in esame.

L'applicazione del metodo è esemplificata nelle sue varie fasi in Fig. 5.4, con riferimento ad un acquifero semiconfinato:

a) i dati della prova vengono diagrammati in scala logaritmica (diagramma diagnostico), onde individuare la tipologia idraulica;
b) si sceglie il set di curve teoriche adimensionali relative alla tipologia individuata, facendo in modo che i due diagrammi abbiano lo stesso modulo;
c) si sovrappongono i due diagrammi (è opportuno che uno dei due sia realizzato su carta lucida);
d) si trasla un diagramma sull'altro, mantenendo rigorosamente paralleli gli assi, fino ad ottenere la sovrapposizione della curva sperimentale su una delle curve adimensionali, identificando in tal modo il modello teorico di riferimento;
e) si calcolano i valori dei parametri idrodinamici per applicazione delle equazioni (5.1) e (5.2) alle coordinate di un punto di riferimento (match point).

Molto applicata, anche se spesso in maniera impropria, è la linearizzazione dei dati sperimentali in diagramma semilogaritmico; questa procedura, nota come metodo di Jacob, è applicabile solo agli acquiferi confinati e non confinati, vedasi Tabella 5.5, ed è basata sull'approssimazione logaritmica della funzione di Theis:

$$s(r,t) = \frac{Q}{4\pi T}\ \ln 2.25\,\frac{tT}{Sr^2}, \qquad (5.5)$$

$$\text{valida per}\quad t \geq 12.5\frac{Sr^2}{T}. \qquad (5.6)$$

Se la durata della prova è stata sufficientemente lunga da avere un numero di punti adeguato per individuare il tratto rettilineo della curva di declino, l'interpretazione della prova consente di determinare la trasmissività attraverso la pendenza del tratto rettilineo e il coefficiente di immagazzinamento attraverso la valutazione del tempo t_0 ottenuto come intersezione, sull'asse delle ascisse, del tratto rettilineo, Fig. 5.5. Eseguita l'interpretazione attraverso la

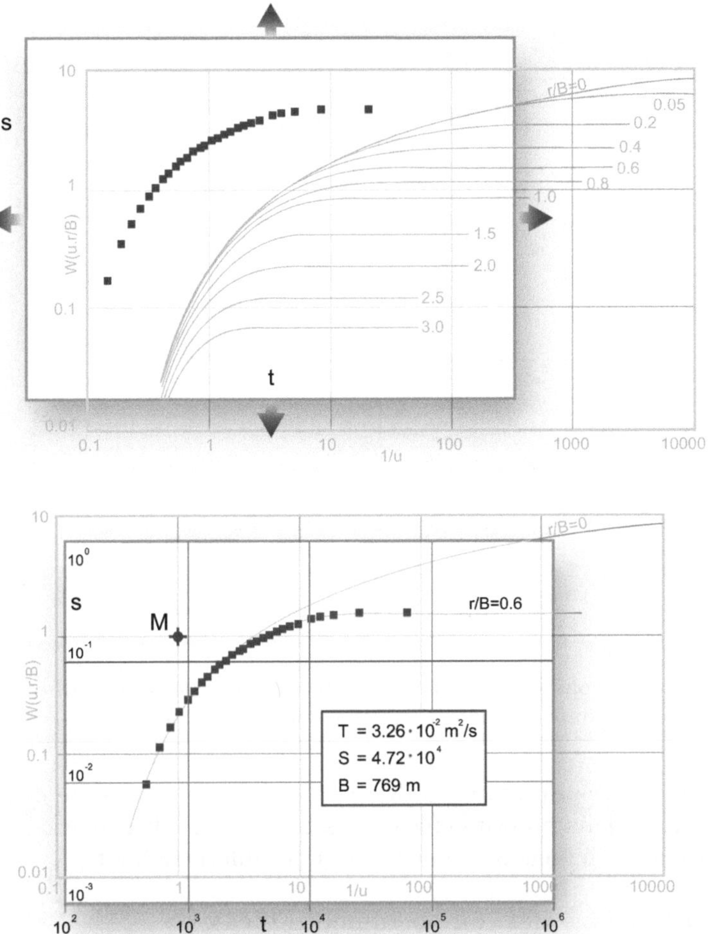

Fig. 5.4. Esemplificazione del procedimento di interpretazione di una prova di falda mediante sovrapposizione con la curva campione, applicato ad un acquifero semiconfinato

linearizzazione dei punti sperimentali e quindi determinati i parametri T ed S, occorre verificare che i punti presi in considerazione soddisfino la diseguaglianza (5.6). Nel caso di mancata validità della diseguaglianza (5.6) è necessario reinterpretare la prova, scartando i punti corrispondenti a tempi brevi.

La diseguaglianza (5.6) indica che il limite inferiore di validità dell'approssimazione di Jacob è fortemente condizionato dalla distanza dei punti di osservazione, oltre che dal valore dei parametri idrodinamici. Tuttavia, nel campo delle distanze consigliate nel paragrafo 5.1, mentre non esistono problemi per gli acquiferi confinati, l'estensione del metodo di Jacob agli acquiferi

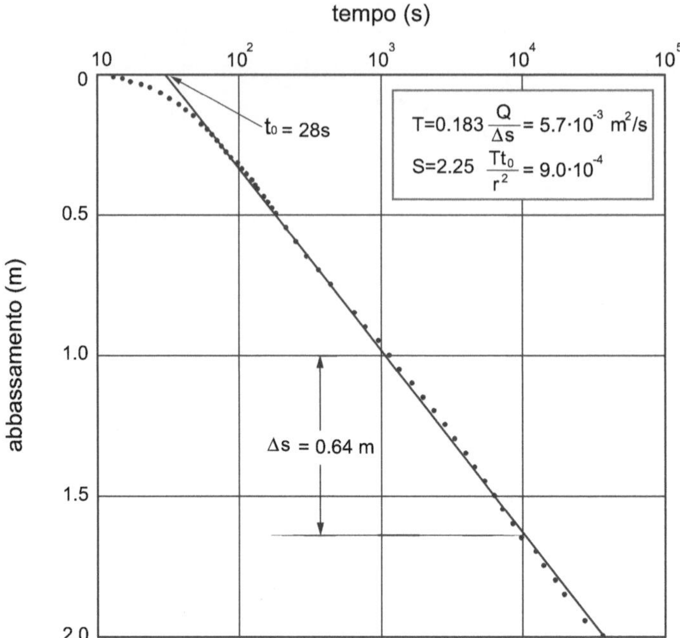

Fig. 5.5. Applicazione del metodo di Jacob per l'interpretazione di una prova di falda a portata costante, eseguita in un acquifero confinato

freatici richiede una durata della prova molto grande (maggiore di 12 h) per il ruolo giocato dalla porosità efficace (da 2 a 3 ordini di grandezza maggiore del coefficiente di immagazzinamento degli acquiferi confinati).

5.2.2.2 Deviazione dal comportamento ideale

Alcune delle ipotesi assunte come base di validità delle soluzioni analitiche delle equazioni di diffusività e, conseguentemente, dei metodi di interpretazione delle prove di falda descritti nel precedente paragrafo, sono difficilmente verificabili nella realtà (pozzo di raggio infinitesimo, volume di pozzo infinitesimo); altre non corrispondono alla situazione fisica che si può talora incontrare (portata variabile, presenza di limiti all'interno dall'area influenzata dalla prova, pozzo attivo non completo, acquifero danneggiato nell'intorno del pozzo).

Ne deriva che nella pratica delle prove di pompaggio esiste tutta una serie di fattori di deviazione dal comportamento ideale, la cui sottovalutazione porta inevitabilmente ad una interpretazione errata.

La Tabella 5.6 riassume alcuni dei principali fattori di deviazione, la loro influenza e la procedura da utilizzare per tenerne conto.

Raggio di pozzo finito

È evidente che qualsiasi pozzo, per poter esercitare la propria funzionalità, dovrà avere un raggio di dimensioni finite r_w, diverso dal valore infinitesimo ("line source") ipotizzato nella risoluzione dell'equazione di diffusività; ciò comporta che le funzioni adimensionali riportate in Tabella 5.5 non possano essere applicate, al di sotto di un certo valore limite di tempo, per $r < 20\, r_w$. Questa limitazione non ha alcuna rilevanza ai fini pratici, in quanto impone esclusivamente di non realizzare piezometri a distanza inferiore a $20\, r_w$ dal pozzo attivo (5–6 m come valore massimo).

Volume di pozzo finito

Più importante è la diretta conseguenza per cui ad un raggio finito corrisponde un volume di pozzo finito, situazione che determina il ben noto "effetto di immagazzinamento". In effetti, tutte le volte che si mette in pompaggio un pozzo partendo da condizioni indisturbate, viene dapprima utilizzato il volume di acqua immagazzinato all'interno della colonna di produzione e poi, solo quando il livello idrico all'interno del pozzo è diminuito, inizia il flusso nella formazione acquifera.

Il valore dell'effetto di immagazzinamento è misurato dal coefficiente di immagazzinamento del pozzo:

$$C_w = -\frac{dV_w}{ds_w} = \pi(r_w^2 - r_p^2), \tag{5.7}$$

essendo r_p il raggio della tubazione di mandata della pompa.

La presenza dell'effetto di immagazzinamento del pozzo fa sì che vi sia uno scostamento fra il tempo 0 di inizio della prova e il tempo a cui effettivamente la portata Q_a fornita dall'acquifero uguaglia la portata Q erogata dalla pompa; questo scostamento è tanto maggiore, quanto maggiori sono le dimensioni dell'opera di captazione, vedasi Fig. 5.6.

L'influenza dell'effetto di immagazzinamento, che è segnalata sul diagramma diagnostico da un tratto a pendenza unitaria, diventa trascurabile per

$$t > \frac{25}{\pi}\,\frac{C_w}{T}. \tag{5.8}$$

Pozzo non completo

Un'altra delle ipotesi di base che solo raramente risulta verificata nella realtà è quella che impone che il tratto finestrato dell'opera di captazione coincida con lo spessore saturo dell'acquifero (pozzo completo). L'effetto del parziale completamento è quello di modificare la geometria di flusso radialpiana nell'intorno del pozzo, determinando un addensamento delle linee di flusso in corrispondenza del tratto finestrato, che si estrinseca in un aumento delle perdite di carico. Tale effetto diventa trascurabile ad una distanza di 1.5 b, essendo b lo spessore saturo dell'acquifero.

Tabella 5.6. Fattori di deviazione dal comportamento ideale di un pozzo e loro influenza sull'interpretazione di una prova di falda

Condizione teorica	Condizione reale	Influenza nulla per	Accorgimenti da utilizzare
Raggio di pozzo infinitesimo	Raggio finito	$r > 20r_w$	Ubicazione piezometri o pozzi di osservazioni a distanza $r > 20r_w$
Volume di pozzo infinitesimo	Volume finito (effetto di immagazzinamento)	$t > \dfrac{25}{\pi}\dfrac{C_w}{T}$	Trascurare i punti relativi ai primi 60–100 s
Penetrazione e completamento totali	Spesso diversa	$r > 1.5b$	Per $r < 1.5b$ interpretare le prove con metodi specifici: ad esempio, il metodo di Neuman per gli acquiferi non confinati e il metodo di Hantush per gli acquiferi confinati
Formazione illimitatamente estesa	Talora, limiti di permeabilità o di ricarica	—	Ricorrere alla teoria dei pozzi immagine: metodo di Stallman
Permeabilità costante	Talora, danneggiamento di permeabilità nell'intorno del pozzo	pozzo di osservazione	Realizzare prove pozzo-piezometro o, nelle prove a pozzo singolo, conteggiare il danneggiamento
Portata costante	Talvolta diversa	—	Applicare il principio di sovrapposizione degli effetti
Immagazzinamento trascurabile nell'acquitardo	Talvolta diversa	$\dfrac{r}{4B}\left(\dfrac{S'}{S}\right)^{0.5} < 0.01$	Applicare il metodo di Hantush basato sulla funzione $H(u,\beta)$

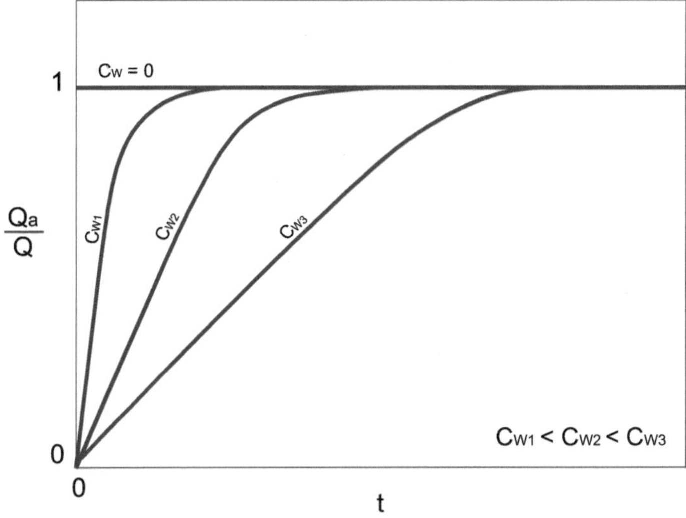

Fig. 5.6. Influenza dell'effetto di immagazzinamento di un pozzo

Pertanto, se i punti di osservazione sono disposti ad una distanza maggiore di 1.5 b dal pozzo attivo, l'effetto del parziale completamento potrà essere trascurato, mentre se la distanza è inferiore se ne dovrà tenere conto applicando metodologie specifiche di interpretazione delle prove: ad esempio, il metodo di Neuman [83] o di Moench [80] per gli acquiferi non confinati e il metodo di Hantush [70] per gli acquiferi confinati.

Metodo di Neuman

Alcuni anni dopo aver presentato la soluzione valida per pozzi a penetrazione e completamento totali in acquiferi non confinati con drenaggio ritardato, Neuman [83] fornì la soluzione analoga per pozzi a parziale penetrazione e/o completamento.

Con riferimento alla geometria illustrata in Fig. 5.7, la soluzione di Neuman consente di calcolare l'abbassamento misurabile alla distanza r dal pozzo in erogazione alla portata costante Q:

$$s\left(r,z,t\right) = \frac{Q}{4\pi T} \int_{o}^{\infty} 4y J_0\left(y\beta^{\frac{1}{2}}\right) \left[u_0\left(y\right) + \sum_{n=1}^{\infty} u_n\left(y\right)\right] dy, \qquad (5.9)$$

dove

$$u_0\left(y\right) = \frac{\left\{1 - \exp\left[-t_0\beta\left(y^2 - \gamma_0^2\right)\right]\right\} \left[\sinh\left(\gamma_0 z_{2D}\right) - \sinh\left(y_0 z_{1D}\right)\right]}{\left\{y^2 + \left(1+\sigma\right)\gamma_0^2 - \left(y^2 - \gamma_0^2\right)^2/\sigma\right\} \cosh\left(\gamma_0\right)} \cdot$$

$$\cdot \frac{\sinh\left[\gamma_0\left(1 - d_D\right)\right] - \sinh\left[\gamma_0\left(1 - l_D\right)\right]}{\left(z_{2D} - z_{1D}\right)\gamma_0\left(l_D - d_D\right)\sinh\left(\gamma_0\right)}$$

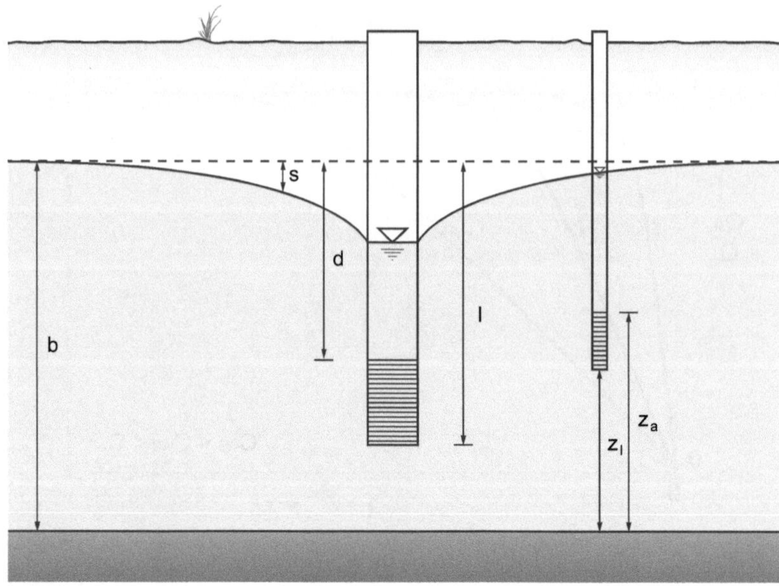

Fig. 5.7. Parametri geometrici per la definizione del grado di penetrazione o di completamento parziale del pozzo in pompaggio e di quello in osservazione in un acquifero non confinato

$$u_n\left(y\right) = \frac{\left\{1 - \exp\left[-t_n\beta\left(y^2 + \gamma_n^2\right)\right]\right\}\,\left[\sin\left(\gamma_n z_{2D}\right) - \sin\left(y_n z_{1D}\right)\right]}{\left\{y^2 - \left(1 + \sigma\right)\gamma_n^2 - \left(y^2 + \gamma_n^2\right)^2/\sigma\right\}\,\cos\left(\gamma_n\right)}\;\cdot$$

$$\cdot\;\frac{\sin\left[\gamma_n\left(1 - d_D\right)\right] - \sin\left[\gamma_n\left(1 - l_D\right)\right]}{\left(z_{2D} - z_{1D}\right)\gamma_n\left(l_D - d_D\right)\,\sin\left(\gamma_n\right)}$$

e i termini γ_0 e γ_n sono le radici delle equazioni

$$\sigma\gamma_0\,\sinh\left(\gamma_0\right) - \left(y^2 - \gamma_0^2\right)\,\cosh\left(\gamma_0\right) = 0$$
$$\text{con}\quad \gamma_0^2 < y^2$$

$$\sigma\gamma_n\,\sin\left(\gamma_n\right) + \left(y^2 - \gamma_n^2\right)\,\cos\left(\gamma_n\right) = 0$$
$$\text{con}\quad \left(2n - 1\right)\left(x/2\right) < \gamma_n < nx\quad\text{e}\quad n \geq 1.$$

L'equazione (5.9) è sintetizzabile nella forma:

$$s\left(r,z,t\right) = \frac{Q}{4\pi T}\,s_D\left(l_D,d_D,z_{1D},z_{2D},\sigma,\beta,t_D\right), \tag{5.10}$$

essendo l_D,d_D,z_{1D} e z_{2D} i parametri l,d,z_1 e z_2 resi adimensionali per riferimento allo spessore saturo b (ad esempio $l_D = l/b$) ed inoltre

$$\sigma = \frac{S}{S_y} = \frac{t_y}{t_s},$$

$$\beta = \frac{K_z}{K_r}\left(\frac{r}{b}\right)^2,$$

$$t_D = t_s = \frac{T}{Sr^2}\cdot t \quad \text{per tempi brevi,}$$

$$t_D = t_y = \frac{T}{S_y r^2}\cdot t \quad \text{per tempi lunghi.}$$

Si noti che le definizioni di σ, β, t_s e t_y coincidono con quelle già formulate da Neuman per i pozzi completi (vedasi paragrafo 4.3.1.1).

L'equazione (5.10) evidenzia che la funzione adimensionale s_D dipende da 7 parametri, 4 dei quali (l_D, d_D, z_{1D} e z_{2D}) legati alla geometria del completamento e 3 alle caratteristiche fisiche dell'acquifero (σ, β, t_D).

Questo elevato numero di parametri indipendenti non consente di costruire un'unica famiglia di curve campione da utilizzare per l'interpretazione delle prove di falda; affinché possano essere utilizzabili, le curve campione devono, infatti, essere espresse in termini di non più di due parametri adimensionali indipendenti. Questo obiettivo può essere raggiunto nel caso specifico:

a) considerando nota la geometria del sistema pozzo-piezometro;
b) facendo tendere a zero il parametro σ.

La prima condizione implica ovviamente che bisogna costruire di volta in volta la famiglia di curve teoriche specifica della geometria in esame.

La condizione σ tendente a zero significa che il coefficiente di immagazzinamento S sia trascurabile rispetto alla porosità efficace $n_e = S_y$.

In un acquifero non confinato, con drenaggio ritardato, ciascuna curva teorica è caratterizzata da un tratto di curva iniziale ed uno finale, separati da un tratto rettilineo orizzontale la cui lunghezza dipende dal parametro σ.

Quando σ tende a 0, tale tratto rettilineo orizzontale intermedio diventa di lunghezza infinita. Ne risultano due famiglie di curve, dette tipo "A" e tipo "B", che devono essere disegnate su diagrammi diversi, una rispetto a t_s e l'altra rispetto a t_y, vedasi Fig. 5.8. Le curve tipo "A" e tipo "B" rappresentano i tratti di curve iniziali e finali corrispondenti alla prima ed alla terza fase di Fig. 4.7.

Noti allora, per ciascuna situazione specifica, i valori dei parametri geometrici l_D, d_D, z_{1D}, z_{2D} e posto σ tendente a zero, è possibile calcolare in funzione di t_s (o di t_y) e per diversi valori di β, l'abbassamento adimensionale s_D.

È dunque possibile costruire le due famiglie, tipo "A" e tipo "B", di curve campione idonee per l'interpretazione della prova di falda.

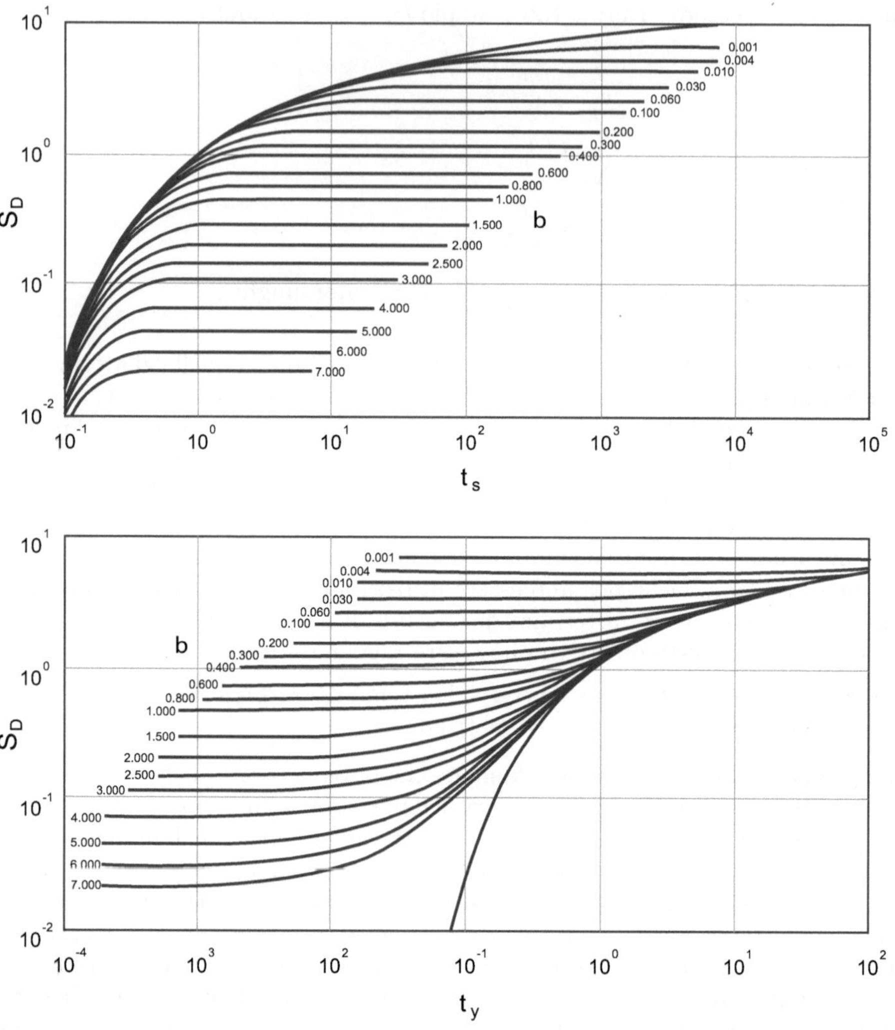

Fig. 5.8. Esempio di curve teoriche tipo "A" e "B" di Neuman per l'interpretazione di prove di pompaggio in acquiferi non confinati a drenaggio ritardato con pozzo in pompaggio e pozzo di osservazione solo parzialmente penetrati nell'acquifero. Nel caso specifico si ha $\sigma = 10^{-9}$, $l_D = 0.94$, $d_D = 0.56$, $z_{1D} = 0$ e $z_{2D} = 1$

Passando all'interpretazione vera e propria, si ha:

$$s_D = \frac{4\pi T}{Q}s,$$

$$t_D = \frac{T}{Sr^2}t,$$

dove t_D può assumere i valori t_s oppure t_y. Passando ai logaritmi si ottiene:

$$\log\left(s_D\right) = \log\frac{4\pi T}{Q} + \log\left(s\right),$$

$$\log\left(t_D\right) = \log\frac{T}{Sr^2} + \log\left(t\right).$$

In scala bilogaritmica si ha dunque una relazione lineare fra s_D e s e fra t_D e t. Conseguentemente, in un diagramma bilogaritmico avente gli stessi moduli, la curva teorica t_D vs s_D e quella reale t vs s coincidono a meno di una costante, ossia risultano traslate fra loro. Tale traslazione è pari a $T/\left(Sr^2\right)$ lungo l'asse delle ascisse e a $4\pi T/Q$ lungo l'asse delle ordinate.

Sulla base di quanto sopra, la procedura operativa per l'interpretazione della prova è la seguente:

a) sovrapposizione dei dati rilevati sperimentalmente sulle curve campione "B", tenendo gli assi dei due diagrammi paralleli fra loro e cercando la migliore sovrapposizione della parte finale della curva reale con una delle curve campione;

b) annotazione del valore di β individuato;

c) scelta di un "match point" in un qualunque punto della zona in cui i diagrammi sono sovrapposti. Le coordinate di questo "match point" sono s^*, t^* sul diagramma della curva sperimentale e s_D^* con t_y^* sul diagramma delle curve teoriche;

d) determinazione della trasmissività T e della porosità efficace $n_e = S_y$:

$$T = \frac{Q}{4\pi}\frac{s_D^*}{s^*},$$

$$S_y = \frac{T}{r^2}\frac{t^*}{t_y^*};$$

e) sovrapposizione dei dati sperimentali sulle curve campione "A", tenendo gli assi fra loro paralleli e cercando la migliore sovrapposizione della prima parte della curva sperimentale con una delle curve campione. Il corrispondente valore di β deve essere identico a quello individuato al punto b);

f) scelta di un secondo "match point" le cui coordinate sono s^*,t^* sul diagramma della curva sperimentale con s_D^* e t_s^* sul diagramma delle curve teoriche;

g) determinazione della trasmissività T e del coefficiente di immagazzinamento elastico S:

$$T = \frac{Q}{4\pi}\ \frac{s_D^*}{s^*},$$

$$S = \frac{T}{r^2}\ \frac{t^*}{t_s^*};$$

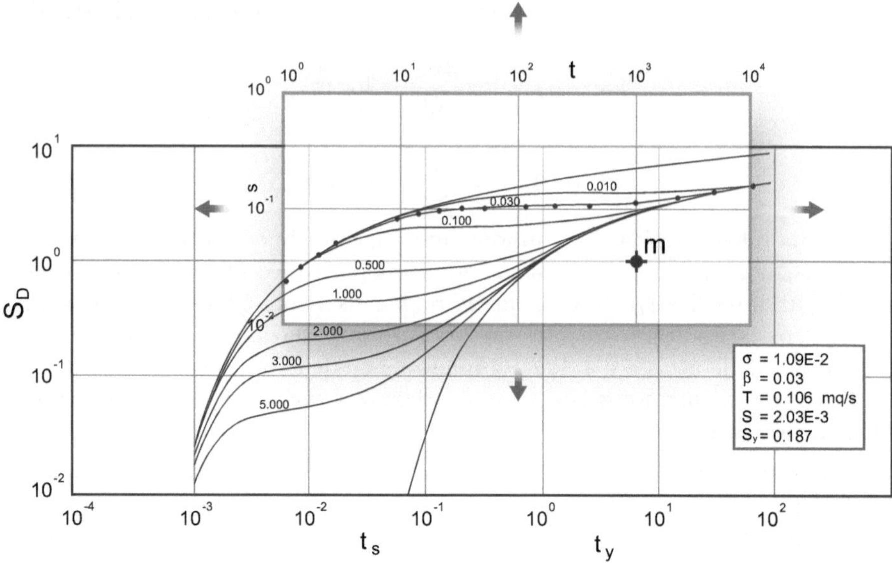

Fig. 5.9. Esempio di interpretazione di una prova di falda eseguita su un sistema pozzo-piezometro parzialmente completato in acquifero non confinato a drenaggio ritardato. La geometria del sistema pozzo-piezometro corrisponde ai valori di Fig. 5.8

il valore di T così determinato deve risultare uguale o comunque molto prossimo al valore ottenuto al punto d);

h) determinazione degli altri parametri idrodinamici:

coefficiente di permeabilità orizzontale: $K_r = T/b$;

grado di anisotropia: $K_D = \beta b^2/r^2$;

coefficiente di permeabilità verticale: $K_z = K_D \cdot K_r$;

immagazzinamento specifico: $S_s = S/b$.

La Fig. 5.9 rappresenta un esempio di sovrapposizione fra le curve adimensionali di Fig. 5.8 e i dati sperimentali di una prova di falda.

Metodo di Hantush [59]

Tale procedura rappresenta una modifica del metodo di Jacob studiata per tener conto della parziale penetrazione e/o del parziale completamento. Se si considerano un pozzo ed un piezometro parzialmente completati in un acquifero confinato, vedasi Fig. 5.10, l'abbassamento indotto alla distanza r dal pozzo in erogazione alla portata costante Q può essere espresso come:

$$s\left(r,z,t\right) = \frac{Q}{4\pi T}\left\{W\left(u\right) + f_s\left(\frac{r}{b},\ \frac{l}{b},\ \frac{d}{b},\ \frac{z}{b}\right)\right\},\qquad(5.11)$$

nella quale $z = \frac{l'+d'}{2}$, $W\left(u\right)$ è la funzione di Theis, mentre f_s è la funzione

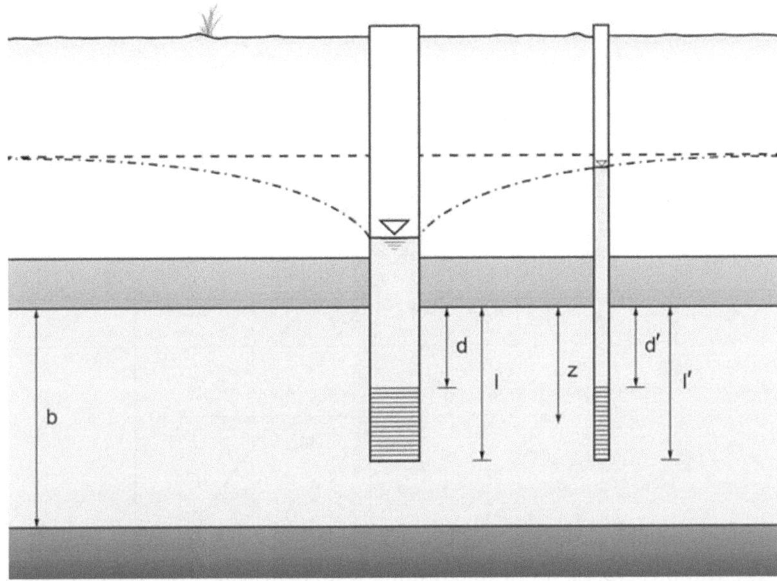

Fig. 5.10. Parametri geometrici per la definizione del grado di penetrazione o di completamento parziale del pozzo in pompaggio e di quello in osservazione in un acquifero confinato

adimensionale che tiene conto del parziale completamento e/o penetrazione:

$$f_s = \frac{4b^2}{\pi^2 t(l-d)(l'-d')} \sum_{n=1}^{\infty} \left\{ \left(\frac{1}{n^2}\right) - K_0\left(\frac{n\pi r}{b}\right) \cdot \right.$$
$$\left. \cdot \left[\sin\left(\frac{n\pi l}{b}\right) - \sin\left(\frac{n\pi d}{b}\right)\right]\left[\sin\left(\frac{n\pi l'}{b}\right) - \sin\left(\frac{n\pi d'}{b}\right)\right] \right\}.$$

La funzione f_s dipende solo dalla geometria del sistema pozzo-piezometro ed è indipendente dal tempo. Pertanto, superato il limite di tempo di validità dell'approssimazione logaritmica, la precedente equazione diventa:

$$s = \frac{Q}{4\pi T} \left\{ \ln t + \ln 2.25\frac{T}{Sr^2} + f_s \right\}. \tag{5.12}$$

La (5.12) è l'equazione di una retta in un diagramma semilogaritmico s vs $\ln t$, vedasi Fig. 5.11.

La trasmissività potrà pertanto essere calcolata in base alla pendenza m del tratto rettilineo in Fig. 5.11:

$$T = \frac{Q}{4\pi m}.$$

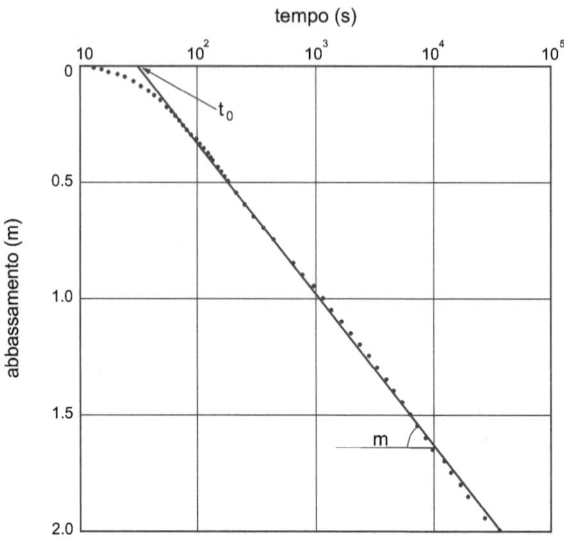

Fig. 5.11. Rappresentazione in diagramma semilogaritmico dei dati di una prova di falda a portata costante

Se t_0 è l'intersezione della retta interpolatrice sull'asse delle ascisse (per $s = 0$), si avrà:

$$\ln t_0 + \ln 2.25 \frac{T}{Sr^2} + f_s = 0 \quad \text{da cui}$$

$$\ln 2.25 \frac{T \cdot t_0}{Sr^2} = -f_s \quad \text{e quindi il coefficiente di immagazzinameno vale:}$$

$$S = 2.248 \frac{T \cdot t_0}{r^2} \cdot e^{f_s}. \tag{5.13}$$

Poiché il parziale completamento non incide sulla pendenza della retta s vs $\ln t$, se ne deve dedurre che ignorare la geometria parziale non determina alcun errore sulla valutazione della trasmissività, mentre comporta un'errata valutazione del coefficiente di immagazzinamento.

Presenza di limiti

In talune circostanze l'andamento della prova di falda può essere modificato dalla presenza di uno o più limiti presenti nell'area di influenza della prova. Tali limiti, che possono essere di tipo alimentante (fiumi, canali, laghi) o impermeabile (barriera di permeabilità), fanno decadere l'ipotesi del sistema illimitatamente esteso, che è alla base della risoluzione analitica delle equazioni di diffusività.

Il problema può essere risolto mediante la teoria dei pozzi immagine, costruendo preliminarmente la funzione analitica che riproduce una situazione idraulicamente equivalente a quella del sistema fisico esistente, vedasi Fig. 5.12.

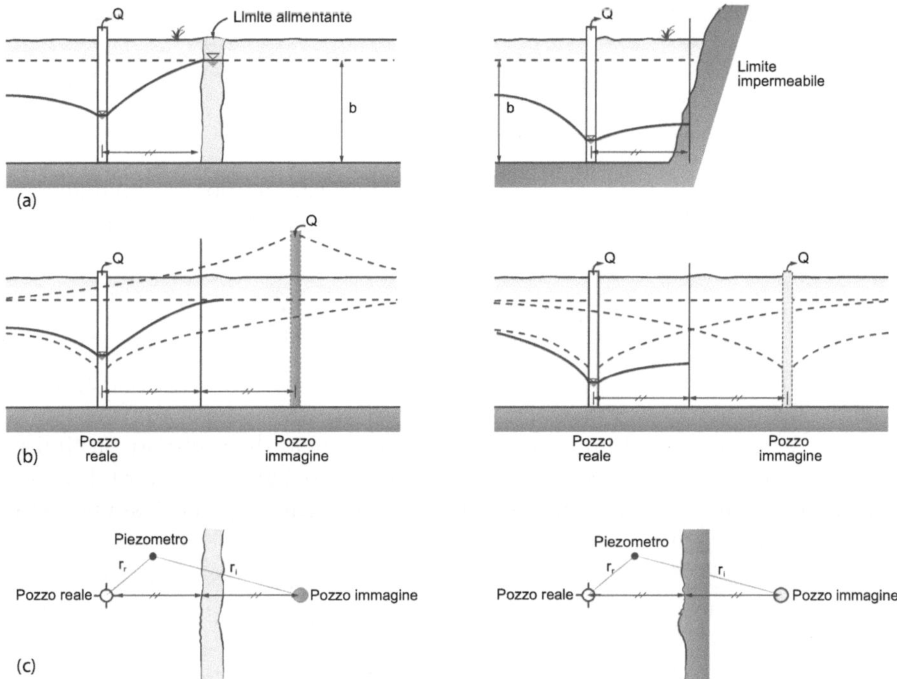

Fig. 5.12. Influenza di un limite alimentante o impermeabile: a) situazione fisica; b) modello idraulico equivalente (sezione); c) modello idraulico equivalente (pianta) (modificata da [70])

Si consideri come primo esempio elementare la presenza di un limite alimentante all'interno dell'area influenzata dal pozzo in pompaggio. Fino a quando il raggio di drenaggio istantaneo non raggiunge il limite in oggetto, l'acquifero si comporta come se fosse illimitatamente esteso; da quel momento in avanti, invece, inizia l'effetto di alimentazione e si crea un cono di drenaggio asimmetrico.

Da un punto di vista concettuale, la situazione fisica reale può essere sostituita con una virtuale, individuata in modo da rappresentare una situazione idraulicamente equivalente, vale a dire in grado di produrre gli stessi effetti sul campo di moto. Nel caso in esame, la situazione idraulicamente equivalente è rappresentata da un pozzo virtuale o immaginario, ubicato in posizione simmetrica rispetto a quello reale, nel quale, a partire dall'istante $t = 0$, venga iniettata la stessa portata Q erogata dal pozzo reale. Il cono di drenaggio risultante deriverà dalla sovrapposizione del cono di drenaggio creato dal pozzo reale con il cono di ricarica creato dal pozzo immaginario.

In termini analitici, l'abbassamento indotto ad una generica distanza r_r dal pozzo reale può essere calcolato applicando il principio di sovrapposizione degli effetti che, nell'ipotesi di considerare un acquifero non confinato e di trascurare l'effetto di drenaggio ritardato, fornisce la seguente soluzione:

$$s(r_r, t) = \frac{Q}{4\pi T} \left[W\left(u_r\right) - W\left(u_i\right) \right], \tag{5.14}$$

essendo: $u_r = \frac{Sr_r^2}{4Tt}$ e $u_i = \frac{Sr_i^2}{4Tt}$.

Se si indica con $\beta_i = \frac{r_i}{r_r}$ il rapporto delle distanze del pozzo immaginario e del pozzo reale rispetto al punto di misura, l'equazione (5.14) può essere riscritta nella forma:

$$s(r_r, t) = \frac{Q}{4\pi T} \left[W\left(u_r\right) - W\left(\beta^2 u_r\right) \right] = \frac{Q}{4\pi T} W\left(u,\beta\right), \tag{5.15}$$

avendo indicato con $W\left(u,\beta\right)$ la funzione analitica risultante dalla sovrapposizione degli effetti.

Se anziché avere un limite alimentante, ci si trova di fronte ad un limite impermeabile, l'approccio concettuale resta identico, salvo sostituire il pozzo immaginario di iniezione con un pozzo immaginario che eroga la stessa portata Q del pozzo reale. In termini analitici sarà pertanto:

$$s(r_r, t) = \frac{Q}{4\pi T} \left[W\left(u_r\right) + W\left(\beta^2 u_r\right) \right] = \frac{Q}{4\pi T} W\left(u,\beta\right). \tag{5.16}$$

Come si può osservare confrontando i due esempi citati, un limite impermeabile produce un pozzo immaginario dello stesso segno di quello reale, mentre un limite alimentante produce un pozzo immaginario di segno opposto rispetto a quello reale.

Se il limite forma un angolo retto, i pozzi immaginari diventano 3, vedasi Fig. 5.13 mentre, se si hanno due limiti paralleli fra loro, il numero diventa infinito poiché si determinano infinite immagini delle immagini, vedasi Fig. 5.14.

Ne consegue che l'abbassamento indotto dall'erogazione di una portata costante Q in un acquifero di dimensioni finite e di geometria generica è dato dall'espressione

$$s(r_r, t) = \frac{Q}{4\pi T} \left[W\left(u_r\right) + \sum_{i=1}^{n} \pm W\left(\beta_i^2 \, u_r\right) \right] = \frac{Q}{4\pi T} W\left(u,\beta_{1\to n}\right). \tag{5.17}$$

Le principali osservazioni che si possono trarre dall'esame della (5.17) sono le seguenti:

a) qualunque sia la natura e la configurazione dei limiti presenti nella zona influenzata dal generico pozzo in erogazione, il problema si risolve dal punto vista analitico ricercando lo schema idraulicamente equivalente attraverso la teoria dei pozzi immagine;

b) un limite alimentante determina sempre un pozzo immagine di segno opposto rispetto a quello reale, mentre ad un limite impermeabile corrisponde sempre un pozzo immagine dello stesso segno;

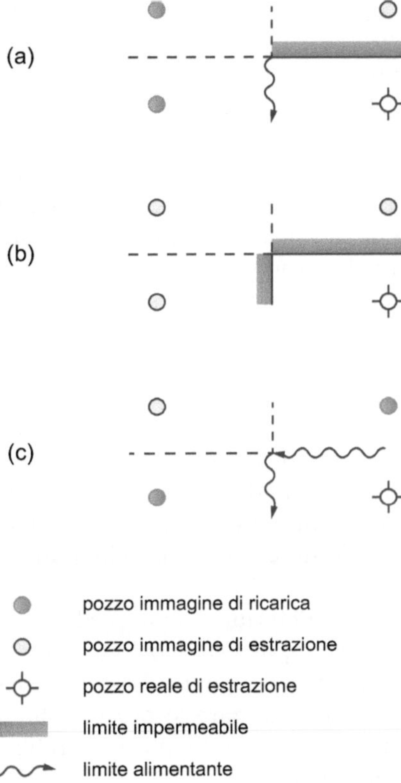

Fig. 5.13. Configurazione dei pozzi immagine relativi a limiti fra di loro perpendicolari

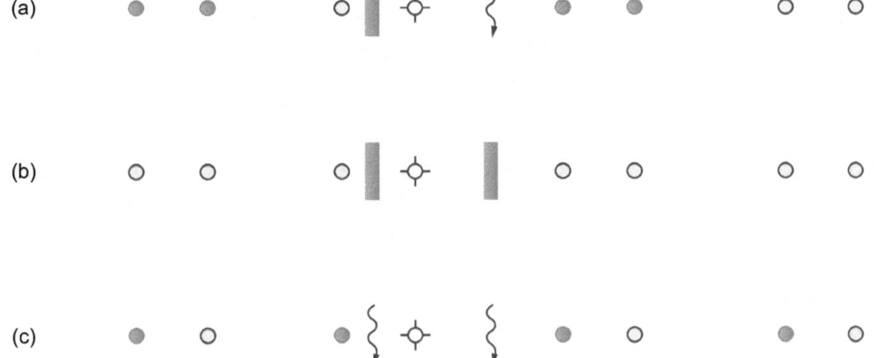

Fig. 5.14. Configurazione dei pozzi immagine relativi a limiti fra di loro paralleli

c) all'aumentare della distanza del pozzo immagine, diminuisce ovviamente l'effetto indotto dallo stesso; per tale motivo, anche in presenza di limiti fra di loro paralleli, non è necessario estendere la sommatoria presente nell'equazione (5.17) fino ad infinito, ma ci si arresta ad un termine genericamente indicato con n, cui corrisponde un pozzo immagine che produce un effetto ancora apprezzabile sulla distribuzione del campo di moto;

d) una volta costruita la funzione $W(u,\beta_{1 \to n})$ specifica della geometria in esame, una prova di falda a portata costante potrà essere interpretata applicando a tale funzione il metodo di sovrapposizione con la curva campione (Stallman in [70]).

Eterogeneità dell'acquifero

Una delle ipotesi base di qualsiasi soluzione analitica fa riferimento all'omogeneità della formazione. Senza voler entrare, in questa sede, nel merito della rispondenza generale di tale ipotesi alla realtà dei sistemi acquiferi, bisogna ricordare che talvolta nell'intorno di un pozzo si può avere un'area a permeabilità ridotta, per effetto di un possibile danneggiamento causato da un uso non corretto dei fluidi di perforazione e non eliminato con un'adeguata fase di sviluppo del pozzo.

Anche in questo caso, si determina una perdita di carico aggiuntiva in corrispondenza del pozzo attivo, mentre – ovviamente – il suo effetto è praticamente nullo in corrispondenza dei punti di osservazione. Questa è una delle motivazioni che suggerisce di realizzare le prove di falda con una geometria pluri-pozzo e non a pozzo singolo, nel qual caso sarebbe indispensabile tener conto dell'effetto di danneggiamento.

Portata variabile

Infine, se particolari esigenze operative impediscono di avere una portata costante durante la prova, l'applicazione del principio di sovrapposizione degli effetti alle soluzioni elementari finora discusse consente ugualmente di interpretare i dati della prova, anche se s'introduce un ulteriore grado di difficoltà nell'individuazione di eventuali anomalie.

Drenaggio dell'acquitardo

Le considerazioni fin qui svolte sui fattori di deviazione dal comportamento ideale sono generali e indipendenti dalla tipologia del sistema acquifero. Focalizzando, invece, l'attenzione sui soli acquiferi semiconfinati, bisogna riconoscere che non sempre risulta verificata nella realtà la condizione di non avere alcun contributo all'alimentazione dall'immagazzinamento nell'acquitardo. Tale condizione ($S' = 0$), che è alla base del metodo di Walton, può ritenersi verificata solo per:

$$\beta = \frac{r}{4B} \left(\frac{S'}{S} \right)^{0.5} < 0.01. \tag{5.18}$$

Negli altri casi è necessario sostituire la funzione di Walton $W(u,\frac{r}{B})$ con quella di Hantush $H(u,\beta)$.

5.3 Prova di risalita

La prova di risalita o di recupero è una particolare prova di falda, durante la quale si misura la risalita del livello idrico in pozzo (o l'abbassamento di livello residuo) a seguito della cessazione del pompaggio dopo un periodo di erogazione t a portata costante, vedasi Fig. 5.1b.

L'interpretazione della prova, usualmente basata sulla linearizzazione in diagramma semilogaritmico (vedasi Fig. 5.15) dei dati misurati durante la fase di risalita, richiede l'applicazione dell'approssimazione logaritmica della funzione di Theis, data da Jacob.

Ne deriva che in questi casi la possibilità di interpretare una prova di risalita è limitata a pozzi completati in acquiferi confinati o non confinati, con esclusione degli acquiferi semiconfinati. Se a ciò si aggiunge che con questa metodologia è ricavabile solo il valore della trasmissività, e non il coefficiente d'immagazzinamento, si comprende come questa prova sia poco utilizzata per ricavare i parametri idrodinamici.

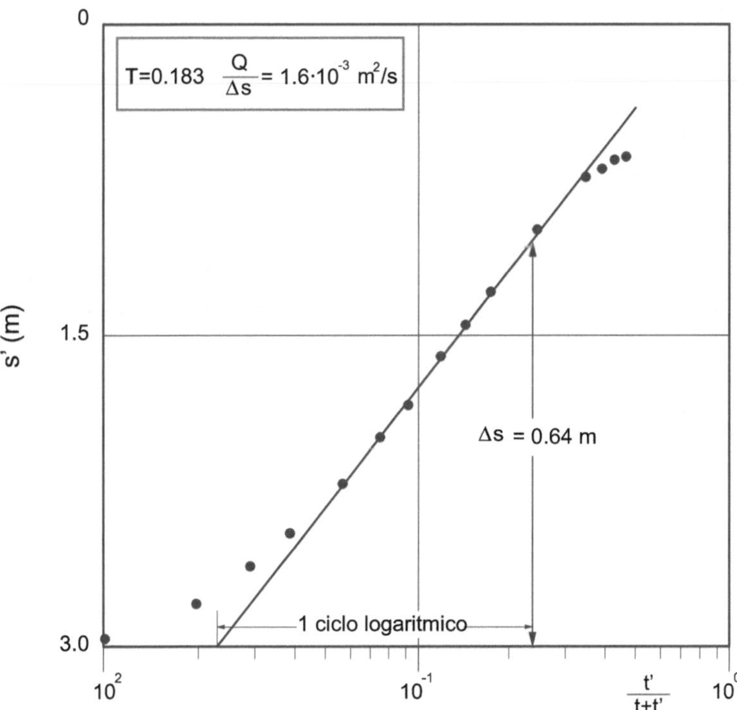

Fig. 5.15. Interpretazione di una prova di risalita

Mediante il principio di sovrapposizione degli effetti, è possibile ricavare l'abbassamento residuo s' in pozzo, in un istante $t + t'$, successivo alla cessazione del pompaggio:

$$s'(t + t') = \frac{1}{4\pi T} \left[Q \ln (t + t') - Q \ln (t') \right] = \frac{Q}{4\pi T} \ln \left(\frac{t + t'}{t'} \right). \qquad (5.19)$$

Essendo t la durata del pompaggio e t' l'intervallo trascorso dalla cessazione del pompaggio (la fase di risalita), vedasi Fig. 5.1b. L'equazione (5.19) può essere riscritta utilizzando i logaritmi in base 10:

$$s'(t + t') = 0{,}183 \frac{Q}{T} \log \left(\frac{t + t'}{t'} \right). \qquad (5.20)$$

Per l'interpretazione di una prova di risalita la procedura è la seguente:

a) i dati della prova vengono diagrammati in scala semilogaritmica. In particolare, si diagrammano i recuperi di livello s' su scala lineare e il rapporto $\frac{t'}{t+t'}$ su scala logaritmica;

b) s'individua il tratto rettilineo della curva di risalita, ricordando di scartare i punti che corrispondono al primo tratto del recupero di livello;

c) sul tratto rettilineo si calcola l'intervallo Δs corrispondente ad 1 ciclo logaritmico;

d) si calcola il valore della trasmissività T utilizzando le relazioni:

$$T = \frac{Q}{4\,\pi\,\Delta s'} \qquad \text{se si sono utilizzati i logaritmi naturali;}$$

$$T = 0{,}183 \frac{Q}{\Delta s'} \qquad \text{se si sono utilizzati i logaritmi in base 10.}$$

La realizzazione di una prova di risalita con la registrazione dei livelli nello stesso pozzo attivo rappresenta uno strumento metodologico per quantificare l'eventuale danneggiamento di permeabilità nell'intorno del pozzo, secondo una procedura consolidata e abituale in campo petrolifero. Anche in questo caso, però, resta valida l'esclusione degli acquiferi semiconfinati. La determinazione dei parametri relativi all'eventuale danneggiamento di permeabilità nell'intorno del pozzo può anche essere effettuata mediante l'interpretazione di uno slug test con il metodo KGS, vedasi paragrafo 5.4.4.

5.4 Slug Test

Si definisce *slug test* una prova di falda eseguita in maniera da produrre un'istantanea variazione del livello statico in un pozzo o piezometro e misurare, in funzione del tempo, il conseguente recupero del livello originario nello stesso pozzo attivo.

Si tratta, perciò, di una prova di falda a pozzo singolo, eseguita in regime transitorio, la cui finalità consiste nella determinazione della conducibilità idraulica dell'acquifero nelle immediate vicinanze del pozzo attivo.

La prova può essere eseguita aumentando bruscamente il livello statico misurato nel pozzo attivo e monitorando il conseguente declino di livello che si crea per il flusso dal pozzo verso l'acquifero (test in declino o con carico decrescente) o, viceversa, producendo una brusca diminuzione di livello e monitorando la conseguente risalita che si crea per il flusso dall'acquifero verso il pozzo (test in risalita o con carico crescente). La seconda modalità è la più utilizzata in relazione alla sua maggiore semplicità operativa, vedasi Fig. 5.1c.

Uno *slug test* presenta dei vantaggi innegabili rispetto alla classica prova di falda, che sono da ricondursi innanzitutto alla semplicità e rapidità di esecuzione e che si traducono in un conseguente minor costo: in particolare, l'esecuzione di uno *slug test* non richiede la disponibilità di pompe o attrezzature complesse, né di un pozzo di osservazione diverso dal pozzo attivo. Per la sua semplicità operativa può essere ripetuto nel tempo e in tal modo fornire utili indicazioni sull'eventuale cambiamento delle condizioni idrauliche nell'intorno del pozzo.

Per contro, il flusso indotto da uno *slug test* è molto limitato. Ne consegue che la risposta alla brusca variazione di livello indotto e il conseguente valore di conducibilità idraulica ottenuto, sono fortemente influenzati dalle condizioni idrauliche esistenti nell'intorno del pozzo (modalità di perforazione, geometria di completamento, eventuale danneggiamento di permeabilità).

In altri termini, l'affidabilità di uno *slug test* è inferiore a quella di una classica prova di falda multipozzo, che resta la modalità più indicata per caratterizzare un acquifero e, in ogni caso, l'unica in grado di definire la tipologia idraulica del sistema acquifero. Ciò nondimeno, la sua semplicità operativa e il ridotto costo rendono possibile l'esecuzione di tale prova in ogni piezometro della rete di monitoraggio e poter così apprezzare la variabilità spaziale dei parametri idrodinamici del sistema acquifero.

5.4.1 Modelli d'interpretazione

Per l'interpretazione degli *slug test*, a partire dagli anni '50 sono stati sviluppati diversi modelli matematici bidimensionali di tipo analitico e semianalitico: i più utilizzati sono quelli di Hvorslev [63], Cooper, Bredehoeft e Papadopulos [28] e Bouwer e Rice [14].

La principale limitazione di questi metodi è, ovviamente, quella di non poter tener conto della parziale penetrazione o del parziale completamento di pozzi e di ipotizzare il flusso come assolutamente orizzontale, compreso tra due limiti impermeabili costituiti dai piani orizzontali virtuali passanti per gli estremi del tratto finestrato.

Recentemente [64] è stato presentato da un gruppo di ricercatori del Kansas Geological Survey un modello semianalitico tridimensionale per l'interpretazione degli slug test eseguiti su pozzi a parziale penetrazione e/o completamento in acquiferi non confinati e confinati.

Tale modello, che incorpora anche il concetto dell'immagazzinamento dell'acquifero, è noto sinteticamente come modello KGS e rappresenta la metodologia d'interpretazione più avanzata oggi disponibile.

Tenuto conto che il metodo di Bouwer e Rice è ad'oggi ancora il procedimento d'interpretazione più utilizzato, è opportuno partire da questo, in maniera da conoscerne l'impostazione teorica, per comprenderne meglio le limitazioni.

5.4.2 Il metodo di Bouwer e Rice

Si consideri un pozzo o un piezometro completato in un acquifero non confinato, secondo la geometria rappresentata in Fig. 5.16.

La teoria di Bouwer e Rice [14] poggia sulle seguenti assunzioni:

- l'acquifero è omogeneo e isotropo e pertanto non esiste danneggiamento di permeabilità nell'intorno del pozzo;

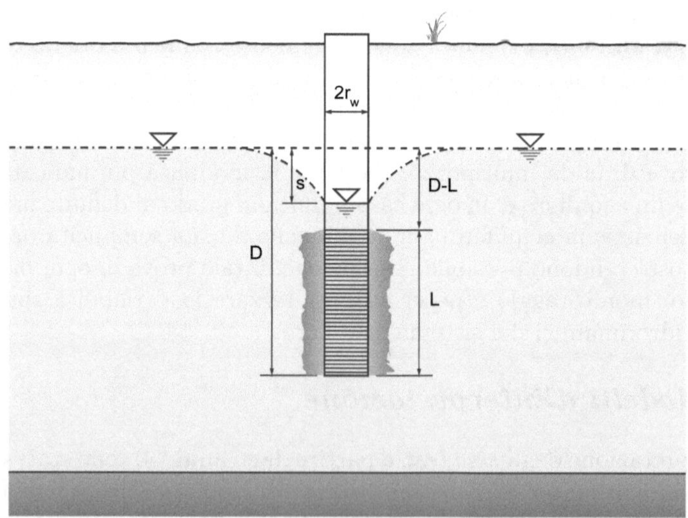

Fig. 5.16. Definizione dei parametri geometrici di un pozzo o piezometro completato in un acquifero non confinato

- è valida la legge di Darcy;
- l'acquifero è illimitatamente esteso in tutte le direzioni;
- l'immagazzinamento della formazione acquifera è trascurabile;
- le perdite di carico per il flusso attraverso le finestrature sono trascurabili;
- la posizione della tavola d'acqua non cambia con il tempo;
- il flusso creato dalla variazione di carico idraulico è esclusivamente orizzontale (i piani orizzontali virtuali passanti per il top e il bottom del tratto finestrato si comportano da limiti impermeabili).

Con tali ipotesi, la portata che ad un certo istante fluisce attraverso il tratto finestrato, per una generica variazione s di livello rispetto alla condizione indisturbata, è esprimibile mediante l'equazione di Thiem:

$$Q = 2\pi K_r L \frac{s}{\ln\left(\frac{R_e}{r_d}\right)}, \qquad (5.21)$$

nella quale R_e rappresenta l'effettiva distanza radiale oltre la quale la variazione di carico idraulico s è dissipata, L è la lunghezza del tratto finestrato, mentre r_d è la distanza radiale a partire dalla quale l'acquifero è indisturbato, vale a dire presenta le caratteristiche petrofisiche originarie, non perturbate dalla perforazione e dal completamento dell'opera.

Per il principio di conservazione della massa, la portata Q può anche essere espressa in funzione della velocità di variazione del livello all'interno del pozzo o piezometro di raggio r_w:

$$Q = -\pi \, r_w^2 \frac{ds}{dt}. \qquad (5.22)$$

Eguagliando le due espressioni si ottiene l'equazione differenziale

$$\frac{ds}{s} = -\frac{2K_r L}{r_w^2 \ln\left(\frac{R_e}{r_d}\right)} dt, \qquad (5.23)$$

che, integrata tenendo conto dei limiti, fornisce la seguente soluzione

$$\ln\frac{s_0}{s} = \frac{2K_r L}{r_w^2} \cdot \frac{t}{\ln\left(\frac{R_e}{r_d}\right)}. \qquad (5.24)$$

La soluzione di Bouwer e Rice indica che la variazione di livello in pozzo s varia rispetto al tempo con una legge di tipo semilogaritmico, vedasi Fig. 5.17; pertanto, in un caso ideale i punti $\ln(s)$ *vs* t dovrebbero allinearsi lungo una retta il cui coefficiente angolare m è proporzionale alla conducibilità idraulica della formazione.

Per la determinazione di m è sufficiente scegliere un punto su tale retta e poi calcolare:

$$m = \frac{\ln\frac{s_0}{s}}{t},$$

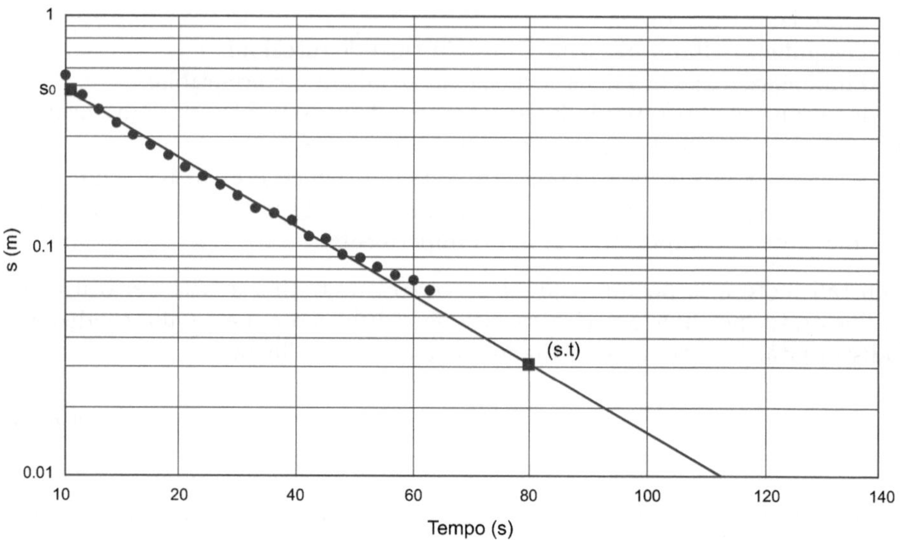

Fig. 5.17. Interpretazione di uno slug test secondo il metodo di Bouwer e Rice

e quindi:

$$K_r = \frac{r_w^2 \, \ln\left(R_e/r_d\right)}{2 \cdot L} m. \qquad (5.25)$$

L'unico problema che sorge nell'applicazione della soluzione precedente è quello legato alla determinazione del raggio effettivo R_e, che è funzione dei seguenti parametri geometrici:

$$R_e = f\left(L, D, b, r_d\right).$$

Bouwer e Rice risolsero il problema lavorando con un modello analogico di tipo elettrico, che consentì loro di trovare le espressioni di R_e in funzione delle costanti A, B e C di seguito riportate.

Pozzi a parziale penetrazione $(D < b)$

$$\ln \frac{R_e}{r_d} = \left\{ \frac{1.1}{\ln\left(\frac{D}{r_d}\right)} + \frac{A + B \, \ln\left[\frac{b-D}{r_d}\right]}{\frac{L}{r_d}} \right\}^{-1}. \qquad (5.26)$$

Pozzi a penetrazione totale $(D = b)$

$$\ln \frac{R_e}{r_d} = \left\{ \frac{1.1}{\ln\left(\frac{b}{r_d}\right)} + \frac{C}{\frac{L}{r_d}} \right\}^{-1}. \qquad (5.27)$$

I valori dei parametri A, B e C sono diagrammati in funzione del rapporto $\frac{L}{r_d}$ (Fig. 5.18).

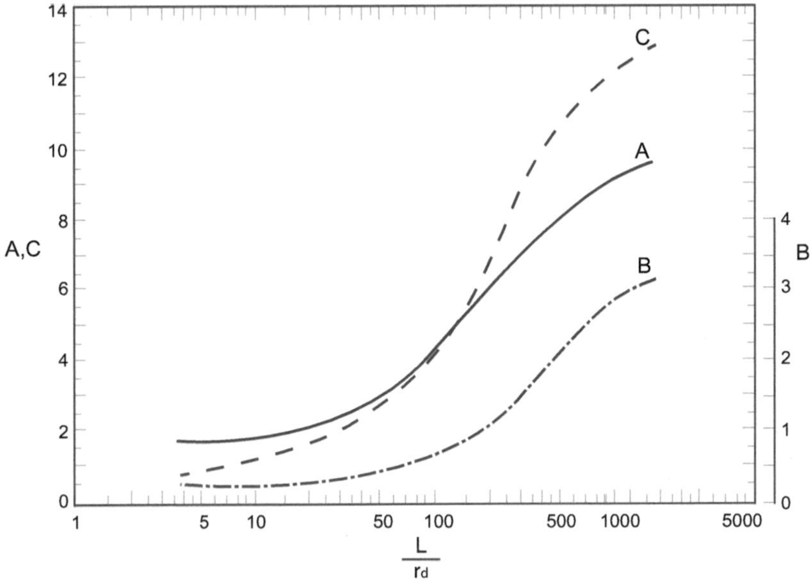

Fig. 5.18. Determinazione dei parametri adimensionali A, B e C per il calcolo del raggio effettivo R_e (modificata da [14])

5.4.2.1 Durata dello slug test

Nelle formazioni dotate di buona permeabilità il tempo impiegato dalla risalita o dal declino di livello per ritornare al valore indisturbato può essere molto breve e tale da richiedere l'impiego di apparecchiature automatiche di misura e registrazione del livello in pozzo.

Nella fase di pianificazione della prova è perciò importante aver un ordine di grandezza della sua durata; ciò può essere ottenuto calcolando dalla (5.24) il tempo necessario a realizzare il 90% della variazione di livello iniziale:

$$t_{90\%} = 1.15 \frac{r_w^2}{K_r \cdot L} \ln\left(\frac{R_e}{r_d}\right) \tag{5.28}$$

nella quale, naturalmente, va introdotto un ordine di grandezza della conducibilità attesa o ipotizzata.

5.4.2.2 Scostamento dal comportamento ideale

Influenza dell'immagazzinamento

Poiché nella realtà tutti gli acquiferi sono caratterizzati da un certo valore d'immagazzinamento (condizione esclusa dalle ipotesi di validità della teoria di Bouwer e Rice, così come da quella di Hvorslev), anche in uno slug test correttamente eseguito i valori sperimentali $\ln(s)$ *vs* t non sono perfettamente allineati lungo una retta, ma mostrano una curvatura che denota l'effetto dell'immagazzinamento esercitato dall'acquifero, vedasi Fig. 5.19.

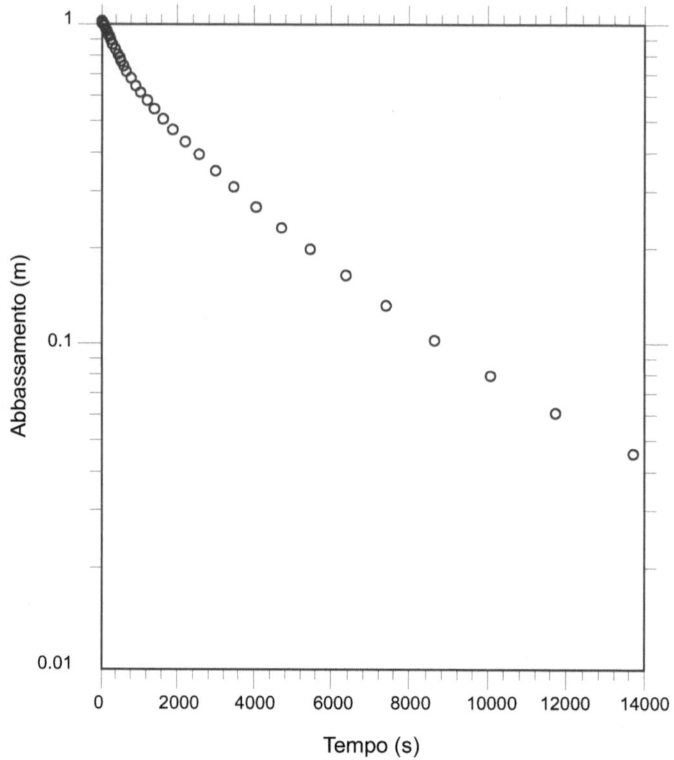

Fig. 5.19. Influenza dell'immagazzinamento dell'acquifero sulla linearizzazione dei dati sperimentali in diagramma semilogaritmico

Nasce pertanto il problema di individuare la retta che meglio approssima il modello teorico semilogaritmico. Butler [17] raccomanda che il comportamento rettilineo venga individuato, in particolare, nel campo $s/s_0 = 0.15 \div 0.25$.

Influenza del dreno

Indipendentemente dalla curvatura legata all'effetto dell'immagazzinamento, spesso nella rappresentazione dei dati sperimentali è possibile riconoscere due distinti andamenti rettilinei, vedasi Fig. 5.20, di cui il primo AB a pendenza molto maggiore del secondo BC. Ciò può essere dovuto all'effetto del dreno e/o dello sviluppo nell'intorno del pozzo che, avendo creato una zona ad elevata permeabilità, determina una risposta molto più veloce ed immediata al disturbo creato dalla variazione istantanea di livello (tratto AB). Successivamente, quando il transitorio si estende alla zona di acquifero indisturbato, si ottiene una seconda linearizzazione (tratto BC) che è quella significativa ai fini della determinazione della conducibilità idraulica.

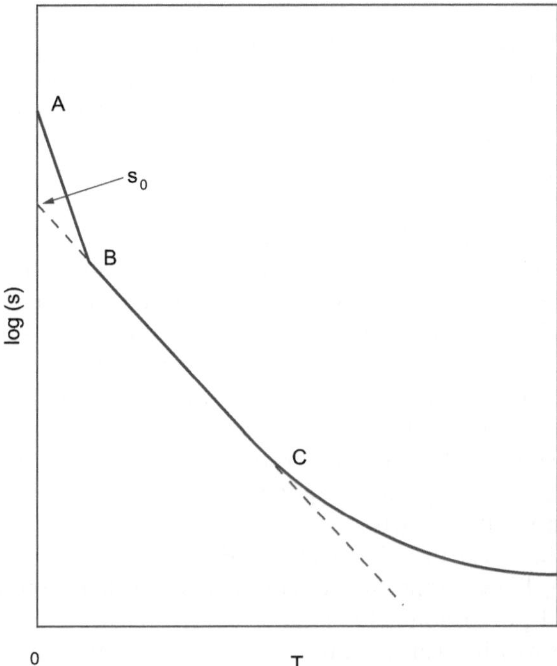

Fig. 5.20. Rappresentazione schematica dell'effetto di doppia linearizzazione (modificata da [15])

L'effetto della doppia linearizzazione si verifica, in particolare, quando il livello statico e la variazione di livello in pozzo ricadono all'interno del tratto finestrato, mentre non dovrebbe prodursi nei casi in cui la variazione di livello ricade nel tratto non finestrato del pozzo o piezometro.

**Influenza delle dimensioni del pozzo e della lunghezza
del tratto finestrato**

Da un punto di vista teorico, il diametro del pozzo o del piezometro e la lunghezza del tratto finestrato non giocano alcun ruolo nell'interpretazione di uno slug test.

Dal punto di vista pratico, invece, si possono fare alcune considerazioni utili nell'impostazione e nell'interpretazione della prova:

- i valori di r_d e L devono comunque essere tali che il rapporto L/r_d ricada nel campo 5–1500, per il quale sono disponibili i valori dei parametri A, B e C;
- maggiori sono i valori di r_d e L, più significativo è il valore di conducibilità idraulica ottenuto, in quanto corrispondente ad un volume di acquifero maggiore;

- nel caso di piezometri di piccolo diametro (ad esempio, 5 cm), il valore di conducibilità idraulica ottenibile è significativo di una porzione limitata di acquifero e perciò più esposto alle variazioni spaziali di tale parametro. Inoltre, in tal caso le incertezze sulle dimensioni del dreno e/o della zona sviluppata hanno un'influenza numerica maggiore sulla determinazione della conducibilità idraulica.

Influenza delle condizioni operative
L'analisi di Bouwer e Rice è riferita fondamentalmente a un test in risalita, realizzato cioè creando una diminuzione istantanea del livello idraulico in pozzo e misurando la sua conseguente risalita nel tempo. La prova può anche essere eseguita in declino, cioè immettendo un volume noto di acqua in pozzo e misurando il conseguente declino di livello fino al riequilibrio. Questa condizione operativa fornisce un risultato corretto solo nel caso in cui il livello indisturbato si trovi al di sopra del tratto finestrato del pozzo: in tal caso, infatti, il flusso dal pozzo verso l'acquifero interesserà – correttamente – solo la porzione satura dell'acquifero.

Per contro, nel caso in cui il livello indisturbato si trovi all'interno del tratto finestrato, l'esecuzione di uno slug test in declino determinerebbe un flusso diretto dal pozzo non solo verso la porzione satura dell'acquifero, ma anche verso il tratto insaturo, comportando una maggior velocità di declino e, in ultima analisi, una sovrastima della conducibilità idraulica.

Influenza della tipologia dell'acquifero
Pur essendo l'analisi di Bouwer e Rice riferita agli acquiferi non confinati, Bouwer [15] ne ha esteso l'applicabilità anche alle altre tipologie idrauliche (acquiferi confinati e semiconfinati). Da un punto di vista teorico, maggiore è la distanza tra il top del tratto finestrato e il livello impermeabile o semipermeabile che confina in alto l'acquifero, maggiore è l'affidabilità del risultato ottenibile.

5.4.3 Il metodo di Cooper, Bredehoeft e Papadopulos

Pur essendo antecedente (1967), il metodo di Cooper, Bredehoeft e Papadopulos [28] presenta il vantaggio di prendere in esame l'immagazzinamento della formazione; per contro, esso è riferito solo a formazioni confinate, oltre che omogenee, isotrope e di estensione illimitata.

Il pozzo è assunto come completo, vale a dire finestrato lungo tutto lo spessore saturo dell'acquifero; è valida la legge di Darcy.

Con tali ipotesi, l'equazione differenziale di governo è la classica equazione bidimensionale di diffusività scritta in coordinate radiali:

$$\frac{\partial^2 h}{\partial r^2} + \frac{1}{r}\frac{\partial h}{\partial r} = \frac{S}{T}\frac{\partial h}{\partial t},\tag{5.29}$$

con le seguenti condizioni al contorno:

$$h(r_w,t) = s(t) \quad \text{per} \ \ t > 0, \tag{5.30}$$

$$h(\infty,t) = 0 \quad \text{per} \ \ t > 0, \tag{5.31}$$

$$h(r,0) = 0 \quad \text{per} \ \ r > r_w, \tag{5.32}$$

$$\text{(bilancio di massa)} \qquad 2\pi r_w T \frac{\partial h}{\partial r}(r_w, t) = \pi r_c^2 \frac{\partial s}{\partial t} \quad \text{per} \ \ t > 0 \tag{5.33}$$

$$s(0) = s_0 = \frac{V}{\pi r_c^2}, \tag{5.34}$$

nelle quali h esprime il carico idraulico riferito al valore nullo posto a $r = \infty$ (oppure la generica variazione di carico idraulico nell'acquifero), r_w è il raggio della colonna finestrata, r_c il raggio della colonna cieca in cui è avvenuta la variazione di livello istantanea creata dall'immissione o dall'estrazione di un volume V di acqua, vedasi Fig. 5.21. È ovvio che, nel caso di pozzi o piezometri completati con un'unica colonna di diametro costante, $r_w = r_c$.

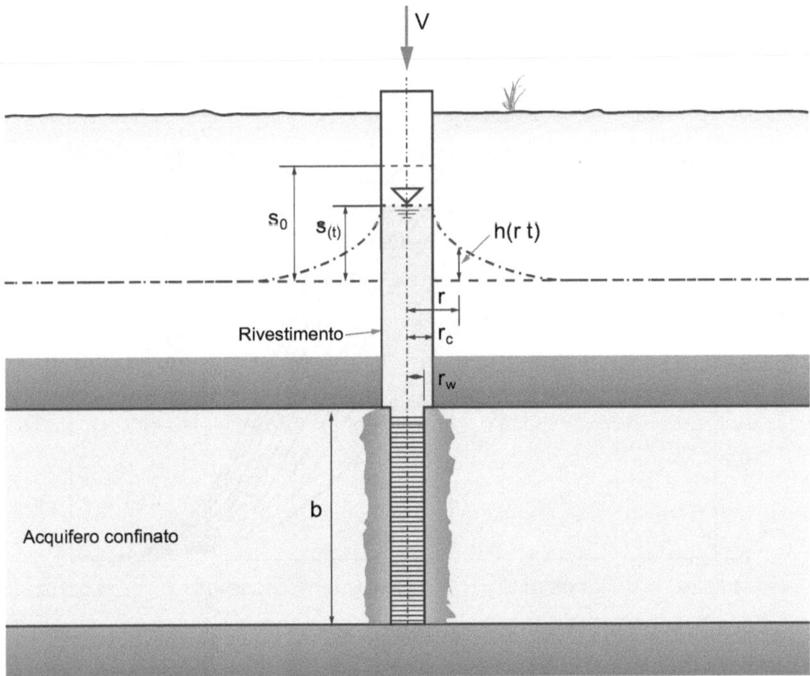

Fig. 5.21. Definizione dei parametri geometrici di un pozzo o piezometro completato in un acquifero confinato

Con tali ipotesi, applicando la trasformata di Laplace, Cooper, Bredehoeft e Papadopulos ottennero la seguente soluzione:

$$\frac{s}{s_0} = F(\alpha, \beta), \qquad (5.35)$$

essendo: $\alpha = \frac{r_w^2}{r_c^2} S$, $\beta = \frac{T \cdot t}{r_c^2}$, e $F(\alpha,\beta)$ un integrale complesso:

$$F(\alpha, \beta) = \frac{8\alpha}{T_i^2} \int_0^\infty \exp\left(-\beta \frac{u^2}{a}\right) \frac{i}{u\Delta(u)} du, \qquad (5.36)$$

in cui $\Delta(u)$ sono le radici dell'equazione

$$\Delta(u) = \left[u\,J_0(u) - 2\alpha J_1(u)\right]^2 + \left[u\,Y_0(u) - 2\alpha Y_1(u)\right]^2, \qquad (5.37)$$

nella quale J_0 e Y_0, J_1 e Y_1 sono le funzioni di Bessel di 1^a e 2ª specie, rispettivamente di ordine zero e uno.

I valori numerici di s/s_0 per diversi valori di α e β sono stati tabulati e diagrammati [11], vedasi Fig. 5.22.

L'interpretazione di uno slug test con il metodo di Cooper, Bredehoeft, Papadopulos può essere effettuata applicando una procedura di sovrapposizione con la curva campione, del tutto simile a quella applicata nell'interpretazione delle prove di falda, vedasi Fig. 5.23:

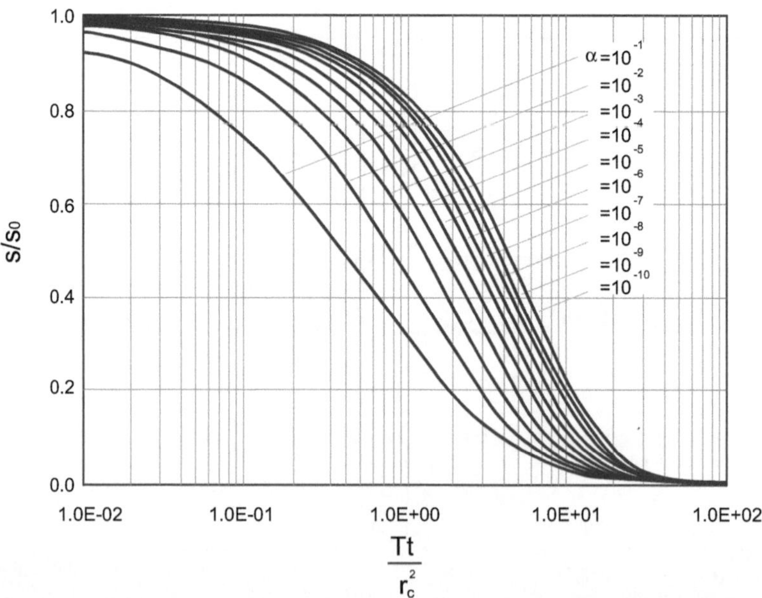

Fig. 5.22. Curve campione di Cooper, Bredehoeft e Papadopulos per l'interpretazione di uno slug test

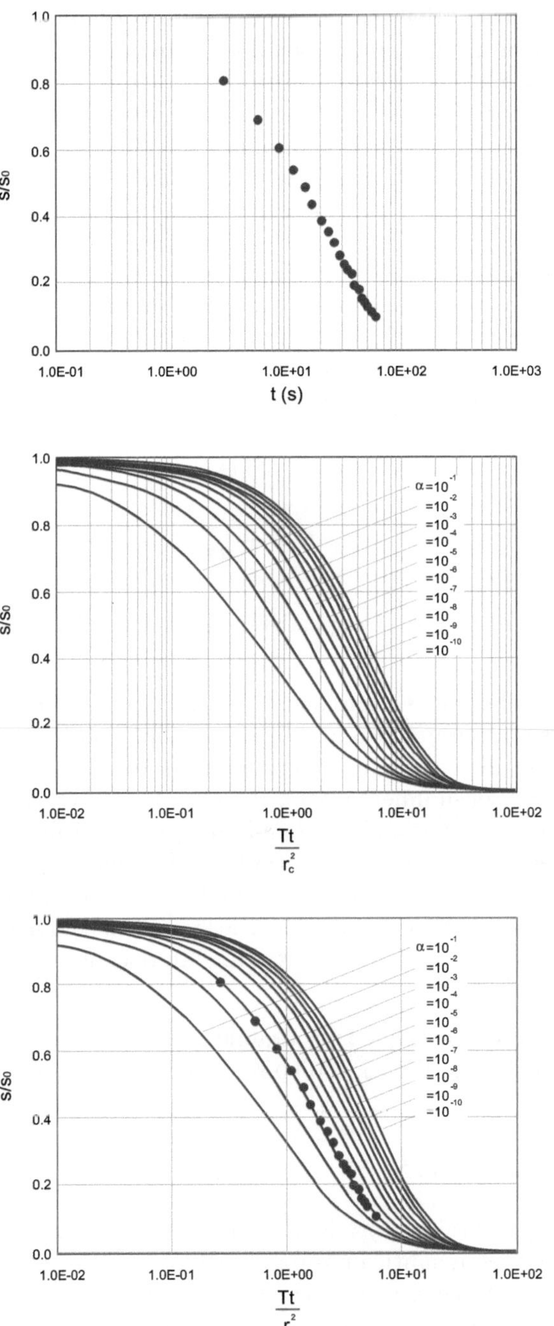

Fig. 5.23. Procedura d'interpretazione di uno slug test con il metodo di Cooper, Bredehoeft, Papadopulos mediante sovrapposizione con la curva campione

- diagrammare i valori delle variazioni di livello normalizzate s/s_0 in funzione del tempo su un diagramma semilogaritmico (scala lineare per gli abbassamenti normalizzati e logaritmica per i tempi), avente lo steso modulo delle curve tipo di Cooper, Bredehoeft, Papadopulos disponibili;
- sovrapporre le curve tipo al diagramma sperimentale;
- traslando solo secondo la direzione delle ascisse, ottenere la migliore sovrapposizione possibile fra la curva sperimentale e una delle curve teoriche disponibili;
- individuare il valore di α della curva su cui è avvenuta la sovrapposizione;
- avendo bloccato la sovrapposizione, scegliere un qualsiasi match point, che sarà caratterizzato in ascissa (scala logaritmica) dalle coordinate t^* (sulla curva sperimentale) e β^* sulla curva campione;
- calcolare le due incognite:

$$T = \beta \frac{r_c^2}{t^*}, \tag{5.38}$$

$$S = \alpha \frac{r_c^2}{r_w^2}. \tag{5.39}$$

Nell'applicazione del metodo Cooper Bredehoeft Papadopulos si evidenziano alcuni limiti:

- la geometria delle curve campione differisce molto poco da una all'altra, per cui spesso non è univoca la sovrapposizione con la curva sperimentale. Se ciò non influisce molto nella determinazione della trasmissività T, influisce invece sensibilmente nella determinazione del coefficiente d'immagazzinamento S. Variando α (e quindi S) di un ordine di grandezza, la geometria della curva campione varia limitatamente;
- la soluzione di Cooper Bredehoeft Papadopulos presuppone che il flusso sia perfettamente radiale, condizione che si verifica solo nell'ipotesi di pozzo o piezometro completo, che è difficilmente riscontrabile in un acquifero confinato.

L'errore introdotto è comunque trascurabile quando il tratto finestrato supera di almeno venti volte il raggio di pozzo, condizione questa generalmente verificata.

5.4.4 Il metodo KGS

Nel 1994 un gruppo di ricercatori del Kansas Geological Survey [64] ha presentato una soluzione semianalitica rigorosa per l'interpretazione di uno slug test eseguito in pozzi a parziale penetrazione e/o completamento, utilizzando un modello tridimensionale che incorpora l'effetto dell'immagazzinamento della formazione acquifera. Il loro modello prende in esame due distinte condizioni al contorno per il top della formazione: flusso nullo (come il modello CBP) e carico idraulico costante (come il modello Bouwer e Rice); le loro soluzioni possono pertanto essere applicate all'interpretazione di slug test eseguiti sia in acquiferi confinati, sia non confinati.

In sintesi, pertanto, il modello KGS prende in esame:

- l'immagazzinamento della formazione;
- il bilancio di massa pozzo-acquifero;
- la parziale penetrazione del pozzo o piezometro;
- l'eventuale anisotropia della formazione;
- il danneggiamento di permeabilità nell'intorno del pozzo;
- le tipologie di acquifero confinato e non confinato.

La generalità delle soluzioni offerte viene naturalmente "pagata" da una maggiore complessità rispetto ai metodi finora esaminati; l'applicazione del metodo KGS è stata recentemente facilitata dallo sviluppo del software AQTESOLV.

In termini generali, vedasi Fig. 5.24, la variazione di livello adimensionale s/s_0 può essere espressa come:

$$\frac{s}{s_0} = f(K_r, K_z, S_s, K_r', K_z', S_s', L, D, b),$$

nella quale i parametri con apice si riferiscono alla corona circolare nell'intorno del pozzo, ove – per effetto dei fluidi di perforazione e di un non adeguato sviluppo – si può verificare un danneggiamento di permeabilità (skin effect).

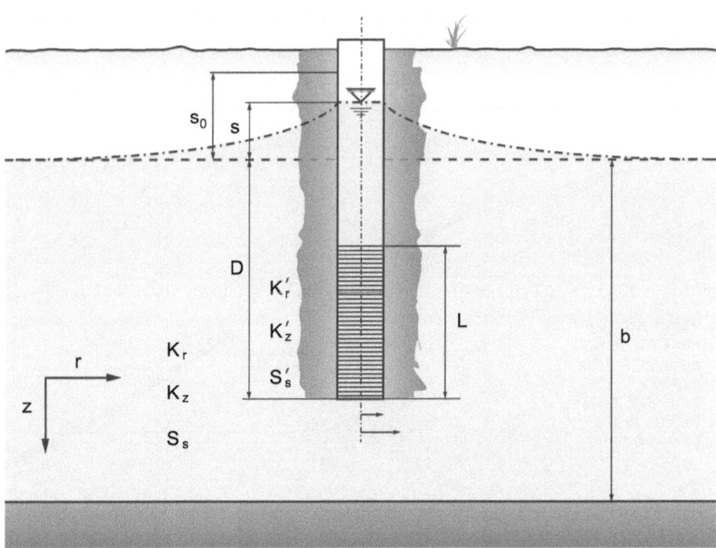

Fig. 5.24. Definizione dei parametri geometrici di un pozzo o piezometro relativi al metodo KGS

La variazione di livello adimensionale risulta pertanto dipendente da nove parametri, tre dei quali (L, D e b) sono da ritenersi noti, posto che si conosca la geometria di completamento del pozzo/piezometro.

In Fig. 5.25 è presentata una famiglia di curve campione per una assegnata geometria di completamento.

L'interpretazione di uno slug test con il metodo KGS segue il principio della sovrapposizione della curva sperimentale con una delle curve campione, vedasi Fig. 5.26, che vengono generate dal software citato.

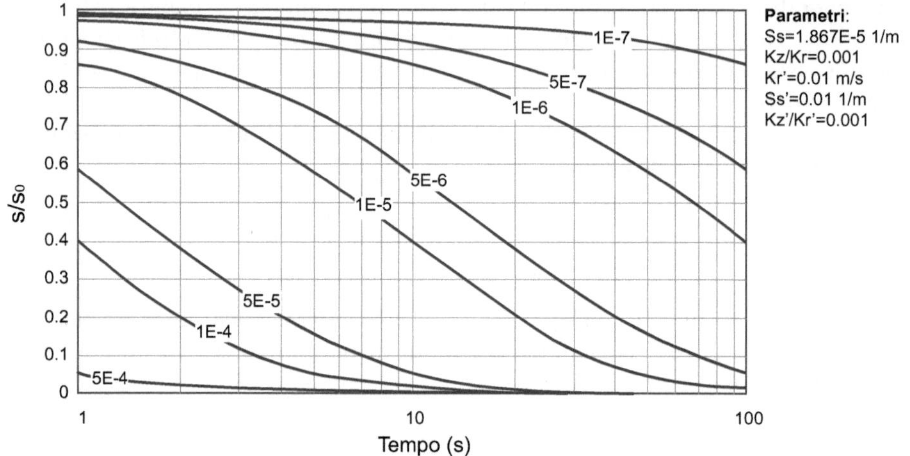

Fig. 5.25. Famiglia di curve campione per una assegnata geometria di completamento, metodo KGS

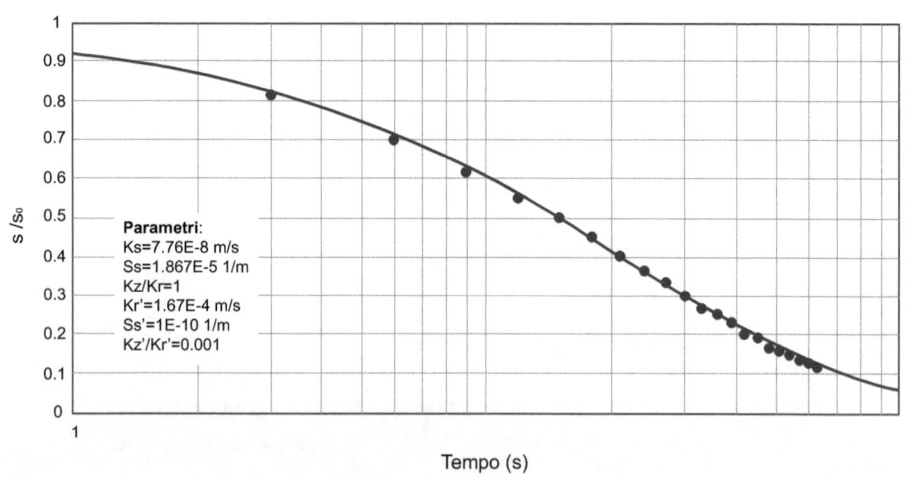

Fig. 5.26. Esempio d'interpretazione di uno slug test con il metodo KGS

5.5 Altri metodi di determinazione dei parametri caratteristici di un acquifero

Anche se le prove di falda costituiscono lo strumento più affidabile per la determinazione dei parametri idrodinamici di un acquifero, è bene ricordare che il numero di prove eseguibile è spesso insufficiente per ottenere una distribuzione significativa di valori. È pertanto importante ricordare che esistono altre possibilità di determinazione.

5.5.1 Determinazione della conducibilità idraulica o della trasmissività

La conducibilità idraulica o la trasmissività di un acquifero (il passaggio dall'una all'altra è immediato) rappresentano il parametro idrodinamico più importante, in grado di condizionare il campo di moto sia in regime transitorio, che stazionario. Di seguito si passano in rassegna le diverse metodologie disponibili per tale valutazione:

Prove di falda in regime variabile
Come già ampiamente evidenziato, rappresentano la metodologia più affidabile. Ad essa sono stati dedicati i paragrafi 5.1, 5.2, 5.3, 5.4.

Prove di tracciamento single-well
Sono particolarmente indicate quando si voglia determinare la conducibilità idraulica orizzontale di un determinato livello dell'acquifero, piuttosto che la conducibilità idraulica media dell'intero spessore saturo che è, invece, il valore che deriva dall'interpretazione di una prova di falda.

Dal punto di vista operativo, la prova consiste nell'isolare il livello desiderato mediante due packer calati in un pozzo o piezometro e nell'immettere, con rilascio istantaneo, una certa massa di tracciante all'interno del volume di acqua così isolato, vedasi Fig. 5.27.

L'interpretazione della prova è basata sulla teoria della *diluizione puntuale* e passa attraverso la misura, in funzione del tempo, della concentrazione del tracciante nel pozzo o piezometro, ove lo stesso è stato introdotto dalla superficie.

Se il volume di pozzo interessato dall'iniezione è limitato, in maniera che si possa ritenere completo e pressoché istantaneo il mescolamento del tracciante nel volume di acqua interessato (assenza di flusso verticale), l'applicazione del principio di conservazione della massa consente di assumere che la variazione di massa del tracciante, all'interno del tratto di colonna interessato dall'iniezione, è uguale alla massa di tracciante trasportata fuori dal pozzo (o dal piezometro) per effetto della velocità dell'acqua, nell'intervallo di tempo infinitesimo considerato. In termini analitici, si può scrivere:

$$dM = -V_w \cdot dC = q \, C \cdot dt = 2r_w \, h \, v'C \cdot dt, \quad \text{essendo}$$

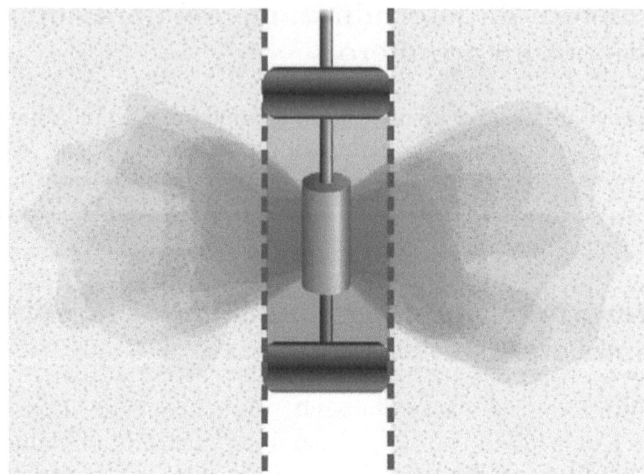

Fig. 5.27. Schema di una prova di tracciamento mediante l'utilizzo di due packer

- C la concentrazione del tracciante;
- r_w il raggio di pozzo;
- q la portata volumetrica del tracciante che passa nell'acquifero;
- h il tratto di pozzo interessato dal tracciamento;
- v' la velocità dell'acqua in corrispondenza dell'asse del pozzo;
- V_w il volume di pozzo interessato dal tracciamento $= \gamma \cdot \pi r_w^2 h$;
- γ fattore di riduzione del volume che tiene conto dell'ingombro della sonda per la misura della concentrazione del tracciante.

Separando le variabili e integrando, si ha:

$$\int_{C_0}^{C} \frac{dC}{C} = -\frac{2r_w}{\gamma \pi r_w^2} v' \int_{t_0}^{t} dt \quad \text{e quindi:}$$

$$v' = \frac{\gamma \, \pi \, r_w}{2 \, (t - t_0)} \ln \frac{C_0}{C}, \tag{5.40}$$

essendo C_0 la concentrazione del tracciante misurata al tempo t_0.

La soluzione (5.40) indica che la concentrazione del tracciante diminuisce nel tempo con una legge di tipo semilogaritmico, vedasi Fig. 5.28.

La velocità dell'acqua all'interno del pozzo (o del piezometro) v' è sicuramente maggiore della velocità media di filtrazione v dell'acqua nell'acquifero, dal momento che il pozzo può essere assimilato ad un mezzo avente conducibilità idraulica molto maggiore di quella del mezzo poroso.

Si può perciò porre:

$$v = \frac{v'}{\alpha},$$

essendo α un fattore usualmente maggiore di 1, che tiene conto della distorsione delle linee di flusso indotta dalla presenza del pozzo o del piezometro. Tale

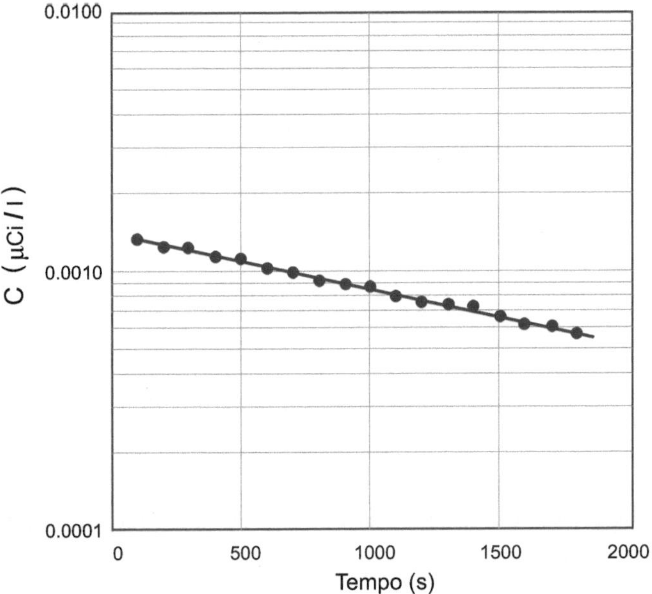

Fig. 5.28. Diluizione di un tracciante radioattivo durante una prova single-well

distorsione dipende dalle caratteristiche del sistema attraverso cui il tracciante deve fluire (le finestrature del pozzo o piezometro, il dreno presente nell'intercapedine tra il perforo e la colonna di rivestimento del pozzo o piezometro, l'acquifero). La sua espressione vale:

$$\alpha = 8\left\{ \left(1 + \frac{K}{K_d}\right) \left[\left(1 + \frac{r_w^2}{r_e^2}\right) + \frac{K_d}{K_{eq}}\left(1 - \frac{r_w^2}{r_e^2}\right)\right] + \right.$$
$$\left. + \left(1 - \frac{K}{K_d}\right)\left[\left(\frac{r_w}{r_d}\right)^2 + \left(\frac{r_e}{r_d}\right)^2\right] + \frac{K_d}{K_{eq}}\left[\left(\frac{r_w}{r_d}\right)^2 - \left(\frac{r_e}{r_d}\right)^2\right]\right\}^{-1}$$

avendo indicato con r_w e r_e rispettivamente il raggio interno ed esterno del pozzo o piezometro, con r_d il raggio esterno del dreno, K_{eq} la conducibilità idraulica equivalente del tratto finestrato (caratteristica costruttiva che dovrebbe essere fornita da tutte le case produttrici serie), con K_d la conducibilità idraulica del dreno, con K la conducibilità idraulica dell'acquifero, incognita del problema, vedasi Fig. 5.29.

In definitiva, la velocità di filtrazione dell'acqua nel mezzo poroso può essere determinata in base all'equazione:

$$v = \frac{\gamma \pi r_w}{2\alpha(t - t_0)} \ln \frac{C_0}{C} = Ki, \tag{5.41}$$

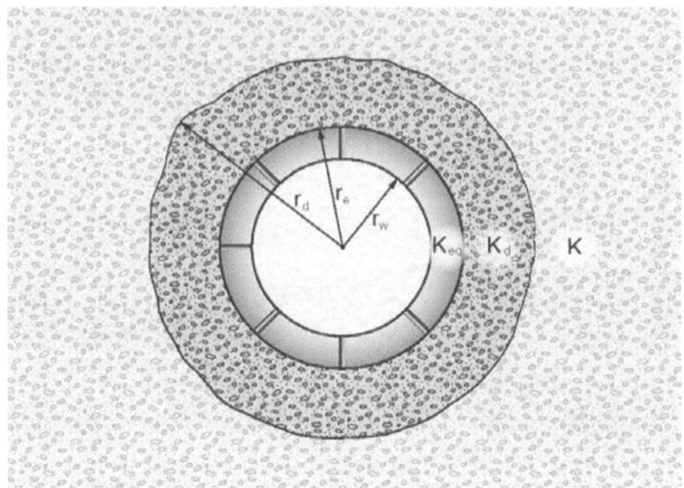

Fig. 5.29. Parametri fisici e geometrici per il calcolo del fattore di correzione α

da cui si ottiene che la conducibilità idraulica dell'intervallo dell'acquifero interessato dal tracciamento è:

$$K = \frac{\gamma \pi r_w}{2\alpha i} \left(\frac{\ln C_0 - \ln C}{t - t_0} \right). \tag{5.42}$$

Due osservazioni sono opportune sull'applicazione dell'equazione (5.42):

- il termine fra parentesi rappresenta la pendenza del tratto rettilineo del diagramma semilogaritmico $\ln C$ vs t, che riporta i dati registrati durante la prova (è possibile che, soprattutto nella fase iniziale, i valori non si dispongano lungo una retta);
- il parametro α è funzione della conducibilità idraulica K, la cui determinazione rappresenta l'obiettivo della prova di tracciamento. La risoluzione della (5.42) deve avvenire pertanto applicando un procedimento iterativo.

Misura in laboratorio mediante permeametro a carico costante o a carico variabile

La conducibilità idraulica può anche essere misurata in laboratorio su un campione della formazione acquifera prelevato durante la perforazione di un pozzo o piezometro.

La limitazione intrinseca di questo tipo di misura sta nella rappresentatività del campione e nella difficoltà di ricostruire in laboratorio le condizioni di sollecitazione esistenti in situ. Prescindendo da tali considerazioni, la misura viene fatta mediante un'apparecchiatura definita permeametro, mediante la quale viene creato un flusso attraverso il campione e vengono misurati i parametri portata e carico idraulico.

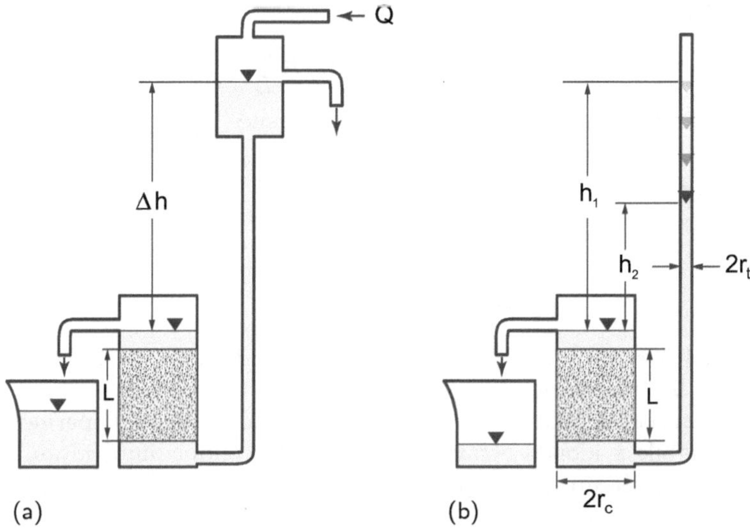

Fig. 5.30. Permeametri: a) carico costante e b) a carico variabile

Esistono due tipi di permeametro: a carico costante e a carico variabile, vedasi Fig. 5.30.

Il permeametro a carico costante viene usualmente impiegato per misurare la conducibilità idraulica di campioni sciolti, a prevalente componente sabbioso-ghiaiosa. Il campione viene posto in un cilindro di sezione trasversale nota e, dopo essere stato accuratamente saturato con acqua, viene attraversato da un flusso a portata costante, per effetto di una differenza di carico idraulico costante. L'applicazione diretta della legge di Darcy consente il calcolo della conducibilità idraulica:

$$K = \frac{V}{t} \frac{L}{A \cdot \Delta h},$$

(5.43)

avendo misurato il volume di acqua V che è fluito nel tempo t, per effetto della differenza di carico idraulico Δh, attraverso il campione di sezione trasversale A e lunghezza L.

Il permeametro a carico variabile viene, invece, usualmente impiegato per misurare la conducibilità idraulica di campioni sciolti a granulometria fine o di campioni consolidati.

Dopo aver saturato il campione con le stesse modalità del caso precedente, il tubo di carico del permeametro viene riempito con acqua fino ad una generica altezza h_1. Dopo aver aperto la valvola di flusso che consente lo scarico attraverso il dispositivo di troppo pieno, si misura il tempo impiegato dall'acqua presente nel tubo di carico a scendere fino alla generica altezza h_2.

La portata di acqua che fluisce attraverso il campione è, per la legge di conservazione della massa, la stessa che fluisce attraverso la sezione del tubo di carico. Pertanto sarà:

$$Q = -\pi r_t^2 \frac{dh}{dt} = \pi r_c^2 K \frac{h}{L},$$

da cui separando le variabili e integrando si ottiene

$$-\left(\frac{r_t}{r_c}\right)^2 L \int_{h_1}^{h_2} \frac{dh}{h} = K \int_o^t dt,$$

e quindi

$$K = \left(\frac{r_t}{r_c}\right)^2 \frac{L}{t} \ln \frac{h_1}{h_2}. \tag{5.44}$$

Nella (5.44) r_t rappresenta il raggio del tubo di carico e r_c il raggio del dispositivo cilindrico porta campione.

Per i materiali argillosi tipici degli acquicludi, neppure il permeametro a carico variabile è idoneo per una misura della conducibilità idraulica e si utilizzano misure indirette di tipo geotecnico.

Correlazione con la portata specifica
È un metodo che, se correttamente applicato, fornisce una buona precisione nella determinazione della trasmissività di un acquifero. Poiché la sua applicazione richiede la conoscenza dell'equazione caratteristica del pozzo, si rimanda per la sua illustrazione al paragrafo 6.4.

Correlazioni con la granulometria
Si è già detto come la conducibilità idraulica dei terreni possa variare entro limiti molto ampi. Ciò può essere spiegato sul piano teorico ricorrendo ad uno dei molti modelli di mezzo poroso, fra i quali il più semplice è quello che assimila il mezzo ad un fascio di tubi capillari. Tutti questi modelli conducono a relazioni del tipo:

$$K \propto d^2,$$

in cui d è un diametro equivalente, cui spesso si attribuisce il significato di d_{10} (luce della maglia dello setaccio che lascia passare il 10% in peso del materiale). Ne deriva che il fattore largamente dominante, anche se non l'unico, la permeabilità di un terreno è la sua granulometria. Nel passare dalle argille omogenee ($10^{-5} \leq d_{10} \leq 10^{-4}$ cm), alle ghiaie ($d_{10} \approx 1$ cm), il d_{10} varia di 4–5 ordini di grandezza e la permeabilità, di conseguenza, di 8–10 ordini di grandezza.

Appare anche evidente come a modeste variazioni di granulometria, quali sono usuali nei depositi naturali, corrispondano variazioni assai marcate della conducibilità idraulica.

Tra le espressioni più semplici che consentono di correlare la conducibilità idraulica alla granulometria di un acquifero, va ricordata la formula di Hazen:

$$K = 100 \cdot d_{10}^2, \tag{5.45}$$

valida per d_{10} espresso in cm e K in cm/s.

La formula di Hazen è a rigore valida per materiali uniformi $U = d_{60}/d_{10}$ ≤ 2); per materiali a granulometria varia, spesso si utilizza il d_{50}:

$$K = 100 \cdot d_{50}^2. \tag{5.46}$$

La letteratura specialistica riporta numerose altre correlazioni, che tengono conto – oltre che del diametro equivalente – di altri parametri quali, ad esempio, la porosità. Tuttavia, poiché da tutte queste correlazioni non ci si può attendere che un ordine di grandezza preliminare della conducibilità idraulica, si ritiene a tale scopo sufficiente la formula di Hazen.

Quando non si disponga neppure di una curva granulometrica della formazione interessata, non resta che ricorrere a tabelle o abachi, di cui quello riportato nel Capitolo 1 come Fig. 1.12 è un esempio.

Interpretazione del reticolo piezometrico

L'analisi del reticolo piezometrico può consentire di avere una indicazione del valore di trasmissività di un'area per riferimento al valore di un'area contigua nella quale, ad esempio, sia stata eseguita una prova di falda. Si consideri lo schema di Fig. 5.31. La legge di conservazione della massa impone che la portata all'interno del tubo di flusso delimitato da due linee di corrente contigue sia costante:

$$Q = A_1 K_1 i_1 = A_2 K_2 i_2.$$

Ma tenuto conto che $A = L \cdot b$, la precedente uguaglianza diventa:

$$L_1 T_1 i = L_2 T_2 i_2,$$

da cui, nota la trasmissività nell'area 1 e la piezometria dell'area indagata, si ottiene il valore della trasmissività nell'area 2 contigua alla precedente:

$$T_2 = T_1 \cdot \frac{i_1}{i_2} \frac{L_1}{L_2}. \tag{5.47}$$

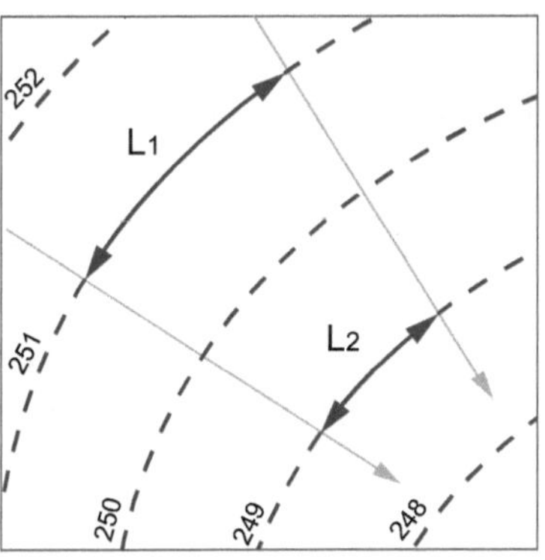

Fig. 5.31. Schematizzazione del reticolo piezometrico

Se le isopieze fossero approssimate con delle rette, le linee di flusso sarebbero parallele fra loro e conseguentemente, essendo $L_1 = L_2$, si avrebbe:

$$T_2 = T_1 \cdot \frac{i_1}{i_2}. \tag{5.48}$$

Prove Lefranc

Sono prove molto utilizzate, soprattutto in ambito geotecnico, ma il più delle volte forniscono risultati inattendibili perché eseguite al di fuori delle condizioni che sono alla base della loro interpretazione. Le prove Lefranc vengono eseguite durante la fase di perforazione dei sondaggi geognostici-piezometrici e consistono nel creare un moto di filtrazione che può essere diretto dal foro di sondaggio verso la formazione (prova d'immissione) o, viceversa, dalla formazione verso il foro di sondaggio (prova di ritorno), a seconda che il livello dell'acqua nel foro venga innalzato o depresso rispetto al valore indisturbato presente nell'acquifero. Con le prove Lefranc si tende a realizzare in foro le stesse condizioni operative che si verificano in laboratorio con l'impiego dei permeametri: pertanto si possono effettuare *prove a carico costante*, nelle quali si misura la portata di acqua che bisogna immettere (o estrarre) in foro per mantenere costante il dislivello piezometrico fra foro e formazione circostante, oppure *prove a carico variabile*, nelle quali si misura la velocità di declino (o di risalita) del livello dell'acqua in foro, dopo aver realizzato una variazione istantanea del livello iniziale.

Qualunque sia la scelta operativa effettuata, una prova Lefranc s'interpreta utilizzando la legge di Darcy e da ciò consegue che innanzitutto la formazione interessata dalla prova deve essere satura (condizione spesso inosservata); inoltre, il flusso deve essere di tipo laminare.

Quando si è in presenza di formazioni, le cui pareti possono franare se non rivestite, la realizzazione della prova deve essere preceduta da una accurata preparazione della sezione filtrante, ottenuta come segue:

- si esegue la perforazione con rivestimento fino alla quota prefissata;
- si realizza a fondo foro un tampone impermeabile, avente la funzione di impedire vie preferenziali di flusso dell'acqua durante la prova, in particolare attraverso l'intercapedine tra il perforo e la colonna di rivestimento;
- si pone in opera una seconda tubazione interna, di diametro minore, che attraversa il tampone impermeabile;
- si solleva la tubazione interna fino all'estremità inferiore del tampone, realizzando contemporaneamente al di sotto di esso la sezione filtrante mediante l'immissione di adatto materiale granulare (tasca di prova).

Se la formazione è sufficientemente stabile, si evita la realizzazione del tampone e la messa in opera della tubazione interna, operando solo con il rivestimento esterno e creando la sezione filtrante a fondo foro.

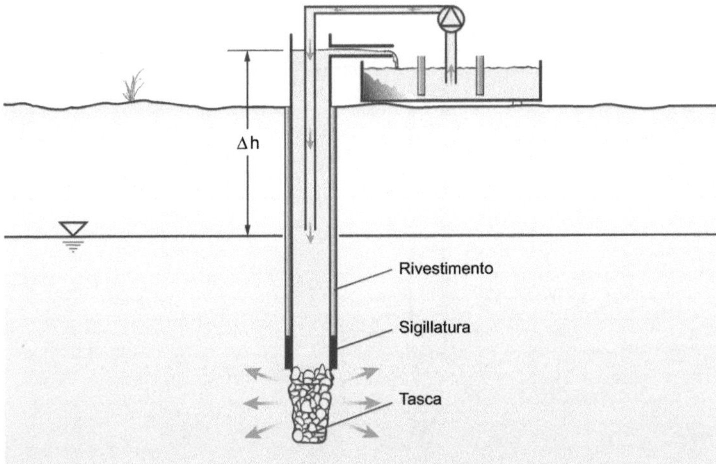

Fig. 5.32. Schema di realizzazione di una prova Lefranc a carico costante, con immissione di acqua

Prove a carico costante

Vengono eseguite secondo lo schema di Fig. 5.32 e sono le meno utilizzate perché richiedono un'attrezzatura (vasca di alimentazione e sistema di pompaggio), di cui normalmente le società che eseguono i sondaggi non dispongono.

Raggiunte le condizioni di stazionarietà conseguenti alla creazione di una differenza di carico idraulico Δh, l'applicazione della legge di Darcy:

$$Q = K \, A\frac{\Delta h}{L} = K \, F \, \Delta h,$$

consente di calcolare la conducibilità idraulica:

$$K = \frac{Q}{F \cdot \Delta h}, \tag{5.49}$$

dopo aver misurato i valori costanti di portata Q e dislivello Δh ed essendo noto il fattore di forma $F = A/L$, dipendente dalla forma e dalle dimensioni della sezione filtrante.

Prove a carico variabile

Vengono eseguite secondo lo schema di Fig. 5.33 e sono le più utilizzate in quanto non richiedono alcuna particolare struttura operativa. Vengono interpretate misurando il tempo impiegato dall'acqua nel rivestimento a passare dal livello h_1 al livello h_2 e utilizzando lo stesso approccio concettuale applicato nei permeametri a carico variabile.

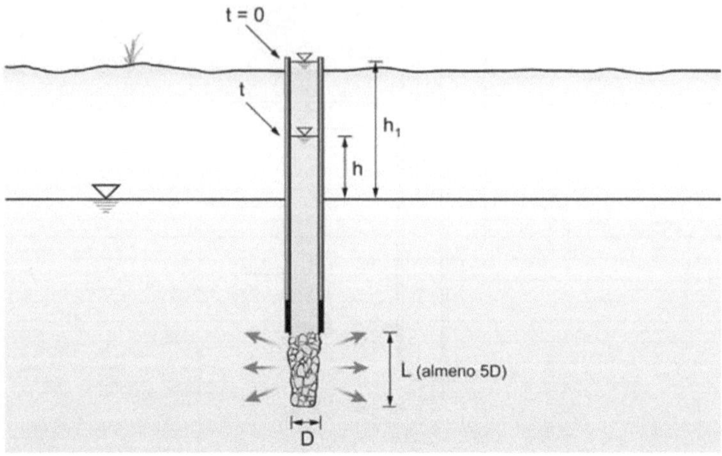

Fig. 5.33. Schema di realizzazione di una prova Lefranc a carico variabile, con immissione di acqua

Per la legge di conservazione della massa sarà:

$$Q = -\pi r_w^2 \frac{dh}{dt} = FKh \quad \text{da cui, separando le variabili e integrando:}$$

$$-\pi r_w^2 \int_{h_1}^{h_2} \frac{dh}{h} = FK \int_0^t dt \quad \text{e quindi:} \quad K = \frac{\pi r_w^2}{Ft} \ln \frac{h_1}{h_2}, \tag{5.50}$$

avendo indicato con r_w il raggio interno della colonna di rivestimento.

Per evitare errori nella valutazione del tempo t, è opportuno che si abbia almeno $h_2 = 0.2h_1$.

5.5.2 Determinazione del coefficiente d'immagazzinamento

Il valore del coefficiente d'immagazzinamento elastico S influenza il comportamento idrodinamico di un acquifero solo nella fase di regime transitorio. Per la sua determinazione esistono le seguenti possibilità:

Prove di falda in regime variabile
Rappresentano la metodologia più affidabile, per la quale si rimanda ai paragrafi 5.1, 5.2, 5.4.

Applicazione della definizione analitica
Se non si hanno a disposizione dati sperimentali, il valore del coefficiente d'immagazzinamento elastico può essere ottenuto applicando la sua definizione analitica:

$$S = g\rho_w b\left(c_f + nc_w\right). \tag{5.51}$$

La (5.51) evidenzia come il valore di S dipenda dallo spessore b, dalla profondità a cui si trova l'acquifero (parametro che condiziona i valori di comprimibilità della formazione c_f e dell'acqua c_w), dalla porosità e dalla densità dell'acqua.

Tenuto conto che, dal punto di vista applicativo, la densità è una costante e che la porosità totale di un acquifero ha un range limitato di variazione, si comprende come il valore del coefficiente d'immagazzinamento dipenda essenzialmente dallo spessore saturo b e dalla profondità, che influenza i valori di comprimibilità.

Correlazione di Van der Gun

Tenuto conto che il coefficiente d'immagazzinamento elastico di un acquifero confinato o semiconfinato dipende sostanzialmente dalla profondità e dallo spessore dell'acquifero, van der Gun [105] ha elaborato la seguente espressione per il calcolo di S:

$$S = 1.8 \cdot 10^{-6}(d_2 - d_1) + 8.6 \cdot 10^{-4}(d_2^{0.3} - d_1^{0.3}), \qquad (5.52)$$

nella quale d_1 e d_2 (espresse in metri) rappresentano le profondità del top e del bottom dell'acquifero.

Correlazioni con la litologia

Quando non si hanno altre opzioni, un ordine di grandezza del coefficiente di immagazzinamento può essere ottenuto dalle correlazioni disponibili in letteratura che legano il coefficiente di immagazzinamento specifico S_s alla litologia della formazione acquifera, vedasi ad esempio Tabella 1.4 nel Capitolo 1.

Ottenuto il valore di S_s, sarà ovviamente:

$$S = S_s \cdot b.$$

È superfluo evidenziare che con tale approccio s'ignora totalmente l'influenza della profondità dell'acquifero.

5.5.3 Determinazione della porosità efficace

La porosità efficace n_e è un parametro importante in quanto condiziona la velocità effettiva dell'acqua, qualunque sia la tipologia dell'acquifero; inoltre, influisce sul comportamento idrodinamico in regime transitorio degli acquiferi non confinati.

Di seguito vengono illustrate le opzioni disponibili per una sua valutazione.

Prove di falda in regime variabile

Consentono la determinazione della porosità efficace solo nel caso di acquiferi non confinati; va però evidenziato che l'interpretazione di una prova di falda tende a sottostimare il valore di tale parametro, a meno che la prova non sia di lunghissima durata.

Prove di tracciamento multi-well

Rappresentano forse la metodologia più affidabile, anche se più costosa, per la determinazione della porosità efficace.

La prova di tracciamento a più pozzi consiste nel misurare, in funzione del tempo, la concentrazione di un tracciante in uno o più pozzi di osservazione, posti a valle del pozzo in cui il tracciante è stato immesso con modalità di rilascio istantanea, ed è finalizzata principalmente alla determinazione della velocità effettiva dell'acqua di falda in corrispondenza del livello testato. La curva che rappresenta l'evoluzione della concentrazione del tracciante in un pozzo o piezometro di osservazione si definisce curva di restituzione.

Ottenuta la curva di restituzione in un punto posto a valle del pozzo d'immissione lungo la direzione di flusso dell'acqua di falda, la velocità effettiva può essere calcolata sulla base della relazione spazio-temporale:

$$v_e = \frac{d}{t_a},$$

nella quale d rappresenta la distanza fra punto d'immissione e punto di restituzione e t_a il tempo di arrivo del tracciante. Ne consegue che, conoscendo la conducibilità idraulica del livello acquifero tracciato e il gradiente piezometrico esistente all'atto della prova fra il punto d'immissione e quello di restituzione, si ottiene il valore della porosità efficace:

$$n_e = \frac{Ki}{v_e} = \frac{Ki}{d} \cdot t_a. \tag{5.53}$$

L'unico aspetto critico nell'interpretazione della prova di tracciamento sta nella determinazione del tempo di arrivo del tracciante in quanto il suo passaggio non è istantaneo ma è caratterizzato da un tempo di comparsa t_c (prima del quale la concentrazione è nulla), da una fase a concentrazione progressivamente crescente fino al tempo t_m cui si raggiunge la concentrazione massima e da una successiva fase a concentrazione progressivamente decrescente, che termina con la sparizione del tracciante al tempo t_f, vedasi Fig. 5.34.

Se l'immissione è stata effettivamente di tipo impulsivo, vale a dire pressoché istantanea, la curva di restituzione presenta un andamento di tipo gaussiano con distribuzione sostanzialmente simmetrica, vedasi Fig. 5.34.

In tal caso, si assume come tempo di arrivo del tracciante il tempo medio che coincide con il valore di massima concentrazione:

$$t_a = t_m = \frac{t_c + t_f}{2}.$$

Nella maggioranza dei casi, tuttavia, la curva di restituzione si presenta asimmetrica: in tal caso si assume come il tempo di arrivo quello del baricentro della nube tracciante, ottenuto trasformando la curva delle concentrazioni istantanee in una curva delle concentrazioni cumulate e ricercando il tempo corrispondente ad una concentrazione cumulata del 50%, vedasi Fig. 5.35 e Fig. 5.36.

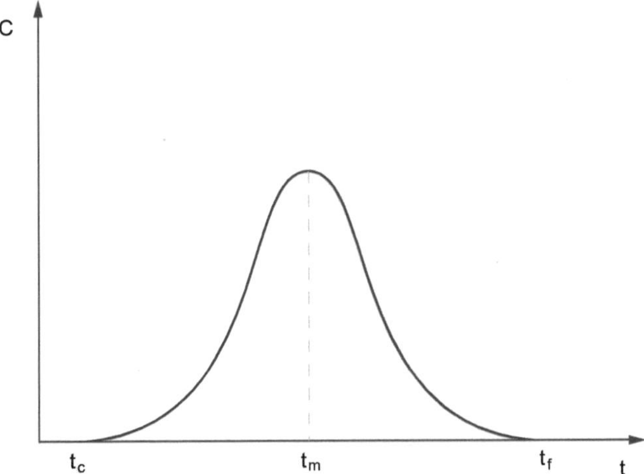

Fig. 5.34. Curva di restituzione del tracciante, di tipo simmetrico

La trasformazione della curva di restituzione istantanea in curva di restituzione cumulata si ottiene suddividendo la curva istantanea in una successione di n intervalli temporali Δt_i ed applicando la:

$$\left(\frac{C}{C_0}\right)_{cum} = \frac{\sum\limits_{i=1}^{m}\left[\left(\frac{C}{C_0}\right)_i \Delta t_i\right]}{\sum\limits_{i=1}^{n}\left[\left(\frac{C}{C_0}\right)_i \Delta t_i\right]} \qquad \text{con} \quad m = 1,2,\ldots,n. \qquad (5.54)$$

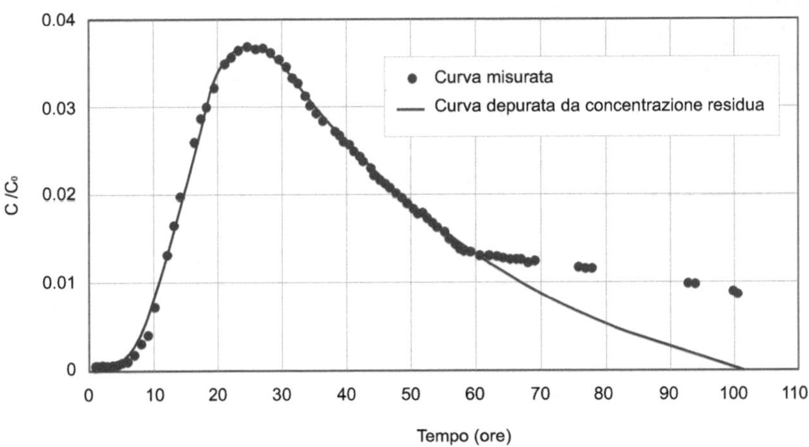

Fig. 5.35. Curva di restituzione di tipo asimmetrico e correzione del rumore di fondo

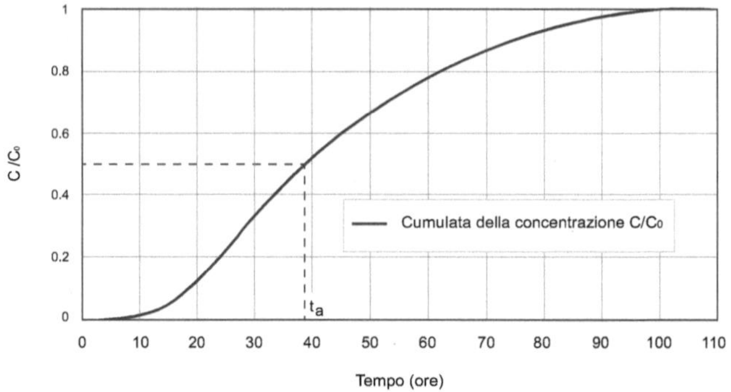

Fig. 5.36. Curva di restituzione cumulata per il calcolo del tempo di arrivo del tracciante

Prove di drenaggio gravitazionale in laboratorio

La porosità efficace può essere determinata in laboratorio sottoponendo a drenaggio per gravità un campione di acquifero precedentemente saturato. La prova deve avvenire in ambiente a umidità controllata per evitare perdite per evaporazione e deve durare il tempo necessario a raggiungere l'equilibrio (anche mesi, se il materiale è a granulometria fine). Se a ciò si aggiunge la difficoltà di avere un campione rappresentativo dell'intero acquifero e quella di ricostruire in laboratorio le condizioni fisiche esistenti nella realtà, si comprende perché questo tipo di determinazione, che pure concettualmente è molto semplice, non venga in pratica perseguito, se non in casi particolari.

Correlazioni con la granulometria o la litologia

Quando non siano utilizzabili altre opzioni, un valore orientativo di porosità efficace può essere ottenuto per correlazione con la litologia o la granulometria dell'acquifero. La Tabella 1.3 nel Capitolo 1 è un esempio di correlazione con la litologia, mentre la Fig. 5.37 rappresenta esempi di correlazione con la granulometria.

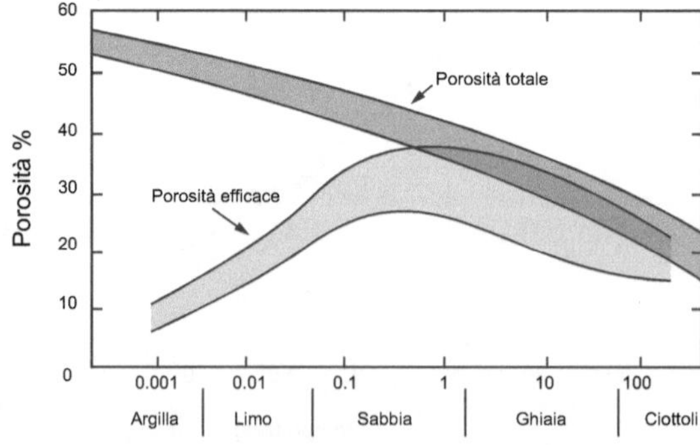

Fig. 5.37. Fascia di variazione dei valori di porosità totale e porosità efficace in funzione della granulometria e della litologia dell'acquifero (modificata da [30])

6

Capacità produttiva ed efficienza idraulica di un pozzo

Tutte le soluzioni analitiche dell'equazione di diffusività, analizzate nel Capitolo 4 e utilizzate nell'interpretazione delle prove di falda, sono equazioni di flusso nel mezzo poroso che prescindono dall'esistenza di un'opera di captazione e dalle sue caratteristiche costruttive. Le prove di falda non possono, conseguentemente, essere utilizzate per valutare le caratteristiche produttive e di efficienza idraulica di un'opera di captazione, obiettivo, questo, che può essere raggiunto mediante le prove di pozzo. Tali prove consistono nella determinazione sperimentale della relazione numerica che lega la portata erogata da un pozzo alla corrispondente perdita di carico, misurata dal valore stabilizzato dell'abbassamento di livello idrico rispetto alla situazione indisturbata.

6.1 Condizioni operative di una prova di pozzo

In relazione all'obiettivo che si prefiggono, le prove di pozzo coinvolgono soltanto il pozzo attivo e, dal punto di vista operativo, richiedono l'esecuzione di un certo numero di gradini di portata (mai inferiore a 3), con la misura dei livelli idrici in condizioni di stabilizzazione, vedasi Fig. 6.1; è opportuno che il campo di portate esplorato sia il più ampio possibile ($Q_{\max}/Q_{\min} \geq 3$) e che comprenda l'intervallo in cui si intende far funzionare l'opera di captazione.

Nelle applicazioni pratiche, s'intendono raggiunte le condizioni di stabilizzazione quando il livello in pozzo si mantiene inalterato per almeno 30 minuti.

6.2 Fondamenti teorici ed interpretazione di una prova di pozzo

Il fondamento teorico che sta alla base dell'interpretazione di una prova di pozzo è costituito dall'equazione empirica di Rorabaugh [92]:

$$s_m = BQ + CQ^n,\qquad(6.1)$$

Di Molfetta A., Sethi R.: Ingegneria degli acquiferi.
DOI 10.1007/978-88-470-1851-8_6, © Springer-Verlag Italia 2012

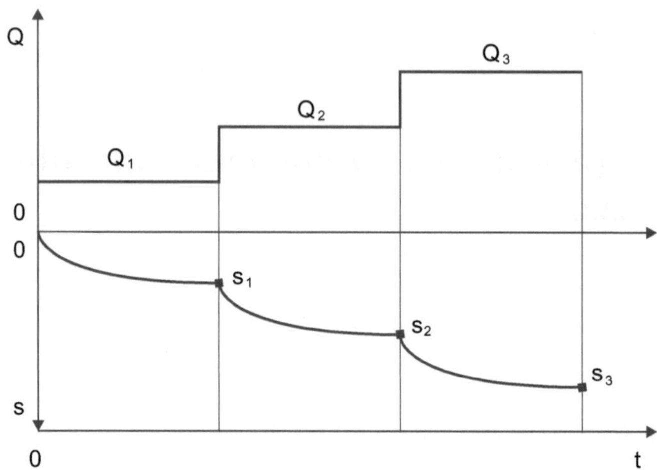

Fig. 6.1. Schema operativo relativo all'esecuzione di una prova di pozzo

che fornisce l'abbassamento stabilizzato del livello idrico, misurabile in pozzo per effetto dell'erogazione di una portata costante, come somma di due termini: il primo lineare, il secondo esponenziale con $n \geq 2$. In particolare, per $n = 2$ l'equazione di Rorabaugh coincide con quella frequentemente utilizzata di Jacob, che non sempre, però, è in grado di riprodurre il comportamento produttivo di un pozzo.

Il termine lineare dell'equazione (6.1) esprime le perdite di carico complessive dovute alla componente di flusso laminare e può essere scomposto nelle seguenti tre componenti:

- B_1Q che rappresenta le perdite di carico per il flusso nell'acquifero e, come tale, varia in funzione del tempo durante la fase di transitorio fino a divenire costante una volta raggiunte le condizioni di stabilizzazione, vedasi Fig. 6.2;
- B_2Q che rappresenta le perdite di carico dovute all'eventuale parziale penetrazione e/o parziale completamento del pozzo;
- B_3Q che rappresenta le perdite di carico dovute all'eventuale presenza nell'intorno del pozzo di una zona a permeabilità diversa da quella media della formazione acquifera.

Vale ovviamente la relazione $B = B_1 + B_2 + B_3$, per cui, in presenza di un pozzo completo ($B_2 = 0$) e di una formazione perfettamente omogenea anche nell'intorno dell'opera di captazione ($B_3 = 0$), si avrà $B = B_1$.

Il termine esponenziale CQ^n esprime, a sua volta, le perdite di carico per la componente di flusso turbolento che si crea per il passaggio dell'acqua attraverso le luci dei tratti finestrati (filtri) e all'interno del pozzo, vedasi Fig. 6.2.

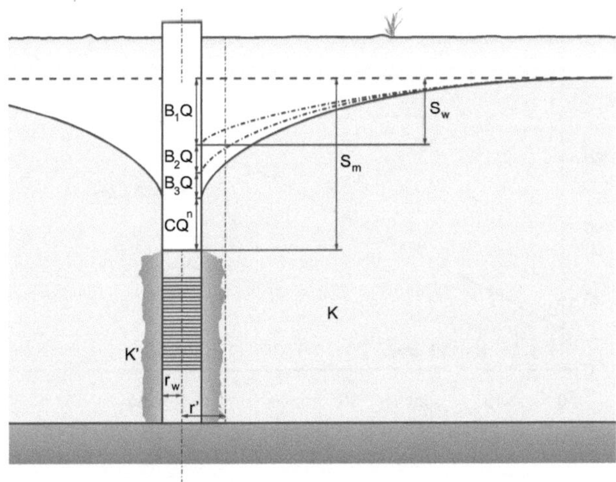

Fig. 6.2. Rappresentazione schematica delle perdite di carico in un pozzo a comportamento reale: s_m rappresenta l'abbassamento di livello stabilizzato che si misura in pozzo a seguito dell'erogazione di una portata costante Q, s_w l'abbassamento che si sarebbe misurato se il pozzo avesse avuto comportamento ideale

Ritornando alla (6.1), interpretare una prova di pozzo significa determinare sperimentalmente i valori dei tre parametri B, C, n, che consentono di quantificare quella che comunemente è chiamata *equazione caratteristica del pozzo* e che consente di prevedere quale sarà l'abbassamento indotto da un certo valore di portata o, viceversa, quale portata corrisponde ad un valore prefissato di abbassamento.

La Fig. 6.3 riporta in forma grafica la relazione tra portata e perdite di carico, nota come *curva caratteristica del pozzo*.

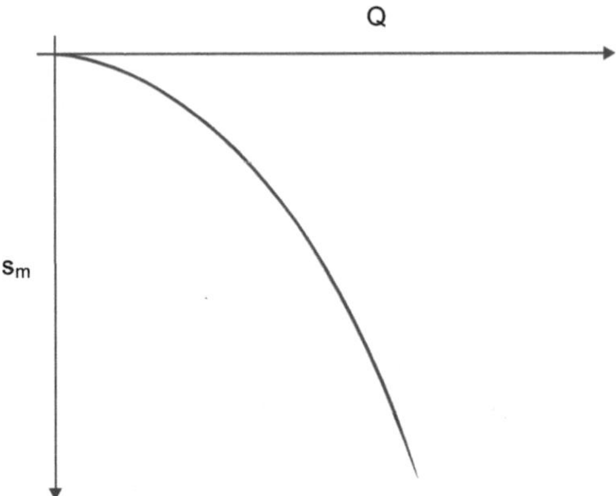

Fig. 6.3. Curva caratteristica di un pozzo

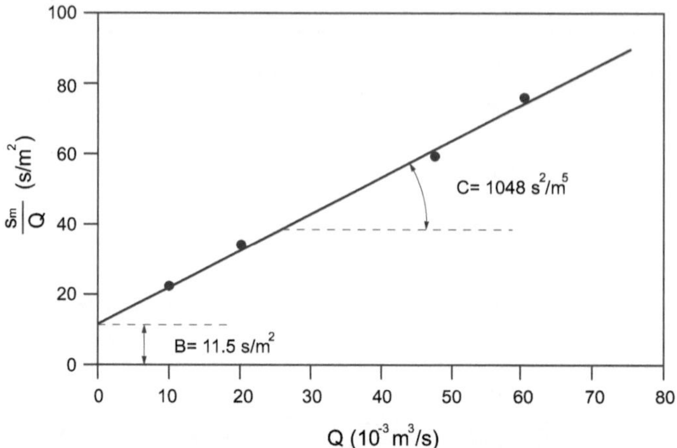

Fig. 6.4. Determinazione dei parametri relativi all'equazione caratteristica di un pozzo, nell'ipotesi $n = 2$ (equazione di Jacob)

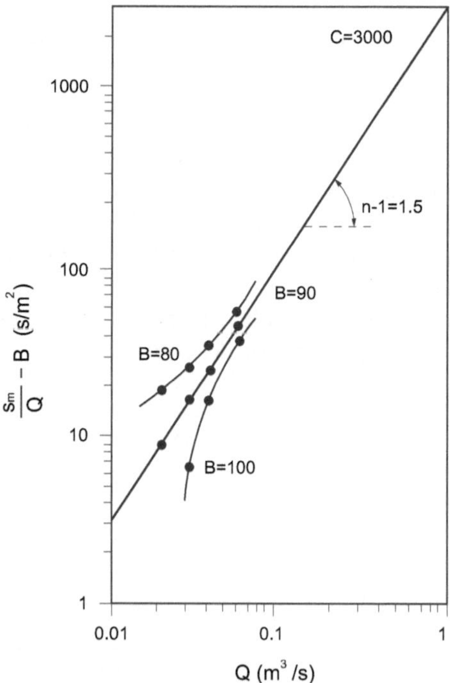

Fig. 6.5. Determinazione dei parametri relativi all'equazione caratteristica di un pozzo, nell'ipotesi $n \neq 2$ (equazione di Rorabaugh)

L'interpretazione della prova può essere ottenuta molto semplicemente, verificando l'allineamento dei risultati sperimentali (una coppia di valori s_m, Q per ogni gradino di portata eseguito) dapprima sul diagramma cartesiano $\frac{s_m}{Q}$ vs Q (ipotesi $n = 2$) e successivamente, in caso di mancato allineamento, sul diagramma logaritmico $(\frac{s_m}{Q} - B)$ vs Q (ipotesi $n \neq 2$). Nel primo caso (vedasi Fig. 6.4) la soluzione è immediata, mentre nel secondo bisogna procedere per tentativi sul valore di B, che compare come argomento delle ordinate (vedasi Fig. 6.5). Il valore più probabile di B sarà, ovviamente, quello cui corrisponde il migliore allineamento dei risultati sperimentali; valori minori determineranno una curva concava, valori maggiori una curva convessa.

L'applicazione del metodo dei minimi quadrati alla retta di regressione consente, naturalmente, di risolvere il problema per via numerica, anziché grafica.

6.3 Produttività ed efficienza idraulica

La produttività di un'opera di captazione è misurata non dalla portata che la stessa può erogare (in quanto questo valore può essere mantenuto scorrettamente e pericolosamente elevato) ma dalla portata specifica:

$$q_{sp} = \frac{Q}{s_m},\qquad(6.2)$$

ottenuta dividendo la portata erogata per l'abbassamento stabilizzato corrispondente.

È evidente che maggiore è la portata specifica, migliore è il pozzo.

Anche il concetto di portata specifica è, però, insufficiente a descrivere da solo l'influenza sulla produttività delle caratteristiche costruttive dell'opera di captazione: un pozzo può fornire un'elevata portata specifica, ma ne avrebbe fornito una ancora più elevata se fosse stato realizzato secondo le regole dell'arte.

Si definisce conseguentemente *efficienza idraulica* di un pozzo il rapporto tra la portata specifica misurata in un pozzo in condizioni di stabilizzazione e la portata specifica che, nelle stesse condizioni, il pozzo avrebbe fornito se avesse avuto comportamento ideale (flusso laminare, pozzo completo, permeabilità costante anche nell'intorno dell'opera di captazione).

Ne consegue, vedasi anche lo schema di Fig. 6.2, che sarà:

$$E = \frac{Q/s_m}{Q/s_w}100 = \frac{s_w}{s_m}100 = \frac{B_1 Q}{BQ + CQ^n}100.\qquad(6.3)$$

L'applicazione della (6.3) richiede, oltre che l'esecuzione e l'interpretazione di una prova di pozzo per la determinazione di B, C e n, la capacità di calcolare i coefficienti B_2 e B_3, vedasi paragrafo 6.4.1 e 6.4.2, indispensabili per ottenere il valore di $B_1 = B - B_2 - B_3$.

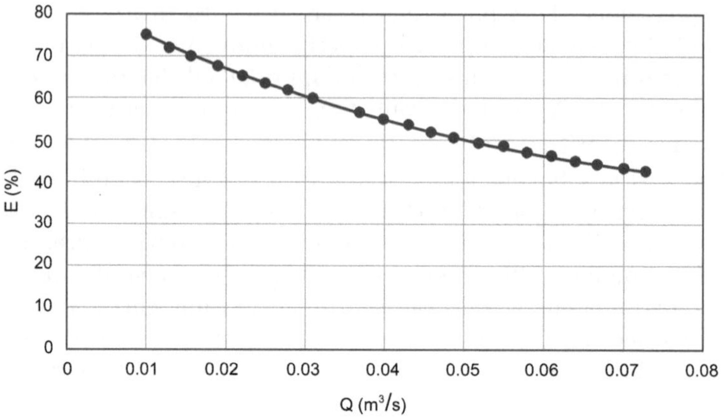

Fig. 6.6. Variazione della efficienza idraulica di un pozzo al variare della portata

La definizione di efficienza idraulica espressa dalla (6.3) evidenzia che la stessa diminuisce all'aumentare della portata, in particolare per il ruolo crescente esercitato dalle perdite di carico dovute alla componente di flusso turbolento, vedasi Fig. 6.6.

Una diminuzione permanente di efficienza idraulica nella vita produttiva di un'opera di captazione può essere attribuita ad una diminuzione dello spessore saturo negli acquiferi non confinati (sovrasfruttamento dell'acquifero) o, più frequentemente, ad un intasamento delle luci dei tratti finestrati in acquiferi di qualsiasi tipologia.

La (6.3) può essere utilmente impiegata per verificare le variazioni di efficienza idraulica nella vita produttiva di un'opera di captazione e/o per confrontare il comportamento e i risultati di pozzi diversi all'interno dello stesso campo acquifero.

È sconsigliabile, invece, utilizzare la (6.3) per confrontare il comportamento produttivo di pozzi completati in acquiferi diversi o, comunque, a grande distanza l'uno dall'altro; una bassa trasmissività dell'acquifero, infatti, comporta un elevato valore di B_1, che può mascherare – più o meno parzialmente – gli effetti di un cattivo completamento e di un inadeguato sviluppo del pozzo sull'efficienza idraulica dello stesso.

Completamente errata è, invece, la definizione di efficienza idraulica che spesso si ritrova nella letteratura specialistica:

$$E = \frac{BQ}{BQ + CQ^n} \; 100,$$

che, se adottata, porta al paradosso per cui maggiore è il danneggiamento di permeabilità nell'intorno del pozzo, maggiore è la sua efficienza idraulica e più ridotto è il tratto finestrato rispetto allo spessore saturo dell'acquifero, maggiore è l'efficienza idraulica.

Tabella 6.1. Criterio di Walton per la valutazione delle caratteristiche di efficienza del pozzo

Valori di C s^2/m^5	Valutazione
$C < 1900$	buon pozzo, ben sviluppato
$1900 < C < 3800$	pozzo mediocre
$3800 < C < 15200$	pozzo intasato o deteriorato
$C > 15200$	pozzo irrecuperabile

I concetti fin qui esposti chiariscono il ruolo e l'importanza dei diversi fattori che determinano l'efficienza idraulica di un'opera di captazione, ma non consentono di evincere un criterio assoluto, che permetta di valutare se un'opera di captazione è stata o meno eseguita secondo le regole dell'arte. A questo intendimento risponde – sia pure parzialmente – il criterio di Walton, basato sul valore del coefficiente C, vedasi Tabella 6.1, che in un pozzo ideale dovrebbe essere uguale a 0 (assenza di flusso turbolento).

Il criterio di Walton consente di valutare la corretta esecuzione di un pozzo per quanto attiene la funzionalità delle finestrature ed il ruolo delle perdite di carico per flusso turbolento: non è detto che un pozzo caratterizzato da un basso valore di C sia automaticamente un'opera di captazione eseguita perfettamente (potrebbe esserci un deterioramento di permeabilità nell'intorno del pozzo o un'errata geometria di completamento), ma è sicuramente vero che un pozzo caratterizzato da un elevato valore di C non è stato eseguito secondo le regole dell'arte o si è deteriorato nel tempo.

Questo criterio, che è sempre valido per le opere di captazione completate negli acquiferi permeabili per porosità (o a porosità intergranulare), non può essere applicato per gli acquiferi fessurati, nei quali:

$$s_w \propto Q^2,$$

e, quindi, un elevato valore di C dipende dalla specificità delle caratteristiche di flusso.

6.4 Correlazione fra portata specifica e trasmissività

Sviluppi basati sull'applicazione della correlazione fra portata specifica e trasmissività, hanno notevolmente ampliato l'importanza delle prove di pozzo, che possono essere utilizzate anche per valutare la trasmissività di un acquifero [36]. Ciò appare particolarmente utile se si tiene conto che il numero delle prove di falda realizzabili a portata costante, richiedendo come minimo la disponibilità di un pozzo attivo e di un piezometro, è sempre molto limitato ed insufficiente a consentire una caratterizzazione spaziale dei valori di trasmissività.

La trasmissività di un acquifero è legata alla portata specifica di un pozzo in esso completato da relazioni del tipo:

per gli acquiferi confinati e semiconfinati $\quad T = 1.2\,q_{sp},$ $\qquad$ (6.4)

per gli acquiferi non confinati $\qquad\qquad\qquad\quad T = q_{sp}.$ $\qquad$ (6.5)

Poiché le precedenti relazioni derivano dall'applicazione delle soluzioni delle rispettive equazioni di diffusività, le portate specifiche vanno calcolate con riferimento agli abbassamenti s_w che si sarebbero misurati se il pozzo avesse avuto comportamento ideale.

Tali abbassamenti possono essere determinati, a partire dal valore misurato in pozzo s_m, sulla base della seguente equazione, vedasi ancora Fig. 6.2:

$$s_w = s_m - (B_2 + B_3)\,Q - CQ^n,$$ $\qquad$ (6.6)

la cui applicazione presuppone che sia stata eseguita e interpretata una prova di pozzo (valori di C e n) e che si possano determinare i valori dei coefficienti B_2 e B_3.

6.4.1 Valutazione del coefficiente B_2

Gli effetti di una parziale penetrazione o di un parziale completamento (sintetizzabili nella denominazione "pozzo incompleto") sono stati analizzati da diversi autori; Custodio [30] fornisce un'ampia rassegna di algoritmi che, in relazione alla tipologia dell'acquifero, consentono di calcolare la perdita di carico addizionale dovuta al parziale completamento.

Una delle formule più generali è quella proposta da TNO in [30], che è stata derivata per gli acquiferi confinati, ma è anche applicabile agli acquiferi semiconfinati se $B \gg b$ e con superficie libera se $s_m \ll b$. Applicando il metodo delle immagini, si dimostra che:

$$B_2 = \frac{1}{2\pi T}\,\frac{1-\delta}{\delta}\left[\ln\frac{4b}{r_w} - F(\delta,\varepsilon)\right],$$ $\qquad$ (6.7)

essendo (vedasi Fig. 6.7):

$$\delta = \frac{L}{b} \quad \text{la lunghezza relativa del tratto finestrato,}$$

$$\varepsilon = \left|\frac{2a + L - b}{2b}\right| \quad \text{la sua eccentricità,}$$

$$F(\delta,\varepsilon) = \frac{1}{\delta\,(1-\delta)}\left[2H(0.5) - 2H(0.5 - 0.5\delta) + 2H(\varepsilon) + \right.$$
$$\left. - H(\delta - 0.5\varepsilon) - H(\varepsilon + 0.5\delta)\right]$$ $\qquad$ (6.8)

$$H(x) = \ln\frac{\Gamma(0.5 - u)}{\Gamma(0.5 + u)}\,du,$$ $\qquad$ (6.9)

e Γ la funzione gamma.

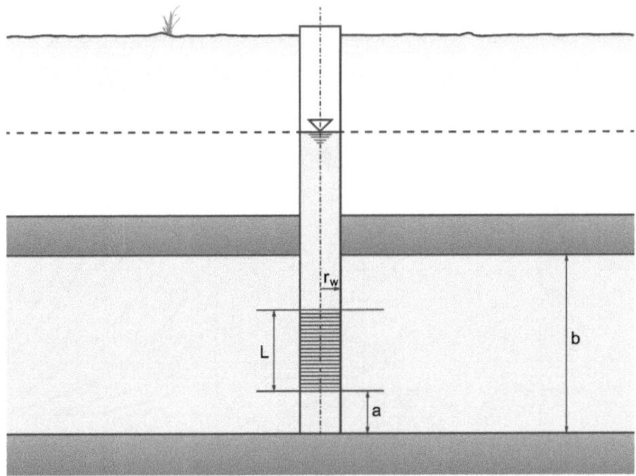

Fig. 6.7. Parametri geometrici caratterizzanti un parziale completamento

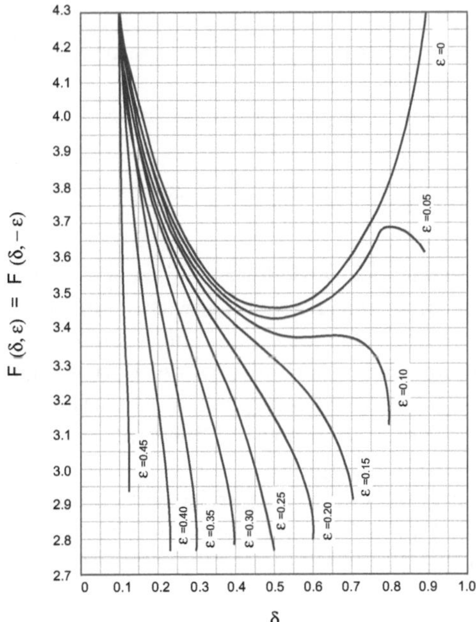

Fig. 6.8. Funzione adimensionale $F(\delta,\varepsilon)$ (modificata da [30])

La funzione adimensionale $F(\delta,\varepsilon)$ è diagrammata in Fig. 6.8.

Un altro approccio interessante può essere derivato dal risultato di Brons-Marting [16], ampiamente utilizzato in campo petrolifero, ove la perdita di carico addizionale dovuta al parziale completamento di un pozzo viene quantificata mediante un coefficiente di danneggiamento geometrico S_b (*pseudo-skin*

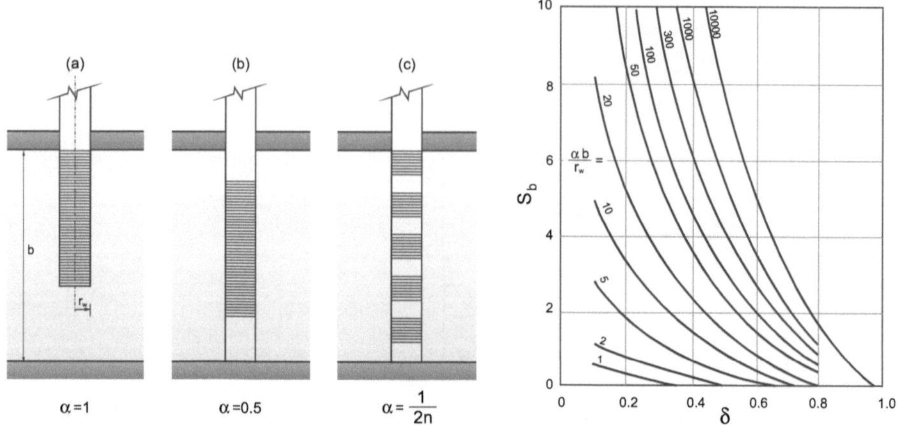

Fig. 6.9. Coefficiente di danneggiamento geometrico relativo ad alcuni schemi di completamento frequentemente utilizzati

factor), che dipende – naturalmente – dalle caratteristiche geometriche del completamento.

Tale coefficiente è legato al parametro B_2 dalla seguente relazione:

$$B_2 = \frac{1}{2\pi T}\, S_b. \tag{6.10}$$

I valori di S_b possono essere dedotti utilizzando la Fig. 6.9, in funzione della lunghezza relativa δ del tratto finestrato e del gruppo $\frac{\alpha b}{r_w}$, essendo α un coefficiente geometrico adimensionale, che assume valori di 1 nel caso di un solo tratto finestrato posizionato al top o al bottom dell'acquifero; 0.5 nel caso di un tratto finestrato ubicato in posizione centrale rispetto all'acquifero (eccentricità = 0) e $\frac{1}{2n}$ nel caso di n tratti finestrati uniformemente distribuiti lungo lo spessore saturo dell'acquifero.

Il diagramma di Fig. 6.9 è, perciò, particolarmente utile quando lo schema di completamento dell'opera di captazione prevede più tratti finestrati distribuiti lungo l'acquifero, situazione piuttosto frequente e non coperta dalla formulazione TNO.

6.4.2 Valutazione del coefficiente B_3

Il coefficiente B_3, che tiene conto del possibile danneggiamento di permeabilità nell'intorno del pozzo, è legato al coefficiente di danneggiamento S_k ("skin effect"), abitualmente utilizzato in campo petrolifero, dalla relazione:

$$B_3 = \frac{1}{2\pi T}\, S_K = \frac{1}{2\pi T}\, \frac{K - K'}{K'}\, \ln \frac{r'}{r_w}, \tag{6.11}$$

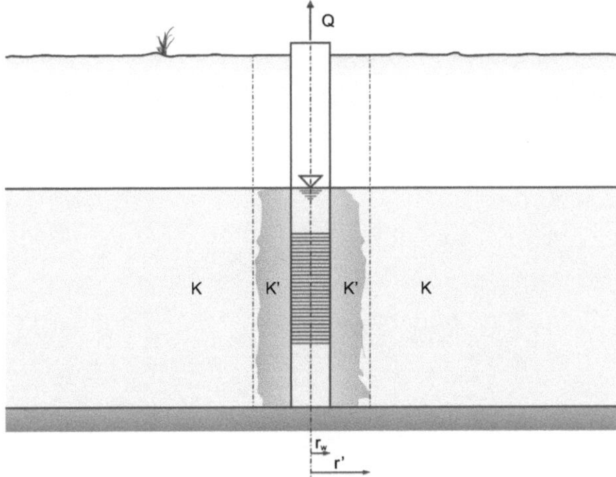

Fig. 6.10. Danneggiamento di permeabilità nell'intorno di pozzi completati in acquiferi con superficie libera e in acquiferi in pressione

essendo K' la conducibilità idraulica esistente tra il raggio di pozzo r_w e il raggio r' e K la conducibilità idraulica media dell'acquifero, presente per $r > r'$, vedasi Fig. 6.10.

La determinazione di S_K, e conseguentemente di B_3, richiede la possibilità di determinare i valori di K' e r' (ad esempio, mediante uno slug test interpretato con il metodo KGS).

Nella maggioranza dei casi, tuttavia, tenuto conto delle elevate permeabilità che caratterizzano i sistemi acquiferi a paragone dei giacimenti petroliferi, se un pozzo è stato correttamente perforato e sviluppato, non si dovrebbe avere alcun effetto residuo di danneggiamento e, pertanto, B_3 dovrebbe tendere a zero.

6.4.3 Calcolo dei coefficienti B_2 e B_3

Dalle equazioni (6.7), (6.10) e (6.11) emerge chiaramente che il calcolo dei coefficienti B_2 e B_3 richiede l'introduzione di un valore di trasmissività.

Solo a tale scopo, può essere utilizzato un valore di prima approssimazione, dedotto in base alle correlazioni (6.4) o (6.5) nelle quali la portata specifica viene calcolata come:

$$\frac{Q}{s_m - CQ^n}.$$

Ciò è numericamente giustificato per la minor importanza del gruppo $(B_2 + B_3)\,Q$ rispetto al gruppo $B_1Q + CQ^n$ nell'equazione (6.6).

Ottimizzazione della capacità produttiva di un sistema di approvvigionamento idrico

La portata d'acqua erogata da un acquedotto è il risultato delle caratteristiche di produttività di un sistema complesso costituito dall'acquifero, dal pozzo di captazione, dalla elettropompa sommersa, dalla rete di adduzione fino ad un serbatoio di carico o di compenso.

Molto spesso le componenti di tale sistema produttivo vengono progettate e analizzate da tecnici di estrazione culturale diversa, che operano come se esistesse solo la componente di loro competenza, con il risultato che nella maggioranza dei casi i sistemi sono ben lontani da un funzionamento ottimale.

È pertanto utile disporre di una metodologia di analisi della correlazione portata-perdita di carico del sistema produttivo per giungere ad una ottimizzazione delle condizioni di esercizio, indispensabile per una corretta gestione delle risorse idriche. A tal fine, dopo aver brevemente descritto le principali componenti di un sistema di approvvigionamento idrico e le corrispondenti perdite di carico, verrà analizzato il comportamento dell'intero sistema allo scopo di individuare le condizioni di funzionamento ottimale.

7.1 Descrizione di un sistema di approvvigionamento idrico

Se si adotta la definizione utilizzata anche dall'ISTAT, un sistema di approvvigionamento idrico o acquedotto è costituito dal complesso di opere di captazione e adduzione dell'acqua dalle fonti di attingimento fino al serbatoio che alimenta la rete di distribuzione dell'abitato e degli altri punti di consumo.

Con riferimento al flusso dell'acqua e alle conseguenti perdite di carico, un sistema di approvvigionamento idrico, vedasi Fig. 7.1, può essere scomposto in tre sottosistemi principali:

a) il primo, costituito dall'acquifero, sede delle risorse idriche messe in produzione, dal filtro attraverso cui l'acqua entra in pozzo, dalla pompa e

Di Molfetta A., Sethi R.: Ingegneria degli acquiferi.
DOI 10.1007/978-88-470-1851-8_7, © Springer-Verlag Italia 2012

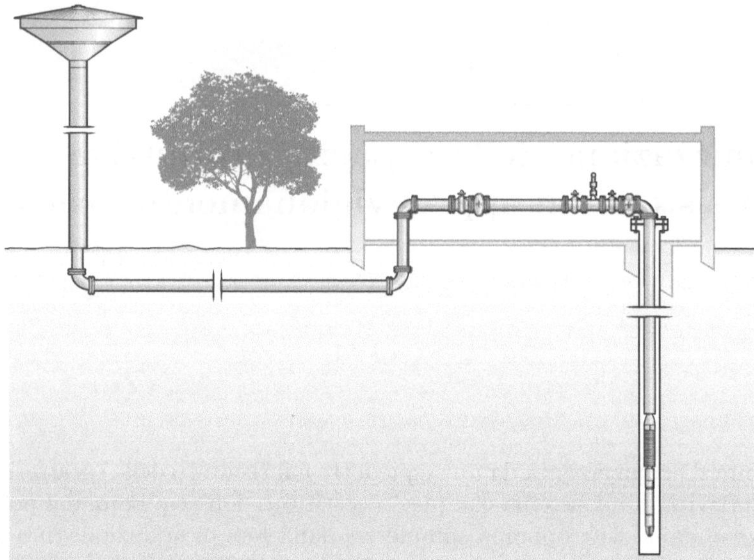

Fig. 7.1. Rappresentazione schematica di un sistema di approvvigionamento idrico

dalla relativa tubazione di mandata (sinteticamente indicato come sistema pozzo-acquifero);

b) il secondo, costituito dalla condotta di adduzione, vale a dire dall'insieme dei tratti di condotta, gomiti, raccordi, valvole, che vanno da testa pozzo fino al serbatoio;

c) il terzo dal serbatoio stesso.

7.2 Valutazione delle perdite di carico all'interno del sistema

Per consentire l'erogazione di una portata costante di acqua dall'acquifero al serbatoio del generico sistema considerato, bisognerà installare in pozzo una pompa, usualmente di tipo centrifugo multistadio, azionata da un motore elettrico, in grado di vincere tutte le perdite di carico concentrate e distribuite lungo il circuito, oltre che il dislivello topografico (o prevalenza geodetica) tra il livello dinamico in pozzo e il livello più alto nel serbatoio.

7.3 Perdite di carico nel sottosistema pozzo-acquifero

Le perdite di carico che si determinano nel sottosistema pozzo-acquifero sono misurate dall'abbassamento stabilizzato del livello idrico, che si può misurare in pozzo per effetto dell'erogazione di una portata costante, e che è esprimibile secondo l'equazione di Rorabaugh:

$$\Delta H = BQ + CQ^n,$$

come somma di due termini: il primo lineare, il secondo esponenziale con $n \geq 2$, vedasi Capitolo 6.

7.4 Perdite di carico nella condotta di adduzione

Le perdite di carico nella condotta di adduzione sono la sommatoria di una serie di perdite, alcune distribuite, altre localizzate, che si verificano lungo i diversi elementi che compongono la condotta stessa: tratti rettilinei di tubazione, raccordi con angoli diversi, saracinesche, valvole di ritegno, ecc. Diverse sono le formulazioni disponibili nella letteratura scientifica per il calcolo di tali contributi; poiché questo capitolo vuole semplicemente illustrare una metodologia di ottimizzazione del sistema di approvvigionamento idrico, di seguito vengono riportate solo alcune di queste formulazioni, valide tutte nel S.I., salvo quando diversamente specificato.

7.4.1 Perdite di carico distribuite

Per il calcolo delle perdite di carico distribuite nelle condotte rettilinee si può impiegare – nella ipotesi di moto turbolento in tubo scabro – la formula di Kutter [34]:

$$\Delta H = L \cdot 0.000649 \left(1 + \frac{2m}{\sqrt{d}}\right)^2 \frac{Q^2}{d^5}, \tag{7.1}$$

essendo: d il diametro interno della tubazione, L la lunghezza della stessa e $2\,m$ un coefficiente che tiene conto dello stato d'uso della condotta ($2\,m = 0.35$ per tubi nuovi lisci; $2\,m = 0.55$ per tubi in servizio corrente).

7.4.2 Perdite di carico localizzate

Come schematizzato in Fig. 7.1, si considerano come sede di perdite di carico localizzate: la valvola di fondo della pompa, le valvole di ritegno, le saracinesche normali, le curve della tubazione, lo sbocco della stessa nel serbatoio dell'acqua. Per ciascuna di esse, si fornisce la rispettiva formulazione matematica, nell'ipotesi di considerare condotte di lunghezza limitata. Nel caso invece si prendano in esame condotte con lunghezza non inferiore a qualche migliaio di diametri, le perdite di imbocco e di sbocco, così come le altre perdite localizzate, possono considerarsi trascurabili rispetto a quelle distribuite [34].

Valvola di fondo della pompa
La valvola di fondo o di non ritorno della pompa il più delle volte non viene montata sulla pompa utilizzata per lo spurgo del pozzo, con la quale si ef-

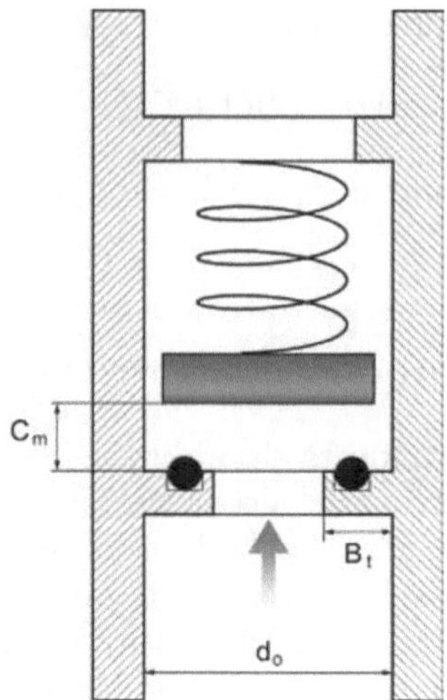

Fig. 7.2. Schematizzazione della geometria di una valvola di fondo

fettuano le prove di pompaggio. Pertanto l'interpretazione di tali prove non ne tiene conto. Tale valvola viene invece montata sulla pompa definitiva nella parte alta, in corrispondenza del collegamento tra pompa e tubazione di mandata.

Si tratta di una valvola a piatto comandata da una molla, il cui diametro superiore coincide con il diametro della tubazione verticale di mandata.

La pertinente perdita di carico localizzata può essere così determinata in funzione del termine cinetico $v^2/2g$ [65], con il quale è dimensionalmente congruente:

$$\Delta H = \left[0.55 + 4\left(B_t/d_0 - 0.1\right) + 0.155/\left(C_m/d_0\right)^2\right] \cdot \left(v^2/2g\right), \qquad (7.2)$$

essendo: B_t il risalto diametrale del piatto, C_m la corsa verticale della molla, d_0 il diametro interno della tubazione verticale sulla quale la valvola esercita la chiusura, espressi in unità di misura tra loro coerenti, vedasi Fig. 7.2.

Valvola di ritegno a clapet

La valvola di ritegno a clapet o del tipo "hydrostop" viene usualmente montata a testa pozzo per prevenire i colpi d'ariete ogni qualvolta si aziona il sistema di pompaggio, vedasi Fig. 7.3.

In alternativa alle formule pratiche suggerite dai manuali che indicano perdite di carico pari a 15–20 metri di tubazione rettilinea, si può far uso della formulazione tratta da Idel'cik [65], che esprime la perdita di carico in funzione del termine cinetico come segue:

$$\Delta H = (0.0032d + 1.187) \cdot \left(v^2/2g\right), \qquad (7.3)$$

essendo d il diametro interno della tubazione, espresso in millimetri.

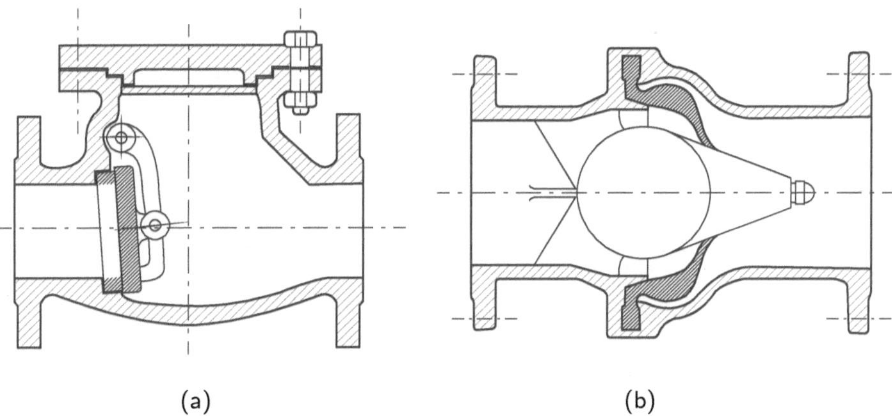

(a)   (b)

Fig. 7.3. Valvole di ritegno con attacchi a flange: a) del tipo a battente; b) del tipo *Hydro-Stop* contro i colpi d'ariete

Saracinesche normali

In alternativa alle formule pratiche suggerite dai manuali che indicano perdite di carico pari a 5–10 metri di tubazione rettilinea, si può far ricorso alla formulazione [34] relativa all'allargamento della vena fluida, da una sezione contratta alla sezione normale della tubazione rettilinea, nella ipotesi che sia pari al 70 per cento il rapporto medio tra le velocità dell'acqua nella sezione normale e nella sezione contratta. Ne risulta che la perdita di carico, espressa in funzione del termine cinetico, è pari a:

$$\Delta H = (1/0.7 - 1)^2 \cdot v^2/2g = 0.18 \cdot v^2/2g. \tag{7.4}$$

Una variazione del diametro interno della tubazione entro i limiti comuni per gli acquedotti può al più far variare il sopra riportato coefficiente 0.18 nell'intervallo 0.15–0.20, senza pertanto produrre scarti apprezzabili ai fini di una valutazione globale delle perdite di carico. Non si è dunque ritenuto di dover affinare ulteriormente la formulazione matematica.

Curve della tubazione con raccordo

Definito con θ l'angolo di deviazione tra l'asse del primo tratto di tubazione e l'asse del tratto che con esso si raccorda e con R il rapporto diametro interno/raggio di curvatura della tubazione, vedasi Fig. 7.4, per raccordi a sezione circolare e pareti lisce, congiungenti tratti di tubazione a sezione circolare, si può utilizzare la formulazione proposta da Idel'cik [65]:

$$\Delta H = v^2/2g \cdot [(-0.0000037\theta^2 + 0.0140\theta + 0.0411) \cdot (3.348R^2 + 0.999) + \\ +(0.020 + 0.0035 \cdot R \cdot \theta)] \tag{7.5}$$

essendo θ espresso in gradi sessagesimali e R adimensionale.

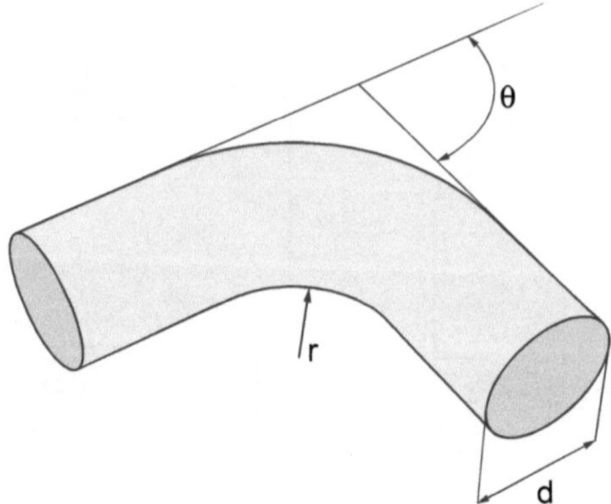

Fig. 7.4. Elementi geometrici caratterizzanti una curva con raccordo

Curve della tubazione ad angolo vivo

Definito con β l'angolo di deviazione tra l'asse del primo tratto di tubazione e l'asse del tratto che con esso si congiunge ad angolo vivo, vedasi Fig. 7.5, la perdita di carico si esprime come segue, in funzione del termine cinetico [34]:

$$\Delta H = 4 \cdot [\sin (\beta/2)]^2 \cdot v^2/2g. \tag{7.6}$$

In alternativa, si può utilizzare la formula di Weisbach, più rigorosa, che si può esprimere come:

$$\Delta H = \left([\sin (\beta/2)]^2 + 2 \, [\sin (\beta/2)]^4 \right) \cdot v^2/2g. \tag{7.7}$$

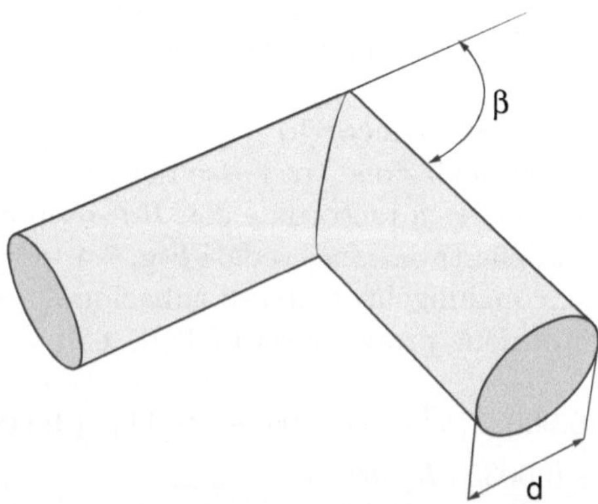

Fig. 7.5. Elementi geometrici caratterizzanti una curva ad angolo vivo

Sbocco della tubazione nel serbatoio

La perdita di carico conseguente allo sbocco della tubazione nel serbatoio può essere considerata equivalente a quella che si determina in un tronco di tubazione del medesimo diametro interno e di lunghezza pari a 40 volte tale diametro. Tale assunzione viene condivisa da tutti i principali testi di idraulica relativamente alle tubazioni di media scabrezza; per la soluzione di problemi quale quello in oggetto, essa può venire estesa con ottima approssimazione a tutte le tubazioni impiegate per il trasporto di acqua.

7.5 Ottimizzazione della capacità produttiva del sistema

Si definisce curva caratteristica del sistema di approvvigionamento idrico (o curva delle prestazioni) la funzione $\Delta H\ vs\ Q$, vale a dire la curva che correla l'andamento delle perdite di carico complessive del sistema ΔH con la portata erogata Q. Tale curva, vedasi Fig. 7.6, può essere ottenuta come sommatoria dei 3 termini: ΔH_1 (perdite nel sottosistema pozzo-acquifero), ΔH_2 (perdite nel sottosistema di adduzione), ΔH_3 (altezza o prevalenza geodetica).

Ad eccezione della prevalenza geodetica, che è ovviamente indipendente dalla portata, gli altri due termini possono essere calcolati in funzione della portata mediante le formulazioni presentate nel paragrafo 7.2.

Un punto di possibile funzionamento del sistema è quello rappresentato dall'intersezione della curva caratteristica del sistema con la curva caratteristica di una delle pompe che si possono installare in pozzo, vedasi Fig. 7.6.

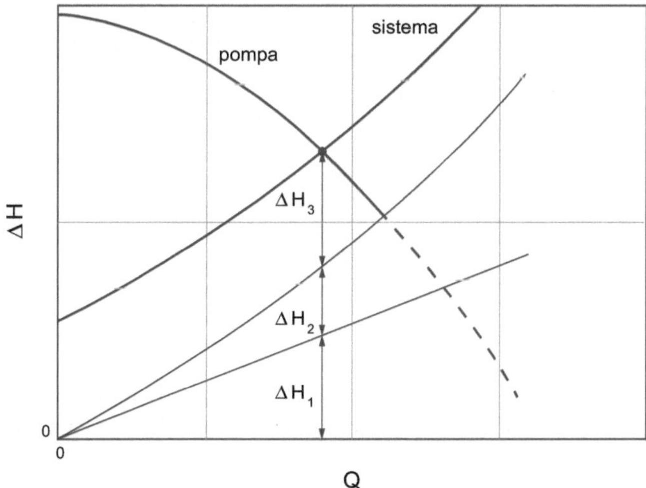

Fig. 7.6. Individuazione delle condizioni di funzionamento di un sistema di approvvigionamento idrico come intersezione della curva caratteristica del sistema $\Delta H = \Delta H_1 + \Delta H_2 + \Delta H_3$ con quella della pompa

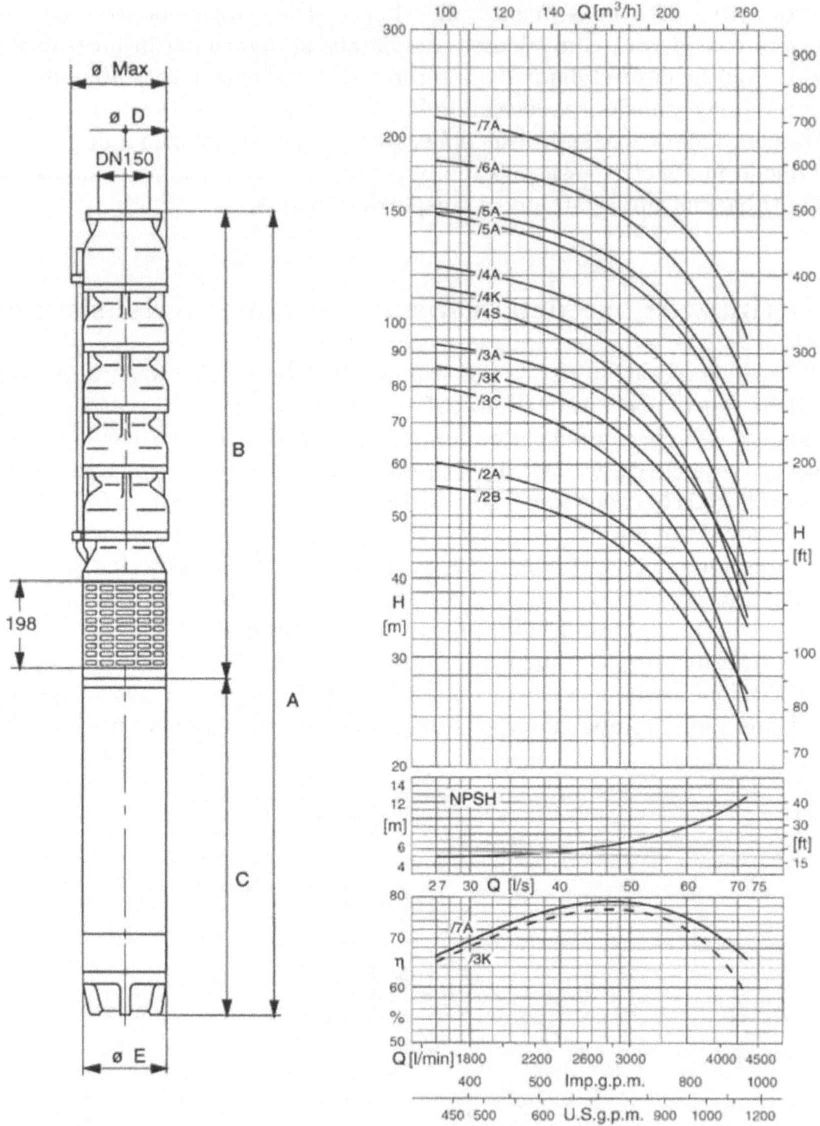

Fig. 7.7. Curve caratteristiche di prevalenza e di rendimento di un gruppo di pompe centrifughe ad asse verticale (modificata da: Caprari 1995, Catalogo A96401G/3000/04-05)

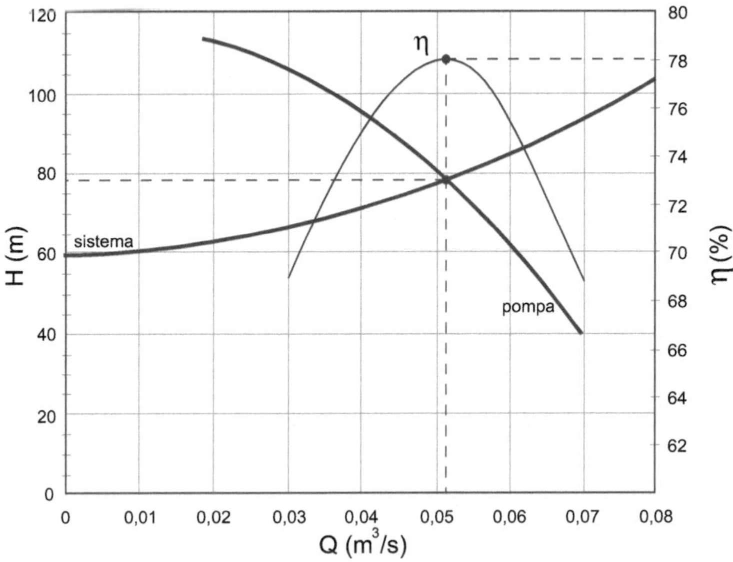

Fig. 7.8. Ottimizzazione di un sistema di approvvigionamento idrico

Nella quasi totalità dei casi, nei pozzi destinati ad uso potabile vengono installate pompe centrifughe ad asse verticale azionate da un motore elettrico; il funzionamento di ciascuna di queste macchine è caratterizzato da due curve che legano rispettivamente la prevalenza e il rendimento alla portata erogata, vedasi Fig. 7.7.

Ne consegue che l'intersezione di Fig. 7.6 rappresenta solo una delle possibili condizioni di funzionamento. La condizione ottimale sarà quella che assolve simultaneamente i seguenti vincoli:

a) rispettare le esigenze di approvvigionamento, non scendendo al di sotto di un valore minimo di portata accettabile;

b) essere compatibile con la capacità produttiva del sistema pozzo-acquifero, non superando un valore massimo di portata;

c) corrispondere alla pompa che presenta il rendimento più elevato.

Una volta che si sia verificato il rispetto dei vincoli a) e b), la procedura di ottimizzazione richiede di confrontare la curva caratteristica del sistema con le curve caratteristiche delle pompe presenti in commercio, verificando i valori di rendimento che corrispondono alle diverse intersezioni.

La Fig. 7.8 illustra un esempio di applicazione della procedura di ottimizzazione della capacità produttiva di un sistema di approvvigionamento idrico.

7.6 Variazioni nel tempo

Le condizioni di ottimizzazione possono variare nel tempo a causa di numerosi fattori, i principali dei quali sono:

a) l'intasamento delle luci del tratto finestrato del pozzo;
b) la formazione di incrostazioni nella tubazione di mandata;
c) l'abbassamento del livello dinamico della falda messa in produzione, dovuta a fenomeni di sovrasfruttamento dell'acquifero.

La Fig. 7.9 evidenzia lo scostamento dalle condizioni di funzionamento ottimale dovuto alle tre cause prima citate.

Ne consegue che le condizioni di funzionamento di un sistema di approvvigionamento idrico andrebbero periodicamente sottoposte a verifica, in quanto lo scostamento dalle condizioni di rendimento ottimale possono comportare un aggravio dei costi energetici annui, superiori ai costi derivanti dalla sostituzione del sistema di pompaggio.

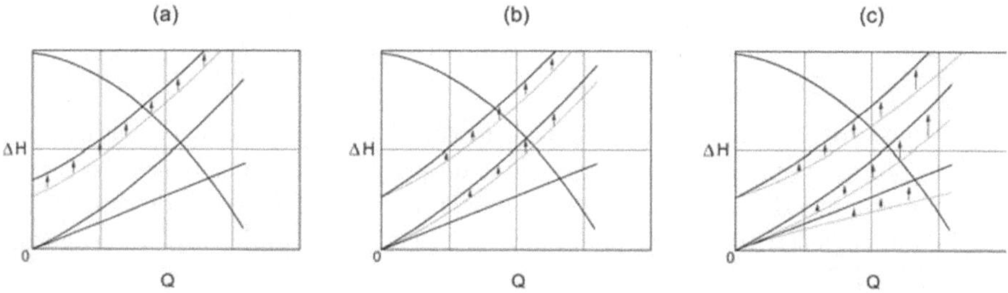

Fig. 7.9. Scostamento dalle condizioni di funzionamento ottimale dovuto a: a) intasamento delle finestrature del pozzo; b) formazione di incrostazione nella tubazione di mandata; c) diminuzione del livello piezometrico dinamico dovuto a fenomeni di sovrasfruttamento della falda

8
Vulnerabilità degli acquiferi e rischio di inquinamento

La salvaguardia delle risorse idriche sotterranee deve tener conto che i processi attraverso i quali un contaminante disperso sulla superficie del suolo giunge in falda e si propaga in essa possono avere un esito diverso in relazione alle caratteristiche fisiche del sistema costituito dal suolo, dal mezzo non saturo e dall'acquifero.

Si definisce **vulnerabilità intrinseca** di un acquifero (nel seguito indicata più semplicemente come vulnerabilità) la predisposizione o propensione naturale di un acquifero a divenire ricettore e, conseguentemente, ambiente di veicolazione di sostanze indesiderate provenienti dall'ambiente esterno. Maggiore è la sua vulnerabilità, più facilmente un acquifero potrà essere contaminato da un carico inquinante rilasciato dalla superficie.

In linea di principio, i metodi disponibili per la stima della vulnerabilità tendono ad identificare i meccanismi fondamentali attraverso cui può avvenire il passaggio delle sostanze indesiderate in falda e a caratterizzarli attraverso i parametri più significativi.

Le fasi in cui è possibile schematizzare il processo di contaminazione di un acquifero sono sostanzialmente tre:

- la veicolazione dalla superficie del suolo al sottosuolo;
- la veicolazione attraverso la zona non satura;
- la veicolazione e la dispersione nell'acquifero vero e proprio.

I metodi per il calcolo della vulnerabilità si differenziano, pertanto, sulla base della rispettiva capacità di approfondimento di tali fasi, espressa dal numero di parametri utilizzati per caratterizzarle.

Da un punto di vista generale, si può ritenere che:

- la veicolazione dalla superficie del suolo al sottosuolo possa essere caratterizzata fondamentalmente in base alle caratteristiche pedologiche del suolo e alle variabili che controllano il bilancio idrologico superficiale e, in definitiva, l'infiltrazione efficace (piogge, temperature, morfologia ed uso del suolo);

Di Molfetta A., Sethi R.: Ingegneria degli acquiferi.
DOI 10.1007/978-88-470-1851-8_8, © Springer-Verlag Italia 2012

- la veicolazione attraverso la zona non satura possa essere caratterizzata dalla soggiacenza e dalla conducibilità idraulica del mezzo non saturo;
- la veicolazione nell'acquifero vero e proprio, infine, dipenda innanzitutto dalla tipologia idraulica dell'acquifero, dalla conducibilità idraulica e dal gradiente idraulico.

8.1 Metodi di valutazione della vulnerabilità

Se si eccettua il ricorso a modelli matematici, che però vengono usualmente applicati per l'analisi di dettaglio di singoli fenomeni di contaminazione, i metodi di valutazione della vulnerabilità di un acquifero si dividono fondamentalmente in due categorie:

- metodi di zonazione per aree omogenee (cioè per complessi e situazioni idrogeologiche);
- metodi parametrici.

8.1.1 Metodi di zonazione per aree omogenee

Comprendono i metodi che definiscono la vulnerabilità di un acquifero sulla base delle modalità della circolazione idrica sotterranea. Questi metodi si basano sulla tecnica di sovrapposizione cartografica e sono, in genere, applicabili per territori vasti ed articolati dal punto di vista idrogeologico, idrostrutturale e morfologico. Sono perciò adatti per generare carte di vulnerabilità a grande e grandissima scala. I parametri presi in considerazione cambiano a seconda dell'autore e della finalità della carta, ma i valori di vulnerabilità sono forniti, generalmente, in termini qualitativi.

Sono metodi applicabili quando le informazioni sono scarse e disperse sul territorio e forniscono solo una prima indicazione generale.

Fra i metodi di zonazione per aree omogenee possono essere citati il metodo B.R.G.M. e il metodo C.N.R.-G.N.D.C.I.

8.1.1.1 Il metodo B.R.G.M.

Il metodo del Bureau de Recherches Géologiques et Minières [1] merita di essere citato perché ha rappresentato uno dei primi esempi di valutazione della vulnerabilità.

Il metodo si basa innanzitutto sulla definizione delle modalità di circolazione idrica sotterranea; da questo punto di vista, le formazioni naturali vengono suddivise nelle seguenti classi di vulnerabilità sulla base delle caratteristiche litologiche e di permeabilità:

- *Depositi alluvionali.* Sono contraddistinti da una notevole importanza come rocce-serbatoio per le risorse idriche sotterranee, sia per le possibilità di scambio con le acque superficiali, sia per la loro elevata vulnerabilità.

- *Rocce nelle quali l'inquinamento si propaga molto velocemente.* Appartengono a questa categoria le rocce calcaree e dolomitiche carsificate nelle quali l'acqua circola con notevole velocità e senza meccanismi di autodepurazione, tipici dei mezzi a porosità intergranulare.
- *Rocce nelle quali l'inquinamento si propaga velocemente.* I litotipi che rientrano in questa categoria (calcari, dolomie, basalti, ecc.) presentano una velocità di filtrazione variabile in funzione del grado di fratturazione.
- *Rocce in cui l'inquinamento si propaga lentamente.* In questi litotipi (sabbie fini, arenarie, ecc.) si ha una circolazione lenta con possibilità di filtrazione delle acque; la persistenza della contaminazione risulta comunque elevata per il ridotto tasso di rinnovamento delle risorse idriche.
- *Rocce in cui l'inquinamento si propaga con velocità variabile.* Si tratta di rocce (sia compatte sia sciolte) a permeabilità media, in cui si ha generalmente un'alternanza di livelli più permeabili con altri di permeabilità più ridotta (flysch, morene, complessi sabbioso-argillosi, ecc.).

A questa prima informazione, si sovrappone l'elemento rappresentato dalla presenza di acquiferi non confinati contenenti falde con superficie libera, che costituiscono intrinsecamente una situazione di elevata vulnerabilità. In tal caso si definiscono:

- le zone di alto piezometrico, corrispondenti ad aree di ricarica dell'acquifero;
- le zone ricaricate da irrigazioni con acque superficiali;
- le zone parzialmente protette da una copertura poco permeabile;
- le zone di perdita dei corsi d'acqua, con infiltrazione nel sottosuolo.

Dalla sovrapposizione cartografica degli elementi precedentemente descritti, si ottiene una rappresentazione qualitativa della vulnerabilità, alla quale può essere sovrapposta una rappresentazione degli elementi antropici di rischio presenti sul territorio (discariche, allevamenti zootecnici, industrie a rischio, ecc.).

8.1.1.2 Il metodo C.N.R. – G.N.D.C.I.

È un metodo di rappresentazione cartografica che, attraverso la definizione di una legenda unificata [21], definisce gli standard di rappresentazione sia di elementi che sono alla base della vulnerabilità intrinseca di un acquifero, sia di elementi che invece attengono alla presenza di fattori di rischio sul territorio.

Gli elementi che il metodo prende in esame sono:

- *Caratteristiche degli acquiferi.* Sono distinte sei classi in base al grado di vulnerabilità (da bassissimo ad estremamente elevato; le informazioni riportate riguardano, oltre alle modalità di circolazione idrica all'interno dei litotipi, la presenza e il tipo di copertura superficiale, la soggiacenza della falda e la posizione della superficie piezometrica rispetto ai corsi d'acqua.

- *Elementi idrostrutturali.* Gli elementi idrostrutturali riportati in cartografia (spartiacque, limiti, caratteristiche piezometriche) permettono di valutare rapidamente la geometria degli acquiferi, la direzione di flusso e quindi l'evoluzione spaziale e temporale di una eventuale contaminazione.
- *Stato di inquinamento reale dei corpi idrici sotterranei.* La rappresentazione delle aree di qualità degradata delle acque sotterranee consente di definire il passaggio, da potenziale a reale, della vulnerabilità degli acquiferi, oltre che localizzare le zone dove sono necessari interventi di risanamento.
- *Produttori reali e potenziali di inquinamento dei corpi idrici sotterranei.* Con una apposita simbologia vengono rappresentati i "centri di pericolo" definiti come qualsiasi funzione, attività, insediamento, manufatto in grado di generare direttamente o indirettamente fattori reali o potenziali di degrado della acque sotterranee.
- *Potenziali ingestori di inquinamento dei corpi idrici sotterranei.* In questa categoria sono compresi i fattori naturali (ad esempio le doline) ed antropici (ad esempio le cave) in grado di amplificare la vulnerabilità intrinseca degli acquiferi, diminuendo o eliminando gli effetti del potere autodepurante del terreno.
- *Preventori e/o riduttori di inquinamento.* Si tratta di opere ed impianti destinati alla diminuzione del carico inquinante che insiste sull'acquifero di una determinata zona o alla sua sorveglianza, diminuendo gli effetti, in termini socio-economici, di eventuali episodi accidentali.
- *Principali soggetti di inquinamento.* Si tratta di ubicare i principali elementi sensibili, dal punto di vista dell'uso delle acque, che sono costituiti dalle opere di captazione (pozzi, sorgenti, prese d'acqua superficiale), che possono essere compromessi da un eventuale inquinamento delle zone circostanti.

L'esame di una carta redatta secondo il metodo C.N.R.-G.N.D.C.I. consente dunque di avere una visione completa, ancorché qualitativa, sia sulla vulnerabilità intrinseca dell'area esaminata, sia sui fattori di rischio esistenti.

8.1.2 Metodi parametrici

Sono metodi quantitativi e sono i più impiegati oggigiorno. Sono basati sulla determinazione del valore numerico di alcuni parametri che influiscono sul grado di vulnerabilità di un acquifero.

Possono essere utilizzati per densità medie di dati disponibili, ma, in ogni caso, è possibile applicare un metodo di complessità diversificata e proporzionale al numero di informazioni disponibili per ciascun caso.

I metodi più utilizzati in campo internazionale sono il GOD [52] che è un metodo a punteggio semplice e il DRASTIC [2] che è un metodo a punteggio pesato. In Italia è stato sviluppato il metodo SINTACS [22] che è, anch'esso, un metodo parametrico a punteggio pesato.

I metodi a punteggio semplice si basano sulla assegnazione, ai parametri prescelti, di un intervallo di punteggio, in genere fisso, che viene suddiviso opportunamente in funzione del campo di variazione del parametro. I dati di base utilizzabili sono molti; si può dare maggiore importanza alle caratteristiche fisiche e chimiche dei suoli oppure ai parametri idrogeologici principali. Tra i metodi a punteggio fisso, il più utilizzato per la sua struttura semplice e pragmatica è quello di Foster, di particolare interesse per sistemi pianeggianti come la Pianura Padana.

I metodi a punteggio pesato prevedono, invece, che l'influenza di ciascun parametro venga attenuata o esaltata in relazione ad un coefficiente numerico o "peso", che può variare in relazione alla tipologia d'utilizzo del territorio o alle caratteristiche idrogeologiche dell'acquifero.

8.1.2.1 Il metodo GOD

Il metodo GOD (acronimo di Groundwater confinement, Overlying strata, Depth to groundwater) considera che la vulnerabilità intrinseca sia il risultato dell'effetto combinato di una serie di componenti fra cui i più importanti sono:

- la tipologia idraulica del sistema acquifero;
- le caratteristiche litologiche e di permeabilità del mezzo non saturo, le quali condizionano la velocità di infiltrazione dell'inquinante e la capacità di attenuazione dei terreni attraversati;
- la soggiacenza della superficie piezometrica per gli acquiferi non confinati o la profondità del top dell'acquifero per quelli in pressione.

Sulla base di tali parametri, Foster ha definito una procedura molto semplice che consente di valutare in maniera oggettiva il grado di vulnerabilità intrinseca di un determinato acquifero. Tale vulnerabilità viene ottenuta come prodotto di tre coefficienti numerici, ciascuno dei quali individua una delle tre componenti precedentemente illustrate. Il prodotto dei tre coefficienti fornisce la vulnerabilità intrinseca dell'acquifero esaminato in una determinata area ed è rappresentato da un coefficiente numerico compreso fra 0 e 1: il limite inferiore indica vulnerabilità nulla, il limite superiore vulnerabilità estrema, vedasi Fig. 8.1.

Il pregio essenziale del metodo sta nella semplicità e nella facilità di acquisizione dei dati richiesti per la sua applicabilità.

8.1.2.2 Il metodo DRASTIC

Il metodo DRASTIC deriva il suo acronimo dall'iniziale in lingua inglese dei 7 parametri che vengono indicizzati per il calcolo della vulnerabilità:

- D (Depth to water), profondità della falda;
- R (net Recharge), ricarica netta della falda;
- A (Aquifer media), litologia dell'acquifero;
- S (Soil media), tipo di suolo;

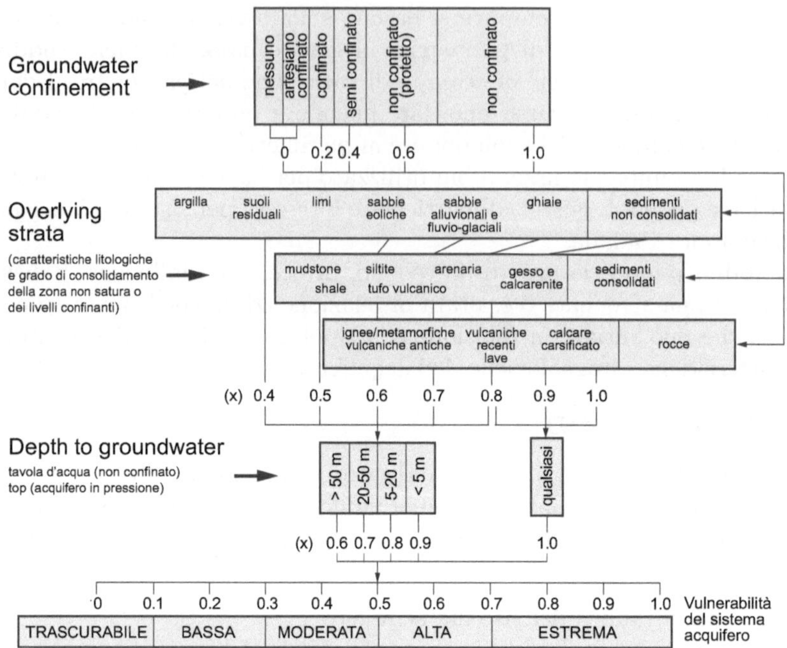

Fig. 8.1. Abaco per la valutazione della vulnerabilità di un acquifero secondo il metodo GOD (modificata da [53])

- T (Topography), acclività della superficie topografica;
- I (Impact of the vadose zone media), impatto della zona non satura;
- C (hydraulic Conductivity), conducibilità idraulica dell'acquifero.

A ciascuno dei 7 parametri sopra citati viene attribuito un punteggio compreso fra 1 e 10 in relazione alle caratteristiche dell'area (vedasi Fig. 8.2–Fig. 8.8); tale punteggio viene moltiplicato per un coefficiente o peso che è diverso a seconda che l'area non sia interessata (DRASTIC a) o sia interessata (DRASTIC b) da un'attività agricola di tipo intensivo, per la quale si deve prevedere la presenza diffusa di fitofarmaci (erbicidi, pesticidi, ecc.), vedasi Tabella 8.1.

Come mostrato dai valori in Tabella 8.1, solo gli ultimi quattro parametri differiscono nelle attribuzioni di peso.

Se si indica con D_r, R_r, A_r, S_r, T_r, I_r, C_r il valore da attribuire al singolo parametro sulla base delle caratteristiche dell'area esaminata (vedasi Fig. 8.2–Fig. 8.8) e con D, R, A, S, T, I, C il valore del peso corrispondente, il valore della vulnerabilità che ne consegue sarà dato da:

$$V = D_r \cdot D + R_r \cdot R + A_r \cdot A + S_r \cdot S + T_r \cdot T + I_r \cdot I + C_r \cdot C, \qquad (8.1)$$

e sarà un numero compreso fra 23 e 230 (assenza di agricoltura intensiva) o fra 26 e 260 (presenza di agricoltura intensiva). Il valore assoluto così ottenuto può, in alcuni casi, non dare un'idea immediata del grado di vulnera-

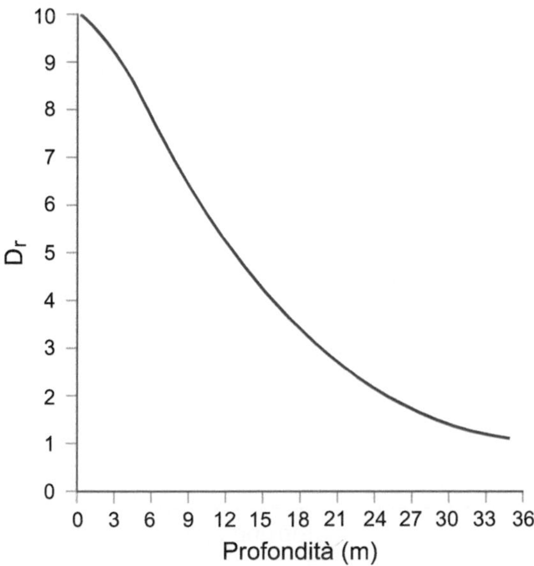

Fig. 8.2. Valori del parametro D_r in funzione della profondità della tavola d'acqua (acquiferi con superficie libera) o del tetto dell'acquifero (acquiferi in pressione) (modificata da [2])

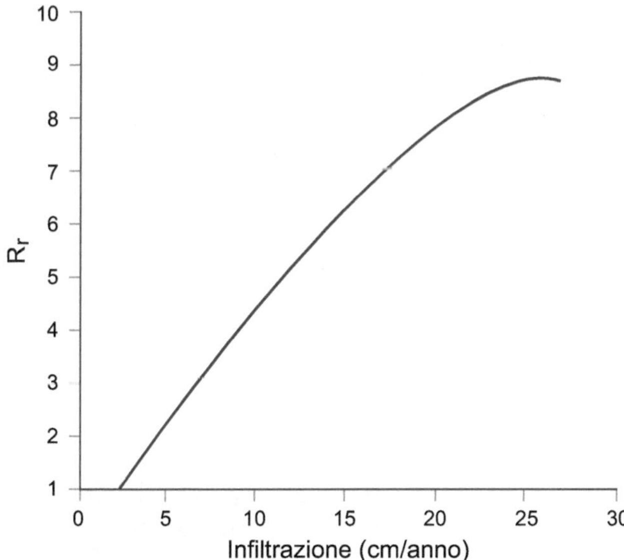

Fig. 8.3. Valori del parametro R_r in funzione dell'infiltrazione efficace (modificata da [2])

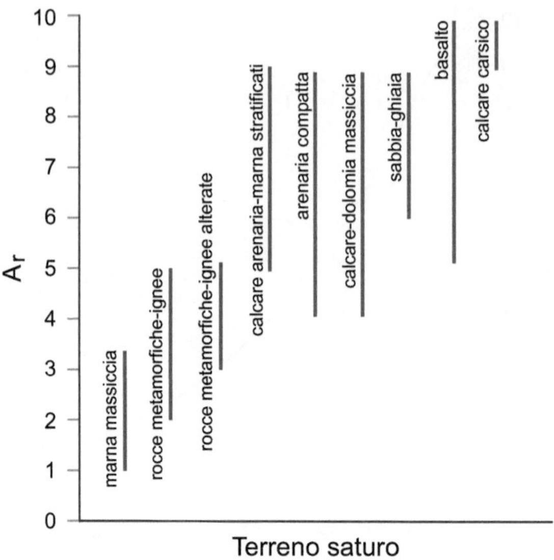

Fig. 8.4. Valori del parametro A_r in funzione della litologia dell'acquifero (modificata da [2])

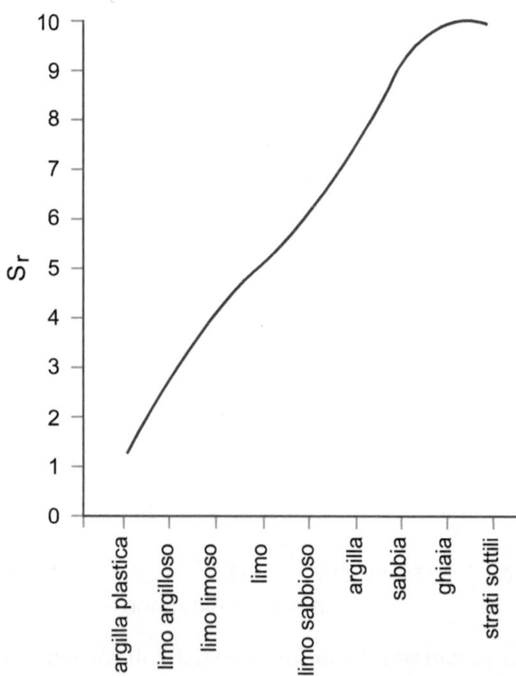

Fig. 8.5. Valori del parametro S_r in funzione della tipologia del suolo (modificata da [2])

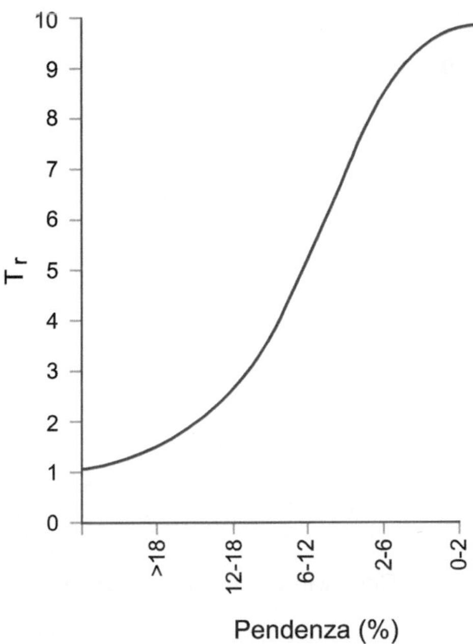

Fig. 8.6. Valori del parametro T_r in funzione della acclività della superficie del terreno (modificata da [2])

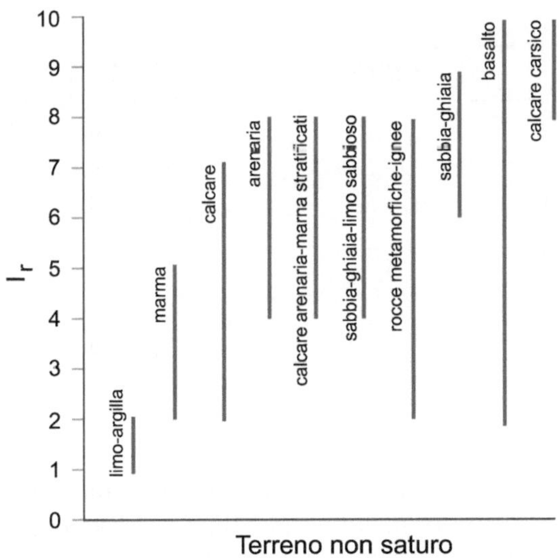

Fig. 8.7. Valori del parametro I_r in funzione della litologia del mezzo non saturo (modificata da [2])

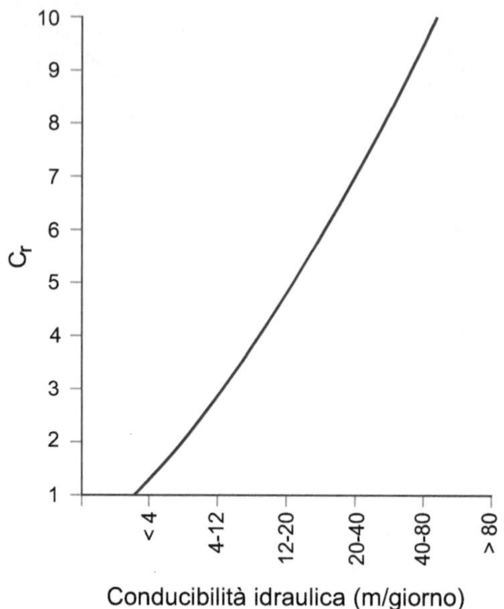

Fig. 8.8. Valori del parametro C_r in funzione della conducibilità idraulica dell'acquifero (modificata da [2])

Tabella 8.1. Linee di pesi utilizzate dal metodo DRASTIC in funzione dell'uso del territorio

	DRASTIC a	*DRASTIC b*
D	5	5
R	4	4
A	3	3
S	2	5
T	1	3
I	5	4
C	3	2

bilità dell'area; per ovviare a tale inconveniente, si può dividere il generico valore ottenuto per il valore massimo possibile (pari a 260), ricavando in tal modo un indice espresso in termini frazionari o, più frequentemente, percentuali, che è più immediato da confrontare con valori analoghi ottenuti per siti limitrofi.

Se si approfondisce l'analisi del metodo DRASTIC, si comprende quale sia l'importanza attribuita ai diversi parametri. Ad esempio, con riferimento ad un'area, quale la Pianura Padana, interessata da un'agricoltura di tipo intensivo si ha:

- per la veicolazione dalla superficie del suolo al sottosuolo:
  - ricarica netta (net **R**echarge) con peso pari a 4;
  - inclinazione della superficie topografica (**T**opography), con peso pari a 3;

- per la veicolazione attraverso la zona non satura:
  - tipo di suolo (**S**oil media) con peso pari a 5;
  - profondità della falda (**D**epth to water) con peso pari a 5;
  - impatto del mezzo della zona areata (**I**mpact of the vadose zone media), con peso pari a 4;

- per la veicolazione e la dispersione nell'acquifero vero e proprio:
  - litologia dell'acquifero (**A**quifer media) con peso pari a 3;
  - conducibilità idraulica (hydraulic **C**onductivity) con peso pari a 2.

È evidente che il metodo DRASTIC rappresenta uno strumento certamente più analitico del metodo GOD, ma ci si trova pur sempre in presenza di una notevole schematizzazione del complesso processo di propagazione della contaminazione: in particolare, è evidente che la maggiore attenzione è dedicata alla zona non satura; in termini di peso dei parametri, infatti:

- quelli riferiti al transito nella zona vadosa (S, D ed I) valgono rispettivamente 5, 5 e 4;
- quelli riferiti alla veicolazione attraverso la superficie del suolo (R e T) valgono rispettivamente 4 e 3;
- quelli, infine, riferiti all'acquifero vero e proprio (A e C) valgono solo 3 e 2.

Si noti che i complessi meccanismi di propagazione, di diluizione e di attenuazione in falda, una volta esaurita la fase di veicolamento, sono sostanzialmente ignorati e che gli unici parametri presi in considerazione sono la conducibilità idraulica e la litologia dell'acquifero.

8.1.2.3 Il metodo SINTACS

SINTACS è l'acronimo delle iniziali in lingua italiana dei 7 parametri presi in esame:

- S (**S**oggiacenza);
- I (**I**nfiltrazione efficace);
- N (**N**on saturo – effetto di autodepurazione del);
- T (**T**ipologia della copertura);
- A (**A**cquifero – caratteristiche idrogeologiche del);
- C (**C**onducibilità idraulica dell'acquifero);
- S (**S**uperficie topografica – acclività della).

Con procedura analoga a quella del metodo DRASTIC, il punteggio SINTACS dei singoli parametri viene attribuito in base a specifici diagrammi predisposti sulla base delle esperienze maturate (con intervallo di punteggio compreso fra 1–10) [23]. La Tabella 8.2 riporta una possibile sintesi dei valori attribuibili ai singoli parametri sulla base della lettura dei diagrammi.

La specificità di SINTACS consiste nel prevedere linee di pesi moltiplicatori da applicarsi in alternativa ed in parallelo, concepite in modo da esaltare o attenuare l'influenza dei singoli parametri posti alla base del metodo, coerentemente con le situazioni di tipo idrogeologico e di impatto esistenti nell'area in esame. Ciò consente di modellare l'applicazione della metodologia alle effettive situazioni dei luoghi.

Le 5 linee di pesi previste da SINTACS sono:

- area soggetta ad impatto normale: comprende tutte quelle situazioni collegate ad aree di scarso gradiente topografico (pianura, pedemonte, ecc.) con insaturo composto prevalentemente da rocce a permeabilità intergranulare, ove non sussistono particolari situazioni di impatto antropico e con utilizzo reale del territorio contenuto o scarsamente trasformato;
- area soggetta a impatto rilevante: comprende in sostanza situazioni analoghe alla precedente ma con rilevanti impatti dovuti a fonti diffuse di inquinamento potenziale (trattamenti con fitofarmaci, concimi chimici, aree industriali, ecc.);
- area soggetta a drenaggio: lo scenario identifica quelle aree in cui avviene un continuo o frequente drenaggio da corpi idrici superficiali a quelli sotterranei soggiacenti, con forte riduzione o annullamento della soggiacenza in presenza di un collegamento tra acquifero e reticolo drenante superficiale, naturale o artificiale (ad esempio le aree di irrigazione per sommersione o scorrimento, ecc.);
- area soggetta a carsismo: contraddistingue acquiferi caratterizzati da rilevanti fenomeni di carsismo, che hanno prodotto vie di flusso ad elevata permeabilità e tempi di transito molto brevi;
- area con acquiferi fessurati: con matrice rocciosa non carsificata, ma permeabile per fessurazione.

Le stringhe dei pesi relativi ai diversi scenari descritti sono indicate nella Tabella 8.3.

Come si può osservare, la linea di impatto normale esalta i parametri soggiacenza e azione del non saturo, collegati alla effettiva capacità dell'inquinamento di raggiungere l'acquifero. Nelle aree soggette a impatto rilevante, oltre ai due parametri già citati, viene esaltata l'influenza della tipologia della copertura, al fine di tenere conto delle difese espletate dal suolo, e dell'infiltrazione efficace per tener conto adeguatamente delle pratiche irrigue che costituiscono strumento di veicolazione dei contaminanti.

Nelle aree soggette a drenaggio, caratterizzate da soggiacenza pressoché nulla o comunque molto bassa, si attribuisce massimo peso alle caratteristiche litologiche dell'acquifero e alla sua conducibilità idraulica.

Nelle aree soggette a fenomeni carsici, un peso rilevante viene attribuito all'infiltrazione, alle caratteristiche litologiche dell'acquifero e alla conducibilità

Tabella 8.2. Punteggi da attribuire ai parametri previsti dal metodo SINTACS in relazione all'intervallo di variazione o alla tipologia del singolo parametro

Punteggio SINTACS	S soggiacenza (m)	I infiltrazione efficace (mm/a)	N litologia non saturo	T tipologia suolo
10	0.00–1.50	—	calcari carsificati	sottile, assente, ghiaia pulita
9	1.50–3.00	> 215	ghiaia grossolana, ghiaia e ciottoli	sabbia pulita
8	3.00–5.00	215–180	ghiaia e sabbia	sabbioso, torboso
7	5.00–7.50	180–150	sabbia	argillo-sabbioso
6	7.50–10.00	150–120	ghiaia e sabbia con argilla, conglomerati	franco sabbioso
5	10.00–13.00	120–95	alternanze	franco sabbioso-limoso
4	13.00–21.00	95–75	ghiaia argillosa, sabbia + argilla	franco limoso
3	21.00–30.00	75–55	torba	franco-limoso-argilloso
2	30.00–60.00	55–30	argilla + limo + torba	umifero
1	> 60.00	< 30	argilla	argilloso

Punteggio SINTACS	A litologia acquifero	C conducibilità idraulica acquifero (m/s)	S acclività superficie topografica (%)
10	calcari carsificati	$> 4 \cdot 10^{-3}$	0–2
9	calcari fessurati, alluvioni grossolane	$4 \cdot 10^{-3}$–$7 \cdot 10^{-4}$	3–4
8	alluvioni medio fini	$7 \cdot 10^{-4}$–$3 \cdot 10^{-4}$	5–6
7	morene grossolane, arenarie, conglomerati	$3 \cdot 10^{-4}$–$8 \cdot 10^{-5}$	7–9
6	piroclastiti, alternanze (flysch)	$8 \cdot 10^{-5}$–$3 \cdot 10^{-5}$	10–12
5	marne medio-fini	$3 \cdot 10^{-5}$–$8 \cdot 10^{-6}$	13–15
4	metamorfiti fessurate	$8 \cdot 10^{-6}$–$2 \cdot 10^{-6}$	16–18
3	plutoniti fessurate	$2 \cdot 10^{-6}$–$6 \cdot 10^{-7}$	19–21
2	limi, torbe	$6 \cdot 10^{-7}$–$3 \cdot 10^{-8}$	22–25
1	marne, argille	$< 3 \cdot 10^{-8}$	> 26

Tabella 8.3. Parametri SINTACS e stringhe dei pesi previsti dalla release 4 del metodo [23]

Parametro o criterio	Pesi assunti da ciascun parametro nei diversi scenari				
	Area sogget-ta a impatto normale	*Area sogget-ta a impatto rilevante*	*Area sog-getta a drenaggio*	*Area sog-getta a carsismo*	*Area con acquiferi fessurati*
Soggiacenza	5	5	4	2	3
Infiltrazione efficace	4	5	2	3	4
Non saturo	4	5	4	5	3
Tipologia della copertura	5	4	4	1	3
Acquifero	3	2	5	5	5
Conducibilità idraulica	2	2	2	5	4
Superficie topografica	3	3	5	5	4

idraulica. Anche l'acclività della superficie topografica assume rilievo in quanto, oltre a condizionare la quota di infiltrazione, può essere causa di zone di ristagno in corrispondenza delle quali i contaminanti presenti sulla superficie del suolo possono più agevolmente penetrare nell'acquifero.

Negli acquiferi fessurati, infine, il massimo peso viene attribuito al parametro conducibilità idraulica dell'acquifero e, in subordine, al tipo di acquifero, al suolo e all'acclività della superficie topografica.

Sulla base di quanto sopra esposto, la vulnerabilità di una singola cella di territorio (subarea) si calcola, analogamente al metodo DRASTIC, come sommatoria dei punteggi attribuiti ai singoli parametri per i rispettivi pesi:

$$V = \sum_{i=1}^{7} P_i \cdot w_i, \tag{8.2}$$

nella quale P_i rappresenta il punteggio attribuito a ciascun parametro, compreso tra 1 e 10 e w_i il peso attribuito a ciascun parametro in conseguenza della linea adottata.

La (8.2) fornisce valori di vulnerabilità compresi fra 26 e 260 che possono ovviamente essere normalizzati ed espressi in termini percentuali, dividendo il valore generico per il valore massimo ottenibile, pari a 260.

8.2 Confronto fra i diversi metodi di determinazione della vulnerabilità

Nella letteratura specialistica sono riportate le conclusioni di numerose indagini di confronto dei risultati ottenibili su una stessa area applicando metodi diversi per il calcolo della vulnerabilità.

Le analisi sono sufficientemente concordanti e consentono di trarre alcune considerazioni di carattere generale:

- tutti i metodi portano alla individuazione pressoché univoca delle aree a vulnerabilità elevata e molto elevata, mentre per i gradi intermedi si ha una più o meno accentuata dipendenza dal metodo utilizzato, ovvero dai criteri considerati;

- la zonazione in subaree omogenee è fortemente influenzata dalla conoscenza delle strutture idrogeologiche in termini di funzionalità di protezione; in particolare, tutti i metodi devono distinguere le aree in base alla tipologia idraulica dell'acquifero;

- ai fini della consistenza e della standardizzazione dei risultati alle differenti scale ed ambiti di analisi, risulta preferibile il riferimento a classificazioni relativamente semplici, ma basate su scelte metodologiche controllate e confrontabili;

- quando la conoscenza del territorio non è adeguata, piuttosto che utilizzare metodi che richiedono un maggior numero di parametri, i cui valori vengono di fatto inventati o ipotizzati, è preferibile far ricorso a metodi più semplici, i cui parametri di input siano, però, noti e affidabili.

In conclusione, si ritiene che le carte della vulnerabilità possano rappresentare uno strumento utile alla scala della pianificazione generale dell'uso del territorio e per l'applicazione di alcune normative. Non possono, invece, essere utilizzate a scala di dettaglio, in quanto il grado di arbitrarietà e di soggettività intrinseco è elevato dal momento che esse prescindono da una effettiva ricostruzione fenomenologica, ma si basano su una valutazione necessariamente indiretta, effettuata su alcune variabili di controllo del problema.

8.3 Il rischio di inquinamento

Nel linguaggio comune italiano i termini rischio e pericolo sono frequentemente usati in maniera generica quasi fossero sinonimi. Ciò non è assolutamente consentito nel linguaggio scientifico e in quello tecnico che richiedono innanzitutto l'uso di una terminologia corretta ed adeguata.

Il **pericolo** rappresenta un evento generato da fattori naturali o antropici che può comportare effetti negativi (contaminazione) in un dato territorio.

La **pericolosità** esprime la probabilità che si realizzi un evento di inquinamento, di data grandezza, in una porzione di territorio ed in un determinato intervallo di tempo.

Lo **scenario** rappresenta la situazione in cui la pericolosità può manifestarsi; qualsiasi situazione di vita può essere scenario per il concretizzarsi di una condizione di pericolo. Costituiscono scenari rispettivamente per la velocità, la radioattività, l'elettricità una strada, un elemento radioattivo, un interruttore della luce elettrica; scenari di pericolosità per le sostanze chimiche sono lo spargimento accidentale nell'ambiente, l'uso industriale, l'immagazzinamento, ecc.

L'**evento causale** è invece l'elemento che, partendo da una serie di premesse (scenario e pericolosità), materializza una situazione pericolosa in un evento pericoloso, causa di danno. Sono eventi causali di pericolo per le situazioni predette un incrocio, il tipo di radiazioni emesse, la presenza di umidità oppure l'esposizione dell'uomo alle sostanze chimiche (per le diverse vie di penetrazione nell'organismo), la presenza di fiamme libere, ecc.

Il **rischio di inquinamento** delle risorse idriche sotterranee esprime la probabilità che si verifichi un degrado della qualità delle acque sotterranee a seguito del concretizzarsi di una situazione di pericolo in un sito di determinate caratteristiche di vulnerabilità. In termini analitici, il rischio totale di inquinamento può essere espresso come:

$$R_t = P \cdot V \cdot D, \tag{8.3}$$

essendo P la pericolosità dell'evento inquinante, V la vulnerabilità intrinseca del sito e, in particolare, dell'acquifero di cui si vogliono proteggere le risorse e D il danno atteso dal verificarsi dell'evento inquinante.

Avendo definito la pericolosità come la probabilità p che, in un determinato intervallo di tempo ed in una porzione di territorio, si realizzi un evento inquinante caratterizzato da una certa intensità o magnitudo M, ne consegue che ridurre il rischio di inquinamento delle acque sotterranee significa pertanto ridurre il valore dei parametri della seguente espressione:

$$R_t = p \cdot M \cdot V \cdot D, \tag{8.4}$$

nella quale, evidentemente, la vulnerabilità intrinseca V rappresenta una costante non modificabile.

Per quanto concerne il parametro economico D che compare nella (8.4), il danno atteso dal verificarsi di un evento inquinante si può scomporre in due aliquote:

- il Costo totale (C_t), risultante dall'esecuzione degli interventi di bonifica (C_b) e dai risarcimenti dei danni (C_r) indotti a terzi (per esempio: perdita di raccolti, blocco dell'attività lavorativa, ecc.). Non sono invece considerati i costi indiretti, composti dai disagi sociali indotti dalla mancata disponibilità per un certo tempo della risorsa naturale. Quindi, il costo totale viene espresso dalla relazione: $C_t = C_b + C_r$;
- il valore della perdita di risorsa, definito rischio residuo (R_r). Il rischio residuo viene espresso dal prodotto del valore economico dell'acquifero esposto all'inquinamento per l'aliquota di risorsa idrica non recuperabile, comprese le eventuali limitazioni all'uso della risorsa imposte dopo l'intervento di risanamento.

La definizione analitica espressa dall'equazione (8.4) è molto importante dal punto di vista concettuale per un ingegnere, anche se bisogna riconoscere che è di difficile quantificazione: se non è semplice quantificare il danno ambientale atteso D, è di fatto praticamente impossibile calcolare la pericolosità P. Infatti il calcolo della probabilità che si verifichi un evento inquinante non è stimabile scientificamente, perché mancano dati storici e perché la maggior parte degli eventi inquinanti a carico delle risorse idriche sotterranee resta sconosciuta.

Si pensi alla differenza esistente con il rischio sismico, nell'ambito del quale la storia ci ha praticamente tramandato notizia di tutti gli eventi verificatisi almeno negli ultimi duemila anni.

Molte proposte sono state fatte per stimare la pericolosità di un centro di pericolo in maniera indiretta utilizzando parametri quali la produzione di rifiuti solidi e/o liquidi, l'utilizzo di fitofarmaci e concimi chimici in agricoltura ecc., ma i risultati sono modesti.

Ciò che per un ingegnere è importante, tuttavia, non è tanto il valore assoluto del rischio di inquinamento, quanto gli interventi progettuali e gestionali che egli può e deve mettere in atto per ridurre il rischio di inquinamento.

8.4 Un esempio di riduzione del rischio di inquinamento

La tecnologia dello smaltimento di rifiuti mediante interramento controllato (discarica) ha subito negli ultimi trent'anni uno sviluppo continuo che ha progressivamente trasformato una metodologia di smaltimento primitiva (riempimento con rifiuti di una cavità in maniera più o meno incontrollata) in un impianto industriale complesso, in cui i diversi processi chimico-fisico-biologici vengono controllati.

In questo processo di evoluzione trainato dai risultati dello sviluppo tecnologico e della ricerca scientifica applicata, un ruolo fondamentale hanno avuto gli interventi, anche metodologici, per la riduzione e il controllo delle emissioni nell'ambiente e, in particolare, del percolato verso le falde idriche; infatti, il rischio di inquinamento delle risorse idriche sotterranee è stato da sempre, anche nel timore popolare, l'elemento determinante per l'accettazione o il rifiuto di una discarica.

La salvaguardia delle risorse idriche sotterranee dai possibili effetti di degrado, connessi all'attività di smaltimento di rifiuti solidi, deve rappresentare un obiettivo primario nelle diverse fasi di pianificazione, progetto, gestione e post-esercizio di una discarica.

Una volta che il sito sia stato selezionato, la riduzione del rischio di inquinamento può essere ottenuta individuando la misure progettuali e gestionali per ridurre: la probabilità che si verifichi un evento di inquinamento, la magnitudo dell'evento e/o, infine, il danno atteso a seguito della contaminazione delle risorse idriche, vedasi Fig. 8.9.

8.4.1 Riduzione della probabilità dell'evento

La riduzione della probabilità che si verifichi un evento inquinante causato dalla perdita di percolato dal fondo della discarica è strettamente legata alla realizzazione di un'efficace **barriera di base**, denominazione con cui deve es-

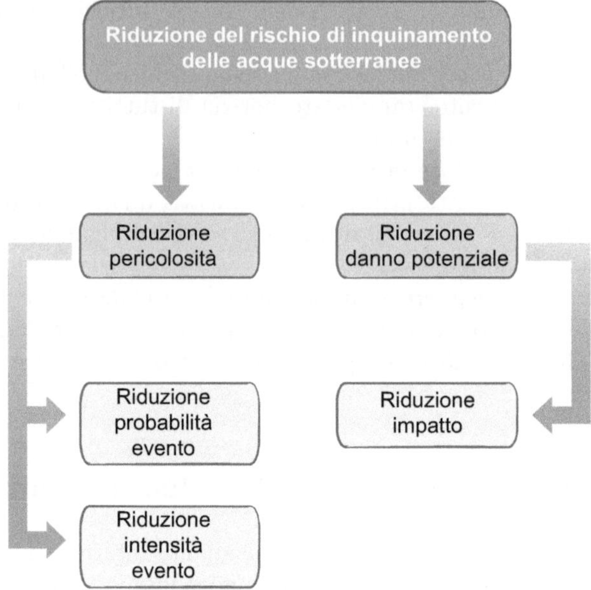

Fig. 8.9. Possibili interventi per la riduzione del rischio di inquinamento delle risorse idriche sotterranee

sere inteso il sistema costituito dalla eventuale barriera geologica (componente naturale), dalla impermeabilizzazione e dal sistema di drenaggio e raccolta del percolato (componenti costruite).

Mentre la presenza di un'eventuale barriera geologica riconduce, attraverso il concetto di vulnerabilità intrinseca, alla scelta del sito, è sulla progettazione e realizzazione delle componenti costruite della barriera di base che si può agire per ridurre la probabilità che si verifichi una perdita di percolato.

Rimandando a lavori specifici sull'argomento [25], ci si limita a ricordare che un'efficace sistema di impermeabilizzazione prevede la formazione di una **barriera composita**, ottenuta accoppiando, senza soluzione di continuità, un materiale minerale compattato (argilla) con una geomembrana.

La geomembrana, che deve avere caratteristiche meccaniche e di compatibilità chimica con il percolato tali da garantirne la funzionalità nel tempo, deve essere posta a diretto contatto con lo strato minerale compattato, senza l'interposizione di materiale drenante che favorirebbe la propagazione dell'inquinamento in caso di rottura del telo.

In presenza di siti particolarmente vulnerabili e/o di rifiuti pericolosi, l'obiettivo di ridurre la probabilità che si verifichi un evento inquinante può richiedere l'adozione di una doppia barriera composita, con l'interposizione tra le due di un sistema di monitoraggio dell'efficienza della prima barriera.

8.4.2 Riduzione dell'intensità dell'evento

La magnitudo di un evento inquinante a carico delle risorse idriche sotterranee è legata al volume di percolato presente in discarica e, pertanto, l'obiettivo di ridurre l'intensità dell'evento può essere conseguito attraverso una serie di interventi, sia progettuali sia gestionali, finalizzati alla riduzione di tale volume.

Gli interventi progettuali più importanti sono: la realizzazione di un adeguato sistema di drenaggio, captazione e sollevamento del percolato; la parzializzazione idraulica della discarica in settori indipendenti; la realizzazione di una barriera di copertura efficace.

Il sistema di drenaggio e raccolta deve impedire fuoriuscite di percolato e contribuire con l'impermeabilizzazione all'efficienza della barriera idraulica della discarica. I sistemi di drenaggio vanno concepiti e progettati in modo da favorire il più veloce transito del percolato verso le tubazioni di convogliamento e raccolta. Il loro scopo, infatti, è quello di minimizzare la formazione di battenti di percolato e di falde sospese all'interno dell'ammasso dei rifiuti. Le scelte progettuali debbono essere orientate ad evitare l'intasamento del sistema drenante tenendo conto che i tubi di convogliamento rappresentano l'unica componente del sistema che può essere ispezionata e, se necessario, ripristinata [25].

I pozzi di raccolta e allontanamento del percolato devono essere facilmente accessibili dalla viabilità di servizio, devono essere posizionati in maniera da essere protetti durante la fase di coltivazione dei rifiuti e non devono ridurre la tenuta idraulica del sistema di impermeabilizzazione. Ne consegue che, pur essendo possibili altre soluzioni, la scelta tecnica preferibile è quella di realizzare pozzi interni al corpo della discarica, posizionati lungo le sponde dell'invaso.

Un criterio progettuale che dovrebbe essere vincolante è la modellazione del fondo della vasca in vari settori idraulicamente indipendenti, vedasi Fig. 8.10.

Ciò consente, innanzitutto, di evitare che durante la normale gestione dell'impianto le acque meteoriche, cadute nei settori non ancora occupati dai rifiuti, vadano a mescolarsi con il percolato, riducendo in tal modo i costi di gestione. In caso di incidente, poi, il volume di percolato potenzialmente rilasciabile in falda risulta limitato a quello contenuto nel settore idraulico interessato dalla rottura dell'impermeabilizzazione. Conseguentemente, maggiore è la parzializzazione idraulica della vasca, minore è la magnitudo del potenziale incidente.

Un ruolo importante nella riduzione del volume di percolato che si forma in discarica è svolto dalla copertura finale della discarica (o barriera di superficie), che ha – fra gli altri – il compito di limitare l'infiltrazione di acqua legata agli apporti meteorici, compatibilmente con le esigenze della degradazione biologica dei rifiuti.

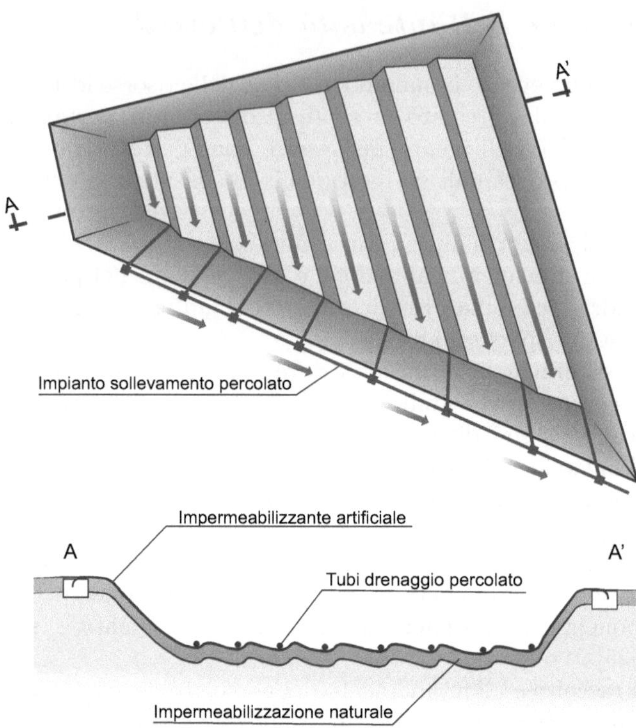

Fig. 8.10. Suddivisione del fondo della discarica in settori idraulici indipendenti

Anche la barriera di superficie è una barriera composita, con i vari strati
che hanno composizione diversa per assolvere i compiti di regolarizzare la superficie dei rifiuti, drenare il biogas verso le opere di captazione, impedire le
emissioni in atmosfera e ridurre le infiltrazioni nel corpo dei rifiuti, drenare le
acque meteoriche e consentire il recupero ambientale dell'area. Le pendenze
della copertura finale devono favorire il ruscellamento superficiale delle acque
e devono tener conto dei fenomeni di assestamento del corpo dei rifiuti.

Le misure progettuali fin qui analizzate possono, tuttavia, essere vanificate
se non seguite da un rigido protocollo gestionale che preveda una elevata frequenza di allontanamento del percolato dalla discarica, allo scopo di evitare
la formazione di un battente idraulico sulla barriera di fondo e, in ogni caso,
di minimizzare il volume di percolato presente in discarica.

8.4.3 Riduzione del danno potenziale

Se si assume l'ipotesi che, nonostante i criteri progettuali adottati, si possa
comunque produrre un fenomeno di inquinamento della falda idrica superficiale, l'obiettivo di ridurre il danno potenziale atteso dal conseguente degrado
delle risorse idriche sotterranee richiede di dotare l'impianto di smaltimento

di una serie di soluzioni impiantistiche finalizzate al contenimento del volume delle risorse idriche eventualmente contaminate.

La riduzione del danno atteso può essere conseguita progettando adeguatamente: a) una rete di monitoraggio, che consenta una tempestiva segnalazione del fenomeno di degrado, e b) una barriera idraulica costituita da un sistema di pozzi di spurgo, la cui attivazione permetta di contenere la porzione di acquifero interessata dall'evento inquinante. Entrambe queste attività richiedono di poter disporre di una completa caratterizzazione sperimentale (idrogeologica, idrodinamica e idrodispersiva) dell'acquifero interessato.

La barriera idraulica dovrà essere progettata e realizzata in maniera che, una volta attivata, assicuri che l'eventuale contaminazione della falda segnalata dalla rete di monitoraggio non abbia conseguenze al di fuori dell'area dell'impianto.

La discarica, pertanto, dovrà essere dotata di un efficace sistema di pozzi di spurgo (o di recupero), disposti a valle rispetto alla direzione di deflusso e ubicati in numero e posizione tale da intercettare il fronte inquinante innescato da un'eventuale rottura del sistema di impermeabilizzazione.

La definizione del numero e dell'ubicazione dei pozzi di spurgo può essere ottenuta con gradi di approfondimento diversi, connessi al livello di caratterizzazione sperimentale dell'acquifero. In particolare, la progettazione del sistema di spurgo può derivare:

- dalla simulazione del solo fenomeno di flusso nell'acquifero, sulla base della caratterizzazione idrogeologica e idrodinamica del sistema. Ciò corrisponde all'adozione dell'ipotesi semplificatrice secondo cui il trasporto di un eventuale inquinante avviene unicamente secondo le modalità di un processo advettivo, basato sulla velocità media effettiva dell'acqua, vedasi Capitolo 11. La soluzione progettuale è quella che garantisce che il fronte inquinante, innescato da una rottura del sistema di impermeabilizzazione in un punto qualsiasi del sedime della discarica, sia compreso nel fronte di richiamo prodotto dal funzionamento dei pozzi di spurgo, vedasi Fig. 8.11;
- dalla simulazione dei fenomeni di flusso e di trasporto nell'acquifero, quando siano disponibili, oltre ai precedenti, i dati della caratterizzazione idrodispersiva. In questa ipotesi, sicuramente più vicina all'effettiva evoluzione dell'ipotetico fenomeno, possono essere analizzati i principali processi idrologici, chimico-fisici ed, eventualmente, biologici che governano l'evoluzione del "plume" inquinante. La Fig. 8.12 fornisce un esempio di tale metodologia. Nella simulazione sono stati considerati i fenomeni di trasporto e di dispersione idrodinamica; per quanto concerne le condizioni al contorno, dal momento che assume minore importanza il valore assoluto della concentrazione di inquinante che sarà certamente superiore ai limiti previsti per l'uso potabile delle risorse idriche, la fuoriuscita di percolato dal fondo dell'impianto è stata rappresentata mediante l'imposizione di celle a concentrazione unitaria e costante nel tempo.

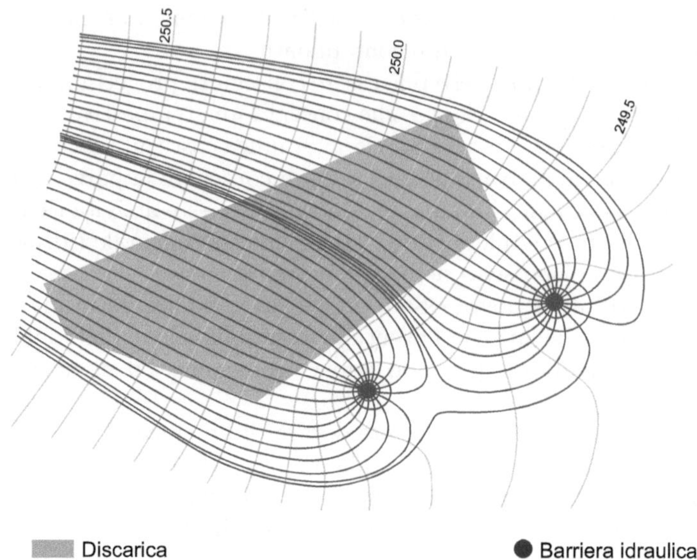

Fig. 8.11. Ubicazione dei pozzi di spurgo sulla base della simulazione del solo fenomeno advettivo (modello di flusso)

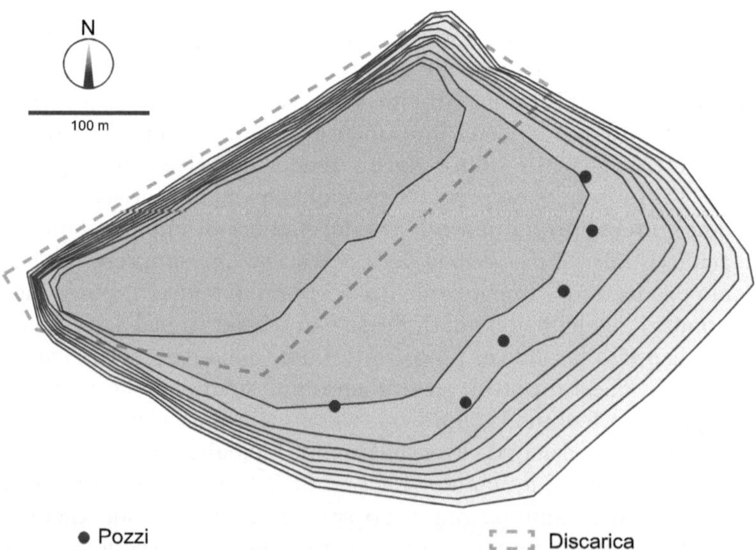

Fig. 8.12. Verifica dell'efficacia di un sistema di pozzi di spurgo mediante modellizzazione del campo di flusso e di trasporto nell'area della discarica: distribuzione delle curve ad ugual concentrazione di inquinante (modificata da [38])

Delimitazione delle aree di salvaguardia dei pozzi ad uso potabile

Uno dei principali strumenti adottati per la tutela delle acque destinate al consumo umano è rappresentato dalla delimitazione di aree di salvaguardia, da realizzarsi in prossimità delle opere di captazione. La definizione delle aree di salvaguardia (**protezione statica**), con l'imposizione dei vincoli che limitino l'utilizzo del territorio, non risolve completamente il problema della protezione delle opere di captazione idropotabile, ma si limita ad escludere la possibilità che un processo di inquinamento si inneschi all'interno delle aree di rispetto così definite. La garanzia di una protezione delle opere di captazione idropotabile nei riguardi di processi di inquinamento provenienti dall'esterno delle fasce di salvaguardia richiederebbe anche la creazione di una rete di monitoraggio disposta lungo il perimetro delle aree di rispetto sulla quale programmare un periodico controllo della qualità della falda interessata dalle opere di captazione (**protezione dinamica**).

9.1 Delimitazione delle aree di salvaguardia

Il *criterio geometrico* è lo strumento più semplice per la delimitazione di una porzione di territorio per la salvaguardia delle risorse idriche sotterranee. Si basa sul vincolo di una superficie circolare, di varia estensione, intorno al pozzo da proteggere. Tale criterio non essendo legato in alcun modo alla dinamica della falda nel sottosuolo, viene solitamente impiegato per circoscrivere una zona di tutela assoluta (che prevede limitazioni fortissime sull'utilizzo del territorio) nell'immediata vicinanza del pozzo. Il *criterio temporale o cronologico* prevede, invece, la delimitazione di aree di salvaguardia, la cui geometria ed estensione sono legate, attraverso i tempi di propagazione di un eventuale inquinante, alla velocità di deflusso delle acque sotterranee e, quindi, alla tipologia dell'acquifero e ai suoi parametri idrodinamici. Le aree di salvaguardia, pertanto, sono settori delimitati da una curva isocrona che rappresenta il luogo dei punti caratterizzati da un ugual tempo di arrivo (o tempo di sicurezza) all'opera di captazione, indipendentemente dalla traiettoria percorsa [35].

Di Molfetta A., Sethi R.: Ingegneria degli acquiferi.
DOI 10.1007/978-88-470-1851-8_9, © Springer-Verlag Italia 2012

9.1.1 Delimitazione analitica dell'area di salvaguardia di un pozzo singolo in un acquifero confinato

È possibile determinare analiticamente le curve isocrone per un pozzo singolo che eroga una portata costante da un sistema omogeneo e isotropo, di spessore saturo costante b, caratterizzato da un gradiente uniforme i, da una porosità efficace n_e e da una velocità darcyana in condizioni statiche $v = Ki$. L'espressione ricavata [12] è:

$$t_D = -y_D - \ln\left[\cos(x_D) - \frac{y_D}{x_D}\sin(x_D)\right],\tag{9.1}$$

essendo definite le seguenti variabili adimensionali:

$$x_D = \frac{2\pi b v}{Q}x,\tag{9.2}$$

$$y_D = \frac{2\pi b v}{Q}y,\tag{9.3}$$

$$t_D = \frac{2\pi b v^2}{Q n_e}t.\tag{9.4}$$

L'equazione (9.1) risulta valida per un acquifero confinato e solo in prima approssimazione per un acquifero non confinato.

La Fig. 9.1 riporta le soluzioni dell'equazione (9.1) per $t_D = 1, 2, 3, 4, 5$ in un sistema di assi cartesiani adimensionali con direzione di flusso parallela all'asse y.

9.1.2 Applicazione generalizzata del criterio cronologico

La delimitazione con il criterio cronologico delle aree di salvaguardia di un campo acquifero richiede la disponibilità di un modello matematico (analitico o numerico) in grado di simulare il campo di flusso del sistema acquifero.

Il problema si riconduce alla determinazione delle curve isocrone analizzando i tempi di percorso lungo differenti linee di flusso. Queste ultime rappresentano le traiettorie che le particelle seguono nel flusso all'interno dell'acquifero (modificato dalla messa in funzione dei pozzi) e sono, nell'ipotesi di mezzo poroso isotropo, perpendicolari alle linee isopieze.

Naturalmente, l'impiego di un modello matematico presuppone la conoscenza della tipologia e dei parametri idrodinamici del sistema acquifero da simulare, i quali devono preventivamente essere determinati mediante l'ese-

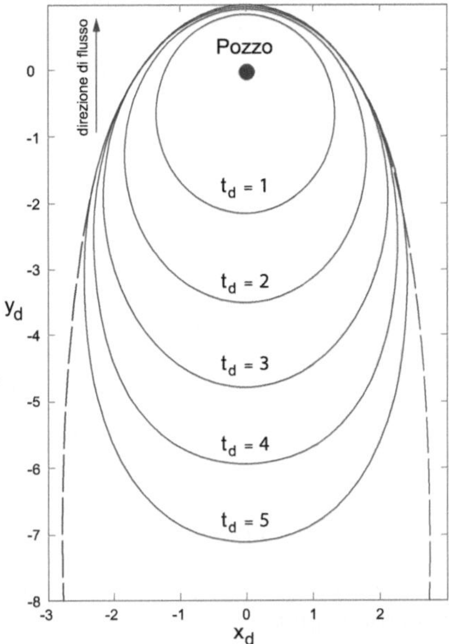

Fig. 9.1. Isocrone nel sistema di assi cartesiani adimensionali, per un acquifero avente direzione di flusso parallelo all'asse y. La linea tratteggiata rappresenta lo spartiacque sotterraneo [29]

cuzione e l'interpretazione di adeguate prove di falda. Una volta caratterizzato il sistema acquifero, la metodologia di calcolo delle aree di salvaguardia richiede di:

- disporre della carta piezometrica dell'acquifero considerato (Fig. 9.2a);
- calcolare mediante modello matematico in regime di flusso stazionario, sulla base dei parametri idrodinamici valutati sperimentalmente, le variazioni di carico idraulico indotte dal pompaggio a regime di tutti i pozzi completati nell'acquifero analizzato (Fig. 9.2b) e le conseguenti velocità effettive di flusso;
- calcolare la piezometria in condizioni dinamiche, sottraendo, per ciascun punto del dominio studiato, l'abbassamento piezometrico dal livello statico (Fig. 9.2c);
- tracciare un congruo numero di linee di flusso (Fig. 9.2d);
- calcolare su ciascuna linea di flusso i tempi di percorso a ritroso dal pozzo; in questa fase si precisa che occorre individuare una serie di nodi sulla linea di flusso a partire dal pozzo e per ogni tratto Δl si calcola il tempo di percorrenza Δt:

$$\Delta t = \frac{\Delta l \cdot n_e}{K \cdot i},$$

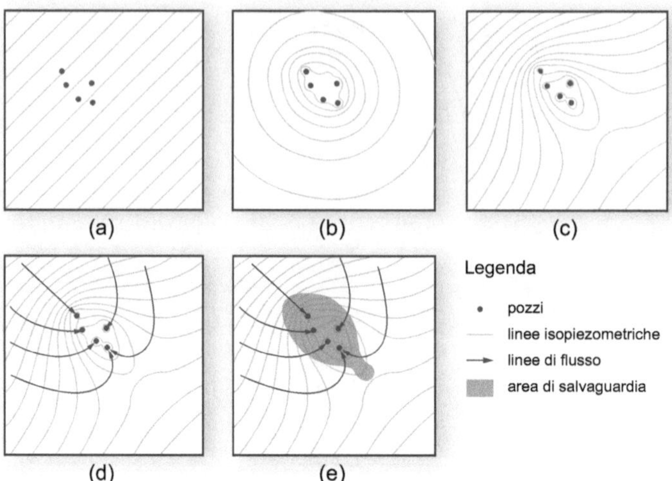

Fig. 9.2. Esemplificazione schematica del procedimento di calcolo delle aree di salvaguardia con il criterio cronologico

essendo n_e la porosità efficace, i il gradiente idraulico e K la conducibilità idraulica dell'acquifero;

- collegare i punti ad ugual tempo di arrivo sulle diverse linee di flusso al fine di ottenere le curve isocrone (Fig. 9.2e).

L'ultima fase è meglio descritta in Fig. 9.3, che evidenzia come ciascun nodo derivante dall'intersezione delle linee a carico costante e delle linee di flusso sia caratterizzato da un valore di velocità e da un valore di tempo di arrivo. Si precisa che il tempo di arrivo è direttamente proporzionale alla porosità efficace n_e, pertanto elevati valori di n_e inducono una velocità effettiva ridotta e quindi l'area di salvaguardia corrispondente ad un determinato tempo di arrivo si riduce di estensione. Con questo si vuole sottolineare che la determinazione di n_e deve essere effettuata con una certa accuratezza. La Fig. 9.4 rappresenta un esempio di delimitazione delle aree di salvaguardia con il criterio cronologico.

Il criterio cronologico considera come solo meccanismo di trasporto del contaminante l'advezione. Un recente sviluppo fornito da Tosco, Sethi, Di Molfetta [101] permette di incorporare anche l'effetto della dispersione idrodinamica nel calcolo delle aree di salvaguardia con criterio cronologico.

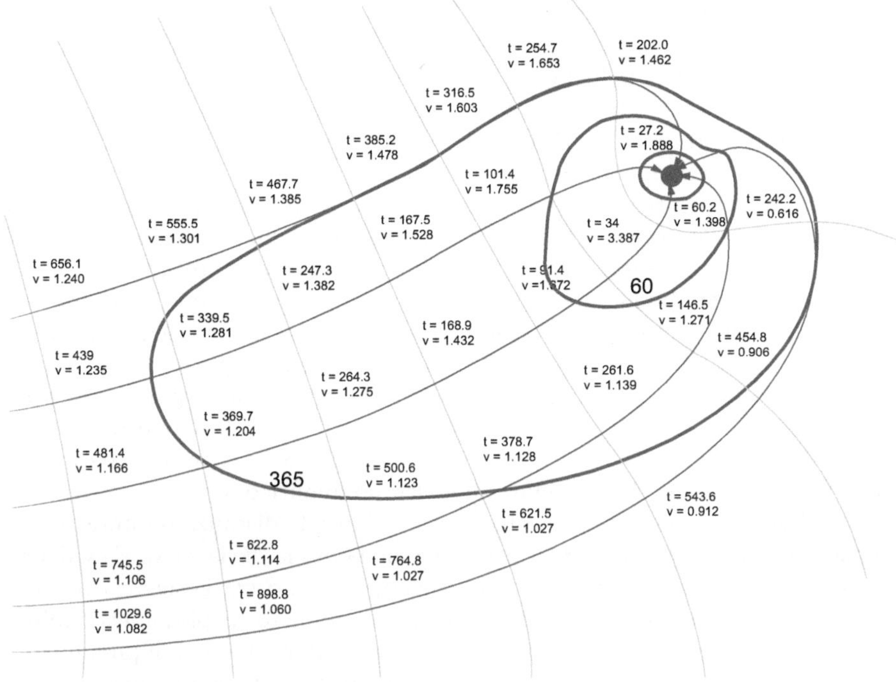

Fig. 9.3. Esempio di delimitazione del perimetro delle aree di salvaguardia mediante il criterio cronologico. I tempi sono espressi in giorni, le velocità in metri al giorno

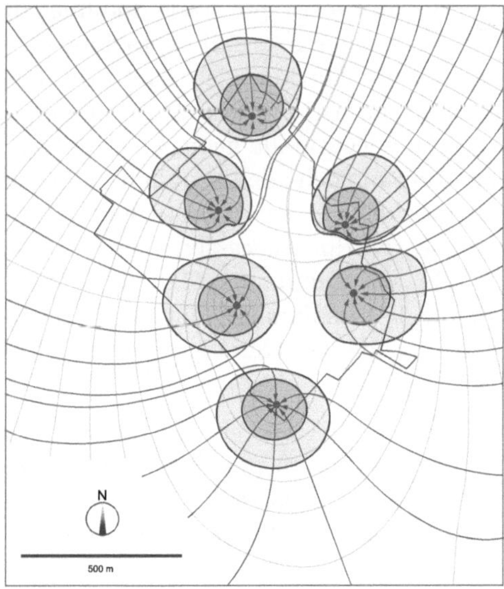

Fig. 9.4. Delimitazione delle aree di salvaguardia di un campo pozzi mediante criterio cronologico

9.2 Protezione dinamica

La protezione dinamica richiede la creazione di una rete di monitoraggio disposta lungo il perimetro delle aree di salvaguardia precedentemente definite, sulla quale programmare un periodico controllo della qualità delle risorse idriche sotterranee in corrispondenza della falda interessata dalle opere di captazione.

La rete di monitoraggio dovrà essere costituita da una serie di piezometri o pozzi di controllo, aventi gli elementi finestrati unicamente in corrispondenza dell'acquifero da monitorare. Ciò comporta, naturalmente, che uno stesso impianto di captazione debba avere più reti di monitoraggio, distinte per profondità, caratteristiche e ubicazione, in relazione ai diversi acquiferi eventualmente messi in produzione. In altri termini, ciascun impianto dovrà essere corredato da una rete di monitoraggio per ciascuno degli acquiferi messi in produzione separatamente con una serie distinta di pozzi. Il diametro dei piezometri dovrà essere sufficiente ad eseguire senza difficoltà il prelievo periodico dei campioni di acqua da sottoporre a controllo analitico.

Il problema maggiore è, a questo punto, definire la distanza o interasse tra due piezometri successivi lungo il perimetro della fascia di rispetto. È evidente che la soluzione ottimale rappresenta un compromesso tra l'esigenza tecnica di garantire il controllo di ogni linea di flusso (numero di piezometri infinito) e le disponibilità finanziarie destinate alla prevenzione dell'inquinamento (numero di piezometri tendenti a zero). La miglior soluzione di compromesso può essere individuata tenendo presente che:

- è indispensabile monitorare il fronte di arrivo di un eventuale inquinante, rappresentato dalla distanza esistente fra le due linee di flusso più esterne che convergono verso una delle opere di captazione da proteggere;
- l'ampiezza di tale fronte è funzione del tempo di arrivo (o tempo di sicurezza) caratterizzante la fascia di rispetto; tale ampiezza varia secondo una configurazione, che è legata alla geometria del tracciato piezometrico, alle caratteristiche idrogeologiche dell'acquifero, all'entità dei prelievi, alla densità di distribuzione delle opere di captazione;
- la scelta dell'interasse tra due successivi punti di controllo deve anche tener conto del rischio di inquinamento e, pertanto, delle caratteristiche di pericolosità degli insediamenti antropici, esistenti a monte delle opere da proteggere, e delle caratteristiche di vulnerabilità dell'acquifero interessato.

In Fig. 9.5 è riportato un esempio di possibile realizzazione della rete piezometrica di monitoraggio, basata sulla realizzazione di tre successive barriere di controllo, localizzate in corrispondenza del fronte di arrivo a 60 giorni, 1 anno e 5 anni.

Un altro aspetto fondamentale ai fini dell'efficienza del sistema di monitoraggio è la definizione della periodicità dei prelievi e dei controlli analitici. Anche per questo parametro la soluzione ottimale va ricercata come compro-

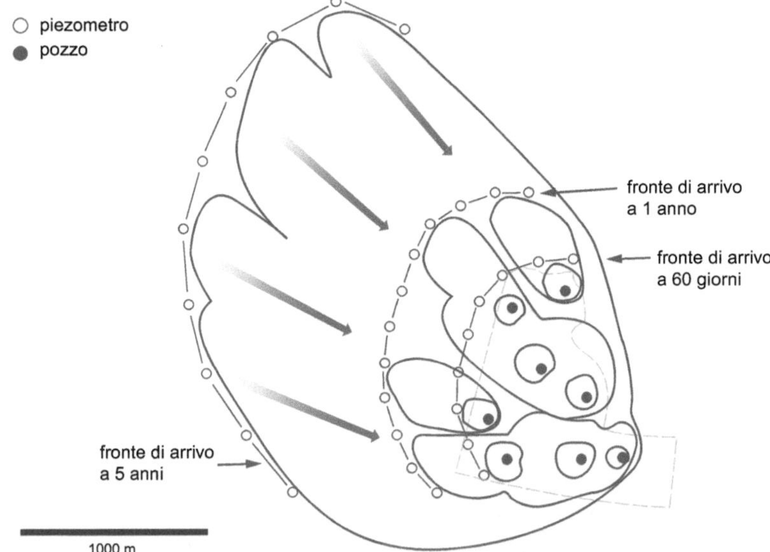

Fig. 9.5. Configurazione di una possibile rete piezometrica di monitoraggio, basata sulla realizzazione di tre successive barriere di controllo, localizzate in corrispondenza dei fronti di arrivo a 60 giorni, 1 anno e 5 anni

messo fra la massima frequenza di controllo, che consente l'individuazione di un processo di inquinamento non appena questo oltrepassi il perimetro dell'area di rispetto, e la frequenza minima, che corrisponde al tempo di arrivo caratterizzante l'area di rispetto.

Nella ricerca di tale compromesso, due sono gli aspetti da tenere in evidenza:

- la frequenza ottimale deve essere tale da non intasare le strutture analitiche di controllo;
- la frequenza deve essere adeguatamente minore del tempo di arrivo, in maniera da non eliminare quel margine di sicurezza e di preavviso, che è l'obiettivo principale della creazione delle zone di rispetto.

I contaminanti presenti nelle acque sotterranee

Nonostante la consapevolezza che l'acqua rappresenta l'elemento più importante per la vita, l'uomo ha dedicato scarsa attenzione ad evitare che lo sviluppo produttivo in campo agricolo ed industriale si accompagnasse a fenomeni di contaminazione delle risorse idriche sotterranee che, talora, per estensione e gravità dei fenomeni, hanno avuto pesanti conseguenze sulla salute della popolazione esposta.

Alla comprensione dei processi di propagazione dei contaminanti nelle acque di falda sono dedicati i successivi capitoli di questo testo ma, prima di entrare nel merito dei diversi e complessi fenomeni che governano i meccanismi di propagazione, è importante evidenziare che i risultati di tali processi dipendono innanzitutto dalle caratteristiche dei contaminanti. Ne consegue che, tenuto conto dell'elevato numero di composti messi a punto dall'uomo che si possono trasformare in inquinanti delle risorse idriche, la comprensione dei processi di propagazione deve necessariamente essere preceduta da un tentativo di classificazione dei contaminanti in base alle loro caratteristiche.

I criteri di classificazione dei contaminanti presenti nelle acque di falda possono essere diversi in relazione alle proprietà che si prendono in esame, ma una caratterizzazione completa del processo di propagazione e dei possibili effetti sulla salute umana richiede di classificare un contaminante almeno dal punto di vista chimico, fisico e tossicologico, vedasi Fig. 10.1.

10.1 Classificazione chimica

Dal punto di vista chimico, i contaminanti si distinguono innanzitutto a seconda che siano riconducibili al mondo inorganico oppure organico.

10.1.1 Contaminanti inorganici

I principali inquinanti inorganici che si ritrovano nelle acque di falda sono i metalli la cui origine può essere legata ad effluenti liquidi di origine industriale, a discariche di rifiuti solidi urbani e industriali, ad effluenti minerari.

Di Molfetta A., Sethi R.: Ingegneria degli acquiferi.
DOI 10.1007/978-88-470-1851-8_10, © Springer-Verlag Italia 2012

CRITERIO DI CLASSIFICAZIONE	PROPRIETA'
Chimico	Composizione
Fisico	Stato fisico
	Miscibilità
	Densità
	Solubilità
	Volatilità
Tossicologico	Tossicità
	Cancerogenità

Fig. 10.1. Principali criteri di classificazione dei contaminanti presenti nelle acque sotterranee

Molti metalli, anche se in traccia, possono essere tossici per l'uomo a causa della loro tendenza ad accumularsi nel corpo umano; altri sono addirittura cancerogeni (ad esempio Cd,Pb,Cr).

Altri inquinanti tipici di origine inorganica sono i nitrati e i nitriti, essenzialmente di origine agricola, i solfati, i fluoruri e i cianuri.

In Tabella 10.1 sono riportati i contaminanti inorganici, le cui concentrazioni limite (Concentrazioni Soglia di Contaminazione – CSC) sono fissate dalla normativa italiana.

10.1.2 Contaminanti organici

Una gran parte dei fenomeni di contaminazione che interessano le risorse idriche sotterranee è originato da sostanze organiche e ciò è dovuto al gran consumo di idrocarburi e dei prodotti loro derivati che oggi si fa nel mondo.

Per composto organico si intende ogni composto nella cui molecola sia presente almeno un atomo di carbonio di origine organica. Il carbonio è in grado di formare 4 legami covalenti ed è capace di legarsi ad altri atomi anche formando legami doppi o tripli.

10.1.2.1 Idrocarburi

Gli idrocarburi sono i composti organici più semplici esistenti in natura in quanto costituiti solo da carbonio e idrogeno. Sono estratti da giacimenti naturali essenzialmente sotto forma di miscela di più componenti allo stato liquido (*olio* o, commercialmente, *petrolio*) o allo stato gassoso (*gas*), anche se non mancano giacimenti in cui gli idrocarburi sono presenti allo stato solido o semisolido.

La classificazione completa degli idrocarburi può apparire complessa, vedasi Fig. 10.2, ma essi si distinguono innanzitutto a seconda della presenza o dell'assenza nella loro molecola almeno di un anello del benzene: nel primo caso si parla di *idrocarburi aromatici*, nel secondo di *idrocarburi alifatici*.

Tabella 10.1. Contaminanti inorganici e valori di concentrazione limite previsti dal D.Lgs. 152/06

Sostanze	*Valore limite ($\mu g/l$)*
Metalli	
Alluminio	200
Antimonio	5
Argento	10
Arsenico	10
Berillio	4
Cadmio	5
Cobalto	50
Cromo totale	50
Cromo (VI)	5
Ferro	200
Mercurio	1
Nichel	20
Piombo	10
Rame	1000
Selenio	10
Manganese	50
Tallio	2
Zinco	3000
Altri contaminanti inorganici	
Boro	1000
Cianuri liberi	50
Fluoruri	1500
Nitriti	500
Solfati	250000

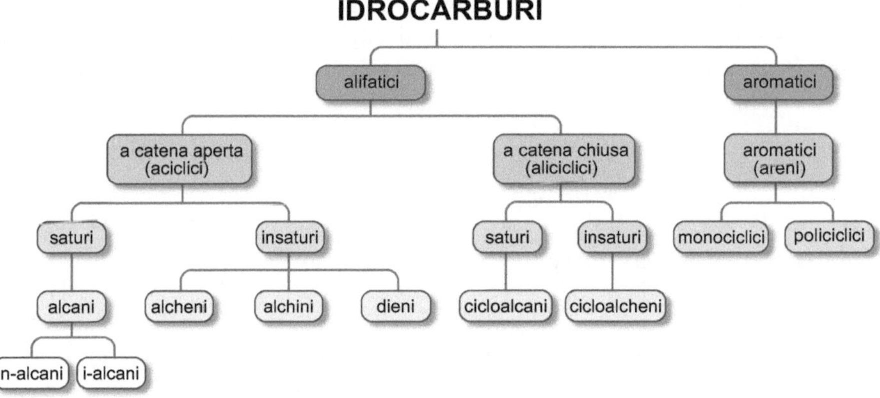

Fig. 10.2. Classificazione degli idrocarburi

All'interno di questa distinzione, gli idrocarburi possono essere *saturi* (quando le valenze del carbonio sono soddisfatte solo da legami semplici) o *insaturi* (quando sono presenti anche legami doppi o tripli), *a catena aperta* (quando gli atomi di carbonio non sono disposti ad anello) o *a catena chiusa* (quando, invece, lo sono). Infine, gli idrocarburi si distinguono per la formula generale della serie a cui appartengono, per la formula bruta e, in presenza di isomeri (vale a dire composti aventi la stessa formula bruta, ma differente struttura molecolare e, perciò, differenti proprietà), per la formula di struttura.

Quattro sono le serie più importanti: alcani (o paraffine), cicloalcani (o cicloparaffine o nafteni), areni (o aromatici) e alcheni (o olefine). Alle prime tre appartiene la maggior parte dei costituenti gli oli di giacimento, mentre gli alcheni sono per lo più prodotti a seguito della raffinazione del greggio.

Alcani

Gli alcani (o paraffine) hanno formula generale $C_n\,H_{2n+2}$ e comprendono gli idrocarburi più presenti nei greggi petroliferi: metano, etano, propano, butano, ecc.

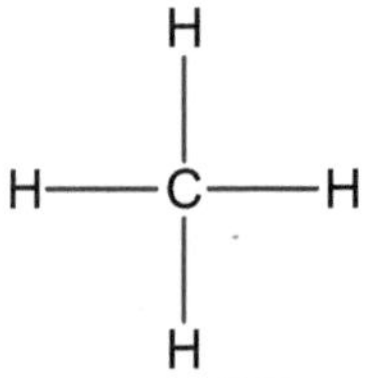

metano CH_4 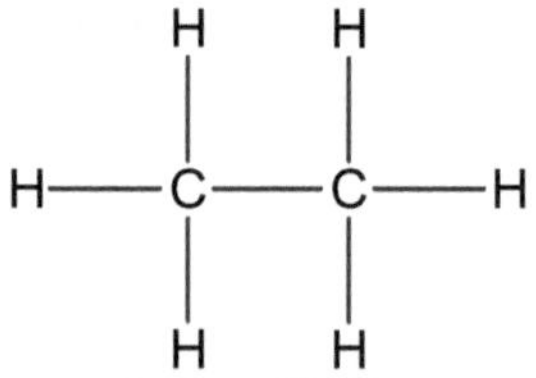　　　　etano C_2H_6 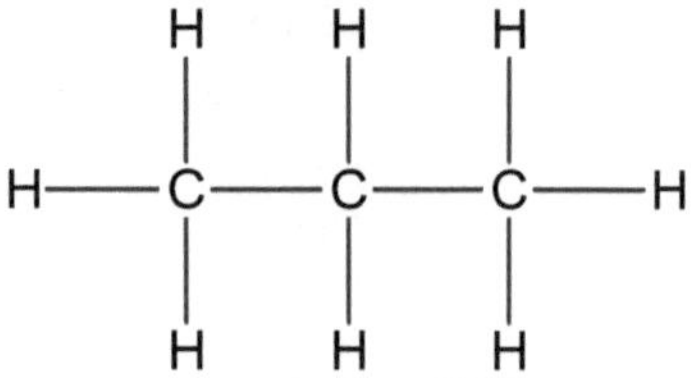　　　　propano C_3H_8

Si tratta di idrocarburi alifatici, saturi, a catena aperta.

Al crescere del numero degli atomi di carbonio, aumenta il numero di isomeri; il primo è rappresentato dal butano:

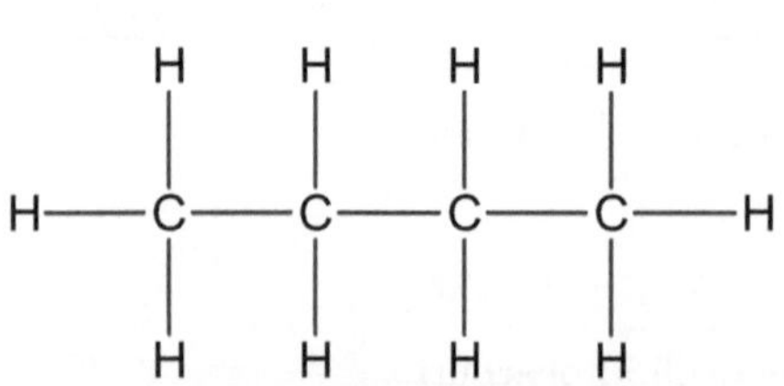

normalbutano C_4H_{10} 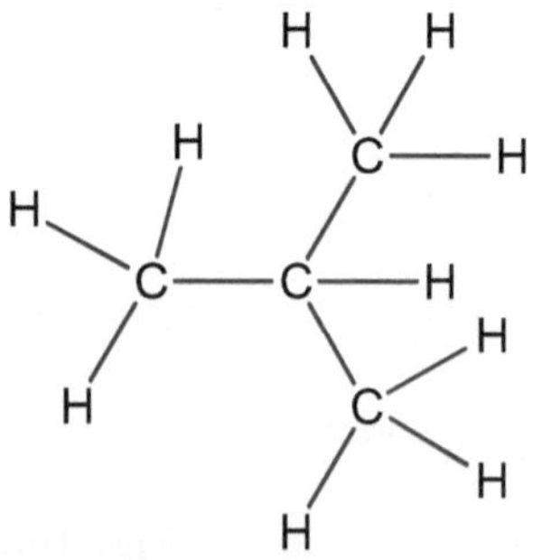　　　　*isobutano* C_4H_{10}

Si noti che anche la struttura dell'isobutano è a catena aperta, anche se ramificata (*branched chain*).

Cicloalcani

I cicloalcani (o cicloparaffine o nafteni) hanno formula generale $C_n H_{2n}$ e sono idrocarburi alifatici, saturi, a catena chiusa. Tipici componenti di questa serie sono: metilciclopentano, cicloesano, etilcicloesano, 1,1,3-trimetilcicloesano.

metilciclopentano $C_6 H_{12}$

cicloesano $C_6 H_{12}$

Areni

Gli areni (o aromatici) sono idrocarburi caratterizzati dall'avere all'interno della molecola almeno un anello del benzene, comprendente sei atomi di carbonio legati fra loro alternativamente da legami semplici o doppi. Gli areni sono idrocarburi aromatici, insaturi, a catena chiusa e non sono caratterizzati da una formula generale costante. Essendo insaturi, reagiscono facilmente aggiungendo altri elementi o gruppi all'anello del benzene e dando luogo ad una moltitudine di composti compresi nella serie degli aromatici.

Il benzene è, ovviamente, il composto base della serie ed insieme al toluene, all'etilbenzene e ai tre isomeri dello xilene (orto, meta e para) costituisce i BTEX, tra i componenti più importanti delle benzine.

benzene $C_6 H_6$

toluene $C_7 H_8$

Per rappresentare schematicamente l'anello del benzene, si usa frequentemente un simbolo unificato costituito da una circonferenza inscritta in un esagono.

Nome	Struttura	Peso molecolare	Solubilià in acqua	Coefficente di ripartizione suolo-acqua
Benzene		78.11	1780 mg/L	97
Toluene		92.1	500 mg/L	242
Xilene	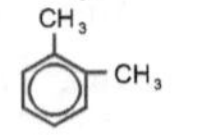	106.17	170 mg/L	363
Etilbenzene	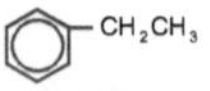	106.17	150 mg/L	622
Naftalene	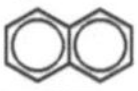	128.16	31.7 mg/L	1,300
Acenaftene		154.21	7.4 mg/L	2,580
Acenaftilene		152.2	3.93 mg/L	3,814
Fluorene		166.2	1.98 mg/L	5,835
Fluorantene	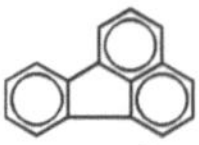	202	0.275 mg/L	19,000
Fenantrene	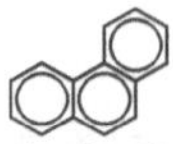	178.23	1.29 mg/L	23,000
Antracene	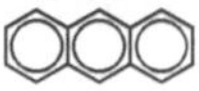	178.23	0.073 mg/L	26,000

Fig. 10.3. Struttura e proprietà di alcuni idrocarburi aromatici e policiclici aromatici [51]

I BTEX sono esempi di idrocarburi aromatici monociclici (o mononucleari), vale a dire composti nella cui molecola è presente un solo anello del benzene. In altri composti aromatici si possono avere più anelli del benzene legati fra loro, vedasi Fig. 10.3: questi prendono il nome di idrocarburi policiclici aromatici (IPA).

Alcheni

Gli alcheni (o olefine) non sono costituenti degli oli naturali, ma si formano durante il processo di raffinazione del greggio. Hanno formula generale C_nH_{2n} e sono idrocarburi alifatici, insaturi, a catena aperta. I termini più comuni sono l'etilene (o etene) e il propilene:

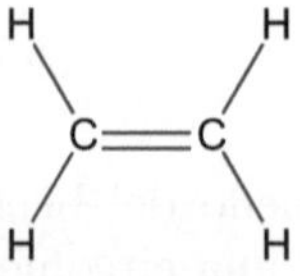

etilene (etene) C_2H_4 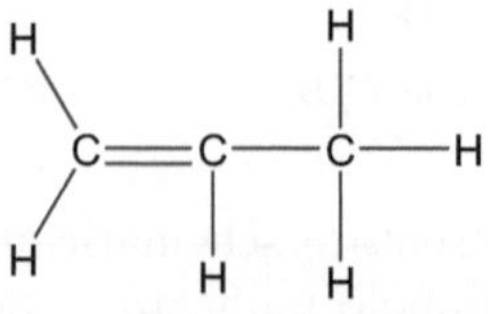 — — — propilene C_3H_6

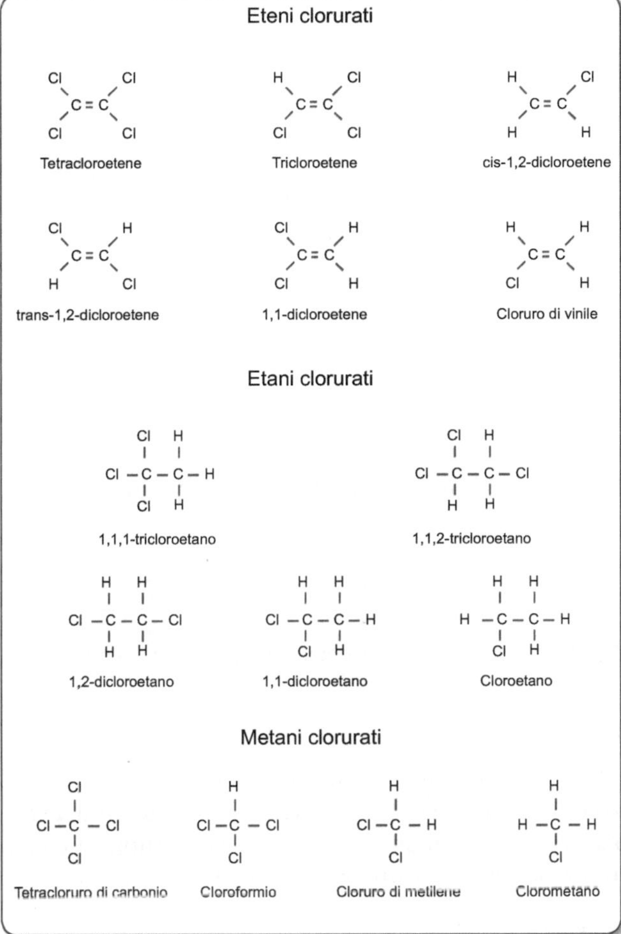

Fig. 10.4. Struttura molecolare dei principali idrocarburi alifatifatici clorurati

10.1.2.2 Idrocarburi alifatici alogenati

Sono tra i contaminanti più presenti nelle acque sotterranee e derivano dagli idrocarburi alifatici per sostituzione di 1, 2, 3 o 4 atomi di idrogeno con altrettanti di un alogeno (cloro, bromo, fluoro). In particolare, gli idrocarburi alifatici clorurati (comunemente noti come solventi clorurati) sono tra i contaminanti più importanti dal punto di vista ambientale per il largo uso che se ne è fatto in campo industriale. La Fig. 10.4 riporta le formule di struttura dei principali solventi clorurati, derivati dall'etilene, dall'etano e dal metano. La Tabella 10.2 sintetizza denominazione, nome comune, sigla commerciale, principali origini di questi prodotti.

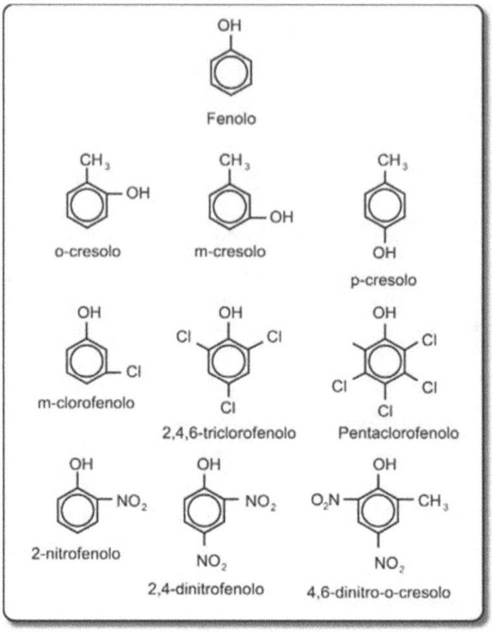

Fig. 10.5. Struttura molecolare dei principali fenoli [51]

10.1.2.3 Fenoli

Anche i fenoli derivano dal benzene, specificamente per sostituzione di un atomo di idrogeno con un gruppo ossidrile OH^-. Se, in aggiunta a ciò, altri atomi di idrogeno sono sostituiti con atomi di cloro o con gruppi NO_2, si ottengono rispettivamente i clorofenoli o i nitrofenoli, vedasi Fig. 10.5.

10.1.2.4 Clorobenzeni

I clorobenzeni sono idrocarburi aromatici clorurati, derivati direttamente dal benzene per sostituzione di uno o più atomi di idrogeno (fino al massimo possibile di sei) con altrettanti atomi di cloro; si ottengono in tal modo dal monoclorobenzene all'esaclorobenzene.

10.1.2.5 Limiti normativi

La Tabella 10.3 riporta i limiti previsti dall'attuale normativa italiana (Concentrazioni Soglia di Contaminazione – CSC) per i composti organici.

Tabella 10.2. Denominazione, nome comune, abbreviazione e origini più frequenti dei principali idrocarburi alifatici clorurati

Denominazione	Nome comune	Abbreviazione	Origine più frequente
		Eteni clorurati	
tetracloroetene	percloroetene	PCE	Rifiuti con solventi.
tricloroetene	—	TCE	Rifiuti con solventi, degradazione del PCE.
cis-1,2-dicloroetene	Dicloruro di acetilene	cis-DCE	Rifiuti con solventi, degradazione del PCE e TCE.
trans-1,2-dicloroetene	Dicloruro di acetilene	trans-DCE	Rifiuti con solventi, degradazione del PCE e TCE.
1,1-dicloroetene	cloruro di vinilidene	1,1-DCE	Rifiuti con solventi, degradazione di 1,1,1-TCA.
cloroetene	cloruro di vinile	VC	Residui di produzione del PVC, degradazione di PCE e 1,1,1-TCA.
		Etani clorurati	
1,1,1-tricloroetano	metilcloroformio	1,1,1-TCA	Rifiuti con solventi.
1,1,2-tricloroetano	tricloruro di vinile	1,1,2-TCA	Rifiuti con solventi.
1,2-dicloroetano	cloruro di etilene	1,2-DCA	Rifiuti con solventi, degradazione di 1,1,2-TCA.
1,1-dicloroetano	cloruro di etilidene	1,1-DCA	Degradazione di 1,1,1-TCA.
cloroetano	—	CA	Scarti di refrigeranti, residui di produzione del piombo tetraetile, degradazione di 1,1,1-TCA e 1,1,2-TCA.
		Metani clorurati	
tetraclorometano	tetracloruro di carbonio	CT	Rifiuti con solventi, rifiuti di estintori.
triclorometano	cloroformio	CF	Rifiuti con solventi, rifiuti ospedalieri, degradazione del CT.
diclorometano	cloruro di metilene	MC	Rifiuti con solventi, degradazione del CT.
clorometano	cloruro di metile	CM	Scarti di refrigeranti, degradazione del CT.

Tabella 10.3. Contaminanti organici e valori di concentrazione limite previsti dalla normativa italiana (D.Lgs. 152/06)

N. ord.	Sostanze	Valore limite (µg/l)
	Composti organici aromatici	
24	Benzene	1
25	Etilbenzene	50
26	Stirene	25
27	Toluene	15
28	para-Xilene	10
	Policiclici aromatici	
29	Benzo(a)antracene	0.1
30	Benzo(a)pirene	0.01
31	Benzo(b)fluorantene	0.1
32	Benzo(k)fluorantene	0.05
33	Benzo(g, h, i)perilene	0.01
34	Crisene	5
35	Dibenzo(a, h)antracene	0.01
36	Indeno(1,2,3 – c,d)pirene	0.1
37	Pirene	50
38	Sommatoria (31, 32, 33, 36)	0.1
	Alifatici clorurati cancerogeni	
39	Clorometano	1.5
40	Triclorometano	0.15
41	Cloruro di vinile	0.5
42	1,2-Dicloroetano	3
43	1,1 Dicloroetilene	0.05
44	Tricloroetilene	1.5
45	Tetracloroetilene	1.1
46	Esaclorobutadiene	0.15
47	Sommatoria organoalogenati	10
	Alifatici clorurati non cancerogeni	
48	1,1-Dicloroetano	810
49	1,2-Dicloroetilene	60
50	1,2-Dicloropropano	0.15
51	1,1,2-Tricloroetano	0.2
52	1,2,3-Tricloropropano	0.001
53	1,1,2,2-Tetracloroetano	0.05
	Alifatici alogenati cancerogeni	
54	Tribromometano	0.3
55	1,2-Dibromoetano	0.001
56	Dibromoclorometano	0.13
57	Bromodiclorometano	0.17
	Nitrobenzeni	
58	Nitrobenzene	3.5
59	1,2-Dinitrobenzene	15
60	1,3-Dinitrobenzene	3.7
61	Cloronitrobenzeni (ognuno)	0.5

N. ord.	Sostanze	Valore limite ($\mu g/l$)
	Clorobenzeni	
62	Monoclorobenzene	40
63	1,2-Diclorobenzene	270
64	1,4-Diclorobenzene	0.5
65	1,2,4-Triclorobenzene	190
66	1,2,4,5-Tetraclorobenzene	1.8
67	Pentaclorobenzene	5
68	Esaclorobenzene	0.01
	Fenoli e clorofenoli	
69	2-Clorofenolo	180
70	2,4-Diclorofenolo	110
71	2,4,6-Triclorofenolo	5
72	Pentaclorofenolo	0.5
	Ammine aromatiche	
73	Anilina	10
74	Difenilamina	910
75	p-Toluidina	0.35
	Fitofarmaci	
76	Alaclor	0.1
77	Aldrin	0.03
78	Atrazina	0.3
79	α-Esacloroesano	0.1
80	β-Esacloroesano	0.1
81	γ-Esacloroesano (Lindano)	0.1
82	Clordano	0.1
83	DDD, DDT, DDE	0.1
84	Dieldrin	0.03
85	Endrin	0.1
86	Sommatoria fitofarmaci	0.5
	Diossine e furani	
87	Sommatoria PCDD, PCDF (conversione TEF)	4×10^{-6}
	Altre sostanze	
88	PCB	0.01
89	Acrilammide	0.1
90	Idrocarburi totali (espressi come n-esano)	350
91	Acido para-ftalico	37000
92	Amianto (fibre A > 10 mm)*	da definire

* Non sono disponibili dati di letteratura tranne il valore di 7 milioni fibre/l comunicato da ISS, ma giudicato da ANPA e dallo stesso ISS troppo elevato. Per la definizone del limite si propone un confronto con ARPA e Regioni

10.2 Classificazione fisica

La classificazione fisica dei contaminanti si basa sulle proprietà fisiche che condizionano il comportamento degli stessi a contatto con l'acqua di falda. Le principali fra queste proprietà sono lo stato fisico, la miscibilità con l'acqua, la densità di massa, la solubilità in acqua, la volatilità.

10.2.1 Stato fisico

Facendo riferimento unicamente ai contaminanti di origine antropica, la quasi totalità si presenta allo stato liquido nelle condizioni di pressione e temperatura ambiente ed anche nelle condizioni termodinamiche che si rinvengono nelle acque di falda. Fanno eccezione unicamente alcuni contaminanti che si ritrovano allo stato gassoso: fra i più comuni, metano, etano, etilene e i loro derivati clorurati clorometano, cloroetano e cloruro di vinile.

10.2.2 Miscibilità

Quando si debba analizzare il comportamento di un contaminante in falda, forse il primo elemento da chiarire è se esso sia miscibile o meno con l'acqua. Una sostanza (*soluto*) si definisce completamente miscibile con l'acqua (*solvente*) quando forma un'unica fase con essa e pertanto non è più fisicamente distinguibile.

La maggior parte dei contaminanti inorganici si comporta come una fase liquida completamente miscibile con l'acqua di falda, mentre la maggior parte dei contaminanti organici (in quanto idrocarburi o derivati dagli idrocarburi) costituisce una fase liquida non miscibile con l'acqua di falda (si pensi al comportamento di una goccia d'olio in un bicchiere d'acqua).

Tutti i composti non miscibili con l'acqua vengono compresi nel termine generico NAPL (**N**on **A**queous **P**hase **L**iquids).

È importante sottolineare che anche le sostanze non miscibili hanno comunque una loro solubilità in acqua che si misura con valori dell'ordine dei mg/l o dei g/l. Quando un contaminante è presente in acqua con concentrazioni superiori al valore di solubilità, si comporta (per la quota eccedente la solubilità) come una fase liquida distinta dalla fase liquida acqua.

Non è superfluo evidenziare l'importanza del concetto di miscibilità: basti ricordare che una delle condizioni di validità della legge di Darcy, da cui poi derivano tutte le applicazioni quantitative legate al campo di moto, prevede che il mezzo poroso sia saturato da un'unica fase.

10.2.3 Densità

Sebbene i componenti le miscele di NAPL siano molto diversi tra loro e possano essere classificati in maniera molto più sistematica, la distinzione più semplice, ma nello stesso tempo più importante ai fini pratici, è quella basata sulla densità relativa all'acqua:

- i LNAPL (*Light NAPL*) sono quelli che presentano densità minore dell'acqua e, quindi, tendono a galleggiare sulla tavola d'acqua;
- i DNAPL (*Dense NAPL*) sono quelli che presentano densità maggiore dell'acqua e, quindi, tendono a penetrare in profondità nella zona satura.

LNAPL (Light Non Aqueous Phase Liquids)

I LNAPL sono per lo più composti associati alla produzione, raffinazione e trasporto dei prodotti petroliferi. Rotture di oleodotti, rovesciamento di autobotti, perdite accidentali da serbatoi (contenenti benzine, gasolio, kerosene ed altri condensati associati) sono le più comuni cause di inquinamento delle falde da LNAPL. I più importanti LNAPL sono i BTEX (Benzene, Toluene, Etilbenzene, Xilene), idrocarburi aromatici, presenti nei carburanti e loro derivati.

DNAPL (Dense Non Aqueous Phase Liquids)

La maggior parte degli idrocarburi policiclici aromatici, degli idrocarburi aromatici alogenati, degli idrocarburi alifatici alogenati, dei pesticidi rientra nella categoria dei DNAPL.

Ne consegue che i DNAPL sono associati ad un'ampia varietà di attività antropiche e di impianti industriali, comprendenti impianti chimici, impianti metallurgici, impianti tessili, pulitura a secco, officine meccaniche, ecc.

L'elevata densità e la bassa viscosità fanno sì che tali prodotti penetrino con facilità nel sottosuolo e all'interno degli acquiferi, anche nei pori di dimensioni più piccole.

Hanno una persistenza nel sottosuolo molto elevata; i fenomeni di biodegradazione sono molto lenti e taluni metaboliti intermedi sono più tossici della sostanza originaria.

10.2.4 Solubilità

La solubilità in acqua rappresenta la concentrazione di contaminante nella soluzione quando questa si trova in equilibrio con il composto puro, in determinate condizioni di temperatura e di pressione.

La solubilità è un parametro chimico di importanza notevole nella definizione della migrazione e del destino ultimo di un contaminante. Valori elevati di solubilità determinano ad esempio:

- rapida dissoluzione e trasporto all'interno del sistema acquifero;
- modesto adsorbimento sulla fase solida;
- limitato bioaccumulo;
- rapidità nella biodegradazione.

La solubilità dei contaminanti in acqua è variabile e copre molti ordini di grandezza. In particolare, i NAPL presentano una bassa solubilità in acqua, che però supera di molti ordini di grandezza i limiti di accettabilità previsti dalla normativa vigente.

La solubilità effettiva di un dato componente presente in una miscela di NAPL può essere calcolata moltiplicando la frazione molare del generico componente per la solubilità della fase pura in acqua, vale a dire:

$$s_{e,i} = x_i \cdot s_i \tag{10.1}$$

essendo x_i la frazione molare dell'i-esimo componente presente nella miscela di NAPL e s_i la sua solubilità in acqua, allo stato puro.

10.2.5 Coefficiente di partizione ottanolo-acqua

È dato dal rapporto tra le concentrazioni di un composto chimico in ottanolo ed in acqua, che si raggiungono in un sistema bifase in condizioni di equilibrio:

$$K_{ow} = \frac{C_{oct}}{C_w}. \tag{10.2}$$

Questo coefficiente è di estrema importanza per comprendere la distribuzione chimica di un composto in un sistema costituito da una fase acquosa ed una fase oleosa. Esso viene inoltre utilizzato per calcolare la ripartizione di un contaminante organico tra acqua e matrice solida dell'acquifero contaminato, vedasi paragrafo 11.4.

Si noti che la solubilità dei composti chimici nell'ottanolo è caratterizzata da un range di variazione abbastanza limitato. La grande variabilità di questo coefficiente ($10^{-3} < K_{ow} < 10^7$) è quindi imputabile alle variazioni di solubilità in acqua. Generalmente, si preferisce quindi utilizzare il logaritmo del coefficiente di partizione.

10.2.6 Tensione di vapore

È la pressione esercitata dal vapore di un composto in equilibrio con la fase liquida pura. Questo parametro è importante per definire la velocità di volatilizzazione da una fase pura o da una miscela di composti. In congiunzione ad altre proprietà, come la solubilità, permette di stimare il coefficiente di partizione tra aria ed acqua. Valori elevati di tensione di vapore ($1\,\mathrm{mm\,Hg}$ a $25°C$) permettono di qualificare una sostanza come **VOC**, ovvero **composto organico volatile**.

La dipendenza della tensione di vapore dalla temperatura è esprimibile mediante il seguente modello:

$$P_{vp} = A - \frac{B}{T + C}, \tag{10.3}$$

dove A, B, C rappresentano tre coefficienti che sono tabulati per i vari composti.

10.2.7 Costante di Henry

In condizioni di equilibrio tra una soluzione acquosa di un determinato composto e l'aria circostante, la costante di Henry rappresenta il rapporto tra la pressione parziale in fase aeriforme e la concentrazione in fase liquida del composto stesso:

$$H = \frac{p_a}{C_w}. \tag{10.4}$$

In questo caso la costante di Henry si esprime in $atm \cdot m^3/mol$. Spesso viene utilizzata la costante di Henry scritta in forma adimensionale, che si ottiene convertendo la pressione parziale in concentrazione molare attraverso la legge dei gas ideali:

$$H_c = \frac{H}{RT} = \frac{C_a}{C_w},$$

dove:

- R costante universale dei gas perfetti $8.2 \cdot 10^{-5} atm \cdot m^3/mol \cdot K$;
- T temperatura assoluta K;
- C_a concentrazione del generico contaminante nella fase aeriforme.

Una stima della costante di Henry è ottenibile effettuando un rapporto tra la tensione di vapore e la solubilità in acqua alla stessa temperatura

La dipendenza della costante di Henry dalla temperatura è esprimibile secondo la relazione:

$$H = \exp\left(A - \frac{B}{C+T}\right), \tag{10.5}$$

nella quale A, B, C sono tre costanti reperibili nella letteratura specialistica.

La Tabella 10.4 sintetizza i valori delle proprietà dei principali contaminanti compresi nella categoria dei NAPL.

10.3 Classificazione tossicologica

I potenziali effetti nocivi sulla salute della popolazione sottoposta all'esposizione di sostanze contaminanti possono essere definiti utilizzando i dati resi noti dai centri di ricerca più importanti, fra cui l'Organizzazione Mondiale della Sanità (OMS) e l'Integrated Risk Information System (IRIS) dell'Environment Protection Agency (EPA) degli Stati Uniti.

L'EPA propone una classificazione della pericolosità delle sostanze in 6 categorie, vedasi Tabella 10.5, in funzione del grado di certezza, probabilità o possibilità che una sostanza sia cancerogena per l'uomo.

Tuttavia, la classificazione tossicologica più importante ai fini applicativi, anche perché utilizzata nell'analisi di rischio, vedasi Capitolo 17, è quella che divide le sostanze, e quindi nella fattispecie i contaminanti, in sostanze cancerogene e sostanze tossiche ma non cancerogene. Questa suddivisione è

Tabella 10.4. Principali proprietà di alcuni composti NAPL

Famiglia/composti	Formula	Densità relativa —	Solubilità mg/l	K_{ow} —	Tensione di vapore mm Hg	Costante di Henry —
			BTEX			
Benzene	C_6H_6	0.879	1750	130	60	0.2288
Etilbenzene	C_8H_{10}	0.867	152	1400	7	0.3249
Toluene	$C_6H_5CH_3$	0.866	535	130	22	0.26
o-Xilene	$C_6H_4(CH_3)_2$	0.880	175	890	5	0.2173
		Policiclici aromatici				
Acenaftene	$C_{12}H_{10}$	1.069	3.42	10000	0.01	0.31796
Benzopirene	$C_{20}H_{12}$	1.35	0.0012	1.15×10^6	—	4.6602×10^{-5}
Benzoperilene	$C_{22}H_{12}$	—	0.007	3.24×10^6	—	5.7737×10^{-6}
Naftalene	$C_{10}H_8$	1.145	32	2800	0.23	0.0199
Metilnaftalene	$C_{10}H_7CH_3$	1.025	25.4	13000	—	—
		Chetoni				
Acetone	CH_3COCH_3	0.791	inf	0.6	89	0.0010
Metiletilchetone	$CH_3COCH_2CH_3$	0.805	2.68×10^5	1.8	77.5	0.0053
		Alifatici alogenati				
Bromodiclorometano	$CHBrCl_2$	2.006	4400	76	50	8.4543
Bromoformio	$CHBr_3$	2.903	3010	250	4	0.0240
Tetracloruro di carbonio	CCl_4	1.594	757	440	90	—
Cloroformio	$CHCl_3$	1.49	8200	93	160	0.1398
Cloroetano	CH_3CH_2Cl	0.903	5740	35	1000	0.2103
1,1-Dicloroetano	$C_2H_4Cl_2$	1.176	5500	62	180	0.6351
1,2-Dicloroetano	$C_2H_4Cl_2$	1.253	8520	30	61	0.0494
1,1-Dicloroetene	$C_2H_2Cl_2$	1.250	2250	69	495	—
cis-1,2-Dicloroetene	$C_2H_2Cl_2$	1.27	3500	5	206	1.3155
trans-1,2-Dicloroetene	$C_2H_2Cl_2$	1.27	6300	3	265	0.2194
Esacloroetano	C_2Cl_6	2.09	50	39800	0.4	—
Diclorometano	CH_2Cl_2	1.366	20000	19	362	0.0903
1,1,2,2-Tetracloroetano	$CHCl_2CHCl_2$	1.600	2900	250	5	0.0824
Tetracloroetene	CCl_2CCl_2	1.631	150	300	14	0.7588
1,1,1-Tricloroetano	CCl_3CH_3	1.346	1500	320	100	0.7093
1,1,2-Tricloroetano	$CH_2ClCHCl_2$	1.441	4500	290	19	0.0305
Tricloroetene	C_2HCl_3	1.466	1100	240	60	0.4135
Cloruro di vinile	CH_2CHCl	0.908	2670	24	266	3.5467
		Aromatici alogenati				
Clorobenzene	C_6H_5Cl	1.106	466	690	9	0.1525
2-Clorofenolo	C_6H_5ClOH	1.241	29000	15	1.42	0.0161
p-1,4-Diclorobenzene (1,4)	$C_6H_4Cl_2$	1.458	79	3900	0.6	0.0659
Esaclorobenzene	C_6Cl_6	2.044	0.006	1.7×10^5	1×10^{-5}	0.0618
Pentaclorofenolo	C_6OHCl_5	1.978	14	1.0×10^5	1×10^{-4}	8.2482×10^{-5}
1,2,4-Triclorobenzene	$C_6H_3Cl_3$	1.446	30	20000	0.42	0.0585
2,4,6-Triclorofenolo	$C_6H_2Cl_3OH$	1.490	800	74	0.012	—
		PCB				
Aroclor 1254		1.5	0.012	1.07×10^6	7.7×10^{-5}	—
		Altri				
Fenolo	C_6H_6O	1.071	93000	29	0.2	1.6373×10^{-5}
2.6-Dinitrotoluene	$C_6H_3(NO_2)_2CH_3$	1.283	1320	100	—	—
1.4-Dioxane	$C_4H_8O_2$	1.034	4.31×10^5	1.02	30	—
Nitrobenzene	$C_6H_5NO_2$	1.203	1900	71	0.15	—
Tetraidrofurano	C_4H_8O	0.888	0.3	6.6	131	—

Tabella 10.5. Classificazione qualitativa della pericolosità per l'uomo di gruppi di sostanze, secondo quanto previsto dall'U.S. EPA

Categoria	Comportamento
A	Sostanza cancerogena per l'uomo
B1	Sostanza probabilmente cancerogena per l'uomo (esiste un numero limitato di dati sulla cancerogenicità della sostanza)
B2	Sostanza probabilmente cancerogena per l'uomo (gli studi effettuati sugli animali non sono sempre applicabili all'uomo)
C	Sostanza possibilmente cancerogena per l'uomo
D	Sostanza non classificabile come cancerogena per l'uomo
E	Sostanza non cancerogena per l'uomo

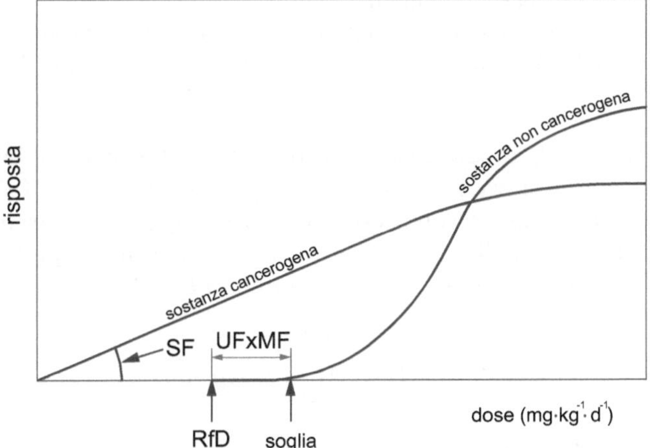

Fig. 10.6. Confronto tra le curve di correlazione dose-risposta di una sostanza tossica cancerogena e di una non cancerogena

basata sul diverso modello dose-risposta che ciascuna sostanza segue, vedasi Fig. 10.6.

A seconda del modello tossicologico seguito, due sono i parametri chiave.

Chronic Reference Dose (RfD) per gli effetti tossici, non cancerogeni

La dose di riferimento RfD rappresenta la dose media giornaliera di soglia, al di sotto della quale non si ha alcun effetto negativo sulla salute umana durante l'intera vita.

Per tener conto della sensibilità della popolazione, i valori di RfD sono significativamente più bassi dell'effettivo livello di tolleranza determinato sulla base di studi sull'uomo o sugli animali ($NOAEL$ = No Observed Adverse Effect Level). Il $NOAEL$ viene convertito in RfD sulla base di un fattore di incertezza UF ed di un fattore di modificazione MF.

Tabella 10.6. Valori del fattore di incertezza UF secondo quanto previsto dall'U.S. EPA

UF	*Condizioni di utilizzo*
10	Estrapolazione di valori sulla base di sperimentazioni affidabili relative ad esposizioni prolungate alla vita media umana. Questo valore tiene quindi conto della variabile sensibilità della popolazione umana
100	Estrapolazione di valori sulla base di sperimentazioni affidabili relative ad animali, non essendo disponibili o essendo inadeguati i dati sull'uomo. Questo fattore tiene quindi conto dell'estrapolazione dei risultati dagli animali all'uomo
1000	Estrapolazione di valori di esposizione cronica di animali all'uomo. Questo fattore intende quindi considerare la differenza di effetti cronici sull'uomo rispetto a quella sugli animali
10000	Questo fattore tiene conto dell'incertezza dell'estrapolazione di valori di soglia che hanno dimostrato l'insorgere di effetti negativi al $NOAEL$

Il parametro UF, in particolare, rappresenta il livello di incertezza e assume valori compresi fra 10 e 10000 secondo le indicazioni di Tabella 10.6.

Il valore di MF è invece compreso fra 0 e 10 e dipende dal grado di incertezza professionale circa gli studi e i data-base utilizzati nelle sperimentazioni; in mancanza di indicazioni puntuali, si assume $MF = 1$.

In conclusione:

$$RfD = \frac{NOAEL}{UF \cdot MF}, \quad \frac{mg}{Kg \cdot d}.$$

Slope Factor (SF) per gli effetti cancerogeni

Per le sostanze cancerogene, che coinvolgono il DNA e sono causa di effetti genotossici (mutagenesi, teratogenesi, cancerogenesi, ...) si verifica invece una correlazione di tipo lineare nel diagramma dose-risposta. In realtà, l'assunzione della linearità per basse dosi costituisce un'ipotesi conservativa in assenza di dati reali; in ogni caso, per tali sostanze si assume che non esista una soglia di non effetto (Fig. 10.6).

La tangente SF del tratto rettilineo della relazione dose-risposta per le sostanze cancerogene rappresenta il rischio riferito ad una dose unitaria ed è utilizzato per stimare la probabilità dell'incidenza del cancro associata con una determinata dose giornaliera di una sostanza chimica assunta per la durata di vita.

Il fattore SF è usualmente misurato in $(mg/kg/d)^{-1}$ e corrisponde al limite superiore di confidenza 95% del modello lineare dose-effetto, valido per le basse dosi. Tenuto conto dei metodi conservativi impiegati, SF fornisce una valutazione elevata del rischio di cancro associato all'esposizione cronica a sostanze chimiche.

11

Meccanismi di propagazione degli inquinanti in falda

La comprensione e la descrizione analitica dei processi di trasporto e propagazione di uno o più inquinanti in un sistema acquifero è argomento complesso, in quanto la propagazione di un inquinante è il risultato dell'azione concomitante di una serie di processi che, schematicamente, possono essere raggruppati in tre categorie:

- **fenomeni idrologici**, legati cioè alla presenza e al movimento dell'acqua di falda; sono i fenomeni quantitativamente più importanti e comprendono l'advezione (o convezione), la diffusione molecolare e la dispersione cinematica;
- **fenomeni chimici** e **chimico-fisici**, quali le trasformazioni chimiche, il decadimento radioattivo, i fenomeni di idrolisi e di dissoluzione dei contaminanti, l'adsorbimento superficiale, la volatilizzazione;
- **fenomeni biologici**, comprendenti tutti quei fenomeni di degradazione e trasformazione degli inquinanti, provocati da agenti biotici (batteri, microbi, processi vegetativi, ecc.) e che vanno sotto il nome di processi di biodegradazione.

Le modalità di propagazione sono inoltre condizionate da una ulteriore serie di fattori, i più importanti dei quali sono legati alla natura e alle proprietà del contaminante (vedasi Capitolo 10), alle caratteristiche dell'acquifero (conducibilità idraulica, porosità, grado di eterogeneità), alla natura del rilascio (geometria della sorgente inquinante, immissione impulsiva oppure continua).

Di seguito vengono sinteticamente descritti i fenomeni più importanti, con riferimento al caso di un contaminante miscibile con l'acqua di falda o, se non miscibile, alla sua frazione solubile.

11.1 Fenomeni idrologici

Come è stato anticipato, i fenomeni idrologici comprendono l'advezione, la diffusione molecolare e la dispersione cinematica.

Di Molfetta A., Sethi R.: Ingegneria degli acquiferi.
DOI 10.1007/978-88-470-1851-8_11, © Springer-Verlag Italia 2012

11.1.1 Advezione

È il processo in base al quale un contaminante viene trasportato dall'acqua lungo la direzione di flusso con velocità uguale a quella media effettiva posseduta dall'acqua di falda:

$$v_e = \frac{v}{n_e} = \frac{Ki}{n_e}. \qquad (11.1)$$

Assunto un sistema di riferimento x, y, z avente l'asse x coincidente con la direzione di flusso dell'acqua di falda, e gli altri ortogonali (per cui $v_x = v_e$; $v_y = 0$; $v_z = 0$), la portata in massa di soluto per unità di superficie ($j_{A,x}$), determinata dal trasporto advettivo, vale:

$$j_{A,x} = v_e n_e C, \qquad (11.2)$$

in cui C è la concentrazione del soluto (ML^{-3}).

In una situazione ideale, in cui operasse da solo questo fenomeno idrologico, la concentrazione di un'immissione impulsiva resterebbe costante nel tempo (Fig. 11.1). Per sorgenti di contaminante con rilascio continuo nel tempo, si avrebbe un fronte di concentrazione perfettamente ortogonale alla direzione di propagazione, che avanza nel tempo lungo x alla velocità di flusso dell'acqua di falda. Immediatamente a monte del fronte advettivo la concentrazione sarebbe pari a quella della sorgente, immediatamente a valle l'acquifero risulterebbe completamente incontaminato; inoltre, non si verificherebbero scambi di massa al di fuori del tubo di flusso interessato (Fig. 11.2).

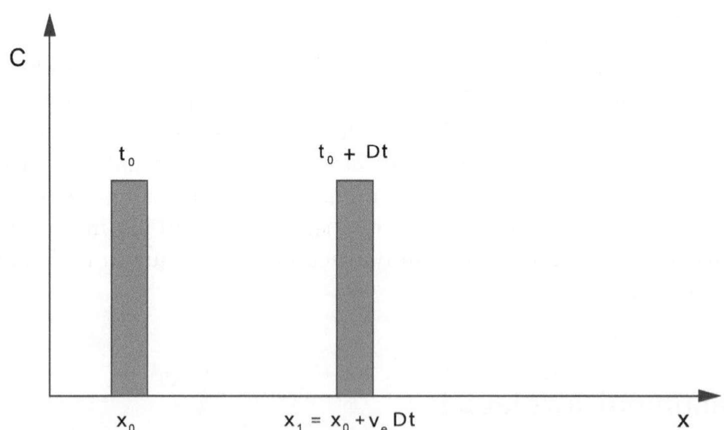

Fig. 11.1. Propagazione advettiva di un impulso di concentrazione nel flusso advettivo

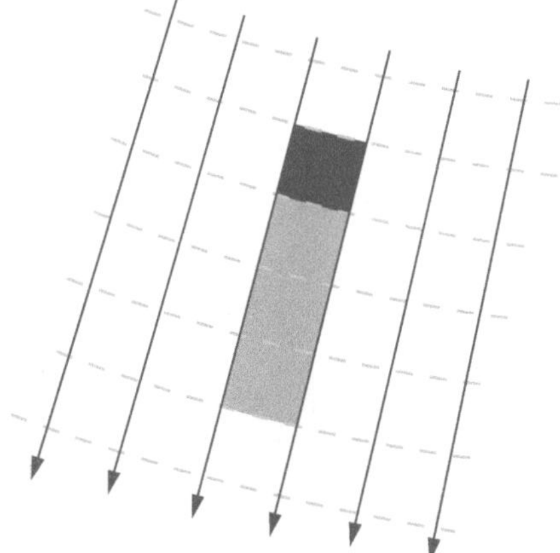

Fig. 11.2. Trasporto di massa nel flusso advettivo da una sorgente con immissione continua (modificata da [47])

11.1.2 Diffusione molecolare

È un fenomeno legato all'agitazione termica delle molecole di soluto presenti nella massa d'acqua; la loro attività cinetica determina un movimento disordinato regolato dagli urti con le molecole adiacenti che si estrinseca in un movimento preferenziale dalle zone a concentrazione maggiore verso le zone a concentrazione minore, ove minore è il numero degli urti con le molecole incontrate.

Il risultato è un flusso di contaminante nella direzione del gradiente di concentrazione, la cui portata di massa per unità di superficie è espressa dalla legge di Fick:

$$j_{M,x_i} = -D_d \frac{\partial C}{\partial x_i}. \tag{11.3}$$

Tenuto conto che j_M dimensionalmente vale $MT^{-1}L^{-2}$, mentre la concentrazione C vale ML^{-3}, ne consegue che il coefficiente di diffusione molecolare D_d vale L^2T^{-1} e pertanto nel S.I. si misura in m^2/s.

Il coefficiente di diffusione molecolare è usualmente molto basso; il suo valore è indicativamente dell'ordine di $10^{-9}m^2/s$ e varia in relazione alla temperatura e alla natura del soluto.

In un mezzo poroso la diffusione è ulteriormente rallentata dalla tortuosità dei percorsi necessari per aggirare i grani solidi, in funzione della composizione granulometrica della matrice solida [13]. Pertanto il coefficiente di diffusione molecolare deve essere ulteriormente moltiplicato per la tortuosità del mezzo poroso fornendo l'espressione: $D_0 = D_d\tau$.

Come si può osservare in Fig. 11.3, in seguito ad un'iniezione istantanea si determina, in geometria unidimensionale, una distribuzione normale di concentrazione lungo l'asse x centrata nella sorgente: all'aumentare del tempo, il

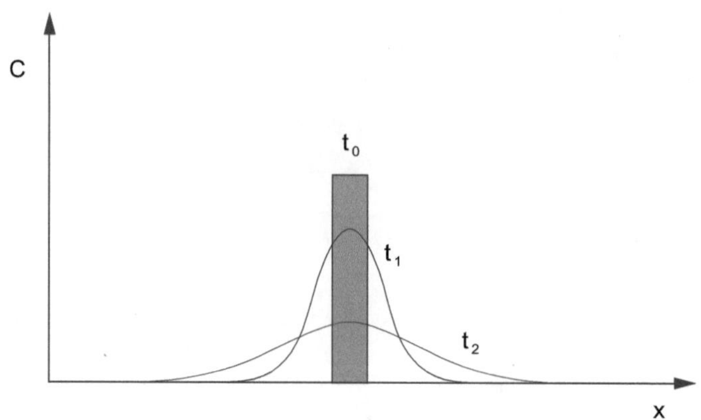

Fig. 11.3. Trasporto diffusivo di un impulso di concentrazione

soluto raggiunge punti sempre più distanti dal luogo di immissione; per effetto della diluizione, i valori massimi di concentrazione diminuiscono.

Il processo della diffusione molecolare è particolarmente complesso per le specie ioniche (Tabella 11.1) poiché gli ioni, migrando, devono comunque mantenere l'elettroneutralità della soluzione.

Tabella 11.1. Coefficienti di diffusione di ioni in acqua

Cationi	D_d $(10^{-9}m^2/s)$	Anioni	D_d $(10^{-9}m^2/s)$
H^+	9.31	OH^-	5.27
Na^+	1.33	F^-	1.46
K^+	1.96	Cl^-	2.03
Rb^+	2.06	Br^-	2.01
Cs^+	2.07	HS^-	1.73
Mg^{2+}	0.705	HCO_3^-	1.18
Ca^{2+}	0.793	SO_4^{2-}	1.07
Sr^{2+}	0.794	CO_3^{2-}	0.955
Ba^{2+}	0.848		
Ra^{2+}	0.889		
Mn^{2+}	0.688		
Fe^{2+}	0.719		
Cr^{3+}	0.594		
Fe^{3+}	0.607		

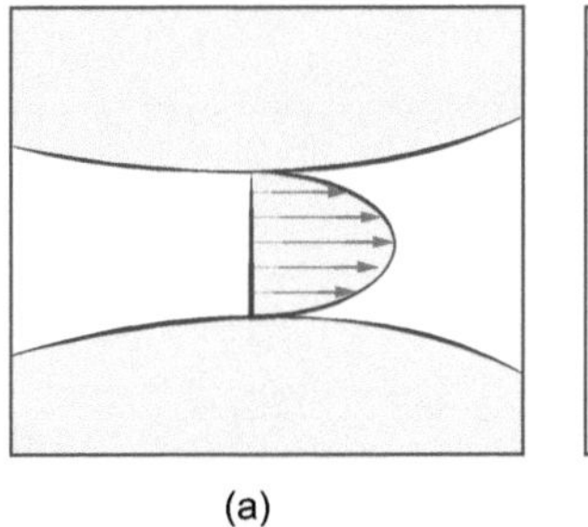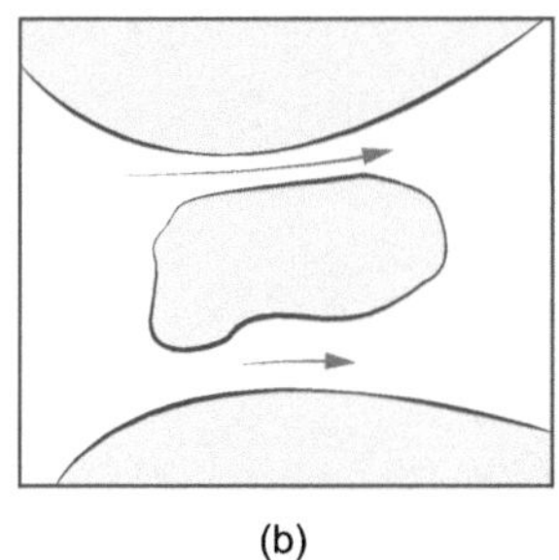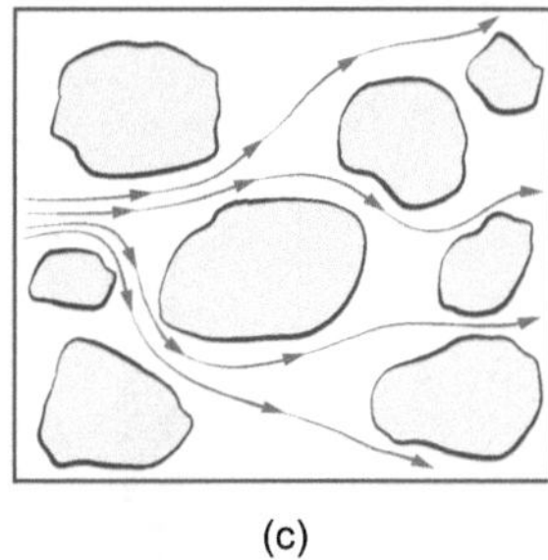

(a)   (b)   (c)

Fig. 11.4. Velocità non uniforme esistente a livello microscopico nel mezzo poroso: a) distribuzione all'interno del singolo poro; b) effetto del diverso diametro dei pori; c) deviazione delle linee di flusso intorno ai grani costituenti l'acquifero

11.1.3 Dispersione cinematica

Osservando il fenomeno del trasporto di un contaminante a scala microscopica, ci si rende conto che le eterogeneità che contraddistinguono qualsiasi mezzo poroso naturale determinano:

- distribuzione non uniforme delle velocità all'interno di un canalicolo di flusso;
- diversificazione delle velocità da poro a poro;
- componenti trasversali di velocità legate alla tortuosità dei percorsi.

L'insieme di tali fenomeni, vedasi Fig. 11.4, va sotto il nome di dispersione cinematica (o meccanica) e ha come risultato:

- distribuzione di velocità non uniforme rispetto alla velocità media effettiva;
- componente di velocità trasversale rispetto alla direzione di flusso che determina il progressivo allargamento della zona interessata dal fenomeno di contaminazione.

La descrizione analitica di tali fenomeni è complessa e viene usualmente risolta applicando, analogamente alla diffusione, un modello di Fick:

$$j_{C,x} = -D_{C,L}\frac{\partial C}{\partial x}, \tag{11.4}$$

$$j_{C,y} = -D_{C,T}\frac{\partial C}{\partial y}, \tag{11.5}$$

$$j_{C,z} = -D_{C,T}\frac{\partial C}{\partial z}, \tag{11.6}$$

essendo $D_{C,L}$ e $D_{C,T}$ i coefficienti di dispersione cinematica $\left(L^2 T^{-1}\right)$ rispettivamente longitudinale e trasversale e avendo assunto l'asse x parallelo alla direzione di flusso (assi principali di dispersività).

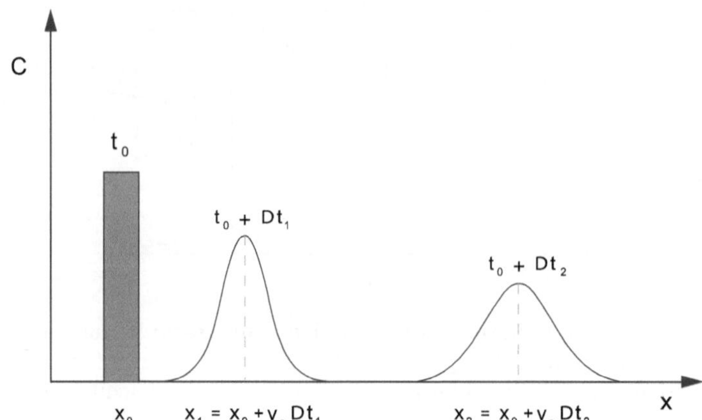

Fig. 11.5. Propagazione di un impulso di concentrazione nel flusso advettivo e dispersivo

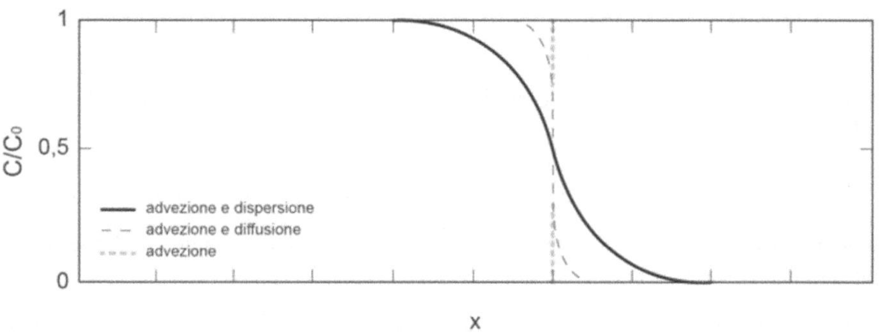

Fig. 11.6. Trasporto di soluto in flusso unidimensionale: contributo advettivo, diffusivo e dispersivo

La Fig. 11.5 e Fig. 11.6 illustrano le caratteristiche della propagazione monodimensionale di un contaminante tenendo conto sia del flusso advettivo, che dispersivo; la Fig. 11.5 è riferita ad un'immissione impulsiva, la Fig. 11.6 ad un'immissione continua.

Numerose esperienze di laboratorio hanno dimostrato l'esistenza di una relazione di proporzionalità tra coefficiente di dispersione cinematica e velocità effettiva di flusso, vedasi Fig. 11.7:

$$D_{C,L} = \alpha_L v_e, \tag{11.7}$$

$$D_{C,T} = \alpha_T v_e. \tag{11.8}$$

I parametri α_L e α_T (dimensionalmente una lunghezza) prendono il nome rispettivamente di dispersività longitudinale e dispersività trasversale.

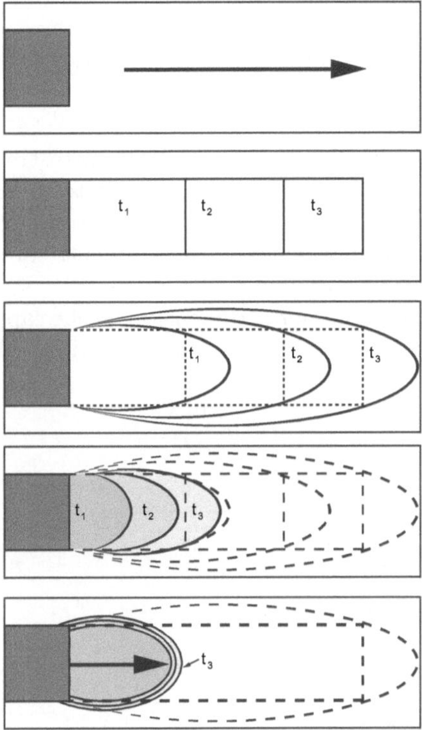

Fig. 11.7. Relazione di proporzionalità tra coefficiente di dispersione e velocità di filtrazione (modificata da [103])

11.1.4 Dispersione idrodinamica

Dal momento che i fenomeni di diffusione molecolare e dispersione cinematica sono stati espressi con relazioni analoghe, i due fenomeni possono essere condensati in un unico processo che prende il nome di dispersione idrodinamica e che determina la propagazione di una portata di massa di soluto per unità di superficie lungo i tre assi principali di dispersività definita dalle seguenti relazioni:

$$j_{I,x} = -D_L \frac{\partial C}{\partial x}, \tag{11.9}$$

$$j_{I,y} = -D_T \frac{\partial C}{\partial y}, \tag{11.10}$$

$$j_{I,z} = -D_T \frac{\partial C}{\partial z}, \tag{11.11}$$

essendo D_L e D_T rispettivamente i coefficienti di dispersione idrodinamica $(L^2 T^{-1})$ longitudinale e trasversale.

Ne consegue che:

$$D_L = D_0 + D_{C,L} = D_0 + \alpha_L v_e, \tag{11.12}$$

$$D_T = D_0 + D_{C,T} = D_0 + \alpha_T v_e. \tag{11.13}$$

In Fig. 11.8 è riportato l'andamento del rapporto tra il coefficiente di dispersione meccanica longitudinale ed il coefficiente di diffusione molecolare in funzione del numero di Peclet, così come determinato in seguito a prove sperimentali con traccianti in colonne di sedimenti sabbiosi; in Fig. 11.9 è raffigurato l'andamento del rapporto D_T/D_d.

Il numero di Peclet è un numero adimensionale che rappresenta l'importanza relativa del contributo advettivo rispetto al contributo diffusivo al fenomeno di trasporto:

$$Pe = \frac{v_e d}{D_d}, \tag{11.14}$$

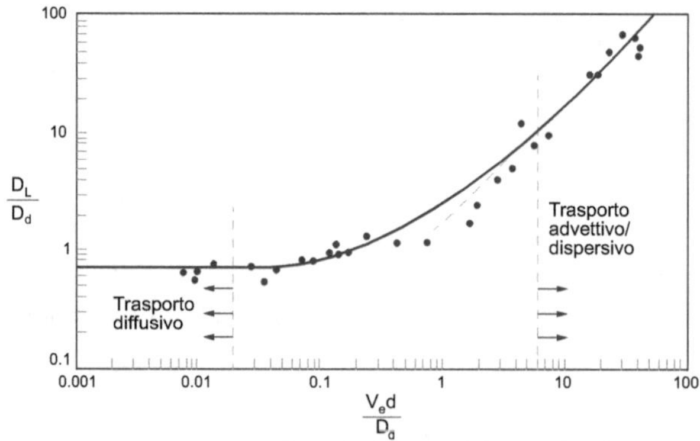

Fig. 11.8. Rapporto tra il coefficiente di dispersione meccanica longitudinale ed il coefficiente di diffusione molecolare in funzione del numero di Peclet

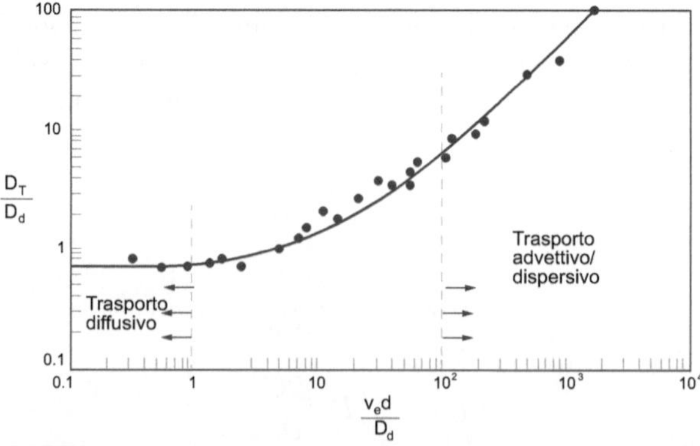

Fig. 11.9. Rapporto tra il coefficiente di dispersione meccanica trasversale ed il coefficiente di diffusione molecolare in funzione del numero di Peclet

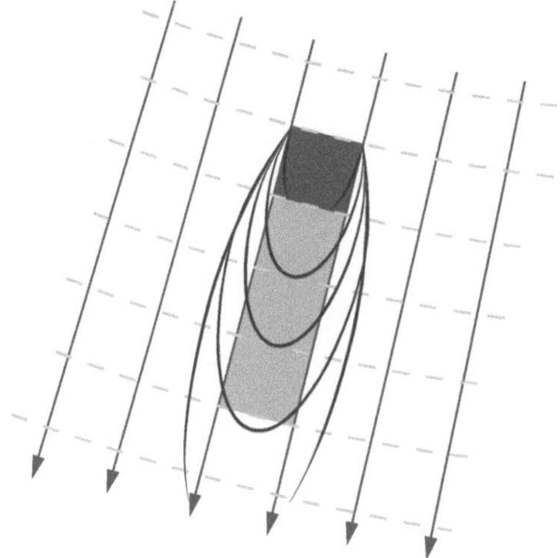

Fig. 11.10. Trasporto di massa risultante dalla combinazione del flusso advettivo e dispersivo, nell'ipotesi di una sorgente con immissione continua

essendo d una lunghezza caratteristica del mezzo poroso (ad esempio il d_{50}). In Fig. 11.8 si può osservare come per numeri di Peclet molto bassi il rapporto D_L/D_d sia costante, indipendente dalla velocità dell'acqua di falda. In queste condizioni la diffusione molecolare è il meccanismo di trasporto dominante e la dispersione è trascurabile: questo accade per sedimenti a granulometria fine o per velocità di flusso molto basse. Per velocità maggiori, superata una zona di transizione la dispersione cinematica è la principale causa di miscelazione del plume. Per i valori di velocità dell'acqua di falda usualmente riscontrabili nei sistemi acquiferi, gli effetti della diffusione molecolare sono trascurabili rispetto a quelli della dispersione cinematica, per cui:

$$D_L \approx \alpha_L v_e, \tag{11.15}$$

$$D_T \approx \alpha_T v_e. \tag{11.16}$$

I fenomeni longitudinali sono quantitativamente più importanti di quelli trasversali; usualmente:

$$\frac{D_T}{D_L} \approx \frac{\alpha_T}{\alpha_L} = \frac{1}{20} \div \frac{1}{5}. \tag{11.17}$$

La Fig. 11.10 evidenzia le modalità di propagazione di un fenomeno di contaminazione governato, oltre che dal processo di advezione, anche da quello di dispersione idrodinamica: la massa di contaminante interessa zone più ampie dell'acquifero per l'effetto di allargamento trasversale del plume inquinante e conseguentemente la concentrazione diminuisce progressivamente.

I valori numerici del parametro di dispersività sono fortemente condizionati dall'estensione della propagazione (Fig. 11.11). Si è infatti osservato sperimentalmente che maggiore è la scala del fenomeno analizzato, maggiore è

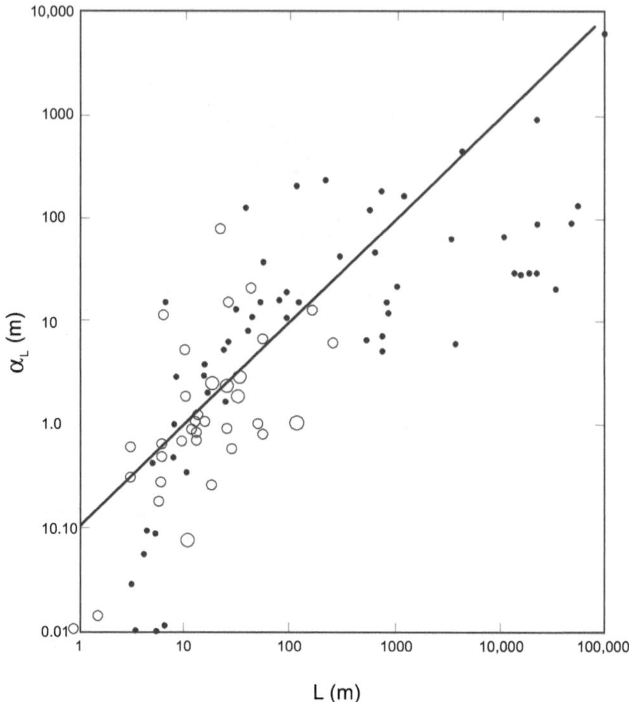

Fig. 11.11. Dispersività longitudinale in relazione alla distanza di migrazione: effetto scala

il valore del coefficiente di dispersività che rappresenta correttamente i dati sperimentali. Ciò viene definito effetto scala della dispersione.

Si è detto che la dispersione cinematica è conseguenza delle eterogeneità che, a scala microscopica, contraddistinguono qualsiasi mezzo poroso. Anche acquiferi solitamente considerati omogenei presentano al loro interno notevoli variazioni di conducibilità idraulica e di porosità: in particolare si ricordi che la conducibilità idraulica può ricoprire un campo molto ampio di valori, spaziando attraverso nove ordini di grandezza. Quindi maggiore è la distanza percorsa, più aumentano le eterogeneità incontrate dall'acqua di falda nel suo percorso, e maggiori diventano le variazioni di conducibilità idraulica e porosità incontrate. Anche se la velocità media di deflusso resta invariata, crescono gli scarti dal valore medio, e cresce la dispersione idrodinamica (macrodispersività).

Pertanto, l'effetto scala è dovuto all'amplificazione del processo di dispersione conseguente alle nuove eterogeneità incontrate. Il modello matematico diffusivo adottato per la dispersione idrodinamica non è in grado di descrivere questo fenomeno: ciò impedisce di determinare il valore dei coefficienti di dispersività da misure di laboratorio.

Numerosi autori hanno proposto relazioni del tipo:

$$\alpha_L = aL^b, \tag{11.18}$$

essendo L l'estensione del fenomeno considerato e a e b parametri legati alla tipologia dell'acquifero. Fra le relazioni più utilizzate per la sua semplicità:

$$\alpha_L = 0.1L. \tag{11.19}$$

In Tabella 11.2 sono riportati i valori dei parametri a a e b proposti da alcuni autori. In Tabella 11.3 si esprimono i valori di tali parametri in relazione alla tipologia dell'acquifero.

11.2 Fenomeni chimici

In questo paragrafo verranno brevemente illustrati i meccanismi chimici che possono portare alla trasformazione o scomparsa di inquinanti nelle acque sotterranee ed alla formazione di altri composti come prodotti di reazione.

11.2.1 Modelli di reazione

Le variazioni di concentrazione di un contaminante dovute a reazioni chimiche possono essere descritte matematicamente attraverso modelli di equilibrio, in cui la reazione è supposta istantanea, oppure attraverso l'uso di modelli cinetici.

Si consideri una generica reazione reversibile in cui i composti A e B reagiscono per formare il composto C:

$$aA + bB \rightarrow cC, \tag{11.20}$$

essendo a, b e c il numero di moli dei rispettivi composti necessario per bilanciare la reazione. Il sistema raggiunge l'equilibrio quando la velocità a cui i reagenti scompaiono per dare i prodotti eguaglia la velocità a cui essi si riformano per dare i reagenti; in tali condizioni, vale la legge dell'azione di massa, che correla l'attività di prodotti e reagenti attraverso la costante K_{eq} di equilibrio della reazione:

$$K_{eq} = \frac{[C]^\gamma}{[A]^\alpha [B]^\beta}, \tag{11.21}$$

dove [.] rappresentano le concentrazioni molari dei composti e gli esponenti le corrispondenti attività. I meccanismi di trasporto determinano nell'acquifero una distribuzione di prodotti e reagenti, presenti in concentrazioni diverse da punto a punto. Se la velocità di reazione è notevolmente maggiore della velocità di trasporto idrologico dei composti, si può assumere che in ogni punto,

Tabella 11.2. Parametri per la definizione dell'effetto scala, secondo vari autori

a	L	b	Autore
0.085 ± 0.016	L	0.96 ± 0.6	[78]
0.199 ± 0.046		0.86 ± 0.08	
0.057 ± 0.014		0.94 ± 0.08	
0.29		0.72	
0.10		1.00	
0.1	L	1.00	[72]
0.181	L	0.86	[94]
0.177	L	1.00	[5]
0.0175	L (< 100 m)	1.46	[84]
0.32	L (> 100 m)	0.83	
0.83	$\log_{10}$	2.414	[108]

Tabella 11.3. Influenza della tipologia di acquifero sulla relazione tra dispersività e scala di propagazione [78]

Tipologia di acquifero	a	b
Condizioni generali		
1 Acquiferi in generale	0.085 ± 0.016	0.96 ± 0.06
2 Rocce a porosità interstiziale e dispositivi di campionamento non in livelli eterogenei	0.199 ± 0.046	0.86 ± 0.08
3 Dispositivi di campionamento in livelli eterogenei e rocce fessurate e carsificate	0.057 ± 0.014	0.94 ± 0.08
Condizioni particolari		
4 Depositi fluvioglaciali ghiaiosi	0.29	0.72
5 Depositi sabbiosi	0.10	1.00

rispetto a tale reazione, il sistema si porti istantaneamente all'equilibrio e che ovunque i valori locali di concentrazione di prodotti e reagenti siano fra loro correlati dalla suddetta equazione.

L'ipotesi di equilibrio locale costituisce la base dei modelli di equilibrio. In essi, la concentrazione dei prodotti di reazione dipende unicamente dalla concentrazione dei reagenti ed è correlata ad essa attraverso la costante di equilibrio. I valori assunti da queste costanti sono in genere funzione della temperatura e possono essere misurati in laboratorio o ricavati da misurazioni in situ.

I modelli di equilibrio sono adatti a simulare trasformazioni reversibili, con velocità di reazione elevata rispetto alla velocità di trasporto idrologico del contaminante.

Per reazioni lente o irreversibili, l'ipotesi di equilibrio locale non può essere considerata valida, e bisogna ricorrere a un modello cinetico.

Con riferimento alla reazione scritta in precedenza, le velocità di comparsa o scomparsa di prodotti o reagenti possono essere così espresse:

$$r_A = -\frac{dC_A}{dt} = k_A C_A^p C_B^q, \tag{11.22}$$

$$r_B = -\frac{dC_B}{dt} = k_B C_A^p C_B^q, \tag{11.23}$$

$$r_C = \frac{dC_C}{dt} = k_C C_C^r, \tag{11.24}$$

dove r_A, r_B, r_C rappresentano le velocità di scomparsa dei reagenti e quella di comparsa dei prodotti.

Sia le costanti cinetiche di reazione che gli ordini di reazione devono essere determinati sperimentalmente.

Se l'ordine di reazione p, q o r rispetto a uno dei composti è nullo, la cinetica di reazione viene detta di ordine zero rispetto a quel composto. In questo caso la velocità della reazione risulta essere indipendente dalla concentrazione di quella specie chimica. Se l'ordine di reazione p, q o r rispetto a uno dei composti è uguale a uno, la cinetica di reazione viene detta di primo ordine rispetto a quel composto: in questo caso esiste una relazione lineare fra la velocità di reazione e la concentrazione di quella specie chimica.

Se nessuno degli esponenti p, q e r è uguale a zero o a uno, la cinetica di reazione è più complessa, difficile da analizzare matematicamente. In genere le reazioni di questo tipo vengono comunque approssimate con una cinetica del primo ordine.

Quando un composto è presente in notevole eccesso nel sistema, la velocità di reazione può essere indipendente dalla concentrazione di quel composto (cinetica di ordine zero):

$$\frac{dC_A}{dt} = -k_A, \tag{11.25}$$

che se risolta a partire dalle ovvie condizioni iniziali conduce, in un reattore isolato, a:

$$C_A = C_{A,0} - k_A t. \qquad (11.26)$$

Viceversa, se la cinetica di reazione dipende unicamente dalla concentrazione del reagente A, la velocità di scomparsa di tale reagente può essere espressa con una equazione differenziale del primo ordine:

$$\frac{dC_A}{dt} = -k_A C_A. \qquad (11.27)$$

La concentrazione, in un reattore chiuso, al generico istante t vale:

$$C_A = C_{A,0} e^{-k_A t}. \qquad (11.28)$$

La scelta fra un modello di equilibrio o un modello cinetico dipende dal tipo di reazione considerata. Le trasformazioni chimiche che procedono in modo irreversibile possono essere simulate correttamente solo tramite un modello cinetico: è il caso del decadimento radioattivo, di alcune reazioni redox e di alcune reazioni che coinvolgono composti organici. Se la reazione è reversibile occorre confrontarne la cinetica con la velocità di flusso, per stabilire se può essere valida o meno l'ipotesi di equilibrio locale.

11.2.2 Reazioni chimiche

Reazioni Acido-Base

Si tratta di reazioni particolarmente importanti, poiché esse determinano il pH del sistema chimico in cui avvengono. In Tabella 11.4 sono riportate le reazioni di dissociazione acido-base più significative per le acque sotterranee, con i valori delle corrispondenti costanti di equilibrio.

La presenza di acidi forti è rara nelle acque di falda ed è comunque imputabile solo a fenomeni di contaminazione. Basi forti a basse concentrazioni possono, invece, essere presenti in seguito alla dissoluzione di alcuni minerali, principalmente carbonati e silicati.

Nelle acque sotterranee incontaminate la generazione di cationi per dissoluzione di carbonati e silicati è generalmente maggiore del contributo di anioni dato dalla dissociazione di acidi forti. Quindi in condizioni naturali le acque di falda sono leggermente alcaline, con pH compreso fra 7 e 8.

I valori di pH sono solitamente inferiori negli acquiferi superficiali, maggiormente esposti all'inquinamento da sostanze acide di origine antropica (fenomeno delle piogge acide). Valori di pH inferiori a 6 sono comunque rari, se non in vicinanza di una sorgente inquinante.

Complessazione

Un complesso è uno ione che si forma per combinazione di cationi, anioni e a volte molecole di semplice struttura. Il catione o atomo centrale è tipicamente un metallo; gli anioni, spesso chiamati leganti, possono essere i composti

Tabella 11.4. Prodotti di solubilità e costanti di dissociazione in condizioni standard (25°C) per alcune importanti reazioni nelle acque di falda

Minerale	*Reazione*	$-\log K$
Brucite	$Mg\,(OH)_2 + 2H^+ = Mg^{2+} + 2H_2O$	16.8
—	$Fe\,(OH)_2 + 2H^+ = Fe^{2+} + 2H_2O$	14.1
Ferridrite (am.)	$Fe\,(OH)_3 + 3H^+ = Fe^{3+} + 3H_2O$	3.0–5.0
Goethite	$FeOOH + 3H^+ = Fe^{3+} + 2H_2O$	1.0
Pirolusite	$MnO_2 + 4H^+ + 2e^- = Mn^{2+} + 2H_2O$	41.4
Hausmannite	$Mn_3O_4 + 8H^+ + 2e^- = 3Mn^{2+} + 4H_2O$	61.0
Manganite	$Mn_3OOH + 3H^+ + e^- = Mn^{2+} + 2H_2O$	25.3
Pirocroite	$Mn\,(OH)_2 + 2H^+ = Mn^{2+} + 2H_2O$	15.2
—	$Ni\,(OH)_2 + 2H^+ = Ni^{2+} + 2H_2O$	15.5
Calcite	$CaCO_3 = Ca^{2+} + CO_3^{2-}$	8.48
Aragonite	$CaCO_3 = Ca^{2+} + CO_3^{2-}$	8.37
Dolomite (cr.)	$CaMg\,(CO_3)_2 = Ca^{2+} + Mg^{2+} + 2CO_3^{2-}$	17.1
Dolomite (am.)	$CaMg\,(CO_3)_2 = Ca^{2+} + Mg^{2+} + 2CO_3^{2-}$	16.5
Siderite (cr.)	$FeCO_3 = Fe^{2+} + CO_3^{2-}$	10.9
Siderite (am.)	$FeCO_3 = Fe^{2+} + CO_3^{2-}$	10.5
Rodocrosite (cr.)	$MnCO_3 = Mn^{2+} + CO_3^{2-}$	11.1
Rodocrosite (sint.)	$MnCO_3 = Mn^{2+} + CO_3^{2-}$	10.4
—	$NiCO_3 = Ni^{2+} + CO_3^{2-}$	6.9
Pirite	$FeS_2 = Fe^{2+} + 2S^-$	30.2
Pirrotina	$FeS = Fe^{2+} + 2S^{2-}$	17.3
Millerite	$NiS = Ni^{2+} + S^{2-}$	22.0–29.0

Reazione	$-\log K$
$H_2O = H^+ + OH^-$	14.0
$CO_2\,(g) + H_2O = H_2CO_3$	1.47
$H_2CO_3 = HCO_3^- + H^+$	6.35
$HCO_3^- = CO_3^{2-} + H^+$	10.33
$Ca^{2+} + HCO_3^- = CaHCO_3^+$	1.11
$Fe^{2+} + HCO_3^- = FeHCO_3^+$	2.0
$Mg^{2+} + HCO_3^- = MgHCO_3^+$	1.07
$Mn^{2+} + HCO_3^- = MnHCO_3^+$	1.95

inorganici più comuni, come OH^-, Cl^-, F^-, Br^-, SO_4^{2-}, PO_4^{3-} o SO_3^{2-}. I leganti possono essere anche molecole organiche, come gli amminoacidi.

I fenomeni di complessazione hanno un ruolo molto importante nel trasporto dei metalli, poiché ne impediscono la precipitazione e ne aumentano la solubilità anche di diversi ordini di grandezza. Questo riguarda anche metalli potenzialmente nocivi, quali Cd, Cr, Cu, Pb, U o Pu.

Idrolisi

I processi di idrolisi coinvolgono i composti organici disciolti in acqua. Questi, reagendo con l'acqua, subiscono una trasformazione del tipo:

$$R - X \xrightarrow{H_2O} R - OH + X^- + H^+, \qquad (11.29)$$

essendo $R-X$ una generica molecola organica in cui X può essere un alogeno, oppure fosforo, azoto, carbonio.

L'introduzione di un gruppo ossidrile nella molecola rende questa più solubile e più facilmente biodegradabile.

Dissoluzione di composti organici

Idrocarburi naturali e contaminanti organici sono i tipici composti che possono essere presenti in fase liquida segregata negli acquiferi. Essi possono migrare in fase segregata o disciogliersi, più o meno lentamente, in acqua. I composti organici, in termini di solubilità, sono molto diversi l'uno dall'altro: alcuni, come il metanolo, sono estremamente solubili, mentre altri, come il DDT e i PCB, sono fortemente idrofobi e quasi insolubili.

Va però ricordato che i contaminanti più idrofobici spesso hanno una solubilità molto più elevata dei limiti di concentrazione accettabili.

Dissoluzione e precipitazione di solidi

La precipitazione di minerali quali carbonati, silicati, solfuri e idrossidi ha una grande importanza nella geochimica delle acque di falda: si tratta infatti della principale via con cui vengono rimossi i metalli presenti in soluzione. In Tabella 11.4 sono riportate le reazioni di dissoluzione di alcuni minerali e i corrispondenti prodotti di solubilità. Si ricordi che quando in soluzione sono presenti altri ioni, la solubilità di un solido spesso è molto diversa da quella misurata in acqua pura.

Decadimento radioattivo

I contaminanti radioattivi sono soggetti a processi naturali di decadimento. La concentrazione di radionuclidi penetrati in falda si riduce progressivamente nel tempo, sia nella fase disciolta sia nella fase adsorbita. Il decadimento radioattivo segue una cinetica k del primo ordine, funzione dell'emivita del radionuclide secondo la relazione:

$$t_{1/2} = \frac{0.693}{k} = \frac{\ln 2}{k}. \qquad (11.30)$$

L'emivita è definita come il tempo durante il quale il 50% di un determinato numero di particelle radioattive decade naturalmente. In Tabella 11.5 sono riportati i valori di emivita di alcuni radionuclidi.

Tabella 11.5. Valori di emivita di alcuni radionuclidi

Radionuclidi	*Emivita*
Bario 140	13 giorni
Carbonio 14	5730 anni
Cerio 141	33 giorni
Cesio 137	30 anni
Cobalto 60	5.25 anni
Ferro 55	2.7 anni
Iodio 131	8 giorni
Krypton 85	10.3 anni
Manganese 54	310 giorni
Piombo 210	21 anni
Plutonio 239	24300 anni
Potassio 40	$\sim 1.4 \cdot 10^9$ anni
Radio 226	1620 anni
Rutenio 103	40 giorni
Silicio 32	~ 300 anni
Stronzio 89	51 giorni
Stronzio 90	28 anni
Torio 230	75200 anni
Torio 234	24 giorni
Zirconio 95	65 giorni

11.3 Processi biologici: biodegradazione

Suolo e sottosuolo ospitano numerose specie di microrganismi, dai semplici procarioti e cianobatteri ai più complessi funghi, protozoi e alghe eucariote. Nel corso degli ultimi decenni, molti studi condotti in campo e in laboratorio hanno dimostrato che i microrganismi indigeni del sottosuolo possono degradare molti contaminanti organici, naturali e antropici. Oggi è dimostrato che spetta proprio ai processi biologici il ruolo dominante nel determinare il destino dei contaminanti organici nel suolo.

La biodegradazione è un processo mediato da microrganismi che permette la trasformazione degli inquinanti, attraverso una serie di reazioni di ossido-riduzione, in prodotti innocui, quali ad esempio anidride carbonica, acqua, cloro e metano. In alcuni casi, i prodotti intermedi possono essere più pericolosi dei composti di partenza; possono però venire successivamente degradati.

La biodegradazione di un composto organico disciolto in acqua viene spesso descritta con una cinetica di reazione del primo ordine:

$$\frac{dC}{dt} = -\mu C. \tag{11.31}$$

La concentrazione, in un reattore chiuso, al generico istante t vale:

$$C = C_0 e^{-\mu t}. \tag{11.32}$$

In questo modello la velocità di reazione è direttamente proporzionale alla concentrazione del soluto; altri fattori, come la disponibilità di accettori di elettroni o la crescita batterica, non sono considerati.

Un modello più rigoroso e specifico per la simulazione della cinetica di reazioni biochimiche è il modello di Monod. In esso, la velocità di scomparsa del contaminante non è costante, ma dipendente dalla concentrazione del contaminante e definita dall'espressione:

$$\frac{dC}{dt} = -\mu(C)C = -\mu_{\max}\frac{C}{K_C + C}.$$ (11.33)

In cui:

- μ è la velocità di crescita dei microrganismi (T^{-1});
- $\mu_{\max}$ è la velocità limite massima di crescita (T^{-1});
- C è la concentrazione del contaminante (ML^{-3});
- K_C è la costante di emisaturazione (ML^{-3}).

Se $C \gg K_C$, il termine $(K_C + C)$ è approssimativamente pari a C e la crescita batterica ha una cinetica di ordine zero rispetto al substrato, con:

$$\mu = \mu_{\max}.$$

Se al contrario $C \ll K_C$, la velocità di scomparsa del contaminatinante si riduce all'espressione:

$$\frac{dC}{dt} = -\frac{\mu_{\max}}{K_C}C,$$ (11.34)

che rappresenta una cinetica del primo ordine.

La costante di emisaturazione K_C rappresenta la concentrazione del substrato che permette ai microrganismi di crescere ad una velocità μ pari alla metà della velocità limite massima $\mu_{\max}$.

Nonostante il modello di Monod sia il più rigoroso fra quelli presentati, in campo si incontrano notevoli difficoltà a determinarne i numerosi parametri, per cui spesso si ricorre a modelli più semplici. Il modello a cinetica del primo ordine è sicuramente la soluzione più adottata. Può portare, tuttavia, a sovrastimare la biodegradazione, poiché non prevede una crescita massima limite della biomassa, né l'esaurimento del substrato.

11.4 Fenomeni chimico-fisici: adsorbimento

Si definisce adsorbimento (o ritenzione) il processo di aumento della concentrazione di un contaminante sulla superficie del materiale solido che forma l'acquifero.

Sotto il termine generico di adsorbimento sono in effetti compresi processi diversi:

- cationi del soluto possono essere attratti verso superfici argillose caricate negativamente ed essere trattenuti dalle forze elettrostatiche (**scambi cationici**);
- analogamente anioni del soluto possono essere attratti su superfici caricate positivamente degli ossidi di ferro e alluminio (**scambi anionici**);
- un soluto può essere incorporato sulla superficie di un terreno o di una roccia per reazione chimica (**chemisorption**);
- le particelle solide costituenti l'acquifero possono talvolta essere così porose che il soluto può diffondersi all'interno della parte solida ed essere assorbito sulle superfici interne (**absorbimento**).

L'adsorbimento è un processo reversibile, che non comporta una scomparsa dell'inquinante, ma semplicemente il suo trasferimento alla matrice solida. Nel sistema acquifero si crea un equilibrio interfase fra la frazione di contaminante disciolta in acqua e la frazione adsorbita sul solido. Se la concentrazione in acqua diminuisce, il sistema si riporta all'equilibrio riportando il contaminate adsorbito alla fase disciolta; la matrice solida diventa a sua volta una sorgente di inquinamento.

Il processo per cui il contaminante adsorbito sul solido può essere successivamente restituito all'acqua di falda è chiamato desorbimento.

Il processo in base al quale un contaminante, presente originariamente in soluzione nell'acqua, si trova ad essere distribuito fra la soluzione e la fase solida si definisce ripartizione (partitioning). Il contatto fra l'acqua e la matrice solida dell'acquifero determina uno scambio di massa tra le due fasi fino al raggiungimento delle condizioni di equilibrio. La partizione di un soluto fra fase liquida e fase solida all'equilibrio può essere determinata in laboratorio, mettendo a contatto con un campione del materiale acquifero numerosi campioni di soluzione a diversa concentrazione; successivamente viene misurata, per ciascun campione, la massa di contaminante rimossa dalla soluzione una volta raggiunto l'equilibrio. I risultati sperimentali vengono comunemente rappresentati in un diagramma cartesiano chiamato isoterma, in cui la massa adsorbita all'equilibrio per unità di massa del solido (S) è diagrammata in funzione della concentrazione del contaminante nella soluzione (C).

Se il processo di adsorbimento è sufficientemente rapido rispetto alla velocità di flusso, si può ritenere che la fase adsorbita raggiunga l'equilibrio con il soluto; il valore di S sarà funzione solo della concentrazione C, e sarà ricavabile dalla curva isoterma. Se invece l'adsorbimento del soluto è lento, l'ipotesi di equilibrio locale può non essere valida: per descrivere il processo sarà allora necessario ricorrere a un modello cinetico di non equilibrio.

Soprattutto in presenza di basse concentrazioni di soluto, quali si verificano nella maggioranza dei casi di contaminazione, esiste una relazione lineare fra la massa adsorbita per unità di massa del solido e la concentrazione, definita isoterma lineare (Fig. 11.12):

$$S = K_d C, \qquad (11.35)$$

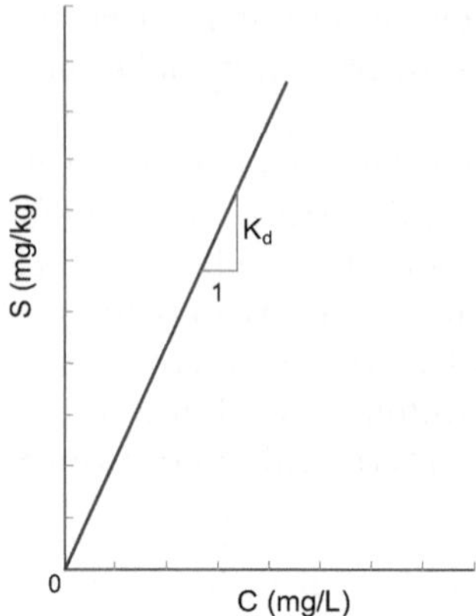

Fig. 11.12. Isoterma lineare

in cui il coefficiente di proporzionalità K_d $(L^3 M^{-1})$ è noto come *coefficiente di distribuzione solido-liquido*.

L'isoterma lineare ben rappresenta sistemi in cui si hanno basse concentrazioni di soluto. Però, per concentrazioni più elevate, che possono saturare la matrice solida adsorbente, il processo può discostarsi dal modello lineare. In tali circostanze, la ripartizione solido-liquido è meglio descritta dall'isoterma di Langmuir (Fig. 11.13), basata sul concetto che la superficie solida possieda un numero finito di siti di adsorbimento:

$$S = \frac{\alpha \, \beta \, C}{1 + \alpha C},$$
(11.36)

essendo α e β delle costanti empiriche.

In altri casi, l'allontanamento dal modello ideale è determinato dalla presenza di più inquinanti che competono fra loro per assicurarsi il sito attivo. In tali circostanze, la ripartizione solido-liquido può essere meglio descritta

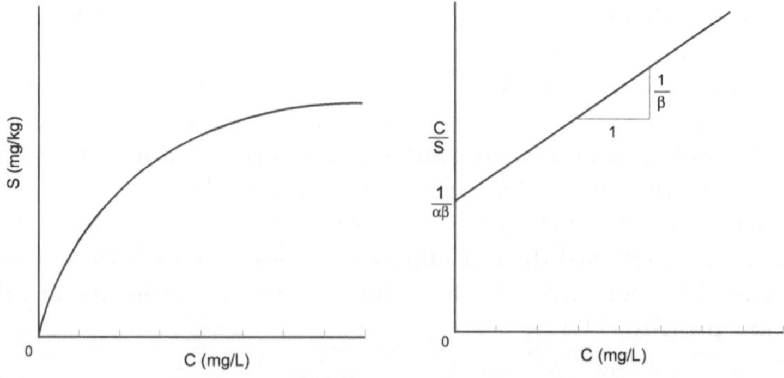

Fig. 11.13. Isoterma di Langmuir

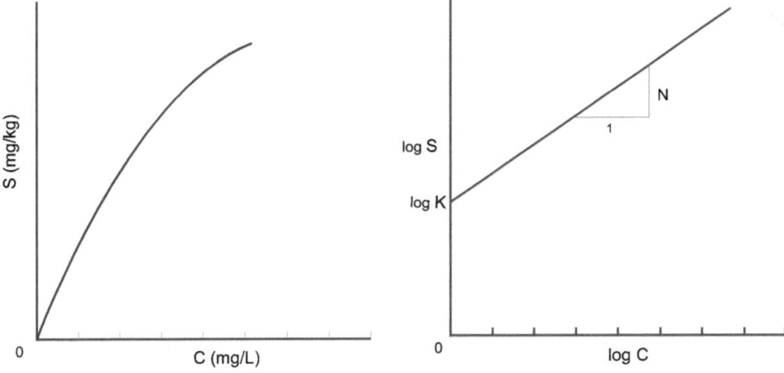

Fig. 11.14. Isoterma di Freundlich, rappresentata in coordinate lineari e logaritmiche

ricorrendo all'isoterma di Freundlich (Fig. 11.14):

$$S = KC^{1/N}, \tag{11.37}$$

essendo K ed N due costanti empiriche.

Molte sostanze organiche disciolte in acqua possono essere adsorbite sulla superficie solida dei grani costituenti l'acquifero; questo comportamento è definito effetto idrofobico. I composti idrofobici possono essere disciolti in molti solventi organici non polari, ma presentano una bassa solubilità in acqua. Quando il contenuto di carbonio organico di un terreno o di un acquifero raggiunge almeno il valore dell'1% in peso, l'adsorbimento della sostanza organica avviene quasi esclusivamente sulla superficie del carbonio organico e il coefficiente di distribuzione solido-liquido vale:

$$K_d = f_{oc}K_{oc}, \tag{11.38}$$

essendo:

- f_{oc} frazione in peso del carbonio organico presente nell'acquifero rispetto al peso totale del solido costituente l'acquifero, adimensionale;
- K_{oc} coefficiente di partizione del generico composto organico fra carbonio organico e acqua, $\left(L^3 M^{-1}\right)$.

La frazione di carbonio organico può essere misurata in laboratorio su campioni significativi dell'acquifero. La sua variazione per uno stesso tipo di materiale è molto elevata e può variare tra 10^{-2} e 10^{-4}.

La valutazione di K_{oc} può essere ottenuta utilizzando la correlazione, verificata da molti ricercatori, con il coefficiente di partizione ottanolo-acqua K_{ow}, espresso da una relazione del tipo:

$$\log K_{oc} = a + b \log K_{ow}, \tag{11.39}$$

in cui i coefficienti a e b dipendono dal tipo di contaminante.

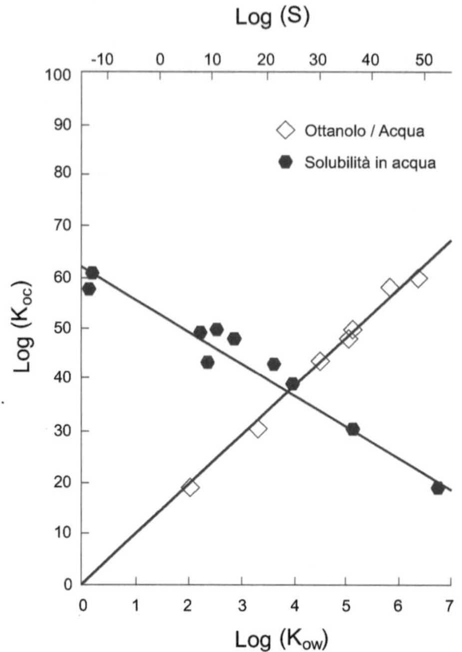

Fig. 11.15. Correlazione sperimentale K_{oc} vs K_{ow} e K_{oc} vs S (modificata da [51])

Il valore di K_{oc} può anche essere stimato in base alla solubilità di un determinato composto sulla base di un'equazione analoga – a meno del segno – alla precedente:

$$\log K_{oc} = a' - b' \log S. \tag{11.40}$$

La Fig. 11.15 esemplifica la correlazione di proporzionalità diretta tra K_{oc} e K_{ow} e di proporzionalità inversa tra K_{oc} e S.

I valori dei coefficienti a, b, a', b' relativi ad alcuni contaminanti, dedotti sulla base dei lavori sperimentali di numerosi autori, sono riportati in [51].

Il trasferimento per adsorbimento di una parte del contaminante presente nell'acqua sulla matrice solida dell'acquifero determina un rallentamento nella velocità di avanzamento del fronte inquinante, vedasi Fig. 11.16, che è misurato dal coefficiente di ritardo R, adimensionale, definito dal rapporto tra la velocità effettiva dell'acqua e la velocità effettiva del contaminante:

$$R = \frac{v_e}{v_c}. \tag{11.41}$$

Per un soluto soggetto ad adsorbimento di equilibrio di tipo lineare, il coefficiente di ritardo R è legato alle caratteristiche dell'acquifero e del contaminante dalla seguente relazione, vedasi paragrafo 12.2:

$$R = 1 + \frac{\rho_b}{n_e} K_d, \tag{11.42}$$

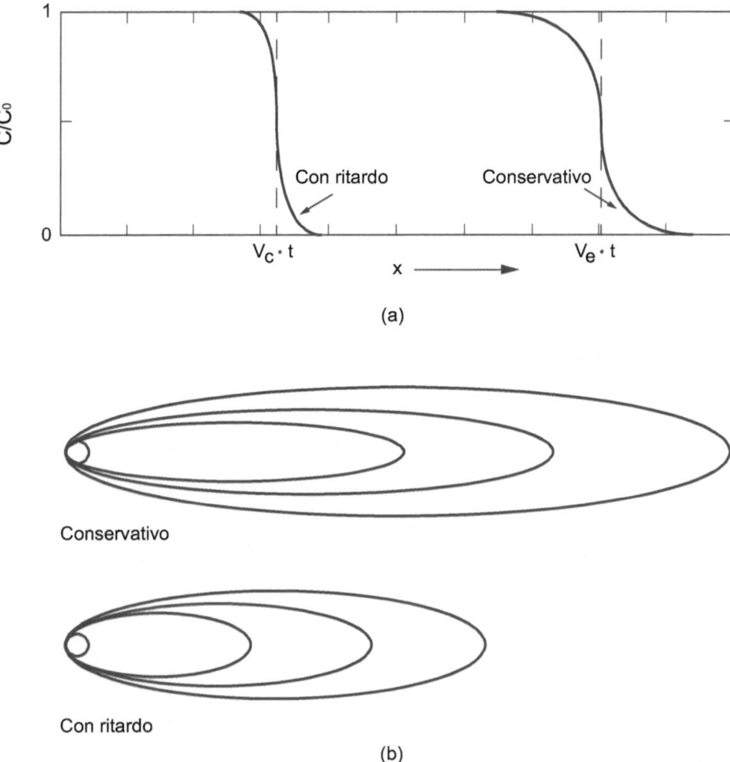

Fig. 11.16. Confronto fra la propagazione di soluti conservativi e soluti soggetti a adsorbimento, rilasciati da una sorgente continua, rispettivamente a) in una geometria monodimensionale, o b) bidimensionale

nella quale ρ_b è la densità di massa del solido costituente l'acquifero (usualmente 1600–2100 kg/m^3), n_e la porosità efficace e K_d il coefficiente di distribuzione solido-liquido $\left(M^{-1}L^3\right)$.

11.5 Concomitanza dei processi

I processi di propagazione che, nel corso del capitolo, sono stati illustrati separatamente avvengono nella realtà simultaneamente, con un'importanza relativa che dipende dalle caratteristiche dell'acquifero e del contaminante.

La Fig. 11.17 illustra, a livello concettuale, la possibile evoluzione di un plume contaminante in relazione ai principali processi che regolano la propagazione dei contaminanti in falda, nell'ipotesi di una sorgente contaminante con immissione continua: gli schemi a) e b) illustrano il comportamento di un contaminante conservativo, che si propaga esclusivamente sulla base di pro-

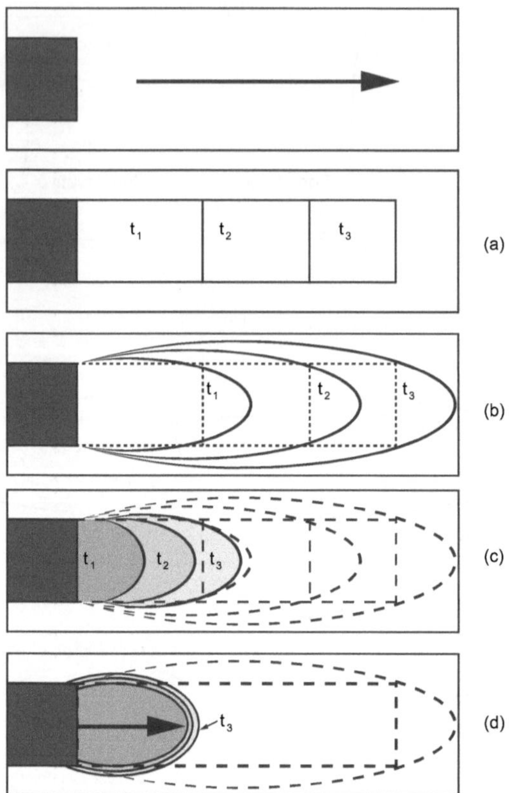

Fig. 11.17. Propagazione di un contaminante da una sorgente con immissione continua: a) flusso solo advettivo; b) flusso advettivo e dispersivo; c) flusso advettivo e dispersivo con fenomeni di adsorbimento; d) flusso advettivo e dispersivo con fenomeni di adsorbimento e biodegradazione

cessi idrologici, mentre gli schemi c) e d) illustrano il comportamento di un contaminante reattivo, che subisce anche fenomeni chimici e chimico-fisici e biologici, vedasi Capitolo 11, 12 e 13.

Fondamenti teorici dell'equazione differenziale del trasporto di massa

Nel capitolo precedente sono stati descritti singolarmente i processi idrologici, chimico-fisici e biologici che intervengono nella propagazione dei contaminanti nelle acque di falda. Il trasporto di soluti è frutto dell'azione concomitante di questi processi. Il risultato è un fenomeno estremamente complesso, governato dalle continue interazioni che hanno luogo nel sistema acquifero, fra soluto e acqua, fra soluto e matrice solida e fra soluti diversi.

Nel paragrafo 3.1 l'applicazione della legge di conservazione della massa all'elemento di volume rappresentativo (REV) ha consentito di ottenere l'equazione che governa il flusso dell'acqua all'interno del mezzo poroso. Nel presente capitolo, la legge di conservazione della massa verrà applicata, invece, al generico contaminante presente all'interno del sistema acquifero.

12.1 Bilancio di massa del contaminante

L'equazione differenziale del trasporto di massa è lo strumento matematico che permette di descrivere quantitativamente il fenomeno di propagazione nell'acquifero di un inquinante miscibile con l'acqua di falda o della sua frazione solubile. Essa ha origine come equazione di conservazione del generico contaminate. L'equazione del trasporto di massa viene ottenuta imponendo che nell'intervallo di tempo dt venga rispettato, all'interno del REV, il seguente bilancio di massa riferito al generico contaminante o soluto:

$$M_u - M_e = M_i - M_f, \qquad (12.1)$$

avendo indicato con M_u e M_e la massa di soluto rispettivamente uscente ed entrante nell'elemento di volume considerato e con M_i e M_f la massa di soluto presente rispettivamente all'inizio e alla fine dell'intervallo temporale analizzato. Si possono distinguere due categorie di soluti: i soluti conservativi, soggetti esclusivamente a fenomeni di tipo idrologico (o, meglio, per i quali è lecito trascurare i fenomeni diversi da quelli idrologici), e i soluti non conservativi, o reattivi, soggetti anche a fenomeni di tipo chimico-fisico e/o biologico.

Di Molfetta A., Sethi R.: Ingegneria degli acquiferi.
DOI 10.1007/978-88-470-1851-8_12, © Springer-Verlag Italia 2012

12.2 Soluti conservativi

In questo caso, i soli fenomeni da tenere in conto sono l'advezione e la dispersione idrodinamica. In tale ipotesi e assumendo come sistema di riferimento x,y,z il sistema costituito dagli assi principali di dispersività (asse x coincidente con la direzione di flusso dell'acqua di falda e gli altri ortogonali, per cui $v_x = v; v_y = 0; v_z = 0$), la Tabella 12.1 riporta le componenti della massa di soluto entrante e uscente nell'intervallo di tempo dt, riferite all'elemento rappresentativo elementare dell'acquifero, di volume $dx \cdot dy \cdot dz$.

Tenuto conto che la massa di soluto presente nello stesso elemento di volume all'inizio dell'intervallo di tempo considerato vale:

$$M_i = n_e C dx dy dz, \tag{12.2}$$

mentre alla fine dell'intervallo di tempo dt la massa diventa:

$$M_f = \left[n_e C + \frac{\partial}{\partial t} \left(n_e C \right) dt \right] dx dy dz, \tag{12.3}$$

l'applicazione del bilancio di massa (12.1) consente di ricavare l'equazione differenziale del trasporto di massa o equazione della dispersione nella sua forma

Tabella 12.1. Componenti della massa di soluto entrante e uscente nell'intervallo di tempo infinitesimo dt per advezione e dispersione idrodinamica, riferite all'elemento rappresentativo elementare dell'acquifero

	Massa di soluto entrante (in dt)	
Asse	*Advezione*	*Dispersioni idrodinamica*
x	$\frac{v}{n_e} C \, dy dz \, n_e dt$	$-D_x \frac{\partial C}{\partial x} dy dz \, n_e dt$
y	-	$-D_y \frac{\partial C}{\partial y} dx dz \, n_e dt$
z	-	$-D_z \frac{\partial C}{\partial z} dx dy \, n_e dt$

	Massa di soluto uscente (in dt)	
Asse	*Advezione*	*Dispersioni idrodinamica*
x	$\left[vC + \frac{\partial}{\partial x} \left(vC \right) dx \right] dy dz dt$	$-\left[D_x \frac{\partial C}{\partial x} n_e + \frac{\partial}{\partial x} \left(D_x \frac{\partial C}{\partial x} n_e \right) dx \right] dy dz dt$
y	-	$-\left[D_y \frac{\partial C}{\partial y} n_e + \frac{\partial}{\partial y} \left(D_y \frac{\partial C}{\partial y} n_e \right) dy \right] dx dz dt$
z	-	$-\left[D_z \frac{\partial C}{\partial z} n_e + \frac{\partial}{\partial z} \left(D_z \frac{\partial C}{\partial z} n_e \right) dz \right] dx dy dt$

più generale:

$$\frac{\partial}{\partial x}\left(D_x\frac{\partial C}{\partial x}n_e\right) + \frac{\partial}{\partial y}\left(D_y\frac{\partial C}{\partial y}n_e\right) + \frac{\partial}{\partial z}\left(D_z\frac{\partial C}{\partial z}n_e\right) - \frac{\partial}{\partial x}\left(vC\right) = \frac{\partial}{\partial t}\left(n_e C\right).$$
$$(12.4)$$

Se si considera il mezzo omogeneo e si trascurano le variazioni di porosità efficace nel tempo, la precedente diventa:

$$\frac{\partial}{\partial x}\left(D_x\frac{\partial C}{\partial x}\right) + \frac{\partial}{\partial y}\left(D_y\frac{\partial C}{\partial y}\right) + \frac{\partial}{\partial z}\left(D_z\frac{\partial C}{\partial z}\right) - \frac{\partial}{\partial x}\left(Cv_e\right) = \frac{\partial C}{\partial t}. \qquad (12.5)$$

Se, inoltre, si considerano costanti nello spazio i valori dei coefficienti di dispersione idrodinamica, l'equazione differenziale si semplifica ulteriormente nella forma:

$$D_x\frac{\partial^2 C}{\partial x^2} + D_y\frac{\partial^2 C}{\partial y^2} + D_z\frac{\partial^2 C}{\partial z^2} - \frac{\partial}{\partial x}\left(Cv_e\right) = \frac{\partial C}{\partial t}. \qquad (12.6)$$

Se, infine, si assume uniforme il campo di moto ($v_e = $ cost), si ottiene la forma semplificata dell'equazione differenziale della dispersione:

$$D_x\frac{\partial^2 C}{\partial x^2} + D_y\frac{\partial^2 C}{\partial y^2} + D_z\frac{\partial^2 C}{\partial z^2} - v_e\frac{\partial C}{\partial x} = \frac{\partial C}{\partial t}. \qquad (12.7)$$

La (12.5) può anche essere scritta nella forma:

$$div\left(D\cdot gradC - Cv_e\right) = \frac{\partial C}{\partial t}, \qquad (12.8)$$

nella quale

- $-div(Cv_e)$ rappresenta il termine advettivo;
- $div(D\cdot gradC)$ il termine dispersivo;
- D il tensore dei coefficienti di dispersione idrodinamica:

$$D = \begin{pmatrix} D_x & 0 & 0 \\ 0 & D_y & 0 \\ 0 & 0 & D_z \end{pmatrix}. \qquad (12.9)$$

Si ricorda (vedasi Capitolo 11) che:

$$D_x = D_0 + \alpha_x v_e, \qquad (12.10)$$

$$D_y = D_0 + \alpha_y v_e, \qquad (12.11)$$

$$D_z = D_0 + \alpha_z v_e. \qquad (12.12)$$

12.3 Soluti non conservativi

Sulla base dei soli fenomeni idrologici tutti i contaminanti si comportano sostanzialmente nello stesso modo, se si esclude la modesta influenza della diffusione molecolare. Invece, quando si introducono i fenomeni chimico-fisici o biologici ogni contaminante deve essere studiato singolarmente, in quanto sottoposto a processi condizionati prevalentemente dalle proprie caratteristiche chimico-fisiche, diverse per ogni sostanza.

Come illustrato nel precedente capitolo, le reazioni possono essere descritte con un modello cinetico o di equilibrio, in relazione alla velocità del processo. Un esempio di equilibrio chimico in fase eterogenea è dato dall'adsorbimento superficiale sui grani dell'acquifero; il processo fa sì che il soluto si propaghi più lentamente rispetto all'acqua che lo trasporta. Invece i processi caratterizzati da una cinetica di comparsa o scomparsa dell'inquinante variano la concentrazione del plume, senza necessariamente rallentarne la velocità di propagazione. Come già anticipato, i soluti non conservativi o reattivi sono quei soluti per i quali non è lecito trascurare i fenomeni chimico-fisici e/o biologici che accompagnano il processo di propagazione di un contaminante in falda.

Il bilancio di massa del soluto, considerato nel paragrafo 12.2, resta inalterato per quanto concerne le componenti della massa entrante e della massa uscente, mentre varia sostanzialmente per quanto concerne la massa iniziale e quella finale.

La Tabella 12.2 riporta le componenti del bilancio di massa rispetto al tempo.

Se si considerano trascurabili le variazioni di ρ_b e n_e rispetto al tempo, se si ammette inoltre, per semplicità, che l'adsorbimento sia modellizzabile con processo di equilibrio caratterizzato da un'isoterma lineare e la degradazione sia esprimibile con una cinetica del 1° ordine, si ha che:

$$\frac{\partial S}{\partial t} = \frac{\partial S}{\partial C} \cdot \frac{\partial C}{\partial t} = K_d \frac{\partial C}{\partial t} \tag{12.13}$$

$$\left(\frac{\partial C}{\partial t}\right)_{\text{deg}} = -\lambda C \tag{12.14}$$

Tabella 12.2. Componenti del bilancio di massa nell'intervallo di tempo dt all'interno del REV in presenza di fenomeni di adsorbimento e degradazione naturale

	Massa iniziale	*Massa finale*
Massa di soluto in soluzione	$n_e C \, dxdydz$	$\left\{ n_e C + \left[\frac{\partial n_e C}{\partial t} - \left(\frac{\partial n_e C}{\partial t}\right)_{\text{deg}} \right] dt \right\} dxdydz$
Massa di soluto adsorbita	$\rho_b S \, dxdydz$	$\left[\rho_b S + \frac{\partial}{\partial t} (\rho_b S) \, dt \right] dxdydz$

e l'applicazione del bilancio di massa (12.1) porta alla seguente equazione:

$$\frac{\partial}{\partial x}\left(D_x\frac{\partial C}{\partial x}\right) + \frac{\partial}{\partial y}\left(D_y\frac{\partial C}{\partial y}\right) + \frac{\partial}{\partial z}\left(D_z\frac{\partial C}{\partial z}\right) - \frac{\partial}{\partial x}(Cv_e) =$$
$$= \left(1 + K_d\frac{\rho_b}{n_e}\right)\frac{\partial C}{\partial t} + \lambda C \quad (12.15)$$

dalla quale, considerando costanti i valori dei coefficienti di dispersione idrodinamica e uniforme il campo di moto, si ottiene l'equazione differenziale della dispersione per soluti non conservativi o reattivi:

$$D_x\frac{\partial^2 C}{\partial x^2} + D_y\frac{\partial^2 C}{\partial y^2} + D_z\frac{\partial^2 C}{\partial z^2} - v_e\frac{\partial C}{\partial x} - \lambda C = R\frac{\partial C}{\partial t}, \qquad (12.16)$$

o più genericamente:

$$div\,(D \cdot \mathbf{grad}C - C\mathbf{v_e}) - \lambda C = R\frac{\partial C}{\partial t}, \qquad (12.17)$$

avendo indicato con

$$R = 1 + K_d\frac{\rho_b}{n_e} \qquad \text{il coefficiente di ritardo} \qquad (12.18)$$

$$\lambda = \frac{0.693}{t_{1/2}} \qquad \text{il coefficiente di degradazione naturale.} \qquad (12.19)$$

Si noti che per $R = 1$ e $\lambda = 0$ la (12.16) e la (12.17) coincidono ovviamente con la (12.7) e (12.8) valide per soluti non reattivi.

12.4 Condizioni iniziali ed al contorno

La risoluzione dell'equazione differenziale di trasporto necessita dell'applicazione di una serie di condizioni iniziali ed al contorno del dominio spaziale. Le condizioni iniziali specificano il dominio di flusso e le concentrazioni dei contaminanti all'istante di inizio della simulazione. Le condizioni al contorno descrivono le interazioni fra il sistema e lo spazio circostante, specificando il valore della variabile dipendente (usualmente, la concentrazione), o il valore della sua derivata prima, ai confini del dominio.

Generalmente, nella risoluzione dell'equazione di trasporto si adottano tre tipi di condizioni al contorno: di Dirichlet (o di prima specie), di Neumann (seconda specie) e di Cauchy (di terza specie).

L'equazione differenziale di trasporto è risolvibile per via analitica soltanto a condizione di poter ritenere accettabili alcune ipotesi semplificatrici concernenti la geometria della sorgente inquinante, le modalità di rilascio, le condizioni al contorno, il regime di flusso. In tutti gli altri casi, l'equazione differenziale può essere risolta solo per via numerica.

Soluzioni analitiche dell'equazione differenziale del trasporto di massa per soluti non reattivi

L'equazione differenziale del trasporto di massa può essere risolta analiticamente, qualora vengano ritenute valide una serie di ipotesi semplificatrici: ad esempio, che il regime flusso sia uniforme, che i parametri di trasporto siano costanti in tutto il dominio, che le reazioni chimiche seguano cinetiche e leggi di equilibrio semplificate, oltre che nel rispetto delle seguenti ipotesi:

- mezzo saturo, omogeneo e isotropo;
- condizioni di validità della legge di Darcy;
- densità e viscosità dell'acqua costanti e indipendenti dalla concentrazione.

Di seguito vengono prese in esame le principali soluzioni analitiche relative alle diverse geometrie e condizioni al contorno, nell'ipotesi che i contaminanti presenti in falda si comportino da soluti non reattivi (o conservativi) e quindi siano soggetti ai soli fenomeni di tipo idrologico.

13.1 Geometria unidimensionale

L'equazione differenziale (12.7) assume la forma semplificata:

$$D_x \frac{\partial^2 C}{\partial x^2} - v_e \frac{\partial C}{\partial x} = \frac{\partial C}{\partial t}. \tag{13.1}$$

13.1.1 Immissione continua con $C_0 = \text{cost}$ in $x = 0$

Si consideri il dispositivo di laboratorio schematizzato in Fig. 13.1, che consente di realizzare una immissione continua con concentrazione C_0 costante nella sezione d'ingresso della colonna riempita da materiale poroso e permeabile. Le condizioni al contorno per geometria semi-infinita sono:

$$C(x, t = 0) = 0 \qquad \text{per} \quad x \geq 0, \tag{13.2}$$

$$C(x = 0, t) = C_0 \qquad \text{per} \quad t \geq 0, \tag{13.3}$$

$$C(x = \infty, t) = 0 \qquad \text{per} \quad t \geq 0. \tag{13.4}$$

Di Molfetta A., Sethi R.: Ingegneria degli acquiferi.
DOI 10.1007/978-88-470-1851-8_13, © Springer-Verlag Italia 2012

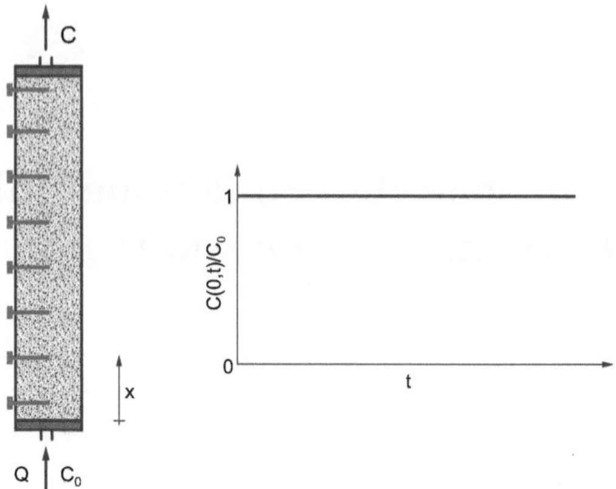

Fig. 13.1. Dispositivo di laboratorio per la realizzazione di una immissione continua con concentrazione C_0 costante, in geometria unidirezionale

La soluzione analitica della (13.1) con le condizioni al contorno espresse dalle (13.2)-(13.4) è stata fornita da Ogata e Banks [86]:

$$\frac{C(x,t)}{C_0} = \frac{1}{2}\left\{erfc\left[\frac{x - v_e t}{2\sqrt{D_x t}}\right] + \exp\left(\frac{v_e x}{D_x}\right) erfc\left[\frac{x + v_e t}{2\sqrt{D_x t}}\right]\right\} \qquad (13.5)$$

essendo $erfc$ la funzione complementare dell'errore, con:

$$erfc\,(\beta) = 1 - erf\,(\beta)$$

$$erf(\beta) = \frac{2}{\sqrt{\pi}} \int_0^\beta e^{-y^2} dy \quad \text{funzione dell'errore.}$$

Le funzioni adimensionali $erf(\beta)$ e $erfc(\beta)$ sono diagrammate in Fig. 13.2 e tabulate in Tabella 13.1.

L'andamento delle concentrazioni in funzione dello spazio e del tempo, derivante dall'applicazione della soluzione (13.5), è illustrato nella Fig. 13.3.

Per valori di v_e, x e t, quali si riscontrano usualmente nelle applicazioni pratiche: $erfc[\frac{x+v_e t}{2\sqrt{D_x t}}] \to 0$ e quindi la soluzione di Ogata – Banks si semplifica nella forma:

$$\frac{C\,(x,t)}{C_0} = \frac{1}{2}\,erfc\left[\frac{x - v_e\,t}{2\sqrt{D_x t}}\right], \qquad (13.6)$$

nella quale $D_L = \alpha_L \cdot v_e$ (trascurando il contributo della diffusione molecolare). Questa espressione è la soluzione esatta che si otterrebbe considerando una geometria infinita del sistema.

L'analisi dell'equazione semplificata di Ogata-Banks consente di trarre alcune deduzioni importanti sull'evoluzione di un fenomeno di inquinamento caratterizzato dall'immissione continua del contaminante.

Si consideri innanzitutto il significato del numeratore $(x - v_e t)$ dell'argomento della funzione $erfc$.

Tabella 13.1. Valori delle funzioni adimensionali $erf(\beta)$ e $erfc(\beta)$ per valori positivi dell'argomento. Si ricorda che $erf(-\beta) = -erf(\beta)$ e che $erfc(-\beta) = 1 + erf(\beta t)$

β	$erf(\beta)$	$erfc(\beta)$	β	$erf(\beta)$	$erfc(\beta)$
0	0	1.0	1.1	0.880205	0.119795
0.05	0.056372	0.943628	1.2	0.910314	0.089686
0.1	0.112463	0.887537	1.3	0.934008	0.065992
0.15	0.167996	0.832004	1.4	0.952285	0.047715
0.2	0.222703	0.777297	1.5	0.966105	0.033895
0.25	0.276326	0.723674	1.6	0.976348	0.023652
0.3	0.328627	0.671373	1.7	0.983790	0.016210
0.35	0.379382	0.620618	1.8	0.989091	0.010909
0.4	0.428392	0.571608	1.9	0.992790	0.007210
0.45	0.475482	0.524518	2.0	0.995322	0.004678
0.5	0.520500	0.479500	2.1	0.997021	0.002979
0.55	0.563323	0.436677	2.2	0.998137	0.001863
0.6	0.603856	0.396144	2.3	0.998857	0.001143
0.65	0.642029	0.357971	2.4	0.999311	0.000689
0.7	0.677801	0.322199	2.5	0.999593	0.000407
0.75	0.711156	0.288844	2.6	0.999764	0.000236
0.8	0.742101	0.257899	2.7	0.999866	0.000134
0.85	0.770668	0.229332	2.8	0.999925	0.000075
0.9	0.796908	0.203092	2.9	0.999959	0.000041
0.95	0.820891	0.179109	3.0	0.999978	0.000022
1.00	0.842701	0.157299			

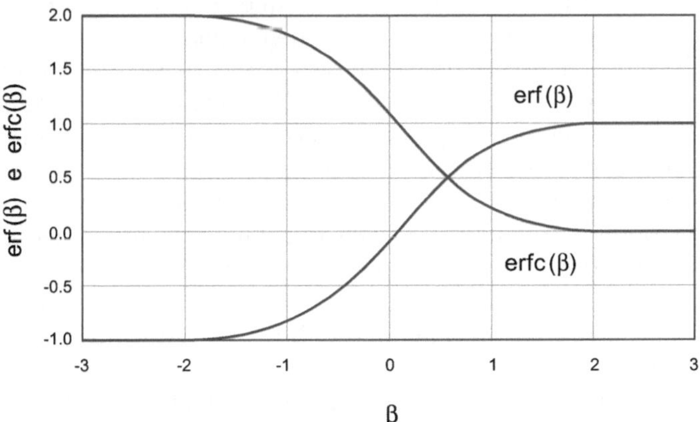

Fig. 13.2. Andamento della funzione dell'errore $erf(\beta)$ e della funzione complementare dell'errore $erfc(\beta)$

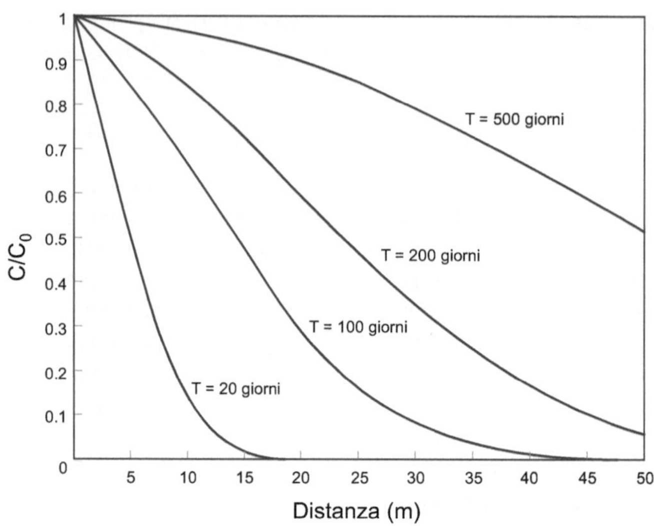

Fig. 13.3. Andamento delle concentrazioni nella generica sezione x della colonna di Fig. 13.1 in funzione del tempo

Questa espressione identifica il punto di osservazione rispetto alla posizione del fronte advettivo $(v_e t)$. Le possibili situazioni possono essere schematizzate come segue:

$x = v_e\,t$: il punto di osservazione coincide con la posizione del fronte advettivo. Ne deriva che $erfc(0) = 1$ e quindi $C = 0.5\ C_0$: in corrispondenza della posizione del fronte advettivo, la concentrazione è la metà del valore iniettato e questo valore ($0.5\ C_0$) si sposta con la velocità effettiva media dell'acqua;

$x \gg v_e t$: il punto di osservazione è molto avanti rispetto alla posizione del fronte advettivo; l'argomento della funzione $erfc$ raggiunge o supera il valore 2 e, quindi, $erfc(\beta) = 0$ e $C = 0$. In altri termini, non c'è ancora traccia di inquinamento;

$x > v_e t$: il punto di osservazione è davanti al fronte advettivo ma non troppo; l'argomento β della funzione $erfc$ è positivo e compreso fra 0 e 2. Conseguentemente la funzione $erfc$ assume valori fra 1 e 0 e quindi $0 < C < 0.5\ C_0$. La presenza dell'inquinante con concentrazione minore di $0.5\ C_0$ è dovuta alla dispersione longitudinale;

$x \ll v_e t$: il punto di osservazione è molto arretrato rispetto alla porzione del fronte advettivo. È sufficiente che sia $\beta = -2$, perché $erfc(-2) = 2$ e quindi $C = C_0$;

$x < v_e t$: il punto di osservazione è alle spalle del fronte advettivo ma non troppo arretrato: $-2 < \beta < 0$. Ne consegue che $1 < erfc(\beta) < 2$ e quindi $0.5\ C_0 < C < C_0$.

Il denominatore, anch'esso dimensionalmente una lunghezza, esprime il ruolo della dispersione longitudinale e può essere considerato come una misura della dispersione della massa del contaminante nell'intorno del fronte advettivo. Maggiore è il valore del denominatore, maggiore è la dispersione della massa del contaminante nell'intorno del valore $C/C_0 = 0.5$ (la dispersione opera nel campo $x > v_e t$, riducendo il valore dell'argomento β e, quindi, aumentando la concentrazione rispetto al solo fenomeno advettivo $C = 0$).

La dispersione longitudinale trasferisce parte della massa inquinante unicamente davanti al fronte advettivo; il suo effetto aumenta all'aumentare della distanza del fronte dalla sorgente e, conseguentemente, all'aumentare del tempo.

La soluzione di Ogata-Banks non è solitamente utilizzata in campo ma per l'interpretazione di prove di tracciamento in laboratorio.

13.1.2 Immissione istantanea (o impulsiva)

La soluzione analitica dell'equazione differenziale (13.1), in presenza di iniezione impulsiva in corrispondenza dell'origine, è stata fornita in questo caso da Sauty:

$$C(x, t) = \frac{M}{\sqrt{4\pi D_x t}} \exp\left[-\frac{(x - v_e t)^2}{4 D_x t}\right], \qquad (13.7)$$

essendo M la massa iniettata all'istante t_0 per unità di sezione trasversale alla direzione di flusso.

Essendo, per ipotesi, il tracciante di tipo conservativo, la massa complessiva resta costante durante la propagazione dell'impulso. Tale massa è proporzionale all'area sottesa dalla curva che rappresenta la distribuzione di concentrazione al generico tempo in Fig. 13.4.

Quando si prendono in esame geometrie bi- o tridimensionali di propagazione e, pertanto, si tiene conto dei fenomeni di dispersione trasversale, non si può trascurare l'importanza della geometria della sorgente inquinante.

Questa può essere, vedasi Fig. 13.5:

- puntuale o point source (b);
- lineare o line source (a);
- areale o plane source (c).

13.2 Geometria bidimensionale

Esistono diverse soluzioni analitiche dell'equazione di trasporto di massa in geometria bidimensionale. Queste possono venire utilizzate per simulare la propagazione di contaminanti rilasciati da sorgenti in acquiferi di spessore relativamente piccolo, nell'ipotesi che il soluto sia ben miscelato lungo tutto lo spessore saturo e che il gradiente verticale di concentrazione sia trascurabile.

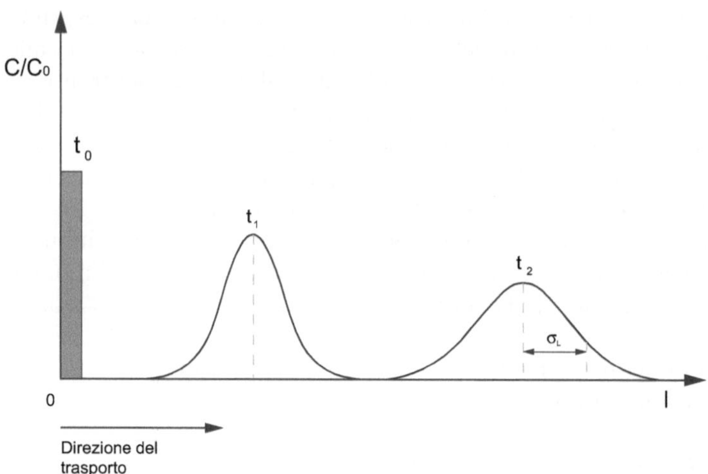

Fig. 13.4. Distribuzione delle concentrazioni in funzione dello spazio e del tempo per un'immissione di tipo impulsivo in geometria unidimensionale

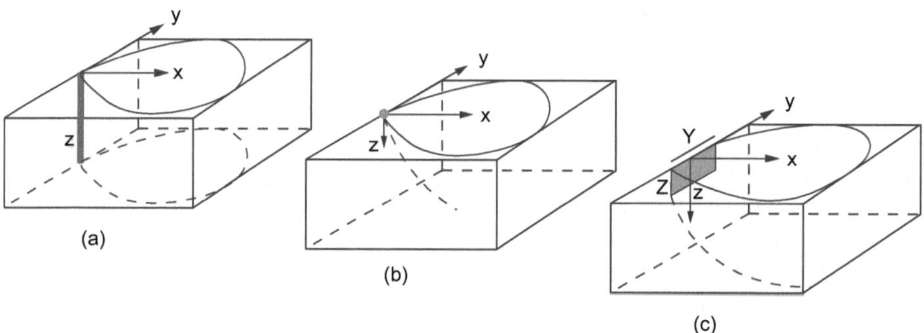

Fig. 13.5. Principali geometrie della sorgente contaminante: a) sorgente lineare; b) sorgente puntiforme; c) sorgente areale

Si suppone quindi che la sorgente sia lineare, verticale, di altezza pari a quella dell'acquifero.

L'equazione differenziale del trasporto di massa assume la forma:

$$D_x \frac{\partial^2 C}{\partial x^2} + D_y \frac{\partial^2 C}{\partial y^2} - v_e \frac{\partial C}{\partial x} = \frac{\partial C}{\partial t}. \tag{13.8}$$

13.2.1 Sorgente lineare verticale, iniezione istantanea (o impulsiva)

In questo caso, si suppone che l'acquifero sia infinitamente esteso sia in direzione x sia in direzione y. Il contaminante viene introdotto impulsivamente nel punto (0,0). La soluzione analitica dell'equazione differenziale (13.8) è stata

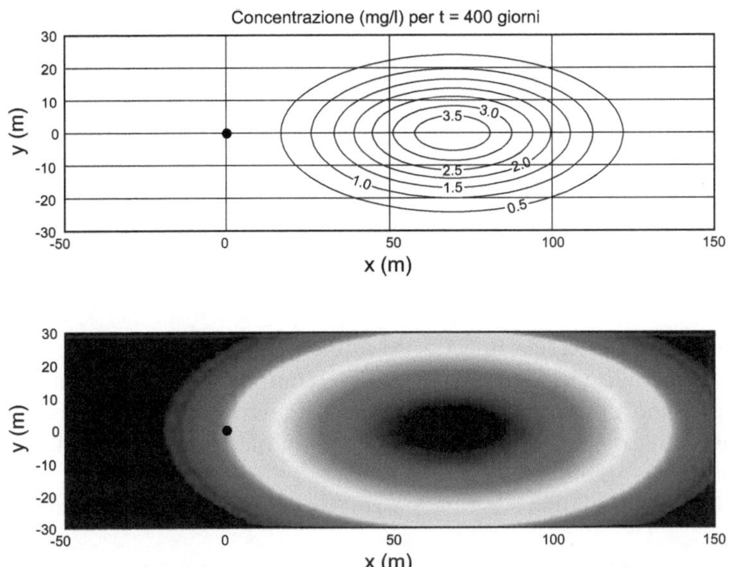

Fig. 13.6. Trasporto di soluto conservativo in geometria bidimensionale con rilascio impulsivo in $x = 0$, $y = 0$ [110]

fornita da Wilson e Miller [107]:

$$C(x,y,t) \; = \; \frac{m}{4\pi b n_e t \sqrt{D_x D_y}} \; \cdot \; \exp\left[-\frac{(x - v_e t)^2}{4 D_x T} - \frac{y^2}{4 D_y t}\right], \qquad (13.9)$$

essendo m la massa iniettata lungo lo spessore b, (M).

La Fig. 13.6 illustra un esempio di distribuzione delle concentrazioni di un contaminante conservativo nel piano orizzontale di flusso a seguito di un rilascio istantaneo.

13.2.2 Sorgente lineare verticale, iniezione continua

Anche in questo caso, si suppone che l'acquifero sia infinitamente esteso sia in direzione x sia in direzione y. Il contaminante viene introdotto con portata e concentrazione note all'interno dell'acquifero, nel punto (0,0). La soluzione analitica dell'equazione differenziale (13.8) è stata fornita da Wilson e Miller [107]:

$$C(x,y,t) = \frac{Q C_0}{4\pi b n_e \sqrt{D_x D_y}} \cdot \exp\left[\frac{x}{B}\right] \cdot W\left(u, \frac{r}{B}\right), \qquad (13.10)$$

nella quale:

$$B = \frac{2D_x}{v_e} = 2\alpha_x,$$ (13.11)

$$u = \frac{r^2}{4D_x t},$$ (13.12)

$$r = \sqrt{x^2 + \frac{D_x}{D_y}y^2} = \sqrt{x^2 + \frac{\alpha_x y^2}{\alpha_y}}$$ (13.13)

e Q la portata volumetrica iniettata o immessa.

La funzione adimensionale $W(u,\frac{r}{B})$ che compare nella soluzione (13.10) è la stessa utilizzata per descrivere il comportamento idrodinamico di un acquifero semiconfinato, vedasi paragrafo 4.2.1; cambia, ovviamente, il significato delle variabili in argomento.

La soluzione stazionaria ($t \to \infty$) relativa a questo caso è stata data da Bear [12]:

$$\frac{C(x,y)}{C_0} = \frac{Q}{2\pi b n_e v_e \sqrt{\alpha_x \alpha_y}} \cdot \exp\left[\frac{x}{B}\right] \cdot K_0\left(\frac{r}{B}\right),$$ (13.14)

essendo K_0 la funzione modificata di Bessel di seconda specie e ordine zero.

La Fig. 13.7 illustra la distribuzione stazionaria delle concentrazioni nel piano x,y.

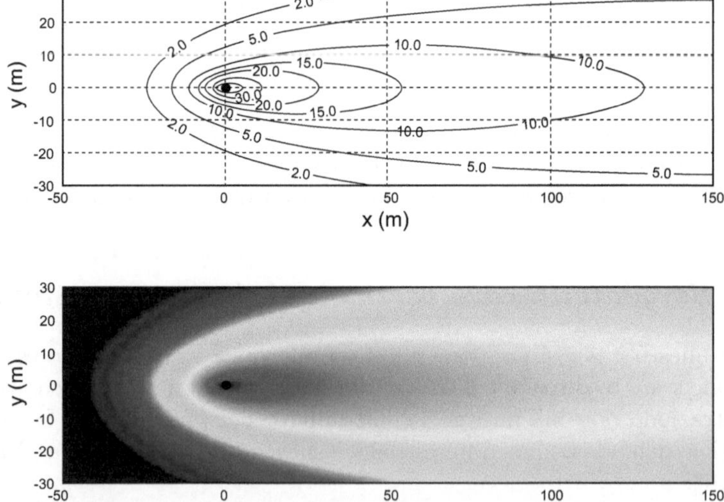

Fig. 13.7. Trasporto di soluto conservativo in geometria bidimensionale con rilascio continuo in $x = 0$, $y = 0$

13.3 Geometria tridimensionale

L'equazione differenziale del trasporto di massa è:

$$D_x \frac{\partial^2 C}{\partial x^2} + D_y \frac{\partial^2 C}{\partial y^2} + D_z \frac{\partial^2 C}{\partial z^2} - v_e \frac{\partial C}{\partial x} = \frac{\partial C}{\partial t}, \qquad (13.15)$$

avendo assunto l'asse x come asse longitudinale coincidente con la direzione di flusso della falda.

13.3.1 Sorgente puntuale, immissione istantanea (o impulsiva)

In questo caso, si suppone che l'acquifero sia infinitamente esteso in direzione x, y e z. Il contaminante viene introdotto impulsivamente nel punto (0,0). La soluzione analitica è dovuta a Baetslé [10]:

$$C(x,y,z,t) = \frac{C_0\, V_0}{8(\pi t)^{3/2} n_e (D_x D_y D_z)^{1/2}} \exp\left[-\frac{(x - v_e t)^2}{4 D_x t} - \frac{y^2}{4 D_y t} - \frac{z^2}{4 D_z t} \right]$$

$$(13.16)$$

essendo:

- C_0 concentrazione originaria del contaminante nel punto di immissione;
- V_0 volume di inquinate rilasciato;
- $C_0 V_0$ massa rilasciata.

La concentrazione massima si avrà ovviamente lungo la direzione longitudinale di flusso, in corrispondenza del centro del plume inquinante, che avrà coordinate:

$$y = 0,$$
$$z = 0,$$
$$x = v_e \cdot t,$$
$$C_{\max} = \frac{C_0\, V_0}{8(\pi\, t)^{3/2} n_e (D_x\, D_y\, D_z)^{1/2}}. \qquad (13.17)$$

Le dimensioni del plume sono correlate, vedasi Fig. 13.8, al tempo tramite le deviazioni standard:

$$\sigma_x = (2 D_x t)^{0.5}; \quad \sigma_y = (2 D_y t)^{0.5}; \quad \sigma_z = (2 D_z t)^{0.5}.$$

Il plume di dimensioni $3\sigma_x$, $3\sigma_y$, $3\sigma_z$ contiene il 99.7% della massa del contaminante.

La soluzione di Baetslè è ideale per analizzare incidenti che coinvolgono una sorgente puntuale con rilascio pressoché istantaneo: rovesciamento di un'autobotte, perdita rapida da un serbatoio, ecc.

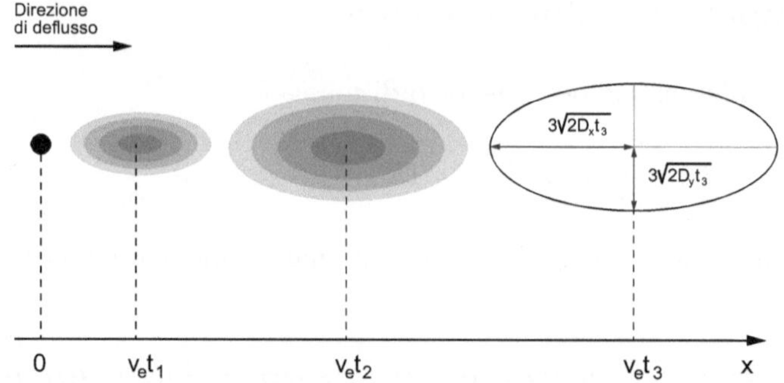

Fig. 13.8. Evoluzione spazio-temporale di un plume contaminante innescato da una sorgente puntuale con immissione istantanea o di tipo impulsivo

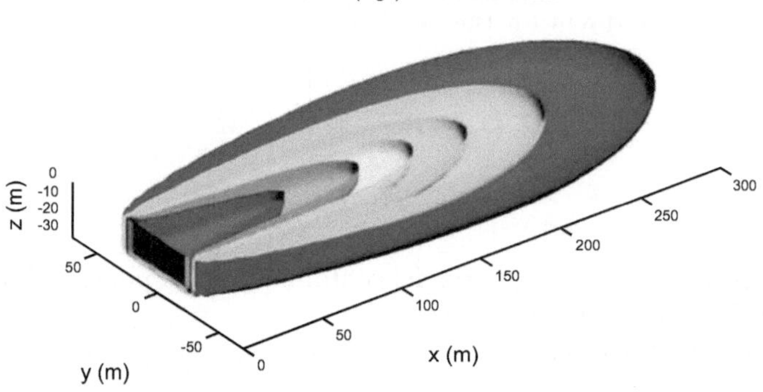

Fig. 13.9. Evoluzione tridimensionale di un plume contaminante rilasciato da una sorgente areale con immissione continua [110]

13.3.2 Sorgente areale, immissione continua

Questa soluzione analitica, nota come modello di Domenico e Robbins [45], prevede una sorgente areale verticale, caratterizzata da larghezza Y ed altezza Z, in un acquifero semi-infinito:

$$\frac{C\left(x,y,z,t\right)}{C_0} = \frac{1}{8}erfc\left[\frac{x - v_e t}{2\sqrt{D_x t}}\right] \cdot \left\{ erf\left[\frac{y + Y/2}{2\sqrt{\frac{D_y x}{v_e}}}\right] - erf\left[\frac{y - Y/2}{2\sqrt{\frac{D_y x}{v_e}}}\right] \right\} \cdot$$

$$\cdot \left\{ erf\left[\frac{z + Z}{2\sqrt{\frac{D_z x}{v_e}}}\right] - erf\left[\frac{z - Z}{2\sqrt{\frac{D_z x}{v_e}}}\right] \right\}. \tag{13.18}$$

La Fig. 13.9 mostra la distribuzione tridimensionale delle concentrazioni, ottenuta mediante la soluzione di Domenico e Robbins.

Lungo il piano verticale di simmetria $y = 0$ si ottiene (essendo $erf(-\beta) = -erf(\beta)$):

$$\frac{C\,(x,y,z,t)}{C_0} = \frac{1}{4} erfc \left[\frac{x - v_e t}{2\sqrt{D_x t}} \right] \cdot erf \left[\frac{Y}{4\sqrt{\frac{D_y x}{v_e}}} \right] \cdot$$

$$\cdot \left\{ erf \left[\frac{z + Z}{2\sqrt{\frac{D_z x}{v_e}}} \right] - e\,rf \left[\frac{z - Z}{2\sqrt{\frac{D_z x}{v_e}}} \right] \right\}. \qquad (13.19)$$

E, analogamente, lungo l'asse x ($y = 0$, $z = 0$):

$$\frac{C\,(x,y,z,t)}{C_0} = \frac{1}{2} erfc \left[\frac{x - v_e t}{2\sqrt{D_x t}} \right] \cdot erf \left[\frac{Y}{4\sqrt{\frac{D_y x}{v_e}}} \right] \cdot erf \left[\frac{Z}{2\sqrt{\frac{D_z x}{v_e}}} \right]. \qquad (13.20)$$

Quando α_y e α_z tendono a zero, poiché è $erf(\infty) = 1$, si ritrova la soluzione di Ogata-Banks.

Se lo spessore saturo dell'acquifero è piccolo, dopo un percorso e un tempo limitato, tutto l'acquifero sarà interessato dal plume inquinante, vedasi Fig. 13.10. In prima approssimazione, la distanza x' alla quale tutto lo spessore saturo risulta contaminato vale [44]:

$$x' = \frac{(b - Z)^2}{\alpha_z}. \qquad (13.21)$$

La soluzione di Domenico e Robbins è ovviamente valida solo per $x \leq x'$.

Per $x > x'$, è necessario porre nell'argomento della funzione erf relativa alla componente verticale il valore costante x' (a denominatore).

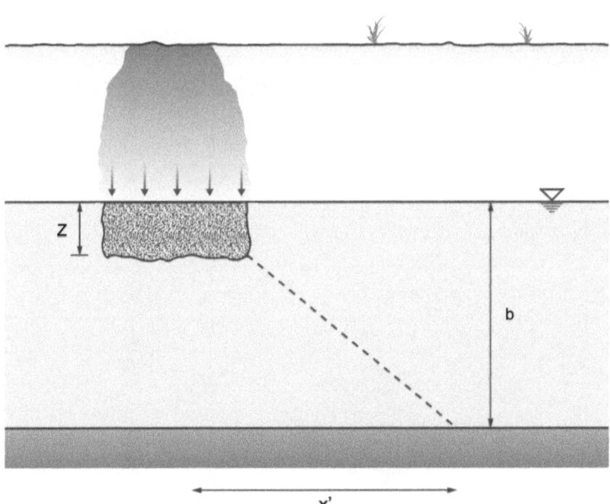

Fig. 13.10. Dispersione verticale di un contaminante limitata dal raggiungimento della base dell'acquifero

14

Soluzioni analitiche dell'equazione differenziale del trasporto di massa per soluti reattivi

Come già anticipato, per soluti reattivi o non conservativi s'intendono quei soluti per i quali non è lecito trascurare i fenomeni chimico-fisici e biologici che accompagnano la loro propagazione nell'acqua di falda.

Nell'ipotesi che siano rispettate le seguenti condizioni:

- mezzo saturo, omogeneo e isotropo;
- condizioni di validità della legge di Darcy;
- flusso uniforme;
- densità e viscosità dell'acqua costanti e indipendenti dalla concentrazione;
- degradazione naturale esprimibile mediante una cinetica del 1° ordine;
- adsorbimento rappresentabile da un'isoterma di tipo lineare;

vengono di seguito riportate alcune soluzioni analitiche dell'equazione differenziale del trasporto di massa.

14.1 Geometria monodimensionale

Pur trattandosi di una geometria non verificabile nella realtà, il caso 1-D è importante dal punto di vista didattico perché la struttura semplificata delle equazioni consente di cogliere più facilmente l'importanza e il ruolo dei vari parametri. Per questa stessa ragione, vengono trattati dapprima separatamente i contaminanti soggetti a degradazione e quelli soggetti ad adsorbimento, per poi analizzare il comportamento dei contaminanti soggetti contemporaneamente ai due processi.

14.1.1 Immissione continua con concentrazione $C_0 = \text{cost}$ in $x = 0$

Si consideri lo stesso sistema di Fig. 13.1; l'asse x coincide con la direzione longitudinale di flusso.

Di Molfetta A., Sethi R.: Ingegneria degli acquiferi.
DOI 10.1007/978-88-470-1851-8_14, © Springer-Verlag Italia 2012

14.1.1.1 Soluti soggetti a degradazione naturale

In tal caso, l'equazione differenziale che governa il problema è:

$$D_x \frac{\partial^2 C}{\partial x^2} - v_e \frac{\partial C}{\partial x} - \lambda C = \frac{\partial C}{\partial t} \tag{14.1}$$

mentre le condizioni al contorno sono ancora espresse dalle (13.2), (13.3) e (13.4).

La soluzione analitica della (14.1) è stata ricavata da Bear [13]:

$$\frac{C(x,t)}{C_0} = \frac{1}{2} \exp\left[\frac{v_e x}{2D_x}(1 - U)\right] erfc\left(\frac{x - U v_e t}{2\sqrt{D_x t}}\right) +$$

$$+ \frac{1}{2} \exp\left[\frac{v_e x}{2D_x}(1 + U)\right] erfc\left(\frac{x + U v_e t}{2\sqrt{D_x t}}\right) \tag{14.2}$$

dove $U = \sqrt{1 + \frac{4\lambda D_x}{v_e^2}}$.

Quando l'argomento β della funzione $erfc$ raggiunge il valore -2 (alle spalle del fronte advettivo modificato $U v_e t$), si ottiene la soluzione stazionaria:

$$C(x) = C_0 \exp\left[\frac{x v_e}{2D_x}(1 - U)\right]. \tag{14.3}$$

Nelle precedenti equazioni λ rappresenta il coefficiente di degradazione naturale, legato al tempo di emivita del composto dalla relazione $\lambda = \frac{0.692}{t_{1/2}}$.

La Fig. 14.1 illustra il comportamento di un contaminante soggetto a degradazione naturale a fronte del comportamento di un contaminante conservativo.

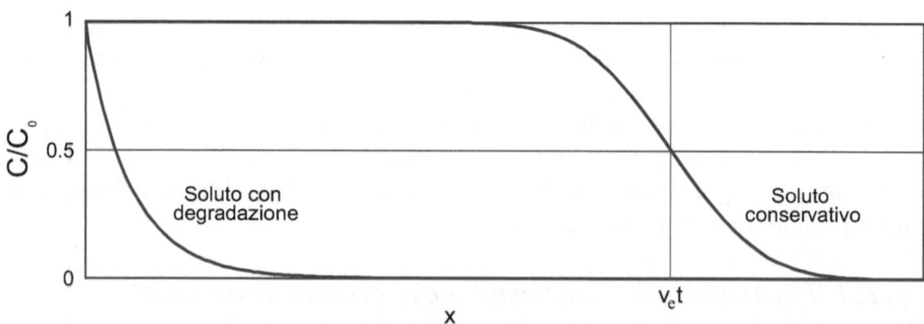

Fig. 14.1. Confronto tra la distribuzione di concentrazione di un soluto conservativo e quella di un soluto soggetto a degradazione naturale per il caso d'immissione continua con concentrazione costante in $x = 0$

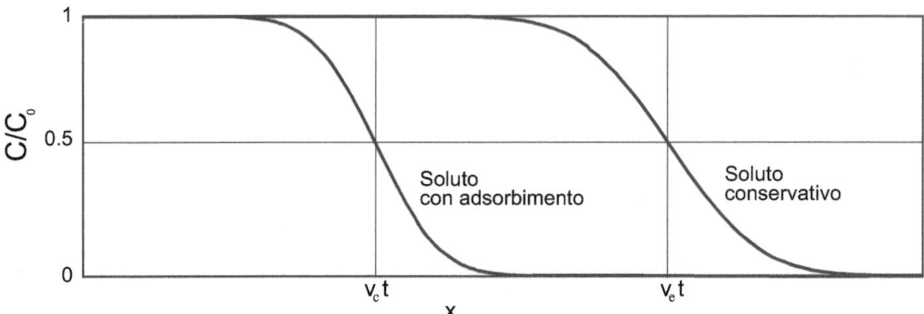

Fig. 14.2. Confronto tra la distribuzione di concentrazione di un soluto conservativo e quella di un soluto soggetto ad adsorbimento per il caso d'immissione continua con concentrazione costante in $x = 0$

14.1.1.2 Soluti soggetti ad adsorbimento

L'equazione differenziale di riferimento è:

$$\frac{D_x}{R}\frac{\partial^2 C}{\partial x^2} - \frac{v_e}{R}\frac{\partial C}{\partial x} = \frac{\partial C}{\partial t} \tag{14.4}$$

mentre le condizioni al contorno continuano ad essere espresse dalle (13.2), (13.3) e (13.4).

La soluzione analitica della (14.4) è:

$$\frac{C(x,t)}{C_0} = \frac{1}{2}\left\{ erfc\left[\frac{x - v_c t}{2\sqrt{D_c t}}\right] + \exp\left(\frac{v_c x}{D_c}\right) erfc\left[\frac{x + v_c t}{2\sqrt{D_c t}}\right]\right\}. \tag{14.5}$$

Nella precedente equazione, $v_c = \frac{v_e}{R}$ e $D_c = \frac{D_x}{R}$ sono la velocità e la dispersione idrodinamica cui è soggetto un inquinante affetto dal fenomeno di ritardo ($v_c < v_e$).

L'equazione precedente coincide con la soluzione di Ogata-Banks, salvo la sostituzione di v_e con v_c.

La Fig. 14.2 mostra la distribuzione di concentrazione relativa alla propagazione di un contaminante soggetto ad adsorbimento rispetto a un contaminante conservativo; come si vede, a parità di tempo il contaminante soggetto ad adsorbimento risulta arretrato rispetto ad uno conservativo.

14.1.1.3 Soluti soggetti a degradazione naturale e adsorbimento

L'equazione differenziale di riferimento è:

$$\frac{D_x}{R}\frac{\partial^2 C}{\partial x^2} - \frac{v_e}{R}\frac{\partial C}{\partial x} - \frac{\lambda}{R}C = \frac{\partial C}{\partial t}, \tag{14.6}$$

con le stesse condizioni al contorno espresse dalle (13.2), (13.3) e (13.4).

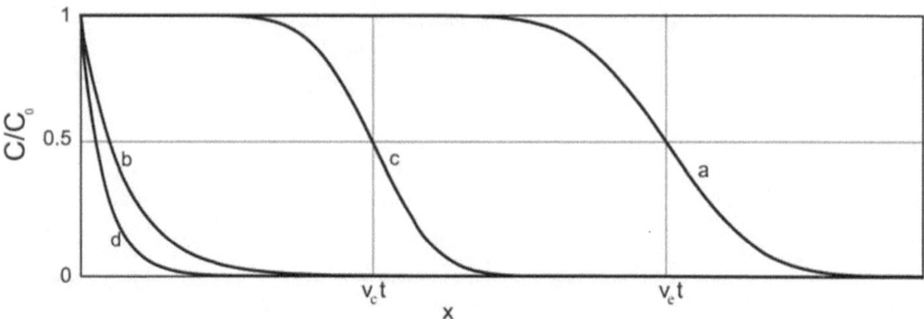

Fig. 14.3. Distribuzione di concentrazione di contaminanti soggetti a propagazione unidirezionale a seguito di un'immissione continua con concentrazione costante in $x = 0$: a) contaminante di tipo conservativo o non reattivo; b) contaminante soggetto a degradazione naturale; c) contaminante soggetto ad adsorbimento; d) contaminante soggetto sia a degradazione naturale sia ad adsorbimento

La soluzione analitica in regime transitorio della (14.6) di fatto coincide con la (14.2), salvo la sostituzione di v_e con $v_c = \frac{v_e}{R}$:

$$\frac{C(x,t)}{C_0} = \frac{1}{2} \exp\left[\frac{v_e x}{2D_x}(1 - U)\right] erfc\left(\frac{Rx - Uv_e t}{2\sqrt{D_x Rt}}\right) +$$
$$+ \frac{1}{2} \exp\left[\frac{v_e x}{2D_x}(1 + U)\right] erfc\left(\frac{Rx + Uv_e t}{2\sqrt{D_x Rt}}\right) \tag{14.7}$$

dove: $U = \sqrt{1 + \frac{4\lambda D_x}{v_e^2}}$, mentre la soluzione stazionaria vale:

$$C(x)/C_0 = \left[\frac{xv_e}{2D_x}(1 - U)\right]. \tag{14.8}$$

La Fig. 14.3 illustra il comportamento di un soluto soggetto a degradazione naturale e adsorbimento rispetto a un soluto conservativo.

14.1.2 Immissione impulsiva

Se si considera un soluto soggetto sia a degradazione naturale sia ad adsorbimento, la soluzione dell'equazione (14.6) per un'immissione impulsiva è:

$$C(x,t) = \frac{Me^{-\lambda t}}{\sqrt{4\pi D_x t}} \exp\left[-\frac{(x - v_c t)^2}{4D_x t}\right]. \tag{14.9}$$

La Fig. 14.4 illustra la distribuzione di un soluto reattivo rispetto a uno conservativo.

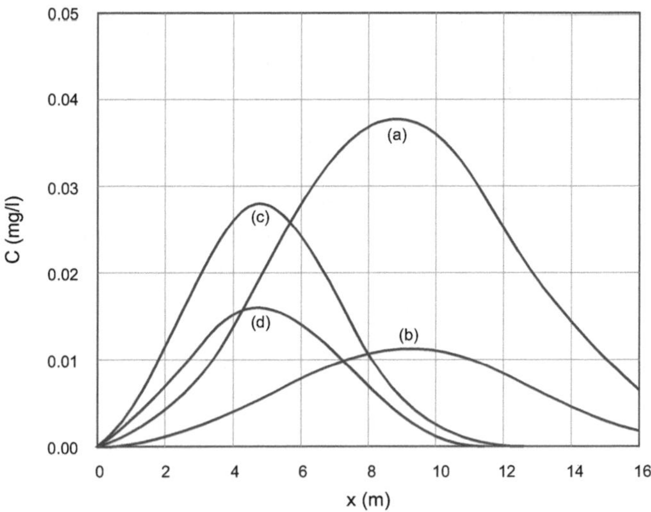

Fig. 14.4. Distribuzione di concentrazione di contaminanti soggetti a propagazione unidirezionale a seguito di un'immissione impulsiva: a) contaminante di tipo conservativo o non reattivo; b) contaminante soggetto a degradazione naturale; c) contaminante soggetto ad adsorbimento; d) contaminante soggetto sia a degradazione naturale sia ad adsorbimento (modificata da [51])

14.2 Geometria tridimensionale

La geometria tridimensionale è quella che rispecchia i fenomeni reali di propagazione dei contaminanti. L'equazione differenziale è:

$$D_x \frac{\partial^2 C}{\partial x^2} + D_y \frac{\partial^2 C}{\partial y^2} + D_z \frac{\partial^2 C}{\partial z^2} - v_e \frac{\partial C}{\partial x} - \lambda C = R \frac{\partial C}{\partial t}. \tag{14.10}$$

Così come per i soluti conservativi, anche in questo caso sono due le soluzioni analitiche d'interesse nelle applicazioni pratiche.

14.2.1 Sorgente puntuale, immissione istantanea (o impulsiva)

La soluzione generale della (15.11) è dovuta a Baetslè [10]:

$$C(x,y,z,t) = \frac{C_0\, V_0}{8(\pi t)^{3/2} n_e \left(\frac{D_x D_y D_z}{R} \right)^{1/2}} \cdot$$

$$\cdot \exp\left[-\frac{\lambda}{R} t - \frac{(Rx - v_e t)^2}{4 D_x R \cdot t} - \frac{R y^2}{4 D_y \cdot t} - \frac{R z^2}{4 D_z \cdot t} \right]. \tag{14.11}$$

Nella precedente equazione:

- $C_0 V_0$ M massa rilasciata istantaneamente,
- λ fattore di degradazione naturale.

Per $R = 1$ e $\lambda = 0$ la (14.11) coincide con la (13.16) valida per soluti conservativi.

Il picco di concentrazione, vedasi Fig. 13.8, si avrà sempre al centro della "nuvola" o del "plume" di contaminante, che avrà coordinate:

$$x = v_c t = \frac{v_e}{R} t,$$

$$y = 0,$$

$$z = 0,$$

e sarà pari a:

$$C_{\max} = \frac{C_0 V_0 e^{-\lambda t}}{8 \left(\pi t\right)^{3/2} \left(D_x D_y D_z\right)^{1/2}}. \tag{14.12}$$

14.2.2 Sorgente areale, immissione continua

In questo caso la soluzione generale della (14.10) è dovuta a Domenico [46]:

$$\frac{C\left(x,y,z,t\right)}{C_0} = \frac{1}{8} \exp\left[\left(\frac{v_e x}{2D_x}\right)(1 - U)\right] erfc\left[\frac{Rx - v_e t}{2\sqrt{D_x R t}}\right] \cdot$$

$$\cdot \left\{ erf\left[\frac{y + \frac{Y}{2}}{2\sqrt{\frac{D_y x}{v_e}}}\right] - e\, rf\left[\frac{y - \frac{Y}{2}}{2\sqrt{\frac{D_y x}{v_e}}}\right]\right\} \cdot$$

$$\cdot \left\{ erf\left[\frac{z + Z}{2\sqrt{\frac{D_z x}{v_e}}}\right] - e\, rf\left[\frac{z - Z}{2\sqrt{\frac{D_z x}{v_e}}}\right]\right\}, \tag{14.13}$$

dove $U = \sqrt{1 + \frac{4\lambda D_x}{v_e^2}}$. Il valore più elevato di concentrazione si avrà lungo l'asse x, ponendo $y = 0$ e $z = 0$ nella precedente equazione ed ottenendo:

$$\frac{C(x,y,z,t)}{C_0} = \frac{1}{4} \exp\left[\left(\frac{v_e x}{2D_x}\right)(1 - U)\right] erfc\left[\frac{Rx - v_e t}{2\sqrt{D_x R t}}\right] \cdot \left\{ erf\left[\frac{Y}{4\sqrt{\frac{D_y x}{v_e}}}\right]\right\}$$

$$\cdot \left\{ erf\left[\frac{z + Z}{2\sqrt{\frac{D_z x}{v_e}}}\right] - erf\left[\frac{z - Z}{2\sqrt{\frac{D_z x}{v_e}}}\right]\right\}. \tag{14.14}$$

La soluzione stazionaria si ha quando l'argomento β della funzione $erfc$ raggiunge il valore $-2\,(erfc\,(-2)=2)$:

$$\frac{C\,(x,y,z)}{C_0} = \frac{1}{2}\exp\left[\left(\frac{v_e x}{2D_x}\right)(1-U)\right] \cdot \left\{erf\left[\frac{Y}{4\sqrt{\frac{D_y x}{v_e}}}\right]\right\} \cdot$$

$$\cdot \left\{erf\left[\frac{Z}{2\sqrt{\frac{D_z x}{v_e}}}\right]\right\} \tag{14.15}$$

che è l'equazione utilizzata nella procedura di analisi di rischio sanitario ambientale.

Propagazione delle sostanze non miscibili

Nei capitoli precedenti sono state prese in esame le soluzioni analitiche che consentono di studiare la propagazione nelle acque sotterranee di contaminanti miscibili con l'acqua di falda, sia di tipo conservativo sia di tipo reattivo.

In alcuni casi, tuttavia, le risorse idriche risultano contaminate da sostanze non miscibili con l'acqua; si tratta di sostanze organiche, spesso presenti in miscele multicomponenti: gli idrocarburi e i solventi organoclorurati ne rappresentano un tipico esempio, vedasi Capitolo 10.

Tutti questi composti vengono compresi nel termine generico NAPL (Non Aqueous Phase Liquids); essi mostrano comportamenti e proprietà che sono diversi dai contaminanti solubili (traccianti), che sono completamente miscibili con l'acqua di falda.

15.1 Proprietà dei sistemi multifase solido-liquido

La comprensione di un processo di contaminazione delle risorse idriche da parte di NAPL è molto più complessa di un analogo processo imputabile a contaminanti perfettamente miscibili. Essa presuppone, oltre alla conoscenza delle proprietà del contaminante, anche quella di alcuni concetti fondamentali connessi al comportamento dei sistemi multifase nei sistemi acquiferi. Tali concetti di base sono:

- bagnabilità;
- tensione interfacciale e pressioni capillari;
- permeabilità effettiva e relativa;
- fenomeni di drenaggio e d'imbibizione.

15.1.1 Bagnabilità

In un mezzo poroso, nel quale siano presenti più fasi fra loro non miscibili, è necessario considerare le forze che nascono lungo le superfici di separazione

Di Molfetta A., Sethi R.: Ingegneria degli acquiferi.
DOI 10.1007/978-88-470-1851-8_15, © Springer-Verlag Italia 2012

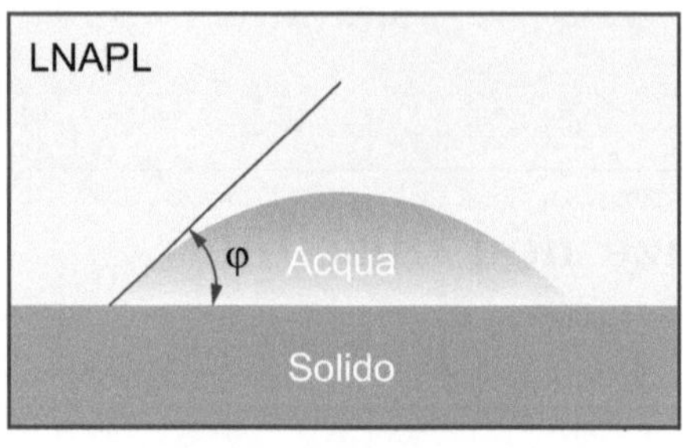

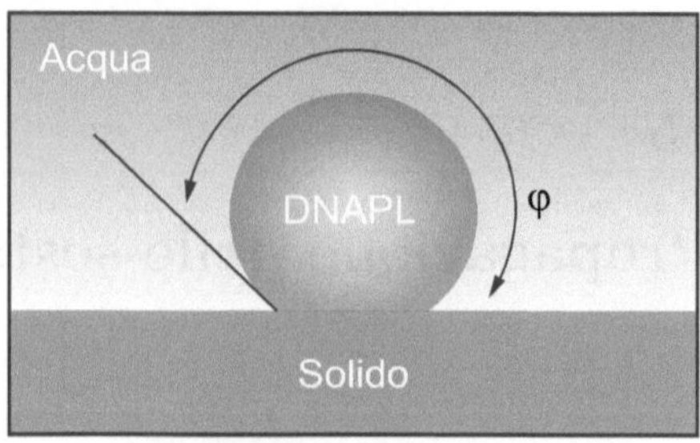

Sistema acqua-LNAPL
$\varphi < 70°$
L'acqua è il fluido bagnante

Sistema acqua-DNAPL
$\varphi > 110°$
Il DNAPL è il fluido non bagnante

Fig. 15.1. Configurazioni di bagnabilità per un NAPL

(interfaccia) fra fluido e fluido e fra fluido e fase solida (i grani costituenti l'acquifero).

Si definisce **bagnabilità** la tendenza di un fluido ad essere attratto da una superficie solida in presenza di un altro fluido non miscibile. La misura della bagnabilità è l'angolo di contatto φ misurato, all'interno del fluido in esame, tra la tangente alla superficie di separazione tra i due fluidi e la superficie del solido. Si dice che il fluido bagna la roccia se $\varphi < 90°$ (bagnabilità completa per $\varphi = 0$), mentre rappresenta la fase "non bagnante" se $\varphi > 90°$, vedasi Fig. 15.1.

La bagnabilità è una proprietà del particolare sistema roccia-fluidi; comunque alcune generalizzazioni sono possibili:

- l'acqua è sempre il fluido bagnante rispetto ad un NAPL o all'aria su grani solidi di origine minerale;
- un NAPL è la fase bagnante in presenza di aria, mentre è la fase non bagnante in presenza di acqua;
- alcuni contaminanti non miscibili si comportano come fase bagnante in presenza di materia organica (torba, humus) sia rispetto all'acqua, che all'aria;
- le caratteristiche di bagnabilità di molti contaminanti organici restano ancora alquanto incerte.

15.1.2 Tensione interfacciale e pressioni capillari

Le forze agenti in corrispondenza delle superfici di separazione tra le varie fasi esprimono le azioni molecolari e prendono il nome di forze capillari, perché una delle manifestazioni più evidenti della loro esistenza è data dal comportamento di un fluido in un tubo capillare.

Si ricorda che una delle proprietà caratteristiche di ciascun fluido è la tensione superficiale, definita come la forza necessaria per tenere combacianti i lembi di un taglio ideale di lunghezza unitaria fatto nella superficie di un liquido. Il termine di *tensione superficiale*, che esprime la tendenza del fluido a ridurre l'area di contatto, è comunque generalmente riservato al liquido in contatto col suo vapore o praticamente con l'aria. La tensione superficiale dell'acqua (in un sistema multifase acqua-aria) vale 0.0726 N/m.

Quando si hanno superfici di separazione tra due o più liquidi, oppure tra liquido e solido, si parla di *tensione interfacciale* (σ). La tensione interfacciale acqua-idrocarburi è dell'ordine di 0.03 N/m; il range di variazione per la maggior parte dei NAPL è compreso fra 0.015 e 0.050 N/m.

Si definisce *pressione capillare* la differenza di pressione esistente lungo l'interfaccia (superficie di separazione) fra due fluidi: in particolare, la differenza fra la pressione misurata nella fase non bagnante e la pressione misurata nella fase bagnante:

$$p_c = p_{nw} - p_w. \tag{15.1}$$

Se si considera un tubo capillare di raggio r, la legge di Laplace-Plateau definisce il valore della pressione capillare attraverso la relazione:

$$p_c = \frac{2\sigma \cos\varphi}{r}. \tag{15.2}$$

La pressione capillare è una misura della tendenza di un mezzo poroso a lasciarsi imbibire dalla fase bagnante o a respingere la fase non bagnante [13]; essa può essere intesa come la pressione richiesta per trasferire una particella di fluido non bagnante in un poro riempito dal fluido bagnante. Poiché ovviamente la resistenza opposta è tanto maggiore quanto minore è la dimensione del poro considerato (r), la fase non bagnante tenderà preferibilmente a muoversi nelle zone più permeabili di un sistema acquifero.

15.1.3 Permeabilità effettiva e relativa

La legge di Darcy regola il flusso in un mezzo poroso, in condizioni di moto laminare, di un unico fluido non reagente, sufficientemente denso e saturante completamente il mezzo poroso:

$$\mathbf{v} = -\frac{k}{\mu}(\boldsymbol{\nabla}p + g\rho\boldsymbol{\nabla}z), \tag{15.3}$$

essendo $\mathbf{v}$ la velocità di filtrazione del fluido, k (dimensionalmente L^2) la permeabilità assoluta (o intrinseca) del mezzo poroso, μ e ρ la viscosità dinamica e la densità del fluido e avendo assunto l'asse z rivolto verso l'alto.

Purché siano rispettate le suddette ipotesi, ne consegue che la permeabilità assoluta è una proprietà dipendente unicamente dal mezzo poroso, vedasi paragrafo 1.5.

Quando nei processi di contaminazione si verificano le condizioni per cui l'acquifero è saturato con più fasi fra di loro non miscibili, nasce l'esigenza di generalizzare la legge di Darcy per tener conto del flusso multifase.

Se di un generico fluido la saturazione è inferiore all'unità, allora il mezzo poroso ha per esso un valore effettivo di permeabilità (*permeabilità effettiva*) che è minore della permeabilità assoluta e dipende dal valore delle saturazioni dei fluidi presenti. La permeabilità effettiva, nel caso in cui siano compresenti due o più fluidi immiscibili, risulta essere sempre minore della permeabilità assoluta k.

Il flusso contemporaneo delle diverse fasi avverrà con portate definite ancora dall'equazione di Darcy, ma nella seguente forma generalizzata:

$$\mathbf{v}_i = -\frac{k_i}{\mu_i}\left(\boldsymbol{\nabla}p_i + g\rho_i\boldsymbol{\nabla}z\right), \qquad (15.4)$$

essendo $\mathbf{v}_i$ la velocità di filtrazione riferita alla i-esima fase, k_i (dimensionalmente L^2) la permeabilità effettiva della i-esima fase, μ_i e ρ_i la viscosità dinamica e la densità correspondenti.

Le permeabilità effettive hanno una grande variabilità date le infinite combinazioni di saturazioni possibili fra le diverse fasi; per maggiore semplicità, pertanto, ci si riferisce ai valori di permeabilità relativa.

Si definisce *permeabilità relativa* ad un dato fluido il rapporto tra la permeabilità effettiva al fluido considerato e la permeabilità assoluta del mezzo in cui avviene il flusso:

$$k_{r,i} = \frac{k_i}{k}. \qquad (15.5)$$

Pertanto anche le permeabilità relative, come quelle effettive, sono una funzione non lineare delle saturazioni ed il loro valore varia tra 0 ed un valore limite inferiore all'unità: esse rappresentano il rapporto fra la portata del fluido considerato alla generica saturazione e la portata che si avrebbe nello stesso mezzo poroso se la saturazione fosse unitaria.

L'andamento delle permeabilità relative in funzione della saturazione è rappresentato in Fig. 15.2.

L'esame delle curve suggerisce le seguenti osservazioni:

- Per ciascuna delle due fasi si definisce una saturazione residua o di soglia, al di sotto della quale non vi è flusso e la permeabilità effettiva (e quindi anche quella relativa) è nulla. Le due saturazioni limite sono chiamate saturazione residua della (nella) fase bagnante e, rispettivamente, della (nella) fase non bagnante.

- Per la fase bagnante, al di sotto del valore di equilibrio si parla di saturazioni anulari (o pendolari), in quanto il fluido bagna la roccia sotto forma di anelli interstiziali non collegati fra loro; per valori maggiori di quello di equilibrio si parla di saturazioni funicolari, in quanto i vari anelli si uniscono, acquistano continuità di fase e fluiscono.

- Analogamente per la fase non bagnante: per valori inferiori a quello di equilibrio si parla di saturazioni insulari, in quanto il fluido è suddiviso in bolle che non hanno continuità di fase e non possono fluire attraverso le strozzature dei pori; per valori superiori a quello di equilibrio si parla ancora di saturazioni funicolari.

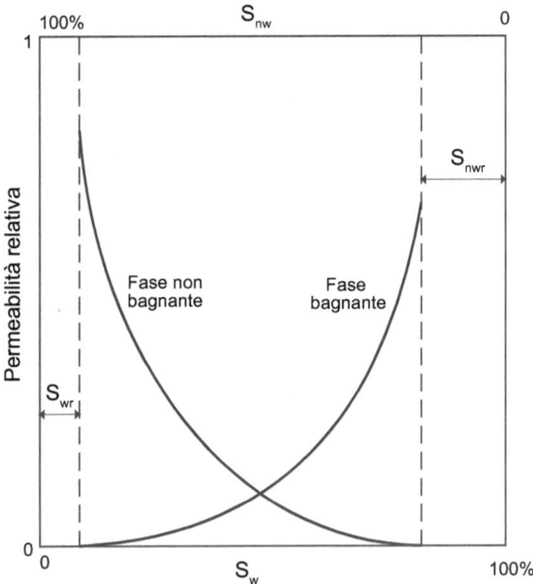

Fig. 15.2. Andamento delle permeabilità relative in un sistema multifase in funzione della saturazione nei fluidi

- La somma delle permeabilità relative corrispondenti ad una generica situazione di flusso contemporaneo delle due fasi è minore di uno: cioè, il flusso di una fase riduce la capacità di flusso dell'altra.

La saturazione residua di un NAPL varia nella zona non satura tra 0.1 e 0.2, mentre nella zona satura tra 0.1 e 0.5.

15.1.4 Imbibizione e drenaggio

Imbibizione e drenaggio sono i processi dinamici per mezzo dei quali un fluido spiazza (ovvero sostituisce) un altro in un mezzo poroso: *imbibizione* è il processo in base al quale il fluido bagnante spiazza il fluido non bagnante (l'acqua che percola nella zona non satura); *drenaggio* è il processo in base al quale il fluido non bagnante spiazza il fluido bagnante (penetrazione di un NAPL in un acquifero).

Il drenaggio inizia in corrispondenza di una saturazione nella fase bagnante pari al 100% ovvero ad un acquifero saturo, non contaminato (Fig. 15.3, curva di drenaggio primaria). Perché una particella di DNAPL possa spiazzare l'acqua, deve essere superata una pressione capillare di soglia, il cui valore è tanto maggiore quanto minore è la permeabilità dell'acquifero (r diminuisce). Man mano che la saturazione in acqua diminuisce, la pressione capillare aumenta e così la pressione necessaria per effettuare lo spiazzamento in pori di dimensione via via decrescente. Quando la pressione capillare diviene trop-

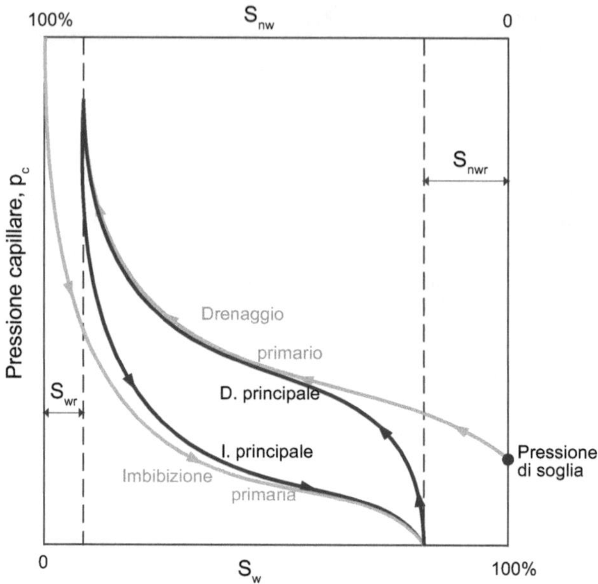

Fig. 15.3. Curve delle pressioni capillari durante i processi di drenaggio e di imbibizione in un sistema multifase

po elevata, il processo di drenaggio (e quindi di contaminazione) cessa: non tutta l'acqua è stata sostituita e la saturazione in acqua, cui il processo di spiazzamento termina, si definisce "saturazione in acqua residua" o "saturazione nella fase bagnante residua" S_{wr} o "saturazione in acqua irriducibile" (in campo petrolifero). Per questo valore di saturazione, p_c tende a infinito.

Il processo di imbibizione inizia con la saturazione nel fluido non bagnante che comincia lentamente a diminuire (Fig. 15.3, curva di imbibizione principale). Ma, come si può osservare, la curva di imbibizione non segue quella di drenaggio; tale scostamento si definisce isteresi. Quando la pressione capillare ha raggiunto il valore zero, non tutto il DNAPL è stato spiazzato: una certa quantità è rimasta definitivamente intrappolata nel mezzo poroso, secondo un valore di saturazione residua nella fase non bagnante S_{nwr}. Un ulteriore processo di drenaggio fa muovere il sistema lungo la cosiddetta curva di drenaggio principale che si distingue da quella primaria per il fatto che l'acquifero si presenta ora contaminato dal NAPL. All'interno delle due curve di drenaggio e di imbibizione principale si trova il campo di esistenza dei percorsi corrispondenti a valori di saturazioni intermedie tra quelle residue delle singole fasi.

15.2 Modelli qualitativi di comportamento di NAPL nel sottosuolo

Si consideri un rilascio di NAPL sulla superficie del terreno o nell'immediato sottosuolo. Con il tempo, il prodotto percola verso il basso, spinto dalla forza di gravità, attraverso la zona non satura verso la tavola d'acqua.

L'acqua presente nella zona non satura è la fase bagnante, l'aria e il NAPL sono le fasi non bagnanti; il NAPL è bagnante rispetto all'aria nei riguardi della pellicola d'acqua presente intorno ai grani della roccia.

Superata la pressione di soglia, il NAPL si muove di poro in poro spiazzando l'aria (o, più generalmente, i gas interstiziali) e la parte di acqua presente al centro dei pori; non riesce invece a spiazzare la pellicola d'acqua che contorna la superficie dei grani. Questo processo può proseguire fino a quando la saturazione in NAPL non raggiunge il valore residuo S_{nwr}.

Se la sorgente contaminante non è continua, il volume di prodotto libero progressivamente diminuisce, in quanto una parte è rimasta bloccata come S_{nwr} nei pori già spiazzati. Se il rilascio è stato relativamente piccolo, la percolazione nella zona non satura può arrestarsi anche prima di giungere sulla tavola d'acqua, nell'ipotesi che tutto il volume rilasciato raggiunga il valore di S_{nwr}.

Nel suo movimento di percolazione verso il basso, il NAPL tende anche ad allargarsi trasversalmente per l'azione di contrasto delle pressioni capillari e per la presenza di piccoli livelli a minore conducibilità idraulica.

Se invece il volume del rilascio è tale per cui il contaminante raggiunge comunque la frangia capillare e la tavola d'acqua, bisogna distinguere il comportamento in relazione al valore della densità.

15.2.1 Comportamento dei LNAPL

Quando un LNAPL raggiunge la frangia capillare, incontra una situazione in cui la saturazione in acqua aumenta progressivamente fino a raggiungere il valore unitario sulla tavola d'acqua e, conseguentemente, la permeabilità relativa al LNAPL diminuisce progressivamente. In queste condizioni, le forze di galleggiamento diventano importanti e i fluidi meno densi (benzine, kerosene, BTEX ed altri combustibili) tendono a galleggiare sulla tavola d'acqua.

Bisogna usare cautela nel valutare lo spessore del prodotto libero presente sulla tavola d'acqua: un eventuale piezometro o pozzo di monitoraggio, infatti, fornisce uno spessore apparente da due a quattro volte superiore. Ciò è dovuto al fatto che in pozzo non sono presenti i fenomeni capillari e, quindi, il LNAPL si disporrà in corrispondenza della tavola d'acqua o, addirittura, più in basso se lo spessore di LNAPL è tale da esercitare un carico idraulico apprezzabile.

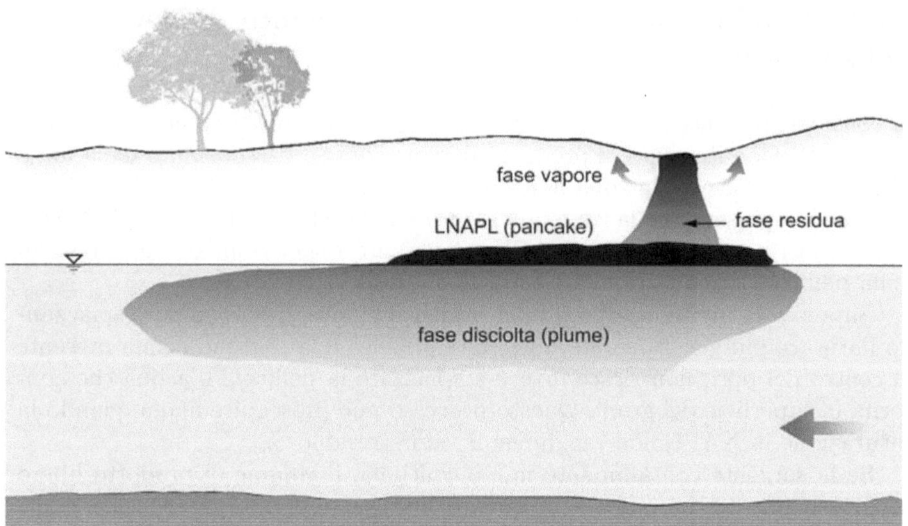

Fig. 15.4. Comportamento di un LNAPL nel sottosuolo

Hampton e Miller [58] hanno proposto una formula approssimata per il calcolo del vero spessore di LNAPL h_v, a partire da quello misurato in pozzo h_w:

$$h_v = h_w \frac{\rho_w - \rho_{LNAPL}}{\rho_{LNAPL}}. \tag{15.6}$$

Alcuni recenti studi hanno dimostrato che questa schematizzazione è alquanto imprecisa e che in effetti il LNAPL è distribuito lungo la frangia capillare; l'esecuzione di log dielettrici in situ può contribuire a definire meglio la distribuzione della fase non miscibile.

Sulla verticale del rilascio i LNAPL si posano sulla tavola d'acqua assumendo una tipica configurazione ("pancake") che interessa la frangia capillare e il top della zona satura. Come si vede in Fig. 15.4, il pancake interessa anche la zona a monte, pur se il maggior sviluppo si ha, ovviamente, verso valle nella direzione di flusso della falda idrica.

Il flusso dell'acqua a contatto con i LNAPL porta in soluzione le frazioni solubili della miscela, formando un plume che si sviluppa nella direzione di flusso. Tra le componenti che passano – sia pure parzialmente – in soluzione vanno annoverati i BTEX, che rappresentano un notevole rischio per la salute umana.

La configurazione che può assumere la contaminazione dipende molto dalle modalità del rilascio. Il rilascio di un considerevole volume di LNAPL in un tempo breve determina una rapida percolazione con fenomeni di migrazione laterale considerevoli, che danno luogo alla formazione di un cono rovesciato, in cui il prodotto è presente alla saturazione residua. Inoltre, quando un volume considerevole di LNAPL raggiunge in breve tempo la frangia capillare, deprime la tavola d'acqua; l'estensione della depressione dipende dalla quantità di prodotto e dalla sua densità. In ogni caso, il prodotto è soprattutto disperso nella frangia capillare, ove si muove fino a raggiungere la saturazione residua, in corrispondenza della quale cessa il movimento in quanto si raggiunge la permeabilità relativa uguale a zero.

Per contro, quando si hanno piccoli rilasci distribuiti nel tempo, il contaminante si muove principalmente lungo le vie a maggior permeabilità; sia l'estensione della dispersione laterale, sia il volume di prodotto immobilizzato alla saturazione residua sono considerevolmente minori; ne consegue che la maggior parte del rilascio raggiunge la tavola d'acqua.

15.2.2 Comportamento dei DNAPL

I DNAPL si caratterizzano per la loro maggiore densità rispetto all'acqua. Il loro movimento nella zona non satura è caratterizzato da una minore dispersione laterale rispetto ai LNAPL, a meno che s'incontrino dei livelli a ridotta permeabilità. Una volta raggiunta la tavola d'acqua, tendono a spiazzare l'acqua per effetto della loro maggiore densità. Se il volume del rilascio è rilevante o se l'alimentazione è continua, essi possono interessare tutto lo spessore saturo dell'acquifero, andandosi ad accumulare sul substrato impermeabile di fondo. Raggiunta la base dell'acquifero, tendono a muoversi secondo la pendenza topografica del substrato, che può non coincidere con la direzione di flusso dell'acqua. Nella frangia capillare e nell'acquifero si ha dispersione laterale fino al raggiungimento della saturazione residua (Fig. 15.5).

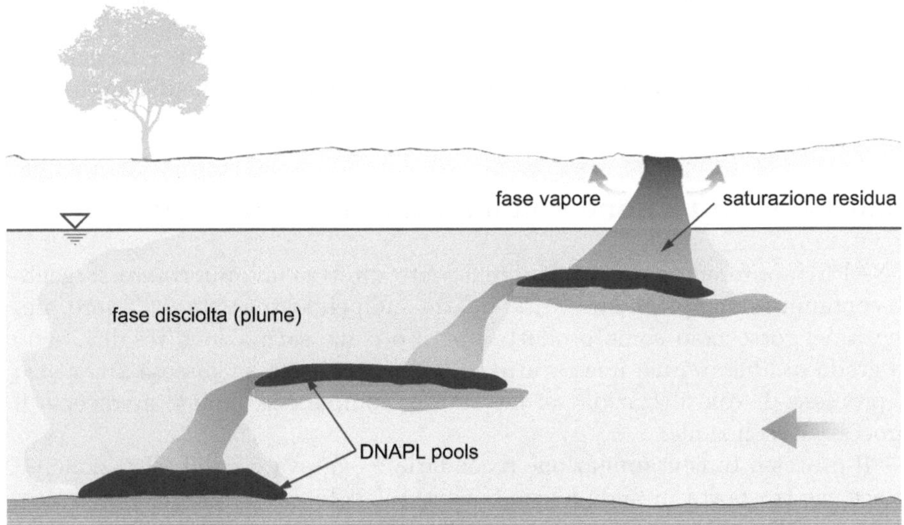

Fig. 15.5. Comportamento di un DNAPL nel sottosuolo nel caso in cui il volume di rilascio sia rilevante e l'alimentazione continua

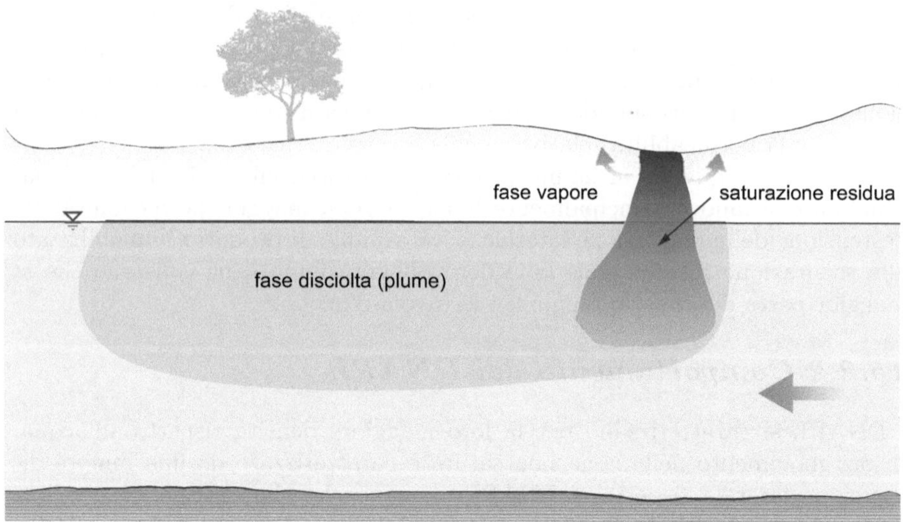

Fig. 15.6. Comportamento di un DNAPL nel caso in cui il volume di rilascio sia piccolo

Queste zone a saturazione residua, così come per il caso dei LNA-PL, rappresentano però una sorgente permanente di contaminanti disciolti nell'acqua.

Se invece il volume di DNAPL è limitato e manca l'alimentazione continua, il prodotto può non raggiungere la base dell'acquifero, ma arrestarsi ad una certa profondità, una volta raggiunto il valore di saturazione residua. La Fig. 15.6 schematizza tale situazione.

La configurazione finale di una contaminazione da DNAPL è fortemente condizionata dal grado di eterogeneità dell'acquifero, oltre che dall'entità del rilascio.

15.3 Contaminazione secondaria dovuta ai NAPL

I NAPL rappresentano, oltre che una fonte diretta, un'importante sorgente di contaminazione secondaria. Essi infatti, indipendentemente dalla loro presenza nel sottosuolo come prodotto libero o come saturazione residua, sono in grado di liberare, nel non saturo, componenti allo stato gassoso attraverso il processo di volatilizzazione e, nel saturo, componenti liquide attraverso il processo di soluzione.

Il processo di contaminazione secondaria è aggravato dall'infiltrazione efficace che trasporta in falda le componenti più solubili del prodotto sversato, presenti nella zona non satura.

Anche se in assoluto la solubilità di queste sostanze non è elevata, vedasi Tabella 10.4, bisogna tener conto che essa è estremamente più elevata dei limiti di accettabilità nelle acque destinate al consumo umano, che sono bassissimi e si misurano in $\mu g/l$.

La frazione solubile di un NAPL si comporta come un contaminante miscibile con l'acqua ed è perciò soggetta ai fenomeni idrologici, chimico-fisici e biologici descritti nel Capitolo 11. Ne consegue che le caratteristiche e le dimensioni del plume che si forma dipendono dalle caratteristiche dell'acquifero e del contaminante.

15.4 Approccio quantitativo

Dopo aver evidenziato i numerosi fattori che influenzano l'evoluzione di un processo di contaminazione da NAPL, si può far riferimento ad un modello geologico semplificato (mezzo omogeneo e isotropo) per dedurre alcune relazioni quantitative che consentono di risolvere qualche semplice problema relativo ad un processo di contaminazione da sostanze non miscibili con l'acqua di falda.

15.4.1 Caratterizzazione geometrico-temporale

Alcune semplici relazioni caratterizzano da un punto di vista geometrico e temporale una contaminazione da NAPL. Se si indica con V_{spill} il volume del NAPL rilasciato e con S_{nwr} la sua saturazione residua, il volume di acquifero interessato dalla contaminazione allo stato residuo vale:

$$V_{res} = \frac{V_{spill}}{n S_{nwr}}, \tag{15.7}$$

e la profondità dell'acquifero contaminato:

$$L = \frac{V_{res}}{A}, \tag{15.8}$$

avendo indicato con A la superficie interessata dal rilascio.

Il tempo richiesto per dissolvere un accumulo di DNAPL di massa M presente nel mezzo saturo con concentrazione C vale:

$$t = \frac{M}{v_e n_e C A_{tras}} \tag{15.9}$$

essendo A_{tras} la sezione del DNAPL misurata trasversalmente alla direzione di flusso dell'acqua di falda.

15.4.2 Distribuzione della massa di un NAPL

Un processo di contaminazione da NAPL avrà come effetto primario e secondario la distribuzione della massa del contaminante (o dei contaminanti) in fasi diverse.

Nella zona non satura potranno essere presenti quattro fasi diverse: NAPL allo stato puro (come prodotto libero o saturazione residua), disciolto nell'acqua presente nella zona vadosa, allo stato di vapore e adsorbito sulla superficie dei grani costituenti la formazione geologica.

Nella zona satura saranno presenti, invece, tre fasi diverse: NAPL allo stato puro, disciolto nell'acqua e adsorbito sul solido.

La distribuzione della massa fra queste diverse fasi dipende dai parametri in grado di condizionare i processi di volatilizzazione, soluzione e ritenzione.

15.4.2.1 Distribuzione nel non saturo

La massa di NAPL contenuta in soluzione nella fase acqua è data dal prodotto della solubilità effettiva s_e per il volume di acqua presente nella zona non satura:

$$M_w = s_e \cdot S_{wr} V_v = s_e \cdot S_{wr} \cdot n V_b, \tag{15.10}$$

essendo S_{wr} la saturazione residua in acqua.

Ne consegue che la massa per unità di volume vale:

$$\frac{M_w}{V_b} = s_e \cdot S_{wr} \cdot n = s_e \cdot \theta_{wr}, \tag{15.11}$$

essendo θ_{wr} il contenuto o tenore d'acqua residuo.

La massa adsorbita sulla superficie del solido vale:

$$M_s = K_d \cdot C_w \left(\rho_b \cdot V_b \right), \tag{15.12}$$

e conseguentemente la massa per unità di volume:

$$\frac{M_s}{V_b} = \rho_b \cdot K_d \cdot C_w = \rho_b K_{oc} f_{oc} C_w. \tag{15.13}$$

Quando è presente NAPL allo stato puro, in luogo della concentrazione in soluzione C_w, si deve sostituire la sua solubilità effettiva s_e.

La massa di NAPL presente allo stato puro è data ovviamente dal prodotto della sua densità ρ_N per il volume di prodotto V_N; ne consegue che:

$$M_N = \rho_N \cdot V_N = \rho_N \cdot S_{nwr} \cdot n V_b, \tag{15.14}$$

e quindi la massa per unità di volume vale:

$$\frac{M_N}{V_b} = \rho_N \cdot S_{nwr} \cdot n = \rho_N \cdot \theta_{nwr}, \tag{15.15}$$

essendo θ_{nwr} il contenuto o tenore di NAPL residuo.

Infine, la massa di NAPL presente in fase gassosa è data dal prodotto del peso molecolare P_{mol} per il numero di moli N_{mol} presenti nel volume considerato:

$$M_g = N_{mol} \cdot P_{mol} = \frac{p_v V_b \theta_a}{z \cdot RT} \cdot P_{mol}, \tag{15.16}$$

per cui la massa per unità di volume vale:

$$\frac{M_g}{V_b} = \frac{p_v \theta_a}{RT} \cdot P_{mol}, \tag{15.17}$$

avendo assunto $z = 1$ a pressione prossima a quella atmosferica.

Se si applicano le formule precedenti ad un caso pratico, ci si accorge che la maggior parte della massa si trova allo stato puro come saturazione residua e, in misura sensibilmente inferiore, adsorbita sul solido.

Ciò è negativo in quanto sono le due forme più difficilmente bonificabili, mentre sarebbe più facile eliminare i vapori (mediante estrazione) e la parte disciolta (mediante pompaggio o altre tecniche).

15.4.2.2 Distribuzione nel saturo

Quando un DNAPL penetra nell'acquifero, la sua massa si distribuisce fra tre fasi: la fase pura, la fase disciolta in acqua e la fase adsorbita sulla superficie del solido:

$$\frac{M_N}{V_b} = \rho_N S_{nwr} n = \rho_N \theta_{nwr}, \tag{15.18}$$

$$\frac{M_w}{V_b} = C_w (1 - S_{nwr}) n = C_w (n - \theta_{nwr}), \tag{15.19}$$

$$\frac{M_s}{V_b} = \rho_b K_d C_w. \tag{15.20}$$

Rispetto al non saturo, solo la (15.19) è diversa.

Ovviamente, la massa totale è la somma delle masse nelle singole fasi.

15.5 Considerazioni conclusive

L'inquinamento delle falde idriche da NAPL è molto complesso da affrontare in quanto il contaminante è quasi sempre costituito da una miscela di molti componenti, ciascuno con un comportamento specifico che può differire sensibilmente da quello degli altri.

Sulla base del comportamento tipico dei sistemi multifase nei mezzi porosi (pressioni capillari, saturazioni residue, permeabilità relative), il NAPL resta intrappolato come saturazione residua sia nel mezzo non saturo, sia nel saturo. Questo è uno dei motivi per cui, in molte indagini in situ, il NAPL viene individuato con difficoltà.

In molti casi, la presenza di NAPL può essere confermata visivamente osservando se gli idrocarburi sono presenti in fase libera nei pozzi, in galleggiamento sull'acqua, o se impregnano carote prelevate nel terreno.

In altri casi, però, la presenza di NAPL è difficile da confermare perché gli idrocarburi intrappolati come saturazione residua nei pori del terreno non fluiscono nei pozzi di monitoraggio e sono difficili da osservare direttamente nelle carote. Anche la disponibilità di metodi di indagine indiretta (come, ad esempio, l'analisi delle concentrazioni nel terreno) non è in grado, in alcuni casi, di eliminare ogni dubbio.

La massa contaminante di NAPL presente come saturazione residua è usualmente molto più grande della massa presente nella forma disciolta a formare il classico "plume". Basti pensare che la concentrazione degli idrocarburi solubili si misura in parti per milione o miliardo di acqua ($1\,g$ di idrocarburi per 10^6 e $10^9\,g$ di acqua), mentre la fase NAPL residua viene definita come percentuale del volume poroso attraverso la saturazione.

L'importanza della fase disciolta è legata solo alla potenziale alta velocità di migrazione. Va per contro evidenziato che grosse quantità di NAPL nel sottosuolo possono vanificare qualsiasi tentativo di bonifica della falda, perché diventano sorgenti in grado di alimentare l'inquinamento della falda idrica per tempi lunghissimi attraverso il rilascio delle frazioni solubili.

D'altra parte, le forze capillari (legate alla non miscibilità dei fluidi) fanno sì che la rimozione di tutta la quantità di NAPL che è penetrata nel sottosuolo sia molto difficile o impossibile. Ad esempio, la coltivazione di un giacimento di olio lascia in posto usualmente due terzi delle riserve del giacimento; tecniche sofisticate di recupero assistito possono portare al recupero del $40 \div 70\%$ dell'olio, in condizioni operative ottimali. Questi valori sono accettabili nella coltivazione di un giacimento di olio, ma sono del tutto insufficienti in campo ambientale.

Per restituire alla destinazione potabile un acquifero contaminato da idrocarburi, bisognerebbe giungere alla rimozione di non meno del 99% di NAPL, dal momento che le concentrazioni massime consentite sono dell'ordine delle parti per miliardo.

Questo limite è sicuramente irraggiungibile con le tecniche convenzionali (pompaggio), ma forse anche con le tecniche più avanzate (biodegradazione). I risultati ottenibili sono comunque legati alla natura del terreno, alla tipologia dell'inquinamento, all'entità delle risorse disponibili, vedasi Capitolo 18.

Caratterizzazione della contaminazione

Nel presente capitolo viene fornito un contributo metodologico per la caratterizzazione della contaminazione nelle differenti matrici presenti nel sottosuolo, distinguendo tra mezzo non saturo, comprendente terreno, gas interstiziale ed acqua interstiziale e mezzo saturo, comprendente le acque di falda.

Non è superfluo ricordare che caratterizzare un sito contaminato significa determinare tutti gli elementi e i parametri necessari per:

- caratterizzare dal punto di vista fisico le matrici ambientali coinvolte (ad esempio, per la matrice acque sotterranee determinazione della tipologia idraulica e dei parametri idrodinamici dell'acquifero);
- caratterizzare la contaminazione (determinazione per ogni matrice ambientale della tipologia dell'inquinamento e della sua estensione).

Avendo già dedicato l'intero Capitolo 5 alla caratterizzazione dell'acquifero, il presente capitolo è incentrato sulla caratterizzazione della contaminazione. Tale operazione dovrebbe articolarsi nelle seguenti fasi:

- raccolta e sistemazione dei dati esistenti: durante la quale devono essere reperite tutte le informazioni relative al sito, alle lavorazioni eseguite, alle sostanze stoccate, ed agli ambienti circostanti;
- formulazione preliminare del modello concettuale: nel quale vengono descritte le caratteristiche specifiche del sito in termini di sorgenti della contaminazione, il grado ed estensione della contaminazione del suolo, del sottosuolo, delle acque superficiali e sotterranee del sito e dell'ambiente da questo influenzato, ed i percorsi di migrazione dalle sorgenti di contaminazione ai bersagli ambientali ed alla popolazione. Questa schematizzazione del sito è alla base di una corretta progettazione delle indagini di caratterizzazione e degli interventi di bonifica. In questa fase si richiede la formulazione preliminare del modello concettuale sulla base dei dati disponibili raccolti;
- progettazione ed esecuzione delle indagini finalizzate alla verifica, sulla base delle ipotesi formulate, dell'effettivo inquinamento generato dai sin-

Di Molfetta A., Sethi R.: Ingegneria degli acquiferi.
DOI 10.1007/978-88-470-1851-8_16, © Springer-Verlag Italia 2012

goli impianti, strutture e rifiuti stoccati alle diverse matrici ambientali; all'individuazione delle fonti di ogni contaminazione; alla definizione, ed integrazione dei dati relativi alle caratteristiche geologiche, idrogeologiche, pedologiche, idrologiche del sito e ad ogni altra componente ambientale rilevante per l'area interessata; alla definizione dell'estensione e delle caratteristiche dell'inquinamento del suolo, del sottosuolo, dei materiali di riporto, delle acque sotterranee e superficiali e delle altre matrici ambientali rilevanti.

16.1 Ubicazione dei punti di campionamento

Il numero e l'ubicazione dei punti di campionamento devono essere individuati in maniera da corrispondere agli obiettivi prefissati, primi fra tutti la definizione del grado e dell'estensione del fenomeno di inquinamento nelle diverse matrici ambientali.

I criteri con cui procedere all'ubicazione dei punti di campionamento possono essere classificati [49, 56] in:

- *Campionamento soggettivo basato sul modello concettuale preliminare (judgemental sampling)*. La scelta del numero e della distribuzione dei campioni è basata sulla conoscenza del sito oggetto di indagine, che ha consentito di formulare un modello concettuale preliminare, nonché sul giudizio professionale. Tale criterio può essere utilizzato sia come tecnica di campionamento vera e propria, sia come primo step in un piano di campionamento più complesso. La sua efficacia si rivela soprattutto nel caso in cui sia elevato il livello di conoscenza del sito in esame; presenta, invece, difficoltà quando applicato a situazioni complesse, o dove esistono scarse informazioni storiche su fatti pregressi.
- *Campionamento sistematico o su griglia regolare (systematic and regular grid sampling)*. Fissata casualmente la posizione del primo foro di sondaggio, si procede individuando una maglia regolarmente distribuita (Fig. 16.1). Una semplice indicazione per l'individuazione di una maglia di campionamento quadrata sul sito, consiste nella ricerca della distanza tra due linee successive della griglia. Tale distanza può, ad esempio, essere calcolata come:

$$G = \sqrt{A/n},$$

  nella quale: G è la distanza cercata, A è l'area del sito in esame, n è il numero di verticali di campionamento [32].
- *Campionamento casuale semplice (simple random sampling)*. L'ubicazione dei punti di campionamento viene determinata mediante l'estrazione casuale di numeri da una lista (Fig. 16.2). Tale metodo si rivela particolarmente adatto nei casi in cui la popolazione di interesse sia relativamente omogenea e possano essere esclusi punti ad elevata criticità (hot spots).

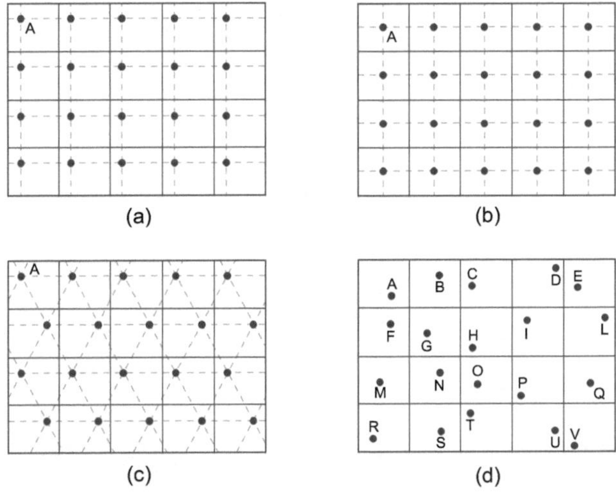

Fig. 16.1. Varie configurazioni di campionamento sistematico: a) griglia quadrata allineata; b) griglia quadrata centrata; c) griglia triangolare; d) griglia non allineata

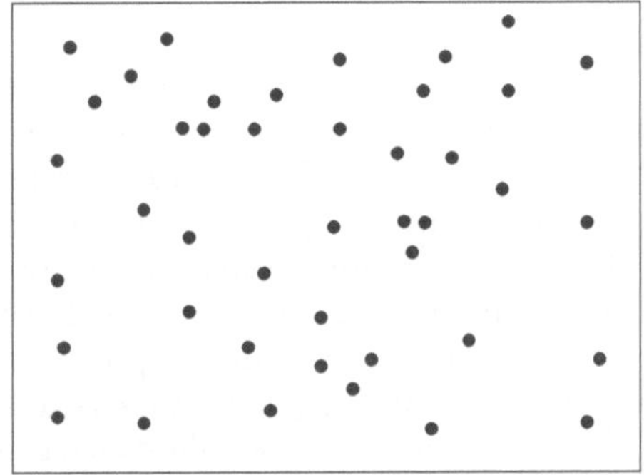

Fig. 16.2. Campionamento casuale semplice

- *Campionamento stratificato* (*stratified sampling*). Le unità di campionamento, ovvero il numero e la posizione dei campioni, vengono determinate dopo aver suddiviso la popolazione indagata in strati che non si sovrappongono o in sub-popolazioni che si ritiene siano caratterizzate da una maggiore omogeneità (Fig. 16.3). Un pregio del procedimento consiste nella strutturazione che esso introduce nell'indagine. Aspetti della strutturazione sono: la garanzia che il campionamento avvenga in zone omogenee e la riduzione delle variabili contemporaneamente esaminate. Tuttavia, la complessità di molti casi operativi non consente di realizzare la classificazione necessaria all'applicazione di uno *stratified sampling* che garantisca di individuare strati distinti e separati.

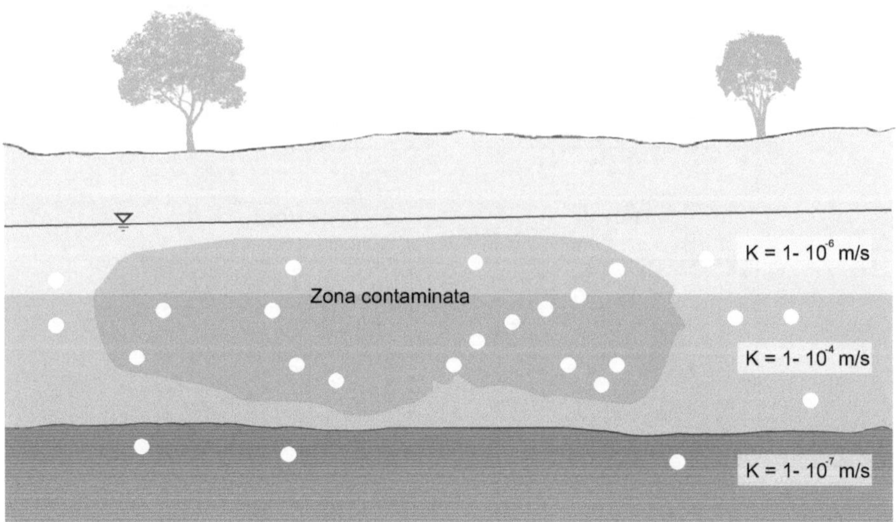

Fig. 16.3. Campionamento stratificato in base alla conducibilità idraulica del sistema acquifero

- *Campionamento combinato (ranked set sampling).* Combina il campionamento casuale semplice con le conoscenze ed il giudizio degli esperti, accrescendo la possibilità di selezionare campioni rappresentativi del fenomeno e riducendo il numero di campioni prelevati ed esaminati con metodi costosi, a vantaggio di campioni esaminati in situ con strumenti portatili e a bassi costi. Il primo step di applicazione consiste nell'isolare, sulla base del random sampling, m unità di campionamento prelevando ed esaminando, con procedure speditive, r campioni per unità selezionata. Gli r campioni vengono poi suddivisi in classi in base alla concentrazione. Selezionata una classe per ogni unità, si effettuano misure di precisione sul campione individuato al fine di stimare i parametri della popolazione da cui proviene.
- *Campionamento a cluster adattativo (adaptive cluster sampling).* A differenza del precedente metodo, è un sistema efficace ed economico per delineare la posizione dei plume di inquinamento. Ad esempio, sulla base dei risultati di un random sampling nel quale la dimensione del campione sia fissata, per ottenere con un certo margine di confidenza il valor medio della concentrazione di un determinato inquinante in un sito, l'adaptive cluster sampling prevede, in tornate di analisi successive, di meglio definire i valori di concentrazione che superino una prefissata soglia (Fig. 16.4).
- *Campionamento composito (composite sampling):* consiste nel combinare fisicamente diversi volumi di materiale campionato al fine di costruire un solo campione omogeneo. Tale metodo, che può essere usato solo nel caso in cui non si prevedano distorsioni delle misure (ad esempio perdita delle frazioni volatili di un inquinante) per effetto della miscelazione dei cam-

pioni, è consigliabile nei casi in cui i costi di analisi siano estremamente elevati se paragonati a quelli di campionamento. Questo metodo, che comporta la perdita delle informazioni relative alla distribuzione spaziale della proprietà campionata, è utilizzabile nel caso in cui tale informazione non sia richiesta dall'analisi che si sta conducendo.

I *campioni del fondo naturale* sono, invece, i campioni prelevati da aree adiacenti il sito nelle quali si ha la certezza di assenza di contaminazione derivante dal sito stesso. I campioni devono essere prelevati in tutte le matrici ambientali oggetto di indagini ed il loro numero varia in funzione delle caratteristiche generali dell'area e non dovrà comunque essere inferiore a tre per matrice.

16.2 Campionamento nel mezzo non saturo

La caratterizzazione della contaminazione a carico del mezzo non saturo comporta la definizione qualitativa e quantitativa del fenomeno di inquinamento in atto, in termini di tipologia, estensione e concentrazione dei contaminanti presenti.

Un contaminante può essere presente nel mezzo non saturo:

- in fase aeriforme;
- in fase liquida segregata
- disciolto in fase acquosa;
- adsorbito al terreno.

La comprensione completa dei fenomeni di contaminazione in atto presuppone pertanto il prelievo di campioni di terreno, gas interstiziali ed acqua interstiziale da sottoporre ad analisi di laboratorio.

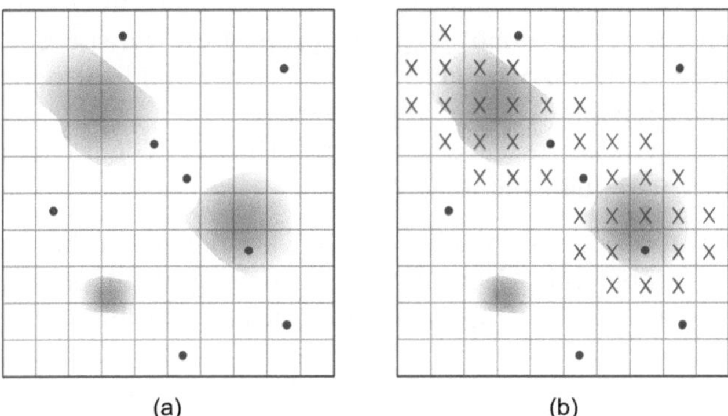

(a)   (b)

Fig. 16.4. Adaptative cluster sampling: a) campionamento iniziale; b) risultato finale del campionamento

Tabella 16.1. Numero minimo suggerito di verticali di campionamento di suolo, sottosuolo, materiali di riporto

Superficie del sito m^2	*Punti di campionamento*
< 10.000	almeno 5 punti
10.000–50.000	da 5 a 15 punti
50.000–250.000	da 15 a 60 punti
250.000–500.000	da 60 a 120 punti
> 500.000	almeno 2 punti ogni 10.000 m^2

16.2.1 Numero minimo di punti di campionamento

Sulla base delle dimensioni del sito da investigare, si suggerisce di utilizzare il criterio riportato in Tabella 16.1 per la determinazione del numero minimo di verticali di campionamento nel mezzo saturo e non saturo.

16.2.2 Campionamento di terreno

Le tecniche di campionamento per la matrice sottosuolo, utilizzate per la caratterizzazione della contaminazione, non si differenziano di molto da quelle in uso per il campionamento geotecnico; pur tuttavia, le precauzioni da utilizzare per garantire la rappresentatività del campione sono diverse essendo differenti gli scopi finali delle indagini.

L'obiettivo primario dell'operazione di campionamento del terreno, nell'ambito della caratterizzazione della contaminazione, consiste nel prelievo di un campione che sia il più rappresentativo possibile delle caratteristiche chimiche, fisiche e biologiche degli orizzonti attraversati ed indicatore dell'eventuale presenza di sostanze inquinanti. Un corretto approccio al problema, non deve prendere in considerazione solamente l'operazione di recupero del campione ma anche quella di perforazione. A questo proposito è indispensabile intervenire con tecniche di campionamento a secco (senza fluidi di perforazione) e che minimizzino i fenomeni di surriscaldamento.

Sono due le tecniche che possono essere utilizzate per il campionamento di suolo destinato ad analisi ambientali:

- la tecnica a rotazione: è la soluzione più largamente utilizzata nel campionamento ambientale. Nonostante si possa a volte procedere a secco nelle operazioni di campionamento, richiede l'utilizzo di acqua per l'avanzamento dei rivestimenti;
- la tecnica direct-push (o ad infissione diretta): è stata sviluppata, nel corso degli ultimi anni, appositamente per il campionamento ambientale e non contempla l'utilizzo di alcun fluido di perforazione, né in fase di avanzamento, né in fase di campionamento.

Nei paragrafi che seguono vengono descritte le principali tecniche di campionamento del terreno associate a metodi di penetrazione a secco e le tecniche di campionamento per analisi di composti volatili (VOC).

16.2.3 Perforazione a rotazione

La perforazione a rotazione viene condotta facendo avanzare un utensile (carotiere o distruttore di nucleo) applicando contemporaneamente spinta e rotazione ad una batteria di aste che lo collegano alla superficie.

Per aumentare la velocità di avanzamento viene generalmente fatto circolare un fluido di perforazione attraverso le aste interne (circolazione diretta) o, meno sovente, attraverso le pareti del foro (circolazione inversa). Anche se l'utilizzo del fluido di perforazione facilita la rimozione dei residui durante l'avanzamento del tagliente, di sostenere le pareti del foro, di raffreddare e lubrificare la punta, come già accennato in precedenza il suo uso è sicuramente controproducente nel caso in cui sia richiesto il recupero di un campione rappresentativo. Il fluido di perforazione, costituito principalmente da sola acqua o da acqua e fango, tende infatti a penetrare all'interno del campione compromettendo i risultati delle misure analitiche.

È per tale motivo che si deve preferire la perforazione in assenza di fluidi di circolazione detta *a secco* o, dove impossibile, con l'ausilio di sola acqua.

Il *carotaggio continuo* è la tecnica che viene sovente utilizzata in campo ambientale per il recupero di un campione disturbato e di qualità medio bassa.

16.2.4 Perforazione mediante sistemi direct-push o ad infissione diretta

I sistemi direct push (Geoprobe) si basano sull'infissione diretta delle aste con avanzamento a secco e permettono il campionamento discreto – oltre che del terreno – anche dei gas interstiziali nel mezzo non saturo e dell'acqua di falda nel mezzo saturo. Il principio di funzionamento dei sistemi direct-push è simile a quello dei penetrometri utilizzati in campo geotecnico: un martello oleodinamico spinge alla profondità voluta una serie di aste, ad un'estremità delle quali è presente un campionatore specifico per la matrice da prelevare.

I sistemi direct-push permettono il recupero di carote di terreno di diametro inferiore a 2″ mediante l'utilizzo di campionatori aperti o a pistone (Fig. 16.5). L'ausilio di aste di rivestimento evita il collasso del foro e possibili cross-contaminazoni del campione. Il contatto del campione con l'atmosfera e con agenti esterni viene, inoltre, minimizzato grazie all'ausilio di fustelle di materiale plastico che possono essere chiuse mediante l'applicazione di appositi tappi.

I sistemi direct-push, oltre ad essere economicamente convenienti presentano vantaggi quali la velocità e la qualità di campionamento. La versatilità di tali sistemi ne ha permesso, negli ultimi anni, una rapida diffusione in campo ambientale.

16.2.5 Campionamento di terreno per analisi di composti volatili

Le tecniche classiche di inquartatura e di immagazzinamento dei campioni di terreno per analisi di VOC sono inadatte a causa delle perdite imputabili all'elevata volatilità del contaminante ed all'interazione con il contenitore. Lewis et al. [73] hanno messo in evidenza come l'inquartatura del terreno associata all'utilizzo di recipienti in plastica o in vetro da 125 ml non permettano di ottenere risultati analitici affidabili.

Sono, invece, da preferirsi le tecniche che permettono di recuperare il campione direttamente all'interno delle vial utilizzate per le analisi chimiche. Il trattamento del campione deve essere differente in funzione del metodo analitico utilizzato (purge & trap, spazio di testa, ecc).

La corretta procedura operativa consiste nell'utilizzo di un sub-campionatore (*sub-corer*, Fig. 16.6) costituito da una mezza siringa in plastica priva del pistone in gomma, con il quale prelevare una piccola aliquota di terreno dalla carota immediatamente dopo il recupero in superficie. La porzione di terreno così ottenuta deve essere immediatamente trasferita all'interno di una vial chiusa con un tappo con setto in Teflon.

16.2.6 Campionamento di gas interstiziali

Il campionamento dei gas interstiziali (atmosfera del suolo) viene usualmente effettuato nei pressi di discariche di rifiuti solidi urbani per valutare la migrazione di biogas nel mezzo non saturo. Tale metodo costituisce, inoltre, un'interessante tecnica di screening per valutare la presenza e l'estensione di un'eventuale contaminazione da composti volatili nel sottosuolo.

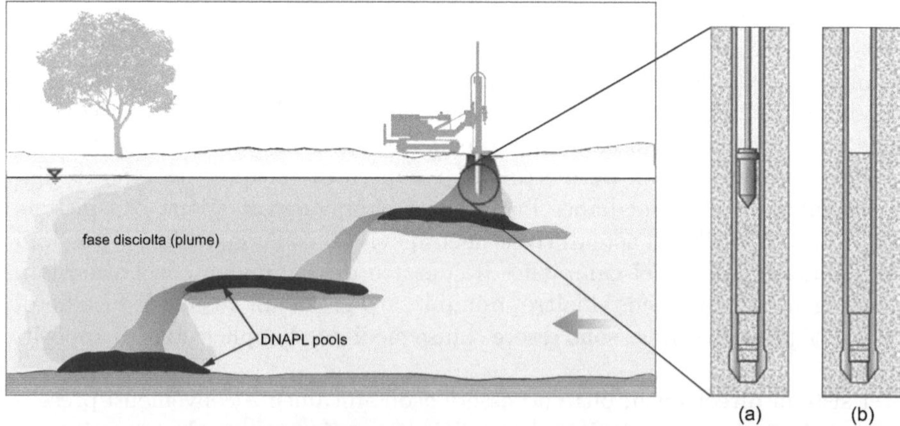

Fig. 16.5. Sistema direct-push per il campionamento del suolo: a) campionatore a pistone; b) campionatore a tubo aperto

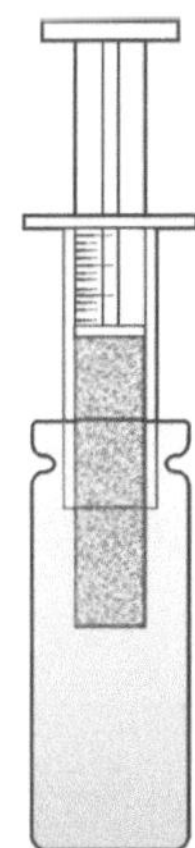

Fig. 16.6. Utilizzo di un sub-campionatore per il recupero di terreno contaminato da VOC

La capacità di questa tecnica di rilevare la presenza di contaminanti è limitata dalle caratteristiche fisiche e chimiche dei composti stessi. In particolare, giocano un ruolo importante la tensione di vapore e la costante di Henry, che sono indicatrici della facilità con cui il composto si ripartisce in fase gassosa. Per un campionamento di tipo attivo (paragrafo 16.2.6.1), la tensione del contaminante dovrebbe essere superiore a 0.5 mmHg; nel caso in cui il composto sia presente nell'acqua interstiziale o disciolto nell'acqua di falda, la costante di Henry dovrebbe essere superiore a 0.1.

Altri fattori, indipendenti dalle caratteristiche del contaminante, quali il contenuto di umidità del suolo, che dovrebbe essere inferiore all'80%, e la presenza di orizzonti a bassa permeabilità, possono essere limitanti nell'utilizzo di tale tecnica.

Nei paragrafi che seguono vengono descritte le due tecniche più comunemente utilizzate per il campionamento dei gas interstiziali: il campionamento attivo ed il campionamento passivo.

16.2.6.1 Campionamento attivo

Il campionamento attivo viene condotto mediante l'introduzione di punte o di sistemi di monitoraggio permanenti (analoghi ai piezometri) all'interno del mezzo non saturo e la successiva estrazione dei gas interstiziali con l'ausilio di pompe a vuoto, elettriche o manuali.

Le punte per il prelievo dei gas possono essere infisse nel terreno manualmente o per mezzo di sistemi a infissione diretta (es. Geoprobe, Enviprobe), vedasi Fig. 16.7. Nel caso in cui si proceda per via manuale, generalmente le puntazze non superano la lunghezza di un paio di metri. I sistemi direct push permettono, invece, di spingere le punte campionatrici fino a profondità che possono raggiungere la trentina di metri.

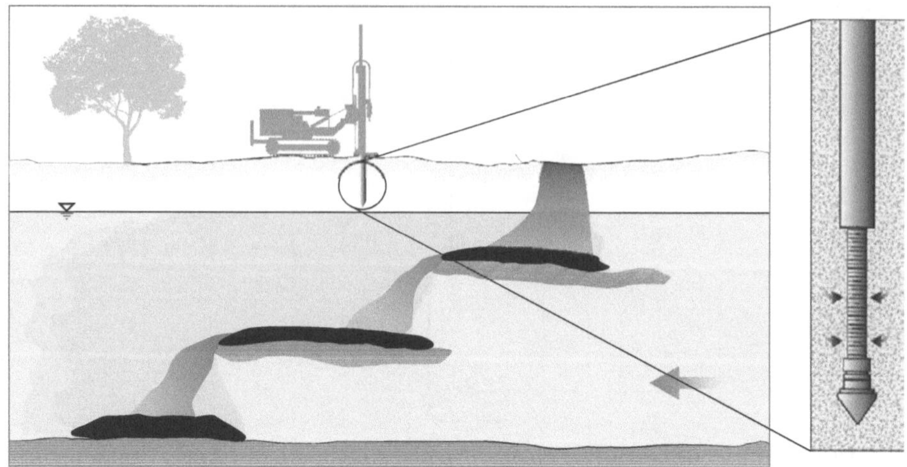

Fig. 16.7. Sistema direct-push per il campionamento dei gas interstiziali

Dopo aver infisso la punta alla profondità desiderata e prima della fase di campionamento vera e propria, è consigliabile effettuare uno spurgo delle unità di campionamento e delle tubazioni. I volumi e le portate con le quali effettuare l'operazione di spurgo sono funzione della permeabilità del suolo e del volume della punta e delle tubazioni.

Nella fase di spurgo è consigliabile valutare la possibile presenza di perdite nelle giunture della strumentazione e l'eventuale presenza di cortocircuitazione con la superficie. Tale fenomeno si verifica quando siano presenti vie di migrazione preferenziali e indesiderate che mettono in comunicazione la punta di campionamento con l'aria atmosferica, provocando la diminuzione della concentrazione dei contaminanti e l'aumento delle concentrazioni dei gas atmosferici (es. ossigeno).

Il campionamento dei gas può essere effettuato mediante pompe a vuoto, pompe manuali o siringhe, semplicemente collegandole alla tubazione che raggiunge la punta infissa nel terreno. Le analisi dei gas possono essere effettuate direttamente in campo mediante l'ausilio di metodiche più o meno sofisticate che vanno dall'utilizzo di kit colorimetrici, di rivelatori portatili a ionizzazione di fiamma (FID), a fotoionizzazione (PID), ad infrarossi (IR), fino all'utilizzo di gascromatografi portatili.

Nel caso in cui le analisi vengano effettuate in laboratorio, è necessario, invece, prelevare un campione o in fase gassosa mediante contenitori generalmente in acciaio, vetro o Tedlar, oppure in fase solida, dopo aver fatto adsorbire il contaminante su un supporto apposito, quale ad esempio il carbone attivo (Fig. 16.8).

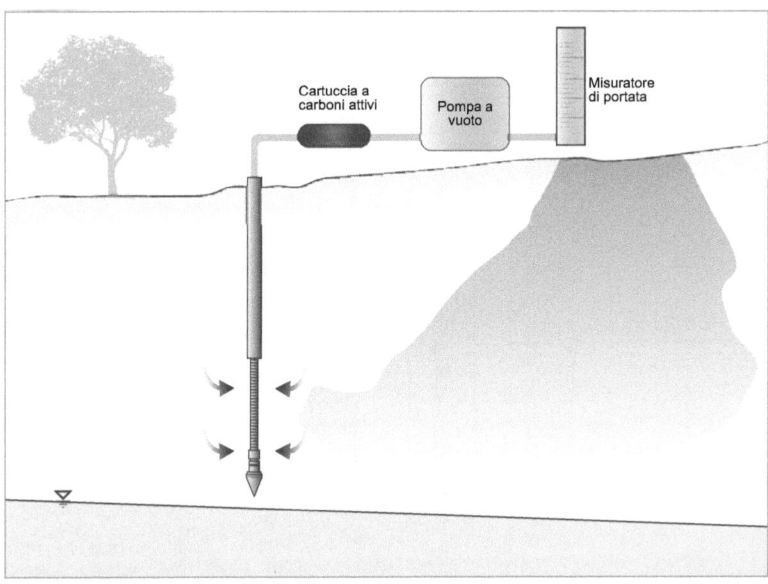

Fig. 16.8. Campionamento di gas interstiziali mediante adsorbimento su cartuccia a carboni attivi

16.2.6.2 Campionamento passivo

A differenza dei metodi di campionamento attivo, il campionamento passivo è basato sul flusso naturale del contaminante nel suolo verso un sistema di campionamento costituito da un materiale adsorbente (generalmente carbone attivo). Il materiale adsorbente viene alloggiato all'interno di contenitori solitamente in vetro, che vengono disposti aperti e a testa in giù all'interno di perfori praticati nel terreno, vedasi Fig. 16.9. Il perforo, che viene riempito con terreno di riporto, non raggiunge generalmente profondità superiori al paio di metri. I campionatori passivi vengono rimossi dopo un periodo sufficientemente lungo e generalmente variabile tra due e trenta giorni.

16.2.7 Campionamento di acqua interstiziale

Il campionamento dell'acqua interstiziale può essere, in alcuni casi, di notevole importanza per la valutazione del grado di contaminazione della zona non satura.

L'acqua interstiziale può essere estratta mediante tecniche dirette in situ o con tecniche indirette che vengono applicate in laboratorio su campioni di suolo (centrifugazione, estrazione sotto pressione). Alcuni studi hanno, comunque, messo in evidenza come le due tecniche non permettano il campionamento dello stesso tipo di liquido. In particolare, i sistemi di campionamento in situ permettono il recupero del liquido trattenuto a pressioni inferiori ai 60

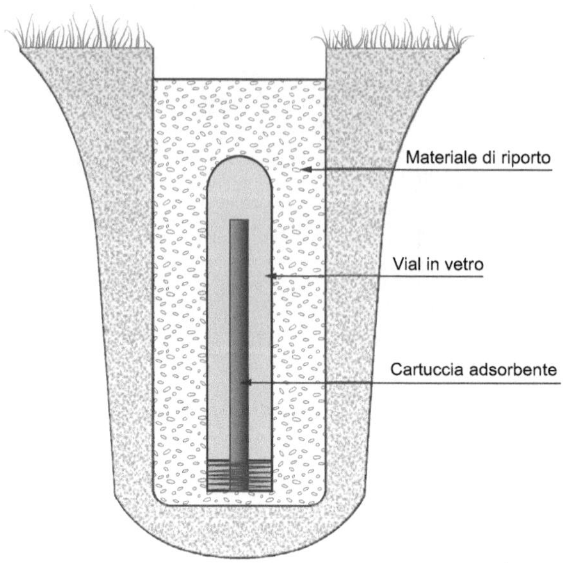

Fig. 16.9. Campionatore di gas interstiziali di tipo passivo

kPa, mentre l'estrazione in laboratorio permette di recuperare anche il liquido
trattenuto a tensioni molto superiori ai 60 kPa. Generalmente si ritiene che i
campioni di acqua interstiziale recuperati mediante tecniche in situ siano più
rappresentativi rispetto a quelli ottenuti in laboratorio.

I sistemi di campionamento in situ più comuni sono: i lisimetri a suzione
ed i campionatori a punta filtrante (campionatori BAT o *filter tip samplers*).

Il campionamento dei liquidi interstiziali in situ deve essere effettuato con
competenza, così come cautela deve essere utilizzata nella valutazione dei risultati analitici. Il recupero dell'acqua interstiziale viene, infatti, effettuato
applicando una pressione negativa all'interno dei campionatori: questa modalità poco si presta al prelievo di campioni contenenti composti volatili. Inoltre, i materiali con cui sono realizzati i campionatori possono interagire con
i contaminanti oppure effettuare un campionamento selettivo.

16.2.7.1 Lisimetri a suzione

I lisimetri a suzione sono costituiti da una coppa porosa applicata all'estremità di una tubazione. La tubazione è solitamente disponibile in PVC o in
acciaio inossidabile, mentre la coppa porosa può essere fabbricata in ceramica,
nylon, PTFE o metalli sinterizzati.

Il funzionamento del lisimetro è basato sull'applicazione di una pressione
negativa all'interno del campionatore, che instaura un gradiente di potenziale
tra l'interno del lisimetro ed il terreno. L'acqua interstiziale viene raccolta
all'interno della tubazione del lisimetro e quindi recuperata in superficie per
mezzo di una tubazione. In alcuni casi il flusso attraverso la coppa porosa

può essere estremamente lento: è quindi necessario mantenere a lungo il vuoto all'interno del lisimetro per permettere il recupero di un volume di liquido sufficiente.

I lisimetri a suzione possono essere di due tipi: a vuoto, oppure a pressione e vuoto.

Il *lisimetro a vuoto* è costituito da una coppa porosa posta all'estremità inferiore di una tubazione tappata che si estende fino alla superficie (Fig. 16.10). Viene prima fatto il vuoto all'interno del lisimetro per mezzo di una pompa manuale attaccata ad una piccola tubazione che raggiunge la coppa porosa. Dopo aver atteso un tempo sufficiente alla penetrazione del liquido all'interno del lisimetro, il campione viene recuperato applicando nuovamente il vuoto. Dal punto di vista pratico, i lisimetri a vuoto vengono utilizzati per recuperare campioni a profondità inferiori al paio di metri.

Il *lisimetro a pressione e vuoto* è costituito da un corpo cilindrico di diametro pari a circa 2" e lunghezza di una trentina di centimetri (Fig. 16.11). Due tubi collegano il lisimetro alla superficie; uno, la linea di scarico, raggiunge il fondo del lisimetro, mentre l'altro, la linea pressione-vuoto, si ferma alla parte superiore del lisimetro. Per il campionamento viene applicata una pressione negativa all'interno del lisimetro, collegando una pompa a vuoto alla linea vuoto-pressione, mentre la linea di scarico è esclusa per mezzo di una valvola.

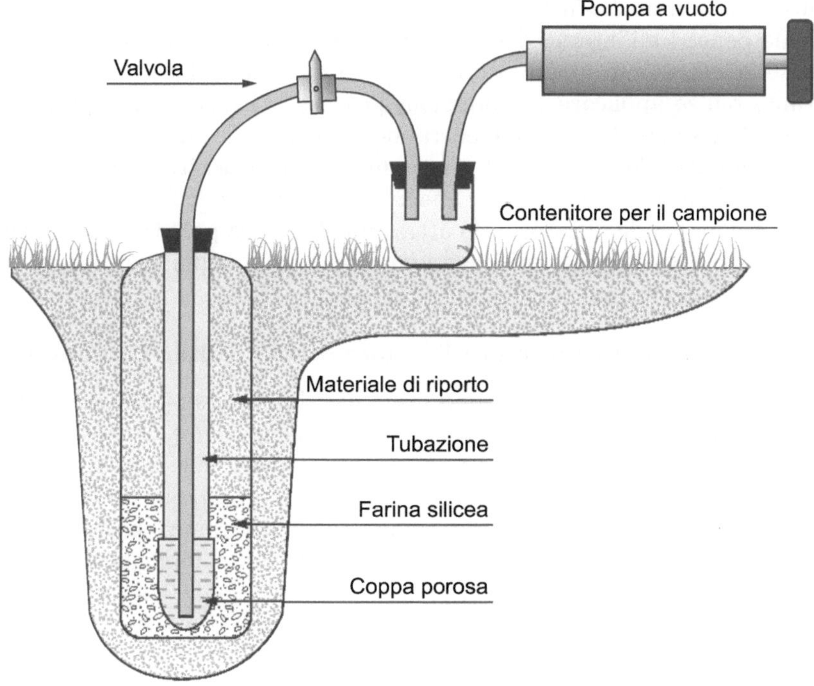

Fig. 16.10. Lisimetro a vuoto

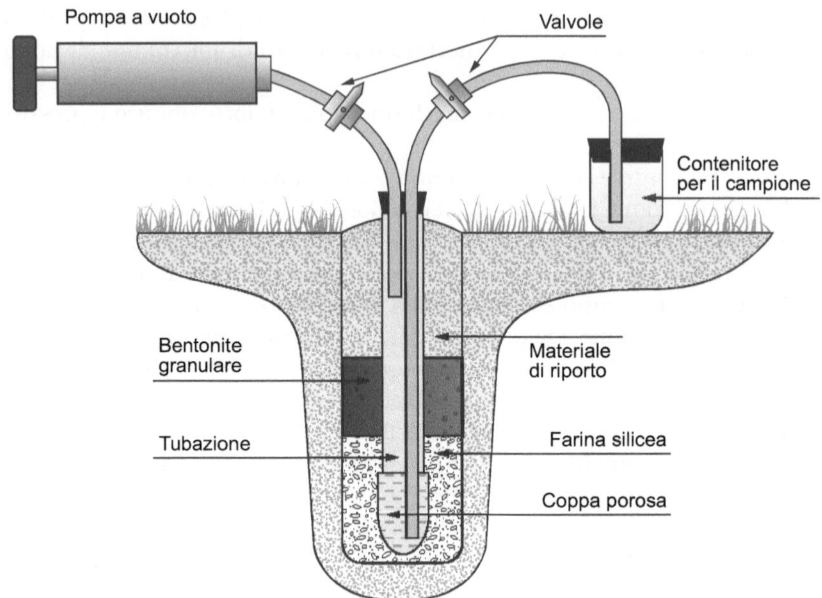

Fig. 16.11. Lisimetro a pressione e vuoto

Si chiude, quindi, anche la linea vuoto-pressione e si lascia che il liquido interstiziale penetri all'interno del lisimetro. Dopo aver lasciato trascorrere un tempo sufficientemente lungo, è possibile riaprire entrambe le valvole poste sulle tubazioni ed applicare una pressione positiva al lisimetro, recuperando il campione dalla linea di scarico. Generalmente, con un lisimetro a pressione e vuoto non è possibile raggiungere profondità superiori a circa venti di metri. A profondità maggiori, la pressione che occorre applicare nella fase di recupero del campione tende a respingerlo attraverso la coppa porosa. Quest'ultimo fenomeno può essere evitato utilizzando un lisimetro a doppia camera, dotato di valvola di non ritorno.

16.2.7.2 Campionatori a punta filtrante o BAT (filter tip samplers)

I campionatori a punta filtrante sono simili ai lisimetri a suzione, ma si differenziano da questi dal momento che non esiste alcuna linea di pressione che si estende fino alla superficie. Nei campionatori a punta filtrante il campione viene raccolto per effetto del richiamo esercitato da un provino all'interno del quale viene creato il vuoto prima del campionamento. Come è possibile notare dall'immagine riportata in Fig. 16.12, il provino di campionamento viene calato dalla superficie tramite un cavo zavorrato. Il peso del cavo permette la perforazione del setto di chiusura del provino da parte di un ago ipodermico solidale con la punta filtrante del campionatore.

La maggiore limitazione di questo metodo è legata ai lunghi tempi necessari al recupero di un quantitativo sufficiente di liquido.

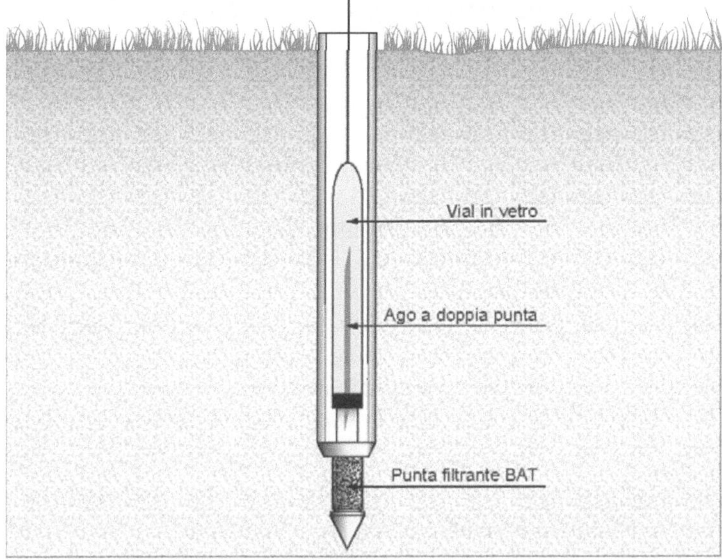

Fig. 16.12. Campionatore a punta filtrante o BAT

16.3 Campionamento nel mezzo saturo

La distribuzione di un contaminante in falda dipende da una serie di fattori, i più importanti dei quali sono legati alla natura del contaminante (densità, miscibilità con l'acqua di falda, viscosità), alle caratteristiche dell'acquifero (conducibilità idraulica, porosità, grado di eterogeneità, si veda [40]), alla natura del rilascio (geometria della sorgente), modalità di rilascio, all'instaurarsi di fenomeni di biodegradazione.

Di seguito vengono descritte le tecniche e le modalità di campionamento più idonee per la determinazione della tipologia e dell'estensione spaziale di una contaminazione in un sistema acquifero.

I punti di monitoraggio delle acque sotterranee devono permettere la ricostruzione e la delimitazione delle aree contaminate anche grazie all'ubicazione di piezometri a monte idrogeologico per la determinazione dei campioni di fondo naturale. I piezometri possono essere realizzati con tecniche a distruzione di nucleo o a carotaggio continuo e devono intercettare completamente lo spessore saturo del sistema acquifero. Nel caso in cui si voglia determinare la distribuzione della contaminazione lungo la verticale sarà, invece, indispensabile adottare piezometri finestrati selettivamente a differenti profondità oppure piezometri multilivello.

16.3.1 Campionamento lungo la verticale

La necessità di ricostruire tridimensionalmente il grado di contaminazione è di grande importanza, ma lo è particolarmente in tutti quei casi in cui la natura dei contaminanti e l'interazione di questi con il sistema acquifero determini stratificazioni verticali di concentrazione. È il caso, ad esempio, dei contaminanti non miscibili con l'acqua.

In tali circostanze, un'efficace campagna di campionamento deve permettere l'individuazione dei contaminanti e della distribuzione volumetrica delle concentrazioni, sia in fase acquosa, sia in fase segregata, senza trascurare la possibile presenza di prodotti di degradazione. Ne consegue che può essere considerato corretto e rappresentativo solamente un approccio che consenta il prelievo di campioni a diverse profondità stabilite.

Un campionamento discreto lungo la verticale può essere eseguito mediante due approcci distinti:

- piezometri multilivello;
- tecniche puntuali *direct push*.

16.3.2 Piezometri multilivello

I vantaggi derivanti dal disporre di un sistema di campionamento multilivello, rispetto ai sistemi tradizionali, sono notevoli. È possibile, infatti, ricostruire tridimensionalmente il grado di contaminazione di un sito conoscendo le concentrazioni degli inquinanti, in ciascun punto di osservazione, lungo la verticale. Questi sistemi permettono, inoltre, una migliore comprensione delle condizioni locali di flusso, permettendo la misura dei carichi idraulici a differenti profondità.

Un monitoraggio multilivello all'interno di piezometri può essere condotto secondo le seguenti modalità (Fig. 16.13):

- *Doppio packer a fine completamento*. Dopo aver eseguito il completamento del piezometro viene introdotta una coppia di packer per isolare una porzione di acquifero. Questo sistema è sconsigliato in quanto non è possibile evitare fenomeni di cross-contaminazione e di circolazione all'interno del dreno. Le operazioni risultano, inoltre, lente e laboriose.
- *Cluster di piezometri in perfori separati*. Consiste nella disposizione ravvicinata di una serie di piezometri di piccolo diametro finestrati a profondità differenti. Risulta costoso perché moltiplica i costi di perforazione.
- *Cluster di piezometri in un singolo perforo (nested wells)*. Consiste nella disposizione di una serie di colonne piezometriche all'interno di uno stesso perforo, tra di loro isolate mediante anelli bentonitici e cementazione. Il maggior problema legato a questi sistemi consiste nella difficoltà di installazione dei sigilli bentonitici che possono non garantire un perfetto isolamento idraulico; inoltre, l'operazione di spurgo risulta essere general-

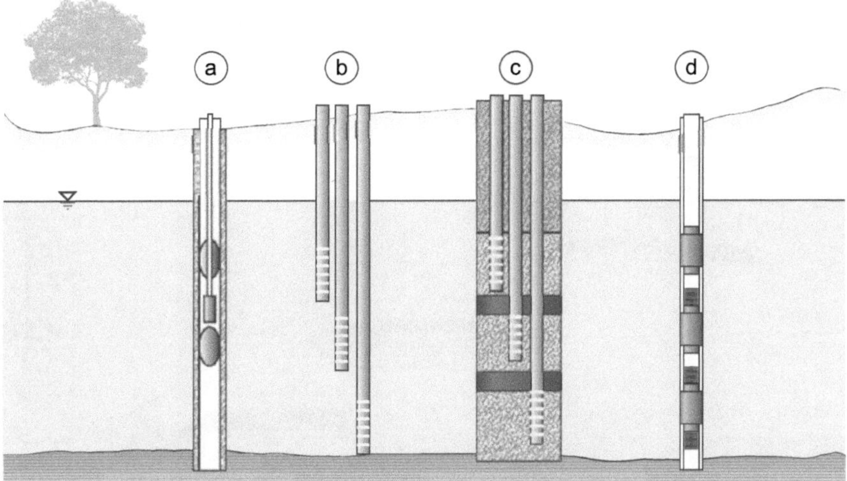

Fig. 16.13. Sistemi di misura multilivello in piezometri: a) packer doppio; b) cluster in perfori separati; c) cluster in un singolo perforo; d) sistemi multilivello

mente lunga a causa del grosso diametro del dreno circostante la colonna piezometrica.

- *Sistemi multilivello.* Sono generalmente costituiti da una colonna equipaggiata di packer ed in alcuni casi di pompe sommerse in grado di vettoriare l'acqua in superficie. Possono essere rimossi con relativa facilità dal piezometro in cui vengono calati ed hanno il vantaggio di richiedere volumi di spurgo minimi. Tali sistemi, generalmente costosi, sono commercializzati sul mercato con i nomi: Waterloo Groundwater Monitoring System e CMT Multilevel System della Solinst, Westbay MP System, FLUTc System, Multilevel Packer System.

16.3.3 Tecniche direct-push

I sistemi *direct push* permettono il campionamento discreto dell'acqua di falda, mediante l'utilizzo di un dispositivo di campionamento (generalmente un tubo finestrato in acciaio inossidabile) infisso direttamente nella formazione acquifera (Fig. 16.14).

Tali sistemi permettono di effettuare campionamenti istantanei di acqua nei punti di indagine e presentano i seguenti vantaggi:

- velocità di campionamento;
- costi di campionamento estremamente limitati;
- assenza di fluidi e di residui di perforazione;
- possibilità di campionamento diretto con spurgo minimo;
- campionamento stratificato lungo la verticale;
- possibilità di installare cluster di piezometri in perfori separati.

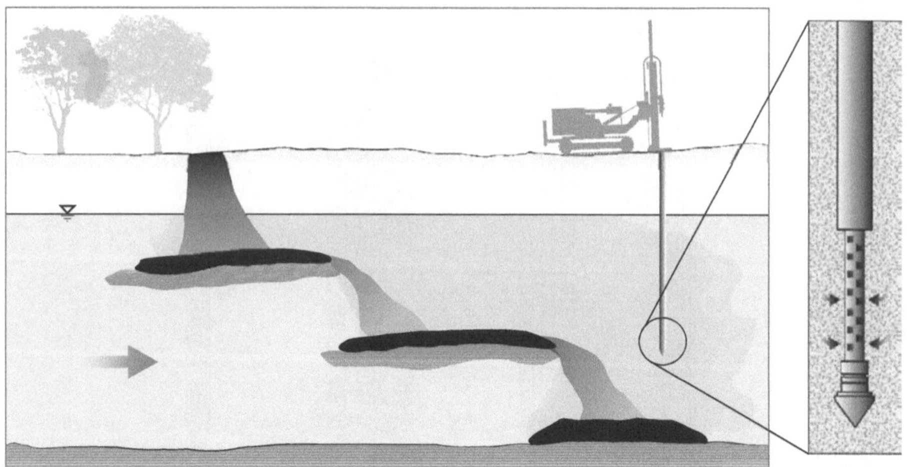

Fig. 16.14. Tecnica direct-push (a percussione) per la caratterizzazione verticale di una contaminazione in un sistema acquifero

L'unica limitazione è legata alla profondità di prelievo, che in genere non può superare i 30–40 m e al diametro della tubazione di campionamento che è di 1.5" per il prelievo di acque sotterranee.

Il campionamento dell'acqua viene generalmente eseguito per mezzo di pompe inerziali o minuscole bladder pump sommerse.

16.4 Spurgo

Lo scopo dello spurgo è quello di permettere il prelievo di un campione rappresentativo di acqua di falda creando il minor disturbo possibile alle condizioni naturali di deflusso.

Per raggiungere tale obiettivo, il volume di acqua che staziona all'interno di un piezometro deve essere eliminato in quanto sottoposto ad equilibri chimici e fisici differenti da quelli presenti in falda, per effetto delle interazioni con i materiali di rivestimento del pozzo e con l'aria atmosferica.

Solo a seguito dell'operazione di spurgo, è opportuno procedere con il campionamento propriamente detto.

La scelta della tecnica di spurgo deve essere effettuata in base ai seguenti fattori:

- volume da spurgare;
- possibilità di utilizzo della strumentazione di spurgo anche per il campionamento;
- diametro del punto di campionamento (piezometro o pozzo);
- soggiacenza della falda;

- semplicità delle operazioni di disassemblaggio e decontaminazione;
- facilità di trasporto;
- necessità di fonti esterne di energia;
- costo.

Nell'impostazione di un'operazione di spurgo gioca un ruolo critico la portata di emungimento: uno spurgo effettuato a portate troppo elevate può essere fonte di problemi quali incremento della torbidità del campione, prosciugamento del piezometro, richiamo di prodotto surnatante o diluizione del campione; per contro effettuando uno spurgo a portate troppo basse si rischia di dover attendere tempi troppo lunghi oppure di non compiere in maniera adeguata tale operazione.

Lo spurgo viene generalmente condotto a portate che non superano qualche litro al secondo. Nel caso in cui si adottino portate inferiori a 0.5 l/min si fa riferimento al cosiddetto *low-flow purging*.

Per quanto riguarda la scelta dei volumi e dei tempi di spurgo, generalmente si fa riferimento ai criteri di seguito illustrati: i primi tre sono relativi ad uno spurgo tradizionale, l'ultimo è relativa alla tecnica *low-flow purging*.

16.4.1 Criterio basato sul volume del pozzo

Questo criterio suggerisce di spurgare una quantità di liquido compresa tra 1 e 20 volte il volume del punto di monitoraggio, inteso come la quantità di acqua presente in condizione statiche all'interno della colonna di completamento del pozzo o piezometro, sia al di sopra sia al di sotto delle finestrature, ma non all'interno del dreno.

Anche se non è possibile stabilire un criterio univoco, si ritiene generalmente che sia sufficiente spurgare da 3 a 5 volumi di pozzo per garantire la significatività del campione.

Il vantaggio di questo metodo è legato alla semplicità di esecuzione, anche se, nel caso di piezometri di grandi dimensioni, i tempi ed i volumi di spurgo possono essere elevati.

16.4.2 Criterio legato alla stabilizzazione di parametri chimico-fisici

Questo approccio consiste nello spurgo del pozzo monitorando nel contempo parametri quali conduttanza specifica, pH, temperatura, Eh fino alla loro stabilizzazione.

Raggiunta la stabilizzazione dei parametri indicatori, la portata di spurgo viene ridotta ulteriormente per permettere il campionamento.

La maggior difficoltà consiste nel determinare quale sia il parametro più adatto per indicare l'avvenuta eliminazione dell'acqua stagnante. Alcuni autori hanno messo in evidenza come i parametri più significativi siano l'ossigeno disciolto e la conduttanza specifica, mentre pH e temperatura siano

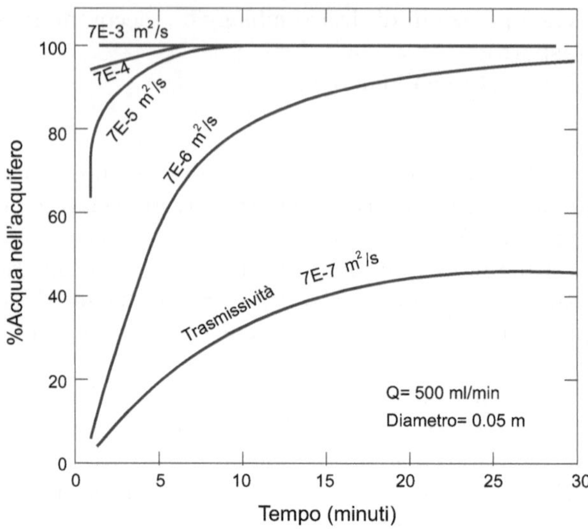

Fig. 16.15. Percentuale di acqua proveniente dal sistema acquifero in funzione del tempo ed al variare della trasmissività (modificata da [57])

meno attendibili, raggiungendo quasi immediatamente la stabilizzazione. Per la determinazione di tali parametri si raccomanda l'utilizzo di sonde multiparametriche, sommerse o accoppiate a celle di flusso, vedasi paragrafo 16.7.

16.4.3 Criterio basato sull'immagazzinamento del pozzo e sui parametri idrodinamici dell'acquifero

Questo criterio si basa sul fatto che la percentuale di acqua che proviene dal sistema acquifero aumenta con il tempo di pompaggio e dipende dal coefficiente di immagazzinamento del pozzo e dalle caratteristiche idrodinamiche del sistema acquifero.

Nota la trasmissività della formazione, il diametro del pozzo e la portata di spurgo, è quindi possibile calcolare il tempo di spurgo richiesto per l'ottenimento di campioni significativi (Fig. 16.15).

16.4.4 Low-flow purging e stabilizzazione dei parametri chimico fisici

La tecnica di spurgo low-flow [89] si fonda sull'ipotesi che solo il volume di acqua al di sopra e al di sotto delle finestrature sia stagnante, mentre quello in corrispondenza dei tratti finestrati sia in comunicazione con la falda. Effettuando, quindi, lo spurgo a portate estremamente basse (< 0.5 $l/$min) e generando abbassamenti piezometrici minimi (< 0.1 m), è possibile prelevare l'acqua direttamente dal sistema acquifero, senza che questa si misceli con quella stagnante.

Dopo aver calato la pompa all'interno del piezometro con estrema cura e lentezza, per evitare la miscelazione dell'acqua stagnante, ed averla disposta in posizione centrale rispetto al tratto finestrato, è possibile intraprendere il *low-flow purging*, che deve essere protratto fino alla stabilizzazione dei parametri chimico-fisici.

Questa metodologia, grazie alle basse portate in gioco, consente di minimizzare i volumi di spurgo, il disturbo al sistema acquifero, lo stripping di contaminanti e la mobilizzazione di solidi sospesi. Risulta essere particolarmente efficace in piezometri di piccolo diametro e caratterizzati da brevi tratti finestrati.

Portate così ridotte possono essere garantite solamente da pompe peristaltiche o bladder.

16.5 Campionamento

L'obiettivo primario dell'operazione di campionamento consiste nel prelievo di un campione di acqua che sia il più rappresentativo possibile della composizione chimico-fisica della falda.

Dal momento che l'acqua prelevata dalla falda si trova quasi sempre sottoposta a condizioni di temperatura, pressione, contenuto in gas e stato di ossidoriduzione differenti da quelle che si verificano in corrispondenza del piano campagna, deve essere presa tutta una serie di precauzioni per assicurare che nella fase di prelievo vengano minimizzate le alterazioni del campione. Senza trascurare il fatto che il sistema di campionamento stesso può essere fonte di alterazioni del campione, a causa delle modalità di funzionamento e dei materiali con cui è costruito.

Gli strumenti che introducono aria o gas inerti per il sollevamento del campione, che inducono variazioni di pressioni significative o elevata turbolenza sono da evitare. Inoltre, sono da preferirsi sistemi che applicano una pressione positiva alla tubazione di mandata rispetto a quelli che aspirano il campione, nell'ottica di minimizzare i fenomeni di volatilizzazione.

Per quanto concerne i materiali, questi devono essere scelti in modo da minimizzare i fenomeni di trasferimento di sostanze da e verso il campione, quali liberazione di additivi, fenomeni di adsorbimento, ecc. Si deve, inoltre, porre particolare attenzione ai seguenti fattori:

- tipologia dei contaminanti da campionare;
- possibilità di regolazione della portata;
- possibilità di filtrazione del campione in linea;
- diametro del punto di campionamento;
- soggiacenza della falda;
- semplicità delle operazioni di disassemblaggio e decontaminazione;

- facilità di trasporto;
- necessità di fonti esterne di energia;
- costo.

Una rassegna dei sistemi di campionamento è riportata nel paragrafo 16.6.

16.5.1 Portata di campionamento

Nel caso in cui si faccia uso di un sistema di pompaggio per l'estrazione del campione, è necessario porre particolare attenzione alla scelta della portata di emungimento.

Una buona regola da utilizzare è quella di effettuare il campionamento dell'acqua di falda ad una portata inferiore a quella di spurgo del piezometro. Una bassa portata di campionamento è fondamentale per generare il minimo disturbo nella formazione acquifera e per garantire la rappresentatività del campione. Onde evitare di dover utilizzare due sistemi separati per le operazioni di spurgo e campionamento, è auspicabile disporre di una pompa che permetta la regolazione della portata emunta.

Al fine di ottenere un'elevata qualità dei campioni, si ritiene che la tecnica più efficace sia quella del *low-flow sampling*, ovvero di un campionamento a bassissima portata ($< 0.3 \, l/\min$), in grado di minimizzare il disturbo al sistema acquifero, lo stripping di contaminati e la mobilizzazione di solidi sospesi. Per raggiungere una tale portata, si consiglia di evitare l'utilizzo di valvole che creerebbero una repentina variazione di pressione (orifice effect) alterando la qualità del campione.

16.5.2 Raccolta del campione

La fase di raccolta del campione all'interno del contenitore, che verrà in seguito trasferito in laboratorio, è molto delicata al fine di ottenere risultati analitici significativi.

È opportuno al riguardo:

- controllare l'assenza di potenziali sorgenti di contaminazione nell'area (motori in funzione, presenza di scarichi) prima di aprire il contenitore;
- aprire il contenitore solo subito prima del campionamento;
- minimizzare turbolenza, agitazione, volatilizzazione, esposizione all'atmosfera, riscaldamento dell'acqua;
- nel caso di analisi di VOC, riempire completamente il contenitore minimizzando lo spazio di testa;
- se necessario, filtrare ed aggiungere conservanti subito dopo la raccolta;
- tappare ermeticamente il contenitore;
- identificare in maniera univoca il campione mediante etichettatura.

Una tecnica particolarmente efficace per la raccolta dei campioni, che consente di minimizzare il contatto con l'atmosfera e quindi evitarne le conseguen-

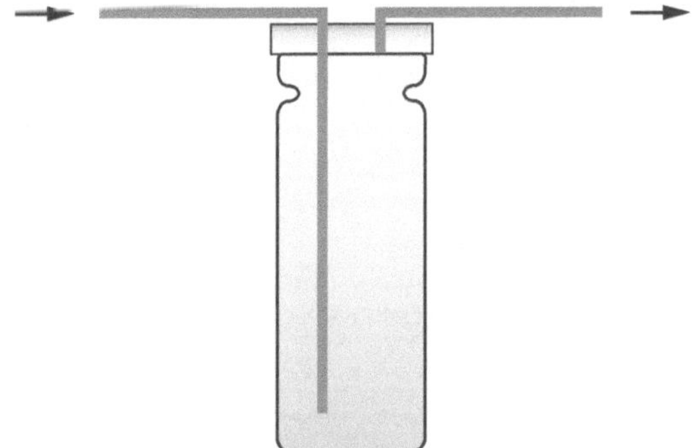

Fig. 16.16. Campionamento in linea

ze, consiste nell'effettuazione del *campionamento in linea*. Questa soluzione, rappresentata in Fig. 16.16, consiste nel riempimento del recipiente di campionamento mediante una tubazione immersa direttamente nel liquido. Una seconda tubazione permette di eliminare il liquido in eccedenza. Nel caso in cui il recipiente sia trasparente, è possibile constatare visivamente il grado di torbidità del campione e quindi decidere se proseguire o interrompere lo spurgo.

Come già indicato precedentemente, è importante minimizzare la presenza dello spazio di testa o di bolle d'aria all'interno del contenitore. Questa precauzione deve essere attuata, in particolare, in quei casi in cui si voglia analizzare la presenza di composti volatili: in tale eventualità, si consiglia di riempire il contenitore fino al limite mantenendo un menisco positivo.

A questo proposito, il diagramma di Pankow [87], vedasi Fig. 16.17, fornisce l'errore percentuale nella determinazione analitica di un composto volatile, caratterizzato dal valore della costante di Henry H, in funzione del rapporto tra il volume dello spazio di testa e quello della soluzione acquosa.

16.6 Sistemi di campionamento e di spurgo

I sistemi di campionamento e di spurgo possono essere classificati in:

- campionatori puntuali (*grab samplers*);
- pompe a pressione positiva (*positive displacement pumps*);
- pompe aspiranti (*suction lift pumps*);
- pompe inerziali (*inertial lift pumps*).

I campionatori puntuali (*grab samplers*) permettono di prelevare campioni di acqua ad una profondità discreta senza l'utilizzo di sistemi di pompaggio. Esempi tipici di questi sistemi includono i bailer o i campionatori a siringa.

Con la denominazione *positive displacement* si indicano quei sistemi di pompaggio sommersi che agiscono con una pressione positiva sulla tubazio-

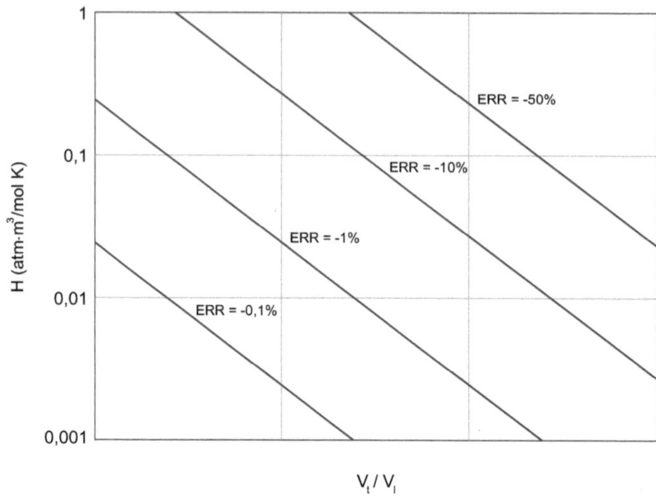

Fig. 16.17. Diagramma di Pankow dove H indica la costante di Henry e V_t/V_l il rapporto tra il volume dello spazio di testa e quello della soluzione (modificata da [87])

ne di mandata e quindi sul fluido, evitando fenomeni di stripping dei componenti volatili. Tali sistemi si suddividono in pompe centrifughe e pompe volumetriche.

Le pompe centrifughe trasferiscono il fluido mediante l'azione dinamica di una palettatura rotante. Sono le più diffuse per la continuità del flusso, privo di caratteristiche pulsanti, per l'adattabilità ad ogni valore di portata, per la facilità di regolazione e il costo contenuto.

Le pompe volumetriche esplicano la loro azione mediante il riempimento e lo svuotamento alternativo di un volume chiuso. Rientrano in questa categoria le *bladder pumps*, le pompe a gas o aria, le pompe a pistone (o a stantuffo), le pompe a ingranaggio.

Le pompe aspiranti (*suction lift pumps*) identificano i sistemi di pompaggio esterni al punto di campionamento, che agiscono con una pressione negativa sulla tubazione di aspirazione. Il limite di questi sistemi deriva dalla limitata capacità di sollevamento (< 10 m) e dalla possibilità di stripping di composti volatili. Anche le pompe aspiranti si possono suddividere in: centrifughe (pompe centrifughe esterne) e volumetriche (pompe peristaltiche).

Le pompe inerziali, infine, sono sistemi semplici che utilizzano la forza di inerzia per richiamare acqua all'interno di una tubazione collegata con la superficie.

La classificazione delle pompe che possono essere usate per il campionamento e lo spurgo delle acque di falda è illustrata in Tabella 16.2, mentre nei paragrafi che seguono vengono descritti in dettaglio i sistemi più frequentemente utilizzati.

Tabella 16.2. Classificazione dei sistemi di campionamento e di spurgo delle acque sotterranee

Campionatori puntuali		bailer
		a siringa
Pompe a pressione positiva	centrifughe	centrifughe sommerse
	volumetriche	bladder pumps
		a gas o aria
		a pistone
		a ingranaggio
Pompe aspiranti	centrifughe	centrifughe esterne
	volumetriche	peristaltiche
Pompe inerziali		con valvola di non ritorno

16.6.1 Bailer

I bailer sono costituiti da un recipiente cilindrico legato ad un cavo utilizzato per immergere il campionatore all'interno del pozzo. I bailer vengono realizzati secondo una grande varietà di stili, dimensioni, materiali e grado di complessità. Generalmente hanno una dimensione compresa tra 1 e 2 metri, ma possono essere costruiti praticamente di ogni lunghezza.

I materiali con i quali viene realizzato il cilindro di campionamento devono garantire un'elevata inerzia chimica e comprendono acciaio inox, PVC, materiali fluorocarburici. Particolare attenzione deve essere rivolta al materiale con il quale viene realizzata la fune di recupero evitando di scegliere tessuti naturali o materiali adsorbenti.

Nella fase di campionamento bisogna immergere e sollevare il campionatore con estrema cautela evitando urti contro le pareti laterali dei piezometri o oscillazioni che potrebbero creare rimescolamenti all'interno della colonna d'acqua.

Per evitare un'eccessiva aerazione del campione è possibile utilizzare bailer che si svuotano dal basso.

Vantaggi

- permette il campionamento del surnatante in condizioni statiche (in assenza di spurgo);
- possono essere costruiti praticamente in ogni materiale;
- economici, esistono anche versioni monouso;
- di facile funzionamento;
- nessuna limitazione a causa del diametro o della profondità del pozzo;
- portatili e leggeri;
- semplici da decontaminare;
- non richiedono fonti di energia esterne.

Limitazioni

- possibile perdita di VOC o alterazione di campioni redox-sensibili;
- la qualità del campionamento dipende fortemente dall'abilità dell'operatore;
- sconsigliati per lo spurgo;
- possibili perdite dalle valvole;
- è possibile effettuare una filtrazione in linea, ma è un processo generalmente lento.

16.6.2 Pompe centrifughe sommerse

In origine le pompe centrifughe sommerse sono state sviluppate per l'uso all'interno dei pozzi di approvvigionamento. Recentemente sono stati prodotti alcuni modelli di piccolo diametro che possono essere utilizzati in piezometri con dimensioni superiori ai 2", caratteristica che ne ha decretato un largo successo di mercato, vedasi Fig. 16.18. Le pompe sommerse, a differenza di quelle esterne, agiscono con una pressione positiva sulla tubazione di mandata e quindi sul fluido, evitando fenomeni di stripping.

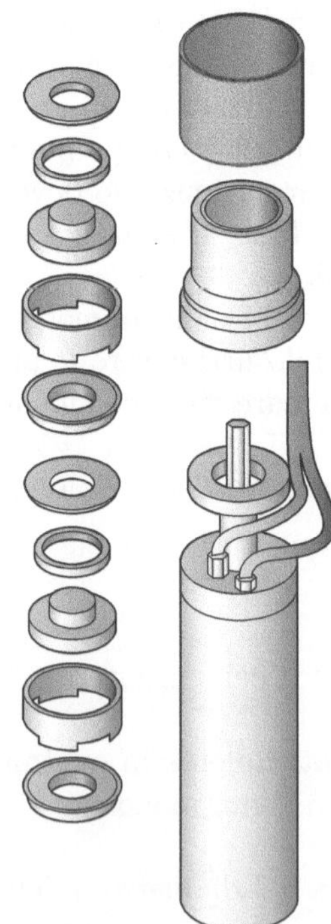

Fig. 16.18. Schema esploso di una pompa centrifuga assiale, utilizzata per il campionamento

Le pompe centrifughe per analisi ambientali utilizzano come fluido lubrificante e di raffreddamento acqua piuttosto che oli idrocarburici. Le pompe di campionamento vengono generalmente fabbricate in materiali ad elevata inerzia, quali acciai inox, PTFE, Viton o altri ancora, adatti al campionamento di VOC.

Sono disponibili sul mercato pompe in grado di permettere una regolazione della portata in modo che questa si adatti alle diverse esigenze delle fasi di spurgo o di campionamento.

Vantaggi

- nel caso si utilizzino basse portate di esercizio, il campione prelevato risulta essere di elevata qualità;
- alcuni modelli permettono regolazione delle portate;
- hanno capacità di sollevamento da medie ad alte;
- alcuni modelli sono costruiti con materiali inerti;
- permettono la filtrazione in linea del campione.

Limitazioni

- i modelli che non permettono di lavorare a basse portate sono inadeguati per il prelievo di campioni contenenti VOC;
- richiedono una sorgente esterna di energia;
- il processo di decontaminazione può essere complesso;
- le pompe più piccole sono portatili, anche se tutto il sistema di campionamento è generalmente ingombrante e pesante da trasportare.

16.6.3 Bladder pumps

Le *bladder pumps* sono pompe volumetriche a immersione, tra le più efficaci per il campionamento di metalli in traccia e di VOC.

Il funzionamento della pompa bladder avviene in due tempi (Fig. 16.19): nella prima fase si ha il riempimento della camera per effetto della pressione idrostatica attraverso una valvola al fondo della pompa. Non appena la pompa è piena, la valvola di fondo si chiude e comanda l'iniezione di gas tra il corpo della pompa e la camera contenente l'acqua. La camera deformabile viene compressa liberando l'acqua verso la tubazione di mandata.

La capacità di sollevamento della pompa è direttamente correlabile alla pressione con la quale viene iniettato il gas all'interno dell'intercapedine della pompa.

Sono disponibili pompe che possono essere utilizzate in piezometri con diametro superiore ai 3/4", in grado di permettere una regolazione della portata in modo che questa si adatti alle diverse esigenze delle fasi di spurgo o di campionamento, fino a valori bassissimi (*low-flow purging*, *low-flow sampling*).

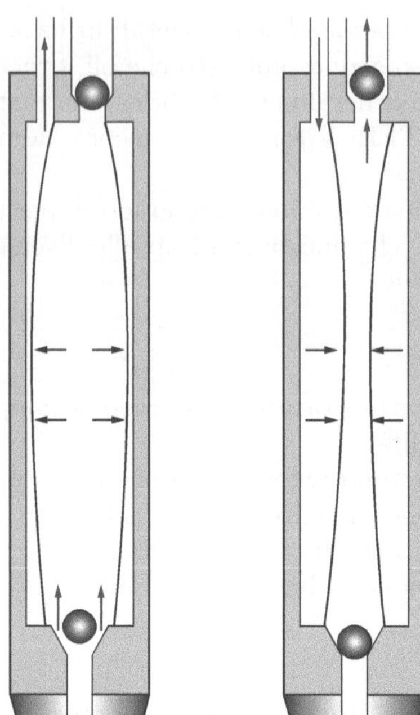

Fig. 16.19. Fasi del funzionamento di una bladder pump: riempimento e svuotamento della camera

Vantaggi

- nel caso si utilizzino basse portate di esercizio, il campione prelevato risulta essere di elevata qualità;
- il campione non entra in contatto con il gas compresso o con le parti meccaniche della pompa;
- la camera flessibile può essere costruita con materiali praticamente inerti;
- è possibile variare la portata di esercizio;
- permette la filtrazione in linea del campione;
- in alcuni modelli la capacità di sollevamento è estremamente elevata;
- la pompa non si danneggia nel caso in cui vada a secco.

Limitazioni

- le pompe più piccole sono portatili, ma tutto il sistema di campionamento è generalmente ingombrante e pesante da trasportare;
- richiede l'uso di aria compressa e di una strumentazione di controllo;
- lo spurgo ed il campionamento da pozzi profondi può essere lento;
- la procedura di decontaminazione può essere complessa;
- la camera deformabile può rompersi;
- l'utilizzo della pompa richiede addestramento.

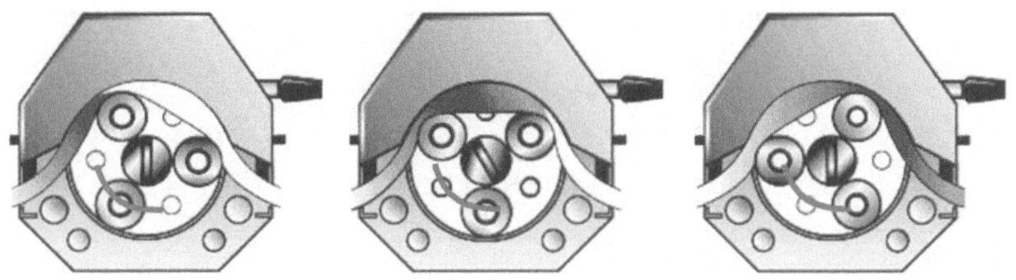

Fig. 16.20. Fasi del funzionamento della testa di una pompa peristaltica

16.6.4 Pompe peristaltiche

Le pompe peristaltiche sono pompe aspiranti, di tipo volumetrico: sono azionate da un rotore che comprime un tubo di gomma in modo da creare una pressione negativa ad un'estremità dello stesso (Fig. 16.20), tale da richiamare acqua dal pozzo.

In teoria, i sistemi a depressione come le pompe peristaltiche sono in grado di sollevare l'acqua al massimo di 9,7 m anche se in realtà non è, generalmente, possibile superare dislivelli superiori agli 8 m. Per lo stesso motivo non sono ideali per il campionamento di VOC, a meno che non vengano associati a sistemi di campionamento che limitino lo stripping dei contaminanti. Si rivelano, invece, estremamente utili per il campionamento in punti caratterizzati da piccolo diametro o in tutti quei casi in cui si renda indispensabile la filtrazione in linea del campione.

Sono disponibili sul mercato pompe in grado di permettere una regolazione della portata in modo che questa si adatti alle diverse esigenze delle fasi di spurgo o di campionamento anche a portate bassissime (*low-flow purging, low-flow sampling*).

Vantaggi

* permettono di effettuare in maniera rapida una filtrazione in linea del campione;
* portatili e semplici da utilizzare;
* la tubazione flessibile può essere scelta di qualsiasi materiale, anche ad elevata inerzia chimica;
* funzionamento a portata variabile;
* il campione non entra in contatto con parti della pompa;
* possono essere utilizzati in pozzi di qualsiasi diametro (anche $< 1/4''$);
* possono funzionare a batteria;
* semplici da decontaminare.

Limitazioni
* il sistema a depressione può causare volatilizzazione dei VOC;
* non è in genere possibile superare dislivelli maggiori di 8 m.

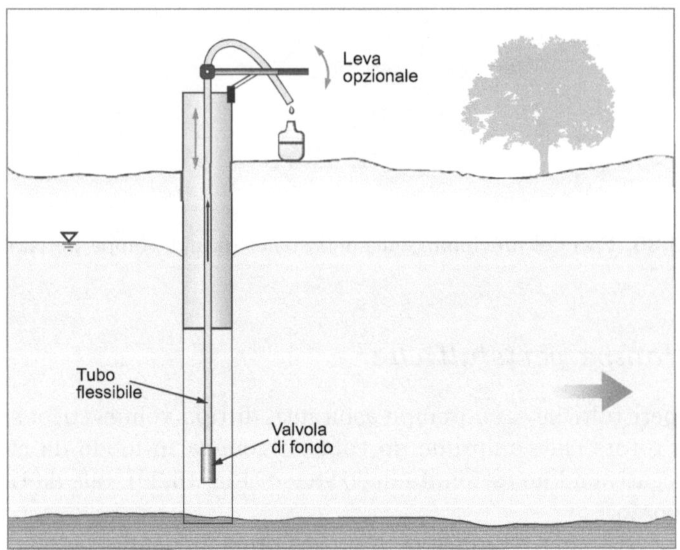

Fig. 16.21. Pompa inerziale con valvola di non ritorno

16.6.5 Pompe inerziali con valvola di non ritorno

Le pompe inerziali (*intertial lift pumps*, pompe *WaTerra*) sono sistemi adeguati sia allo spurgo sia al campionamento anche in piezometri di piccolissimo diametro. Sono costituite da una tubazione, provvista all'estremità di una valvola di non ritorno, che viene immersa nell'acqua. Agitando di moto alternativo la tubazione è possibile far risalire l'acqua all'interno di questa per prelevarne campioni (Fig. 16.21). Nel caso in cui si debbano prelevare portate costanti o sia necessario il sollevamento da punti molto profondi, è possibile associare la tubazione di campionamento a motori elettrici o a scoppio.

I campioni prelevati con questo sistema sono caratterizzati da alte torbidità dovute all'agitazione che si crea nel piezometro.

Vantaggi

- possono essere costruite praticamente con ogni materiale;
- economiche, anche monouso;
- di facile funzionamento;
- nessuna limitazione a causa del diametro del pozzo;
- portatili e leggere;
- non richiedono fonti di energia esterne.

Limitazioni

- possibile aumento di torbidità;
- non adatte per lo spurgo di grandi volumi di acqua;
- non adatte per pozzi profondi;
- è possibile effettuare una filtrazione in linea, ma è un processo generalmente complicato.

16.7 Misurazione in campo dei parametri di qualità dell'acqua

Molti dei parametri chimico-fisici dell'acqua sono soggetti a repentini cambiamenti durante l'estrazione dal punto di campionamento ed in seguito all'esposizione all'ossigeno ed alla pressione atmosferica. I parametri che sono soggetti a cambiamento sono, ricordando i più importanti, conduttanza specifica, pH, ossigeno disciolto, Eh e alcalinità, temperatura.

Dal momento che questi parametri **non possono essere stabilizzati in alcun modo**, le misurazioni devono essere condotte in campo evitando il contatto con l'aria. A questo proposito è possibile ricorrere a sonde multiparametriche calate direttamente nel pozzo o esterne, accoppiate ad una cella di flusso (*flow through cell*, Fig. 16.22). Le letture devono essere effettuate durante lo spurgo del punto di misura.

Nel caso in cui si utilizzi una sonda sommersa è importante fare in modo che esista un ricambio di acqua sufficiente, ponendo la tubazione di aspirazione della pompa nei pressi degli elettrodi. L'utilizzo di una sonda è però spesso impedito dal ridotto diametro del punto di campionamento.

In tutti i casi in cui non sia possibile o non si voglia immergere i sensori in pozzo, è possibile far uso di una cella di flusso. Il principio di funzionamento di una cella di flusso è elementare. È costituita da una camera con un ingresso ed un'uscita, oltre ad un alloggiamento per i sensori. Durante la fase di spur-

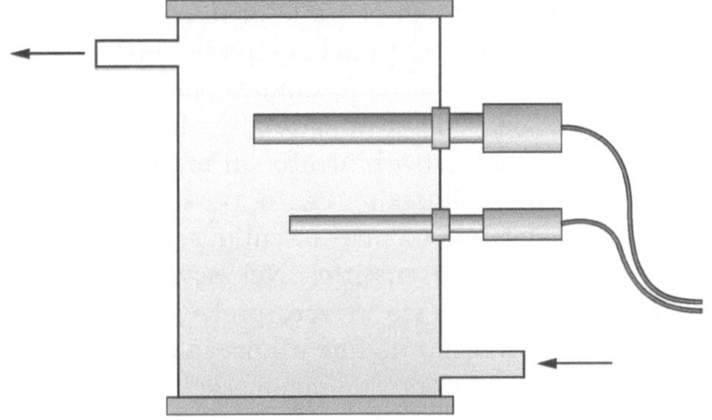

Fig. 16.22. Schema di una cella di flusso (flow-through cell)

go l'acqua attraversa la cella, in modo da lambire i sensori senza entrare in contatto con l'aria, per poi fuoriuscire.

Nel caso in cui non sia possibile effettuare le misure con i metodi ora descritti, si consiglia di effettuare le misurazioni di questi parametri immediatamente dopo la raccolta del campione. In tutti gli altri casi, è necessario specificare sui risultati delle analisi che queste non sono state condotte direttamente in campo.

16.8 Filtrazione del campione

Le operazioni di trivellazione, completamento, sviluppo, spurgo e campionamento di un punto di monitoraggio tendono a mobilizzare colloidi e solidi sospesi che non verrebbero normalmente trasportati in condizioni di deflusso naturale. Il materiale mobilizzato artificialmente può aver adsorbito contaminanti sulla sua superficie o essere costituito, in toto o in parte, da composti inorganici (per lo più metalli).

Una buona esecuzione del punto di monitoraggio, e soprattutto l'adozione di tecniche di spurgo e di campionamento low-flow, possono minimizzare la sospensione di solidi e di colloidi. Negli altri casi la filtrazione del campione può eliminare la maggior parte dei solidi sospesi e dei colloidi che sono stati mobilizzati artificialmente, anche se è possibile che venga eliminata anche quella porzione che si muove per effetto del gradiente naturale della falda.

Inoltre, a seconda della tecnica e della strumentazione utilizzata, la filtrazione può alterare alcuni parametri chimico-fisici quali la concentrazione dei metalli disciolti, la pressione parziale e le concentrazioni di gas disciolti, il pH, il potenziale redox. L'aerazione del campione può causare la precipitazione di metalli in soluzione quali il ferro. L'operazione di filtrazione può inoltre rimuovere composti chimici a bassa mobilità che tendono ad essere adsorbiti sui solidi sospesi, quali ad esempio i PCB.

Risulta pertanto chiaro il motivo per cui esistano due posizioni radicalmente opposte circa la filtrazione dei campioni: la prima sostiene che la filtrazione possa danneggiare la rappresentatività del campione, mentre la seconda afferma che negli studi geochimici in siti contaminati sia importante determinare la concentrazione dei composti effettivamente disciolti in acqua, piuttosto che quella apparente risultante dall'adsorbimento sul materiale solido sospeso.

Una posizione valida in assoluto non esiste: possono esistere casi in cui la filtrazione si rende indispensabile ed altri in cui questa è controproducente ai fini della correttezza dei risultati analitici. Nel caso delle analisi dei metalli è possibile perseguire una terza via, ovvero prelevare da ciascun punto due campioni da sottoporre ad analisi: uno filtrato per la concentrazione di metalli disciolti e l'altro tal quale per la determinazione del metalli totali. Il prelievo del campione tal quale è però, a volte, una scelta obbligata dalle difficoltà operative legate a operazioni lunghe e difficoltose in campo.

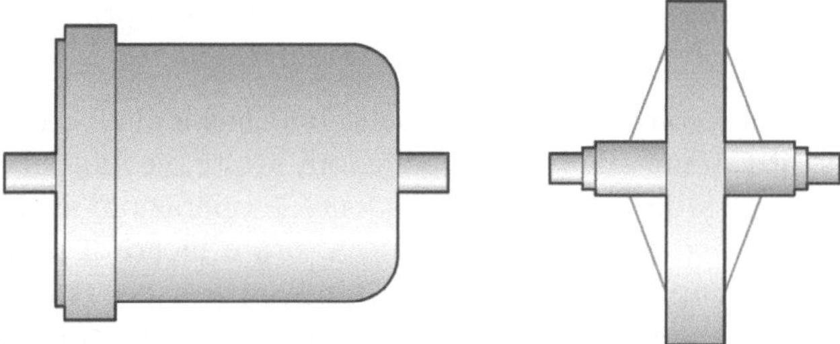

Fig. 16.23. Filtri in linea per il campionamento di acque

Per completezza della trattazione, si ricorda comunque che sono tre le tecniche che possono essere utilizzate in campo:

- la filtrazione sotto vuoto;
- la filtrazione in pressione;
- la filtrazione in linea.

È importante capire come queste tre diverse modalità possono influenzare la chimica del campione.

Sia la filtrazione sotto vuoto che quella in pressione richiedono il trasferimento dell'acqua prelevata da un contenitore ad un altro attraverso un filtro. L'acqua viene generalmente fatta passare attraverso membrane in microfibra di vetro, cellulosiche o di altri materiali inerti, caratterizzate da un diametro dei pori di 0.45 μm.

Nel caso di filtrazione sotto vuoto il campione viene "aspirato" attraverso il filtro; nel caso di filtrazione sotto pressione viene invece "spinto" per mezzo di aria o di azoto. I problemi legati a questi due sistemi comprendono aerazione ed ossigenazione del campione, stripping e cambiamento delle pressioni parziali dei gas.

Per ovviare a gran parte di questi problemi, sono stati sviluppati i sistemi di filtrazione in linea. In questo caso il filtro a membrana o a cartuccia (Fig. 16.23) viene applicato direttamente alla linea di scarico del sistema di campionamento, l'acqua in uscita viene raccolta senza bisogno di ulteriori travasi o contatto con altri gas. Risulta evidente che tali sistemi non sono utilizzabili senza un sistema di pompaggio che permetta il campionamento a portate sufficientemente basse.

16.9 Controllo di qualità

Di seguito vengono descritte le procedure di QA/QC (assicurazioni di qualità e controllo di qualità) che dovrebbero accompagnare tutte le fasi del campionamento.

A corredo del campionamento dovrebbe essere sempre predisposta la seguente documentazione:

- registro per la raccolta organizzata delle informazioni di campo: localizzazione del sito, tempistica delle operazioni svolte, scopo delle attività e quant'altro serva a descrivere univocamente le operazioni svolte;
- identificazioni univoca dei campioni, data, ora e luogo di prelievo, denominazione del campione, profondità e temperatura del campionamento, analisi richiesta, e dati relativi ai contenitori, materiale, capacità, sistema di chiusura, grado di pulizia;
- numero dei punti di misura, numero di sottocampioni, numero di repliche delle analisi;
- quantità di campione in relazione al numero ed alla tipologia dei parametri da determinare (e quindi delle metodologie analitiche da adottare);
- precisione delle determinazioni analitiche;
- misure di sicurezza per gli operatori (rischio di contatto con gli occhi, rischio di ingestione accidentale, rischio di inalazione, rischi dovuti alle attrezzature utilizzate, rischio dovuto a radiazioni, ecc.) ed equipaggiamento di sicurezza necessario;
- pulizia e decontaminazione dell'attrezzatura di campionamento (modalità e sostanze utilizzate);
- modalità di contenimento, trasporto e conservazione dei campioni;
- etichettatura dei campioni, tramite apposizione di cartellini con diciture annotate con penna ad inchiostro indelebile, da riportare sul verbale di campionamento che potrà essere redatto in analogia con quanto previsto dalla normativa in materia di rifiuti;
- protocollo di campionamento ed analisi, descrizione delle procedure di campionamento e di analisi;
- modalità di elaborazione, presentazione ed archiviazione dei dati.

Di seguito verranno trattati alcuni punti che risultano essere fondamentale nei controlli di qualità di una campagna di campionamento e di analisi.

16.10 Pulizia e decontaminazione delle attrezzature

La decontaminazione delle attrezzature ha la funzione di minimizzare il rischio di indurre contaminazioni esterne o di creare fenomeni di cross-contaminazione tra i punti di monitoraggio. L'American Society for Testing and Materials individua le procedure di decontaminazione delle attrezzature nella norma ASTM D 5088-90 [6]:

Procedura minima di decontaminazione

- lavare l'attrezzatura con una soluzione detergente non fosfatica (ad es. Liquinox della Alconox);
- risciacquare abbondantemente con acqua di rubinetto.

Procedura rigorosa di decontaminazione

- lavare l'attrezzatura con una soluzione detergente non fosfatica strofinando con una spazzola inerte;
- far circolare la soluzione detergente all'interno dei meccanismi delle apparecchiature;
- risciacquare con acqua di rubinetto;
- per il campionamento di composti organici risciacquare con un agente che desorba i composti organici (es. isopropanolo ad elevata purezza, acetone, metanolo o esano). Per il campionamento di composti inorganici risciacquare con un agente che desorba i composti inorganici (es. soluzione di acido cloridrico o nitrico ad elevata purezza);
- risciacquare con acqua di rubinetto (solo nel caso sia stata utilizzata una soluzione per il desorbimento dei composti organici);
- risciacquare con acqua deionizzata;
- disporre l'equipaggiamento in un contenitore inerte o in plastica pulita o in un foglio di alluminio per l'immagazzinamento ed il trasporto.

16.11 Conservazione del campione

Se i campioni di acqua, di terreno o di gas non vengono analizzati in campo immediatamente dopo la raccolta, è necessario adottare tutte le precauzioni per evitare che le analisi vengano inficiate dall'alterazione del campione. A questo proposito si rende necessario adottare specifiche procedure di conservazione dei campioni, che devono essere riposti in contenitori di materiali adeguati alla matrice ambientale prelevata ed alla tipologia di contaminante da analizzare.

I campioni di terreno vengono generalmente stabilizzati abbassandone la temperatura fino a 4°C. Per quanto riguarda i campioni di acqua, vengono utilizzate tecniche di preservazione più sofisticate che comprendono:

- controllo del pH;
- addizione di sostanze chimiche;
- controllo della temperatura;
- protezione dalla luce.

Le caratteristiche chimico-fisiche dell'acqua, infatti, cominciano a modificarsi subito dopo che il campione viene estratto dalla formazione acquifera; i processi chimico-fisico-biologici che alterano la qualità e la rappresentatività del campione comprendono:

- adsorbimento e desorbimento;
- formazione di complessi;
- reazioni acido-base;
- reazioni di ossidoriduzione;
- precipitazione;
- fotodegradazione;
- stripping e dissoluzione di gas;
- degradazione biologica.

L'idonea tecnica di preservazione per ciascun parametro e per ciascuna matrice ambientale deve essere identificata dal laboratorio di analisi. In Tabella 16.3 vengono fornite alcune linee guida per la scelta del metodo analitico, del tipo di contenitore e della tecnica di preservazione per campioni di acqua e di terreno.

16.12 Bianchi e duplicati di controllo

I duplicati di controllo hanno la funzione di valutare ed individuare l'affidabilità e la variabilità dei risultati analitici del laboratorio. Consistono nel dividere il campione in due o tre aliquote che vengono etichettate come se fossero diversi campioni e poi fatti analizzare.

La preparazione dei bianchi è, invece, di grande importanza nelle procedure di controllo di qualità di una campagna di campionamento delle acque sotterranee. Esistono vari tipi di bianco:

- *Trip blank* (bianco di viaggio). Serve per identificare la contaminazione dei contenitori e dei campioni durante il viaggio e l'immagazzinamento. Viene preparato dal laboratorio di analisi con acqua ad elevata purezza; è quindi spedito, assieme agli altri contenitori vuoti, nel punto dove devono essere effettuati i campionamenti. Il bianco rimane all'interno dei contenitori di trasporto o dei frigoriferi per tutta la durata del campionamento, senza essere aperto, e poi rispedito indietro assieme agli altri campioni. Solitamente questo bianco viene utilizzato nel caso si voglia indagare la presenza di contaminanti volatili.
- *Field blank* (bianco di campo). Viene utilizzato per verificare la contaminazione di un campione nella fase di raccolta. Viene preparato come il trip blank, ma è esposto all'aria del sito come lo sono i campioni.
- *Equipment blank* (bianco della strumentazione). Serve a valutare l'efficacia delle operazioni di decontaminazione e del rilascio di contaminanti dalla strumentazione di spurgo, campionamento e di misura. L'acqua preparata in laboratorio viene flussata attraverso la strumentazione per poi essere nuovamente raccolta.

Tabella 16.3. Metodi analitici, quantità, metodi di stabilizzazione e holding time per campioni di acqua e di terreno [98]

Parametro	Metodo Analitico		Quantità consigliata		Contenitore	Stabilizzazione		Holding time Giorni[1]	
			(acqua/liquidi)	(solidi/suolo)					
	Acqua	Solido	ml	g	Contenitore/Tappo	Acqua	Solido	Acqua	Solido
Parametri inorganici e vari									
Domanda biochimica di ossigeno (BOD)	IRSA Q 100 5100/94		1000	NA	Plastica o vetro/plastica	$4°C$	$4°C$	2	NA
Domanda chimica di ossigeno (COD)	IRSA Q 100 5110/94		50	NA	Plastica o vetro/plastica	$H_2SO_4, 4°C$	$4°C$	28	NA
Cloruri totali	EPA 9056/94	EPA 9056/94	100	50	Plastica o vetro/plastica	$4°C$	$4°C$	28	$28/28^2$
Cloro residuo	IRSA Q 100 4060/94		100	NA	Plastica o vetro/plastica	$4°C$	NA	28	NA
Cromo esavalente	EPA 7199/96	EPA 7199/96	100	400	Plastica/Plastica	$4°C$	$4°C$	1	$30/4^1$
Cianuri totali, liberi	EPA 9014/96	EPA 9014/96	250	50	Plastica o vetro/plastica	NaOH, $4°C$	$4°C$	14	14
Fluoruri	EPA 9056/94	EPA 9056/94	150	50	Plastica o vetro/plastica	$4°C$	$4°C$	28	$28/28^2$
Mercurio	EPA 6020/94	EPA 6020/94	300	50	Plastica o vetro/plastica	HNO_3 + Au pH<2	$4°C$	28	28
Metalli (tranne cromo esavalente e mercurio)	EPA 6020/94	EPA 6020/94	200	50	Plastica o vetro/plastica	HNO_3 pH<2	None	180	180
Nitrati	EPA 9056/94		100	NA	Plastica o vetro/plastica	$4°C$	NA	2	NA
Azoto, Total Kjedahl (TKN)	IRSA Q 100 5030/94	IRSA Q 64 III 6/85	500	30	Plastica o vetro/plastica	$H_2SO_4, 4°C$	$4°C$	28	28
Oli e grassi	IRSA Q 100 5140/94	IRSA Q 64 III 21/88	1000	100	Vetro/plastica	$H_2SO_4, 4°C$	$4°C$	28	28
Carbonio organico totale (TOC)	IRSA Q 100 5040/94	IRSA Q 64 III 5/88	100	50	Plastica o vetro/plastica	$H_2SO_4, 4°C$	$4°C$	28	28
pH	IRSA Q 100 2080/94	IRSA Q 64 III 1/85	100	50	Plastica o vetro/plastica	$4°C$	$4°C$	In campo	14^2
Fenoli	EPA 8270C/94	EPA 8270C/94	2000	50	Plastica o vetro/plastica	$H_2SO_4, 4°C$	$4°C$	28	28^2
Fosforo totale	EPA 6020/94	EPA 6020/94	200	50	Plastica o vetro/plastica	$H_2SO_4, 4°C$	$4°C$	28	28^2
Conduttanza specifica	IRSA Q 100 2030/94		100	NA	Plastica o vetro/plastica	$4°C$	$4°C$	In campo	28^2
Solfati	EPA 9056/94	EPA 9056/94	200	50	Plastica o vetro/plastica	$4°C$	$4°C$	28	28^2
Solfuri	IRSA Q 100 4140/94		100	50	Plastica o vetro/plastica	Zinc Acetate, $4°C$	$4°C$	7	NA
Solfiti	IRSA Q 100 4130/94		500	NA	Plastica o vetro/plastica	EDTA, $4°C$	NA	7	NA
Tensioattivi	IRSA Q 100 2050/94		1000	NA	Plastica o vetro/plastica	$4°C$	NA	2	NA
Parametri organici									
Diossine/furani	EPA 1613B/94	EPA 1613B/94	2000	200	Vetro ambrato/teflon	$4°C$	$4°C$	30	30
Erbicidi	EPA 8270C/94	EPA 8270C/94			Vetro ambrato/teflon	$4°C^3$	$4°C$	7/40	14/40
PCB	EPA 8082/96	EPA 8082/96	3000	200	Vetro ambrato/teflon	$4°C^3$	$4°C$	7/40	14/40
Pesticidi	EPA 8270C/94	EPA 8270C/94			Vetro ambrato/teflon	$4°C^3$	$4°C$	7/40	14/40
Idrocarburi petroliferi totali (TPH)	EPA 8440/96	EPA 8440/96	2000	200	Vetro ambrato/teflon	HCl pH<2, $4°C$	$4°C$	14	14
Idrocarburi C < 12 (DRO) e 12 < C < 40 (GRO)	EPA 8015B/96	EPA 8015B/96	2000 + 80 (VOA^4)	200	Vetro ambrato/teflon	$4°C^3$	$4°C$	7/40	14/40
Semivolatili	EPA 8270C/94	EPA 8270C/94	2000	200	Vetro ambrato/teflon	$4°C^3$	$4°C$	7/40	14/40
Volatili	EPA 8260B/94	EPA 8260B/94	80 (VOA^4)	100	Vetro/teflon	HCl pH<2, $4°C^3$	$4°C$	14	14

Note. 1. Quando sono forniti due valori il primo si riferisce all'holding time di estrazione ed il secondo a quello per l'analisi. 4. Denota l'holding time di laboratorio. Le specifiche degli enti regolatori sono "Non appena possibile" o non vengono fornite.

2. Denota l'holding time di laboratorio. Le specifiche degli enti regolatori sono "Non appena possibile" o non vengono fornite. 5. Eccetto per il mercurio che è 28/28.

3. Tiosolfato di sodio (NaS_2O_3) viene aggiunto nel caso in cui il campione contenga cloro residuo.

Fonte: 40CFR Part 136 Tables IA, IB, IC, ID, IE, and Table II.

Si veda: *Test Methods for Evaluating Solid Waste* (EPA SW-846) per metodi di laboratorio e protocollo di campionamento.

16.13 Materiali

Di notevole importanza risulta essere la scelta dei materiali utilizzati durante le fasi di realizzazione dei punti di monitoraggio, di campionamento e di spurgo. I materiali di cui è costituita la strumentazione (corpo dello strumento, rotori, tubazioni, giunture, contenitori) devono essere dotati di elevata inerzia ai processi di attacco e di degradazione chimico-fisica che possono instaurarsi al contatto con il contaminante. Tale requisito è importante sia per ottenere risultati analitici affidabili, sia per garantire la durata nel tempo della strumentazione. Di seguito vengono elencati alcuni materiali in ordine decrescente di inerzia chimica (Tabella 16.4).

Tabella 16.4. Materiali in ordine decrescente di inerzia chimica

PTFE (Teflon)
PVC rigido
PVC flessibile
Acciaio inossidabile (316 e 304)
Viton
Polietilene
ABS
Acciai comuni
Gomme siliconiche

L'analisi del rischio sanitario ambientale

Lo squilibrio tra il numero crescente di episodi di contaminazione ambientale e la disponibilità limitata di risorse da dedicare agli interventi necessari per ripristinare le condizioni originarie ha determinato l'esigenza di mettere a punto uno strumento, il più possibile oggettivo, a supporto delle decisioni sulla gestione dei siti contaminati, che consenta di valutare, in via quantitativa, i rischi per la salute umana connessi al fenomeno di contaminazione.

L'analisi di rischio sanitario ambientale è la procedura scientificamente e tecnicamente più avanzata per la valutazione del grado di inquinamento di un sito e per la definizione delle priorità di intervento (di messa in sicurezza, bonifica e ripristino ambientale) sul sito stesso. Caratteristiche peculiari di tale approccio sono quelle di quantificare i reali pericoli per la salute dell'uomo e dell'ambiente connessi al rilascio di inquinanti e di supportare le strategie di gestione dei rischi individuati con metodologie rigorose, evitando di disperdere risorse economiche in situazioni che non comportino effettivi rischi per la salute umana.

La procedura di analisi di rischio trova, pertanto, naturale applicazione nei casi in cui in una o più matrici ambientali si verifichi il superamento dei valori di concentrazione limite imposti dalla normativa vigente, richiedendo interventi di bonifica non sempre realizzabili dal punto di vista tecnico e/o economico, o nel caso di passaggio di proprietà di aree in cui siano state realizzate attività potenzialmente a rischio, a tutela della parte acquirente, o infine nei casi, sempre più diffusi, di riutilizzo di aree industriali dismesse, interessate in passato da processi produttivi non garantiti da un'adeguata normativa ambientale.

In particolare, l'analisi di rischio è lo strumento riconosciuto dalla normativa italiana per definire le concentrazioni obiettivo che devono essere raggiunte a seguito degli interventi di bonifica. Nel contesto generale di cui sopra, la procedura di analisi di rischio risulta particolarmente interessante per valutare l'eventuale rischio sanitario connesso al degrado della qualità delle risorse idriche sotterranee, che rappresentano sicuramente la componente ambientale

Di Molfetta A., Sethi R.: Ingegneria degli acquiferi.
DOI 10.1007/978-88-470-1851-8_17, © Springer-Verlag Italia 2012

più vulnerabile, oltre che l'argomento di questo libro. Per quanto concerne la trattazione dettagliata delle altre matrici ambientali, si veda, ad esempio, il manuale "Criteri metodologici per l'applicazione dell'analisi assoluta di rischio ai siti contaminati – rev. 2" [4].

17.1 Definizione di rischio sanitario ambientale

Nel linguaggio corrente il termine "rischio" trova difficoltà ad essere definito in modo appropriato e numerosi sono gli sforzi indirizzati a convenire una definizione univoca del termine, vedasi paragrafo 8.3.

Con riferimento al contesto ambientale, e in particolare alle risorse idriche sotterranee, risulta particolarmente importante distinguere innanzitutto i concetti di rischio di inquinamento e di rischio sanitario ambientale.

Come è già stato analizzato in dettaglio nel paragrafo 8.3, il **rischio di inquinamento** delle risorse idriche sotterranee esprime la probabilità che si verifichi un degrado della qualità delle acque sotterranee a seguito del concretizzarsi di una situazione di pericolo in un sito di determinate caratteristiche di vulnerabilità.

Si definisce, invece, **rischio sanitario ambientale** la quantificazione del danno tossicologico prodotto all'uomo o all'ambiente per effetto della presenza di una sorgente inquinante, i cui rilasci possono giungere, attraverso vie di migrazione diverse, ad un soggetto recettore potenzialmente esposto. La valutazione del rischio sanitario ambientale presuppone, pertanto, la definizione quantitativa del sistema relazionale "sorgenti – percorsi – bersagli".

La procedura per la valutazione del rischio sanitario ambientale viene definita "analisi del rischio sanitario ambientale"; per esigenze di concisione, nel proseguo si parlerà, tuttavia, semplicemente di analisi di rischio (AR), intendendo, però, il concetto sopra esposto [39]. Tale procedura rappresenta una valutazione di tipo assoluto, specifica del sito in esame e indipendente da situazioni riscontrabili in altri contesti. Essa, pertanto, non va confusa con le molteplici metodologie di analisi di rischio relative, basate sulla più o meno semplice adozione di pesi e punteggi per pervenire ad una graduatoria di pericolosità relativa dei siti esaminati.

17.2 Caratteristiche della procedura di analisi di rischio

La procedura di analisi di rischio sanitario ambientale è stata introdotta negli Stati Uniti alla fine degli anni 80 [48] e successivamente standardizzata [7] e [8].

La procedura può essere articolata in più fasi e approfondita a vari livelli.

17.2.1 Articolazione in fasi

L'articolazione in fasi rappresenta lo sviluppo della procedura attraverso il percorso logico che va dalle indagini per la valutazione del sito alle scelte di gestione del rischio. Tale percorso può essere suddiviso nelle seguenti fasi, vedasi Fig. 17.1:

- caratterizzazione del sito;
- definizione del modello concettuale;
- determinazione delle concentrazioni nel punto di esposizione;
- calcolo del rischio;
- analisi decisionale.

La fase di site assessment comprende tutte le indagini ambientali necessarie per caratterizzare la sorgente contaminante e le matrici ambientali interessate dall'inquinamento. Sulla base dei risultati ottenuti e della storia del sito analizzato, potrà essere definito il modello concettuale consistente nella individuazione dei soggetti potenzialmente esposti, delle vie di esposizione, delle vie di migrazione e nella scelta dei contaminanti indice.

Le fasi di site assessment e di definizione del modello concettuale rientrano in quel primo livello progettuale che la normativa italiana ha definito **Piano della caratterizzazione**.

La determinazione delle concentrazioni nei punti di esposizione richiede la capacità di simulare i fenomeni di migrazione dei diversi contaminanti indice dalla sorgente al punto di esposizione. Questo risultato, unitamente alla valutazione del tasso di esposizione e delle caratteristiche tossicologiche dei contaminanti indice, consente di calcolare il rischio tossico e genomico.

L'ultima fase comprende l'analisi decisionale connessa alla gestione del rischio e può prevedere: l'analisi delle incertezze, la valutazione dell'accettabilità del rischio, il calcolo della concentrazione massima ammissibile nella sorgente contaminante e la scelta degli interventi necessari.

17.2.2 Articolazione in livelli di approfondimento

L'analisi di rischio può essere approfondita a vari livelli, secondo un approccio graduale di valutazione: in particolare, lo Standard ASTM PS 104 [8], che ha perfezionato il precedente ASTM E 1739, prevede una procedura, definita con l'acronimo RBCA (Risk-Based Corrective Action), articolata in tre livelli di analisi di rischio, vedasi Fig. 17.2.

Il primo livello consiste essenzialmente nel confrontare la contaminazione del sito con dei valori di screening. È fondamentalmente finalizzato a determinare eventuali urgenze di intervento, ed in particolare di messa in sicurezza provvisoria, e si concretizza in una raccolta dei valori di concentrazione già esistenti sul sito, messi a confronto con i valori di concentrazione limite, individuati in maniera conservativa come quei valori che non danno luogo a rischi per la salute umana e per l'ambiente.

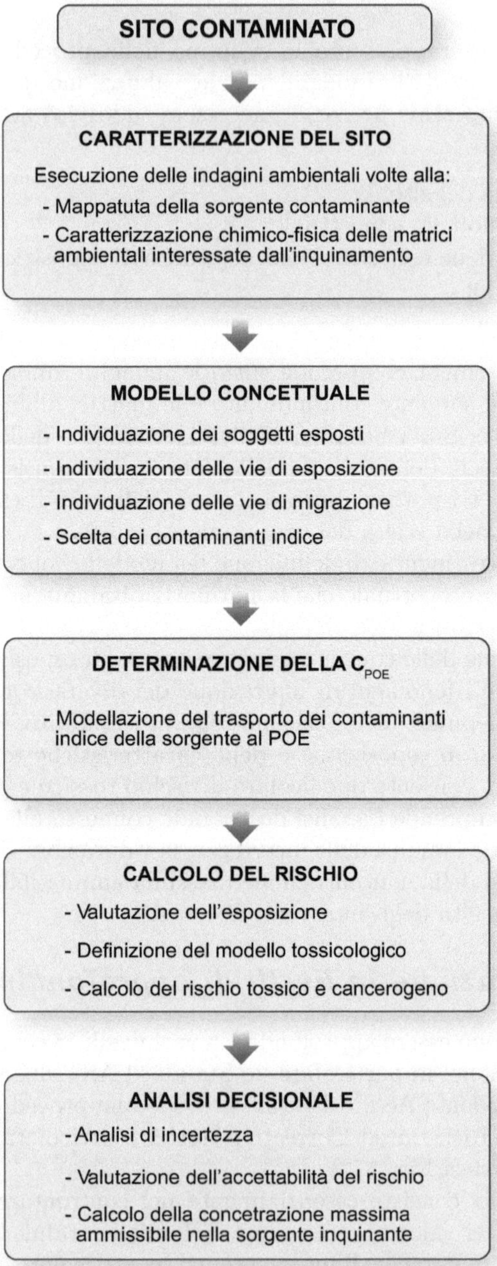

Fig. 17.1. Schematizzazione delle fasi in cui è articolata l'analisi di rischio

Sulla base di questa impostazione sono stati determinati i Risk-Based Screening Levels (RBSLs) dall'ASTM ed i Soil Screening Levels (SSLs) dall'U.S. EPA. Un approccio analogo è stato seguito anche dalla normativa italiana, che come valori di screening ha definito le cosiddette CSC (Concentrazioni Soglia di Contaminazione). Tali valori limite sono stati definiti nell'ottica di una validità a scala nazionale, in relazione ai diversi usi del territorio, al comportamento ambientale e tossicologico delle sostanze, alle vie di esposizione più critiche secondo i principi dell'analisi di rischio.

Nel caso non si rilevi alcun superamento delle concentrazioni limite previste, si può procedere ad un eventuale monitoraggio, ma non sono richieste specifiche azioni di risanamento. Per contro, nell'eventualità che alcuni valori di riferimento siano superati, il sito viene definito "potenzialmente contaminato" e si valuta l'obbligo di intervento con un approfondimento della procedura di valutazione del rischio.

Il secondo livello consiste in un'analisi di rischio con codici analitici semplificati, in cui i dati di input sono in parte ricavati da indagini specifiche condotte sul sito, mentre per i parametri non noti si ricorre a dati validati ed aggiornati da banche dati o presenti in letteratura, massimizzando la conservatività dei valori in gioco, in modo da sbilanciare, sempre in favore della tutela dell'ambiente e della salute umana, qualsiasi elaborazione di calcolo.

Le concentrazioni limite derivanti da un'analisi di rischio di secondo livello saranno evidentemente meno conservative e più vicine alla realtà, grazie all'impiego di dati propri dello scenario di rischio in esame.

Per l'implementazione di un secondo livello di analisi di rischio sono a disposizione software applicativi "user friendly", tra i quali quelli ad oggi maggiormente utilizzati sono "RBCA Toolkit for Chemical Releases" e "BP-RISC", che ricalcano la procedura RBCA definita nel manuale ASTM PS 104. Analoghi strumenti applicativi sono stati recentemente sviluppati anche in Italia: fra questi, ricordiamo il software GIUDITTA (Gestione Informatizzata Di Tollerabilità Ambientale), distribuito gratuitamente dalla Provincia di Milano.

Il terzo livello rappresenta uno stadio più approfondito di analisi di rischio, in cui vengono utilizzati codici di calcolo più sofisticati (per lo più modelli numerici e probabilistici), la cui applicabilità è consentita grazie alla disponibilità di dati chimici, fisici e biologici specifici del sito e sufficienti ad una completa caratterizzazione sperimentale del sistema.

Oltre a definire il rischio conseguente alla presenza di una sorgente di rilascio, nel secondo e terzo livello possono essere definiti i limiti di accettabilità, ossia la concentrazione massima tollerabile di ciascun contaminante presente nella sorgente, affinché non venga superato il valore di rischio ritenuto accettabile. In questo caso detti limiti di accettabilità, definiti all'interno della procedura RBCA "Site-Specific Target Levels" (SSTLs), a differenza dei limiti di accettabilità definiti nel primo livello (es. RBSLs), sono specifici del sito in quanto sono calcolati sulla base dei parametri propri dello scenario di inquinamento in esame. Trattasi in definitiva dei valori di concentrazione che definiscono gli obiettivi di bonifica di un sito contaminato.

È chiaro che ulteriori approfondimenti non possono essere esclusi e conseguono ad un progressivo miglioramento della caratterizzazione sperimentale del sito, che può consentire una valutazione del rischio in termini sempre meno conservativi e maggiormente vicini alla realtà.

Nella normativa italiana, i valori limite sito-specifici derivanti da un'analisi di rischio di secondo o terzo livello, vengono chiamati CSR (Concentrazioni Soglia di Rischio). In caso di superamento delle CSR, il sito viene definito "contaminato" e si determina l'obbligo di un intervento di bonifica, il cui obiettivo è riportare le concentrazioni degli inquinanti presenti a valori inferiori alle CSR.

17.3 Sviluppo della procedura di analisi di rischio

17.3.1 Piano della caratterizzazione

A monte di uno studio di analisi di rischio, e come presupposto della sua corretta realizzazione, vi sono le indagini finalizzate alla caratterizzazione del sito attraverso la valutazione del suo contesto fisico ed ambientale, vedasi Capitolo 16.

L'affidabilità del procedimento di analisi di rischio e la validità scientifica dei risultati conseguiti sono strettamente legati al numero e alla qualità dei dati disponibili per caratterizzare il sito oggetto di studio. Se da un lato la ricerca e l'approfondimento delle indagini investigative comportano dispendio di risorse, dall'altro è indubbio il vantaggio economico che ne consegue in sede di progettazione dell'eventuale intervento di risanamento ambientale.

Partendo dai risultati della fase di site assessment e della ricostruzione della storia produttiva del sito, la definizione del modello concettuale consiste nella individuazione dei soggetti esposti e delle possibili vie di esposizione, delle vie di migrazione dei contaminanti presenti nella sorgente, nella scelta dei contaminanti indice da utilizzare nella procedura di analisi.

L'individuazione dei possibili soggetti recettori e delle vie di esposizione deve tener conto dell'uso attuale del suolo come anche delle future destinazioni, essendo il fenomeno di rilascio di contaminanti da una sorgente inquinante un fenomeno di tipo dinamico.

Una volta individuati i soggetti recettori e le possibili vie di esposizione, il modello concettuale richiede di definire tutte le vie (o percorsi) di effettiva migrazione, attraverso le quali gli inquinanti possono raggiungere i punti di esposizione. I percorsi di trasporto dei contaminati interessati da uno studio di analisi di rischio possono essere sintetizzati nei seguenti: acque sotterranee, acque superficiali, aria, suolo e catena alimentare. In funzione del particolare contesto ambientale in cui il sito si colloca, non necessariamente tutti i percorsi risultano di fatto "attivi". Va osservato che lo scenario *acque*

LIVELLO 1

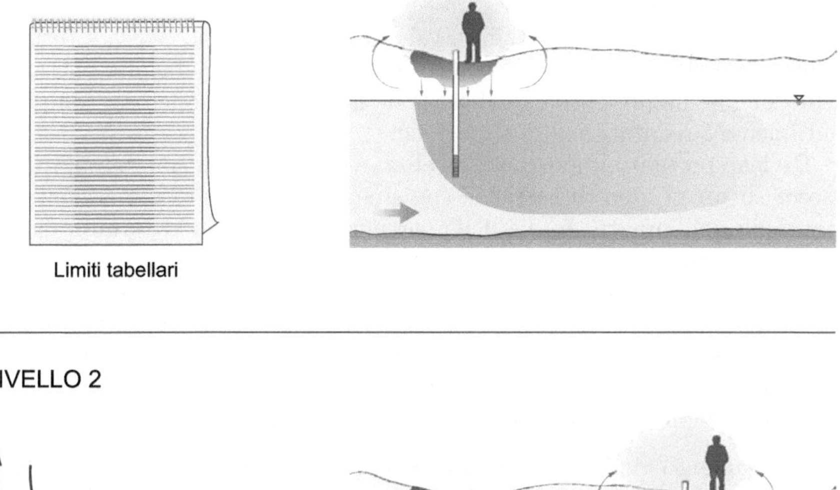

LIVELLO 2

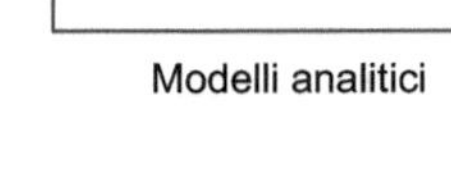
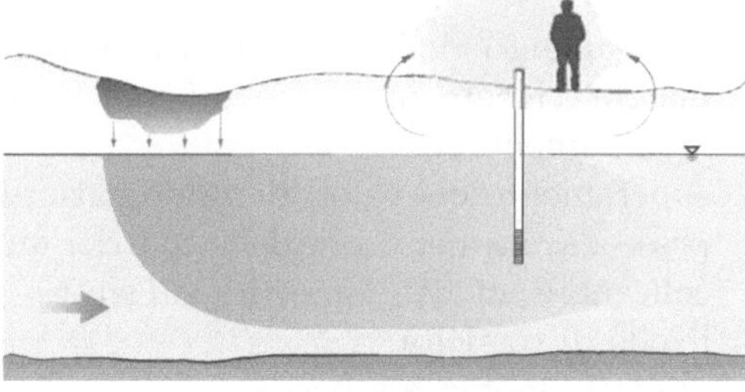

LIVELLO 3

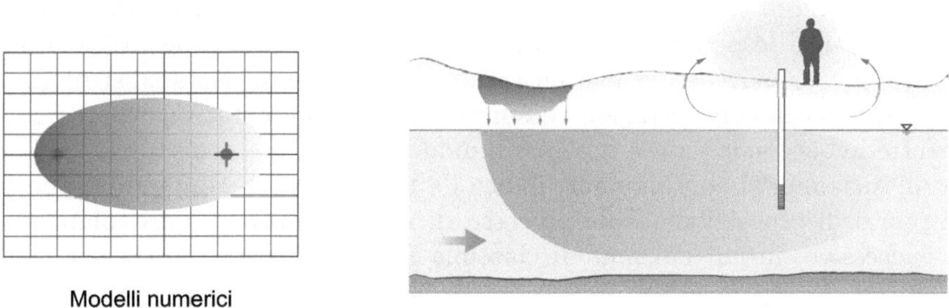

Fig. 17.2. Schema concettuale dell'articolazione della procedura di analisi di rischio nei tre livelli previsti dall'impostazione RBCA

sotterranee-ingestione di acqua potabile si presenta, nella maggioranza dei casi, come quello di maggior gravità, soprattutto allorquando siano presenti rilasci di sostanze inquinanti mobili.

L'esecuzione di una dettagliata valutazione del rischio estesa a tutte le sostanze chimiche comunque rinvenute su un'area potenzialmente contaminata richiederebbe un processo di elaborazione dei dati molto oneroso, complicando inutilmente i risultati della valutazione.

Diviene pertanto importante focalizzare lo studio sui *contaminanti indice*, ovvero su un gruppo di sostanze che si stima possano essere ritenute le responsabili dell'impatto totale della sorgente inquinante, in termini di rischio tossico e genomico.

La scelta dei contaminanti indice del sito costituisce uno degli aspetti fondamentali di una metodica di valutazione del rischio, soprattutto quando la situazione di degrado nasce dalla contemporanea presenza di più specie chimiche.

Generalmente la scelta tiene conto dei seguenti fattori:

- superamento della concentrazione limite accettabile definita dalla normativa vigente in una o più delle matrici interessate del fenomeno di inquinamento;
- superamento dei valori di fondo naturali;
- presenza, in una o più delle matrici ambientali, di sostanze direttamente collegabili all'attività svolta sul sito;
- livello di tossicità;
- grado di mobilità e persistenza.

17.3.2 Calcolo della concentrazione nel punto di esposizionc

L'esposizione di un soggetto recettore può avvenire a contatto della sorgente contaminante (esposizione diretta) o a distanza da questa (esposizione indiretta): nel primo caso la concentrazione da assumere nell'analisi di rischio coincide con la concentrazione assunta come rappresentativa della sorgente, mentre nel secondo caso è necessario modellizzare i meccanismi che regolano la migrazione dei contaminanti indice dalla sorgente di contaminazione fino al punto di esposizione. Tale processo di modellizzazione è articolato in fasi successive, in cui l'output di ciascuna fase costituisce l'input per la fase seguente.

La procedura di modellizzazione consiste nel determinare il *fattore naturale di attenuazione NAF (Naural Attenuation Factor)*, calcolato come rapporto tra la concentrazione del contaminante indice nella sorgente di inquinamento e la concentrazione nel punto di esposizione, determinata in condizioni stazionarie.

Vengono di seguito analizzati i singoli stadi di modellizzazione, con riferimento al solo processo di contaminazione delle risorse idriche, rimarcando che l'applicazione della procedura di analisi di rischio richiede di valutare tutti i possibili percorsi di migrazione all'interno delle diverse matrici ambientali e le vie di esposizione. L'approccio di seguito descritto è l'approccio analitico di tipo deterministico che fa riferimento allo Standard ASTM PS 104 [8].

17.3.2.1 Rilascio nel mezzo non saturo

Il processo di degrado della qualità dell'acqua di falda ha inizio con la formazione di un eluato o percolato (leachate), conseguente ai fenomeni di rilascio della sorgente di contaminazione presente nel terreno.

Il percolato è costituito da una miscela di diversi componenti, la cui concentrazione è governata dal coefficiente di partizione suolo-percolato K_{sw}. Tale parametro è definito come il rapporto, in condizioni stazionarie, fra la concentrazione di un generico costituente il percolato e la corrispondente concentrazione dello stesso componente nella sorgente inquinante, presente nella massa del terreno:

$$K_{sw} = \frac{C_{leach}}{C_{soil}}. \tag{17.1}$$

Nelle ipotesi che:

a) l'equilibrio tra concentrazioni nel percolato e nella sorgente presente nel suolo sia raggiunto immediatamente;
b) sia trascurabile qualsiasi fenomeno di decadimento, sia nel suolo che nel percolato;
c) la massa presente nella sorgente sia infinitamente grande rispetto alla possibilità di rilascio nel percolato;

il coefficiente di partizione può essere calcolato partendo dall'espressione della massa totale del generico contaminante M_T contenuta nel volume V_b della sorgente inquinante:

$$M_T = M_{leach} + M_s + M_g = (\theta_w + \rho_b\,K_d + H\theta_a)\,C_{leach}\,V_b, \tag{17.2}$$

conseguentemente, la concentrazione del generico inquinante nella sorgente vale:

$$C_{soil} = \frac{M_T}{\rho_b V_b} = \frac{(\theta_w + \rho_b K_d + H\theta_a)}{\rho_b}\,C_{leach}, \tag{17.3}$$

e il coefficiente di partizione suolo-percolato assume l'espressione:

$$K_{sw} = \frac{\rho_b}{\theta_w + \rho_b K_d + H\theta_a}\,\left[\frac{M}{L^3}\right], \tag{17.4}$$

essendo:

- ρ_b = bulk density del suolo;
- θ_w = contenuto volumetrico in acqua;
- θ_a = contenuto volumetrico in aria = $n - \theta_w$;

- n = porosità totale;
- H = costante di Henry;
- K_d = coefficiente di distribuzione = $K_{oc} \cdot f_{oc}$ per i composti organici;
- f_{oc} = frazione di carbonio organico;
- K_{oc} = coefficiente di partizione del generico composto organico fra carbonio organico e acqua.

Sulla base della definizione (17.1) la concentrazione del singolo contaminante nel percolato vale:

$$C_{leach} = C_{soil} \cdot K_{sw}, \tag{17.5}$$

verificando, nel contempo, che tale valore non risulti superiore al limite di solubilità definito dalla:

$$C_{leach} \leq x_i \, S_i, \tag{17.6}$$

essendo x_i la frazione molare del generico contaminante inizialmente presente nella sorgente e S_i la sua solubilità in acqua, e che comunque la massa del generico contaminante nel percolato non superi, per la durata dell'esposizione ED, la massa dello stesso contaminate nella sorgente:

$$M_{leach} \leq M_{soil}. \tag{17.7}$$

Quest'ultima condizione si traduce, vedasi Fig. 17.3, nella diseguaglianza:

$$C_{leach} \left(I_{eff} ED \right) A \leq C_{soil} A L_1 \rho_b, \tag{17.8}$$

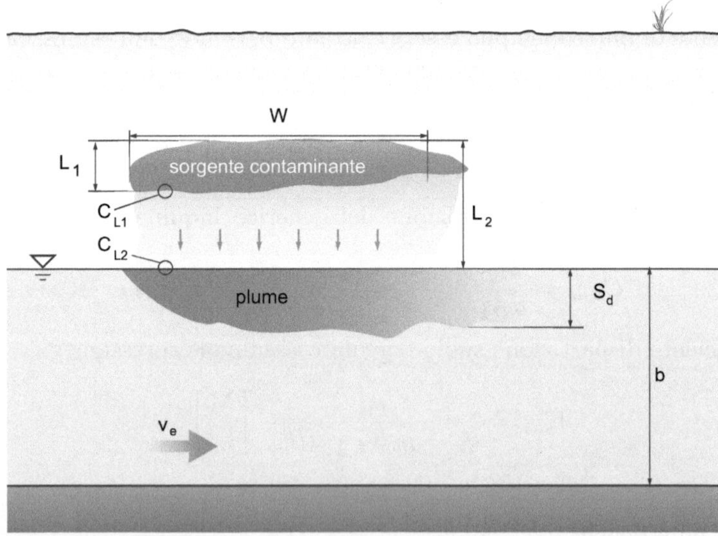

Fig. 17.3. Schematizzazione dei fenomeni di rilascio dalla sorgente sino alla tavola d'acqua

vale a dire:

$$C_{leach} = \frac{C_{soil}L_1\rho_b}{I_{eff}ED},\tag{17.9}$$

avendo indicato con I_{eff} l'infiltrazione efficace che si verifica in corrispondenza del sito in oggetto.

Sulla base di quanto sopra, è evidente che per C_{leach} dovrà essere assunto il minore fra i valori forniti dalle equazioni (17.5), (17.6) e (17.9).

L'equazione (17.4) di partizione fra le diverse fasi in condizioni di equilibrio, che rappresenta il modello di rilascio ASTM, è una soluzione molto conservativa che porta a sovrastimare la composizione dell'eluato e, conseguentemente, la valutazione del rischio. Quando siano stati effettuati test di eluizione, i risultati ottenuti possono essere direttamente utilizzati in luogo dell'equazione (17.4).

Nel caso particolare dell'applicazione dell'analisi di rischio ad una discarica di rifiuti solidi, questo primo step di calcolo è superato quando si conosca la composizione specifica del percolato, che viene assunta come dato iniziale nella procedura di valutazione del rischio.

17.3.2.2 Attenuazione nel mezzo non saturo

L'eluato o percolato che si produce è ovviamente interessato da un flusso verticale verso la tavola d'acqua, governato dalla forza di gravità, oltre che dalle forze capillari; tale flusso determina una distribuzione della massa di contaminante lungo il volume di mezzo insaturo che separa la sorgente di contaminazione dalla tavola d'acqua, con una conseguente riduzione della concentrazione.

Nei casi in cui la soggiacenza L_2 della falda idrica superficiale sia significativamente maggiore dello spessore L_1 della sorgente contaminate, vedasi Fig. 17.3, può essere opportuno tenere conto dei fenomeni di attenuazione delle concentrazioni dei contaminanti che intervengono nell'attraversamento della zona non satura. Tale riduzione può essere conteggiata mediante un modello schematico di attenuazione [26], definito SAM (*Soil Attenuation Model*).

Trascurando i fenomeni di eventuale volatilizzazione e biodegradazione e imponendo il rispetto della legge di conservazione della massa di ciascun inquinante:

$$M_T = (\theta_w + \rho_b K_d + H\theta_a)\,C_{leach}A \cdot L = \text{cost.},\tag{17.10}$$

si ottiene:

$$C_{l_2} = C_{l_1}\frac{L_1}{L_2},\tag{17.11}$$

avendo indicato con C_{l_1} e C_{l_2} le concentrazioni nel percolato rispettivamente alle profondità L_1 e L_2.

Il valore di C_{l_2} rappresenta pertanto il valore della concentrazione massima di contaminante che può raggiungere la tavola d'acqua. Nella realtà, infatti, questo valore tende a diminuire nel tempo man mano che si riduce la concentrazione di ciascun contaminante nella sorgente; il modello SAM, tuttavia, assume che tale concentrazione rimanga costante nel tempo, in linea con l'assunzione assolutamente conservativa di una massa presente nella sorgente infinitamente grande rispetto alla possibilità di rilascio.

Il fenomeno di biodegradazione all'interno del mezzo non saturo, che finora è stato trascurato, può assumere un ruolo rilevante nel processo di percolazione di alcuni composti organici attraverso mezzi insaturi di spessore rilevante. In questo caso, il processo naturale di biodegradazione può essere simulato con un processo di decadimento esponenziale del primo ordine, quantificato dal fattore di biodegradazione BDF (*BioDegradation Factor*), adimensionale, calcolabile come:

$$BDF = \exp\left[-\lambda_v \left(L_2 - L_1\right)\frac{\theta_w + \rho_b K_d + H\theta_a}{I_{eff}}\right], \qquad (17.12)$$

essendo λ_v il coefficiente di biodegradazione all'interno della zona vadosa, dimensionalmente $[T^{-1}]$.

Sulla base di quanto sopra, la concentrazione del generico contaminante nel percolato che giunge a miscelarsi con l'acqua di falda vale:

$$C_{l_2} = C_{soil} K_{sw} \frac{L_1}{L_2} BDF, \qquad (17.13)$$

sintetizzabile nella forma:

$$C_{l_2} = C_{soil} K_{sw} LAF, \qquad (17.14)$$

avendo compreso nel termine adimensionale LAF (*Leachate Attenuation Factor*) tutti i fattori di attenuazione delle concentrazioni che intervengono nell'attraversamento del mezzo non saturo. È evidente che trascurare i fenomeni di attenuazione che intervengono nel mezzo non saturo ($LAF = 1$) rende più conservativi i risultati dell'analisi di rischio.

17.3.2.3 Diluizione del percolato nella zona di miscelazione

L'eluato o il percolato che ha attraversato tutto il mezzo non saturo giunge a miscelarsi con l'acqua di falda in corrispondenza della superficie freatica.

Raggiunte le condizioni di stazionarietà, si forma una zona di miscelazione acqua di falda-percolato nella quale si determina, ovviamente, una diluizione delle concentrazioni che è quantificata dal rapporto adimensionale LDF (*Leachate Diluition Factor*), definito come:

$$LDF = \frac{C_{l_2}}{C_0}, \qquad (17.15)$$

avendo indicato con C_0 la concentrazione dell'inquinante nella zona di miscelazione in falda, sottostante la sorgente di contaminazione.

La valutazione del fattore LDF può essere ottenuta mediante un modello concettuale molto semplice (box model), valutando la diluizione della massa nella zona di miscelazione in falda, posta direttamente sulla verticale della sorgente inquinante. Sulla base dello schema di Fig. 17.3, si ha per riferimento alla dimensione S_w, che rappresenta la larghezza del fronte inquinante calcolata nella zona di miscelazione perpendicolarmente alla direzione di deflusso, allo spessore S_d della zona di miscelazione, alla velocità effettiva dell'acqua di falda v_e e alla porosità efficace n_e:

portata volumetrica di percolato $\qquad\qquad\qquad\qquad\qquad\qquad I_{eff} W\, S_w$
entrante nella zona di miscelazione,

portata volumetrica di acqua non contaminata $\qquad\qquad\qquad\qquad v_e n_e\, S_d\, S_w$
entrante nella zona di miscelazione,

portata volumetrica di fluido $\qquad v_e n_e\, S_d\, S_w + I_{eff} W\, S_w = (v_e n_e\, S_d + I_{eff} W)\, S_w$
complessivamente presente nella zona di miscelazione,

e conseguentemente il fattore di diluizione del percolato nella zona di miscelazione (che è inversamente proporzionale alle portate volumetriche) vale:

$$LDF = 1 + \frac{v_e n_e S_d}{I_{eff} W} = 1 + \frac{K\, i\, S_d}{I_{eff} W}, \qquad (17.16)$$

essendo K la conducibilità idraulica dell'acquifero contaminato, i il gradiente piezometrico medio nella zona di miscelazione e W la larghezza della sorgente lungo la direzione di deflusso.

Nell'applicazione della (17.16) non è semplice avere una valutazione quantitativa corretta dello spessore S_d della zona di miscelazione. In assenza di una valutazione specifica, si può utilizzare il seguente algoritmo:

$$S_d = \sqrt{2\alpha_z\, W} + b \cdot \left[1 - e^{-\frac{I_{eff} \cdot W}{K \cdot i \cdot b}}\right], \qquad (17.17)$$

essendo b lo spessore saturo dell'acquifero freatico e α_z la dispersività verticale, verificando che sia ovviamente: $S_d \leq b$.

Riassumendo, la concentrazione del generico contaminante presente nella zona di miscelazione in falda può essere ricavata, a partire dalla corrispondente concentrazione nella sorgente di rilascio, mediante la seguente espressione:

$$C_0 = C_{soil} \frac{K_{sw} \cdot LAF}{LDF}. \qquad (17.18)$$

Nell'ipotesi che sulla verticale della sorgente inquinante siano stati realizzati dei piezometri che abbiano rilevato una contaminazione dell'acqua di falda, la cui distribuzione di concentrazioni possa ritenersi ormai stazionaria in relazione alla durata del fenomeno (ad esempio, una vecchia discarica abusiva), i precedenti passi di calcolo possono essere sostituiti dalle concentrazioni rilevate sperimentalmente in falda, che diventano, pertanto, il dato iniziale per l'applicazione della procedura di valutazione del rischio.

17.3.2.4 Diluizione e attenuazione in falda

L'inquinamento della falda, avvenuto nella zona di miscelazione ad opera del percolato formatosi per effetto della sorgente inquinante presente nel terreno, subisce un ulteriore processo di diluizione e attenuazione per effetto dei fenomeni che accompagnano il trasporto e la dispersione nel sistema acquifero.

Tale ulteriore diluizione è misurata dal rapporto adimensionale DAF (*Diluition Attenuation Factor*), definito come il rapporto tra la concentrazione del composto presente nella zona di miscelazione in falda C_0 e la concentrazione del medesimo in falda a valle della zona di miscelazione C_F:

$$DAF = \frac{C_0}{C_F}. \tag{17.19}$$

Il DAF può essere calcolato con modelli analitici o numerici.

Una delle soluzioni analitiche più utilizzate, in quanto riferita a condizioni al contorno che riproducono con sufficiente approssimazione il fenomeno di dispersione di un inquinante rilasciato con modalità continua da una sorgente di dimensioni non trascurabili, è la soluzione di Domenico (vedasi paragrafo 14.2.2). Tale soluzione fornisce la distribuzione delle concentrazioni in un dominio spaziale tridimensionale, in regime variabile, per effetto dell'immissione continua di un contaminante attraverso una sorgente areale, costituita da un piano perpendicolare alla direzione di flusso della falda idrica, avente dimensioni trasversale S_w e verticale S_d, vedasi Fig. 17.4.

La soluzione tiene conto, oltre che dei fenomeni idrologici (advezione e dispersione idrodinamica), degli eventuali processi di decadimento naturale di un contaminante, esprimibili con un equazione cinetica del primo ordine (decadimento radioattivo, biodegradazione, idrolisi), e degli eventuali fenomeni di adsorbimento di un contaminante sulla superficie solida dei grani costituenti l'acquifero, esprimibili secondo un'isoterma lineare, vedasi paragrafo 14.2.2.

Nell'ipotesi, più aderente alla realtà, che la dispersione dell'inquinante avvenga, oltre che nella direzione longitudinale di flusso x, lungo due direzioni trasversali ($+y$ e $-y$) e una direzione verticale ($+z$) (Fig. 17.4a), indicando con C_0 la concentrazione nella sorgente areale, α_x, α_y e α_z le dispersività rispettivamente longitudinale, trasversale e verticale, R_i il coefficiente di ritardo del generico componente, λ_i il coefficiente di decadimento del generico componente, il valore di concentrazione più elevato si avrà ovviamente in condizioni stazionarie e lungo l'asse x:

$$\frac{C(x)}{Co} = \exp\left\{\left(\frac{x}{2\alpha_x}\right)\left[1 - \sqrt{1 + \frac{4\lambda_i\alpha_x R_i}{v_e}}\right]\right\} \cdot erf\left[\frac{S_w}{4\sqrt{\alpha_y x}}\right] \cdot erf\left[\frac{S_d}{2\sqrt{\alpha_z x}}\right]. \tag{17.20}$$

Se la tipologia degli inquinanti consiglia di assumere due direzioni verticali di dispersione ($+z$ e $-z$), analogamente alle due trasversali (vedasi Fig. 17.4b),

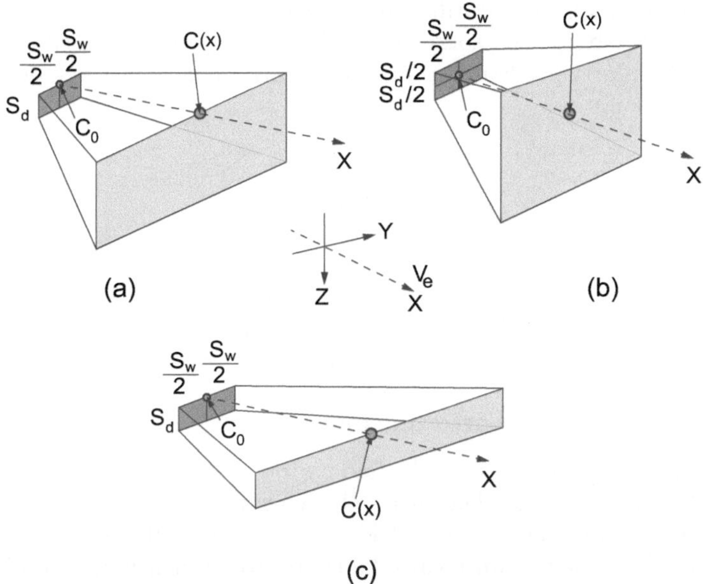

Fig. 17.4. Sorgente areale di inquinamento con concentrazione costante C_0 e possibili geometrie di dispersione verticale: a) dispersione verticale solo verso il basso; b) dispersione verticale verso il basso e verso l'alto; c) nessuna dispersione verticale (nella zona di miscelazione, il contaminante ha già raggiunto la base dell'acquifero)

l'equazione (17.20) si modifica in:

$$\frac{C(x)}{Co} = \exp\left\{\left(\frac{x}{2\alpha_x}\right)\left[1 - \sqrt{1 + \frac{4\lambda_i\alpha_x R_i}{v_e}}\right]\right\} \cdot erf\left[\frac{S_w}{4\sqrt{\alpha_y x}}\right] \cdot erf\left[\frac{S_d}{4\sqrt{\alpha_z x}}\right].$$

$$(17.21)$$

Se, infine, lo spessore dell'acquifero è limitato ed è stato tutto interessato dall'inquinante già nella fase di miscelazione (Fig. 17.4c), non potrà esserci dispersione verticale e la (17.20) diventa:

$$\frac{C(x)}{Co} = \exp\left\{\left(\frac{x}{2\alpha_x}\right)\left[1 - \sqrt{1 + \frac{4\lambda_i\alpha_x R_i}{v_e}}\right]\right\} \cdot erf\left[\frac{S_w}{4\sqrt{\alpha_y x}}\right]. \qquad (17.22)$$

Dal momento che $C(x)$ rappresenta il valore più elevato di concentrazione riscontrabile in falda a valle della zona di miscelazione, nello sviluppo della procedura di calcolo del rischio si pone $C_F = C(x)$.

Quando le condizioni al contorno e/o la geometria della sorgente inquinante non possono essere assimilate a quelle precedentemente descritte, non resta che ricorrere alla soluzione per via numerica dell'equazione differenziale che consente di descrivere i processi idrologici, chimico-fisici e biologici coinvolti nel fenomeno da analizzare.

Qualsiasi sia l'approccio utilizzato, un ruolo importante è svolto dai parametri di dispersività, che sono, però, di difficile valutazione sperimentale. In assenza di valori specifici, i valori conservativi consigliati per default dal codice RBCA sono:

$$\alpha_x = 0.1\,x,$$
$$\alpha_y = 0.33\,\alpha_x,$$
$$\alpha_z = 0.05\,\alpha_x.$$

Nella letteratura specialistica sono disponibili numerose correlazioni che consentono di assumere valori dei parametri di dispersività compatibili con la scala del fenomeno analizzato, vedasi paragrafo 11.1.4.

17.3.2.5 Diluizione nel corso d'acqua

Nel caso che nell'area in esame la falda idrica superficiale sia drenata da un corso d'acqua, come evidenziato nello schema di Fig. 17.5, un eventuale fenomeno di degrado della qualità dell'acqua di falda subisce un ultimo processo di diluizione che è quantificato dal rapporto adimensionale RDF (*River Diluition Factor*) definito come il rapporto tra la concentrazione C_F del generico contaminante in falda, a monte della miscelazione nel corso d'acqua, e la concentrazione del generico contaminante nel corso d'acqua C_r:

$$RDF = \frac{C_F}{C_r}. \tag{17.23}$$

Con riferimento allo schema di Fig. 17.5, il rapporto RDF può essere ottenuto in base al bilancio delle portate nella zona di miscelazione, che fornisce

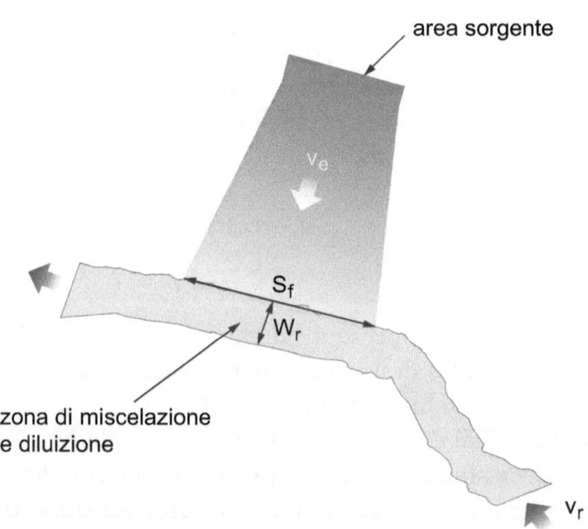

Fig. 17.5. Diluizione del plume inquinante in un corso d'acqua

la relazione:

$$RDF = 1 + \frac{Q_r}{v_e\,n_e\,S_f\,b_r} = 1 + \frac{v_r\,W_r}{v_e\,n_e\,S_f}, \qquad (17.24)$$

nella quale:

- b_r = altezza idrometrica in condizioni di magra;
- Q_r = portata del corso d'acqua in condizioni di magra;
- v_r = velocità dell'acqua nel fiume, misurata in condizioni di magra;
- W_r = larghezza del corso d'acqua in condizioni di magra;
- S_f = larghezza finale del plume inquinante, prima della miscelazione nel corso d'acqua.

L'equazione (17.24) è valida nell'ipotesi che la concentrazione C_r degli inquinanti nel corso d'acqua, a monte della zona di miscelazione, sia nulla.

Se invece $C_r \neq 0$, il rapporto RDF vale:

$$RDF = \frac{C_F\,[v_e n_e S_f b + Q_r]}{C_F\,v_e n_e S_f b + C_r Q_r} = \frac{C_F\,[v_e n_e S_f + v_r W_r]}{C_F\,v_e n_e S_f + C_r v_r W_r}. \qquad (17.25)$$

17.3.2.6 Volatilizzazione di vapori in ambienti aperti

Le specie chimiche volatili, presenti in soluzione nelle acque di falda, possono migrare sotto forma di vapori, attraverso la zona non satura, verso la superficie del terreno (Fig. 17.6a). In ambienti aperti, i vapori si mescolano con l'aria della zona sovrastante la sorgente di contaminazione. Il fenomeno è quantificato dal rapporto adimensionale VF_{out} (outdoor Volatilization Factor) definito come il rapporto tra la concentrazione C_{POE}del generico contaminante in atmosfera, al punto di esposizione, e la sua concentrazione in falda C_F:

$$VF = \frac{C_{POE}}{C_F}. \qquad (17.26)$$

Per la stima del fattore di volatilizzazione dalla falda in ambienti aperti si utilizza la seguente equazione:

$$VF = \frac{H}{1 + \frac{U_{air}\delta_{air}L_{GW}}{D_{ws}^{eff}W'}} \cdot 10^3, \qquad (17.27)$$

nella quale:

- U_{air} = velocità media dell'aria a 2 m dal suolo;
- δ_{air} = altezza della zona di miscelazione in atmosfera;
- L_{GW} = soggiacenza della falda;
- W' = lunghezza della sorgente nella direzione prevalente del vento;
- D_{ws}^{eff} = coefficiente di diffusione del contaminante, espresso in funzione delle caratteristiche della frangia capillare e del mezzo insaturo attraverso la seguente equazione:

$$D_{ws}^{eff} = (h_{cap} + h_v) \cdot \left(\frac{h_{cap}}{D_{cap}^{eff}} + \frac{h_v}{D_s^{eff}} \right)^{-1}; \qquad (17.28)$$

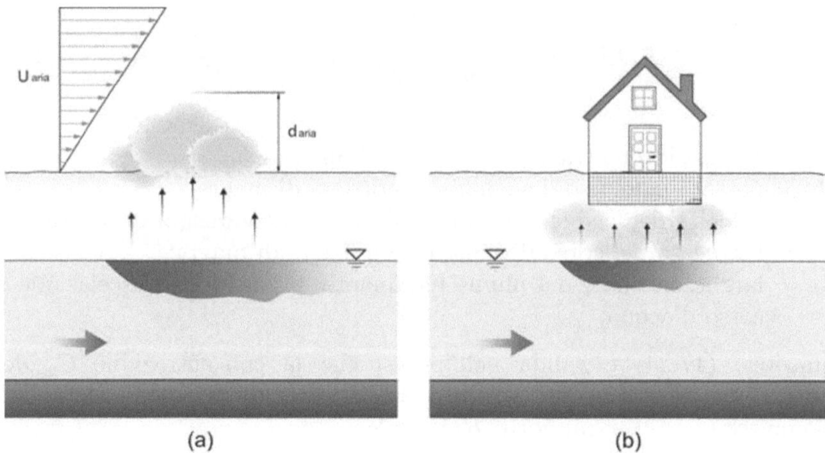

Fig. 17.6. Volatilizzazione di vapori in ambienti aperti e in ambienti confinati

dove:

- h_{cap} = spessore della frangia capillare;
- h_v = spessore della zona insatura;
- D_{cap}^{eff} = coefficiente di diffusione effettiva nella frangia capillare, espresso
come:

$$D_{cap}^{eff} = D_a \cdot \frac{\theta_{a,\,cap}^{3.33}}{n^2} + \frac{D_w}{H} \cdot \frac{\theta_{w,\,cap}^{3.33}}{n^2}; \qquad (17.29)$$

- D_s^{eff} = coefficiente di diffusione effettiva nella zona insatura, espresso
come:

$$D_s^{eff} = D_a \cdot \frac{\theta_a^{3.33}}{n^2} + \frac{D_w}{H} \cdot \frac{\theta_w^{3.33}}{n^2}; \qquad (17.30)$$

- D_a = coefficiente di diffusione in aria;
- D_w = coefficiente di diffusione in acqua;
- $\theta_{a,cap}$ = contenuto d'aria nella frangia capillare;
- $\theta_{w,\,cap}$ = contenuto d'acqua nella frangia capillare.

17.3.2.7 Volatilizzazione di vapori in ambienti confinati

La volatilizzazione in ambienti confinati dalla falda si verifica quando sopra la
porzione contaminata dell'acquifero vi è un edificio, in cui la fase volatile dei
contaminanti può infiltrarsi attraverso eventuali fessurazioni nelle fondazioni o
nei muri perimetrali (Fig. 17.6b). Il fenomeno è quantificato dal rapporto adimensionale VF_{in} (indoor Volatilization Factor) definito come il rapporto tra
la concentrazione C_{POE} del generico contaminante nel punto di esposizione
(in aria indoor) e quella in corrispondenza della falda C_F:

$$VF_{in} = \frac{C_{POE}}{C_F}. \qquad (17.31)$$

Per la stima di VF_{in} si utilizza il modello proposto da Johnson e Ettinger nel 1991 [68]:

$$VF_{in} = \frac{H\dfrac{D_w^{eff}}{L_{GW}L_bER}}{1 + \dfrac{D_w^{eff}}{L_{GW}L_bER} + \dfrac{D_w^{eff}L_{crack}}{D_{crack}^{eff}L_{GW}\eta}}, \qquad (17.32)$$

dove:

- L_b = rapporto tra volume indoor e area di infiltrazione;
- ER = tasso di ricambio dell'aria indoor;
- L_{crack} = spessore delle fondazioni;
- η = frazione areale di fratture nelle fondazioni;
- D_{crack}^{eff} = coefficiente di diffusione effettiva del contaminante, attraverso le fratture, espresso dalla seguente equazione:

$$D_{crack}^{eff} = D_a \cdot \frac{\theta_{a,\,crack}^{3.33}}{n^2} + \frac{D_w}{H} \cdot \frac{\theta_{w,\,crack}^{3.33}}{n^2}; \qquad (17.33)$$

- $\theta_{a,\,crack}$ = contenuto d'aria nelle fratture delle fondazioni;
- $\theta_{w,\,crack}$ = contenuto d'acqua nelle fratture delle fondazioni.

17.3.2.8 Fattore di attenuazione complessivo

Il processo di degrado della qualità delle risorse idriche subisce un'attenuazione complessiva che è misurata dal "fattore di attenuazione naturale" NAF (*Natural Attenuation Factor*), definito come:

$$NAF = \frac{\text{concentrazione del contaminante nella sorgente inquinante}}{\text{concentrazione del contaminante al punto di esposizione}} = \frac{C_{soil}}{C_{POE}}.$$
$$(17.34)$$

Sulla base di quanto analizzato nei paragrafi precedenti, rispetto al percorso di esposizione per ingestione di acque contaminate, il valore del NAF è ottenibile dalla relazione:

$$NAF = \frac{LDF \cdot DAF \cdot RDF}{K_{sw} \cdot LAF}. \qquad (17.35)$$

Dal punto di vista dimensionale, $NAF = [L^3/M]$.

È ovvio che se l'esposizione non avviene tramite il prelievo di acqua da un corso d'acqua, bensì direttamente dalla falda, è sufficiente porre nell'equazione (17.35) $RDF = 1$.

Rispetto invece al percorso di esposizione per inalazione di vapori dalla falda, il valore di NAF è dato dalla relazione

$$NAF = \frac{LDF}{K_{sw} \cdot LAF \cdot VF}, \qquad (17.36)$$

in cui $VF = VF_{out}$ se l'esposizione avviene in ambienti aperti e $VF = VF_{in}$ se l'esposizione avviene in ambienti confinati.

17.3.2.9 Concentrazione nel punto di esposizione

Sulla base della definizione del fattore di attenuazione naturale che sintetizza tutti i meccanismi di attenuazione che intervengono nel processo di migrazione dei contaminanti dalla sorgente al punto di esposizione, il valore della concentrazione nel punto di esposizione C_{POE} sarà dato dalla relazione:

$$C_{POE} = \frac{C_{soil}}{NAF}. \tag{17.37}$$

Nell'ipotesi che in corrispondenza del punto di esposizione sia disponibile una rete di monitoraggio in grado di rilevare le concentrazioni dei contaminanti presenti nell'acqua di falda, questi valori potranno essere usati direttamente per determinare il rischio sanitario conseguente, la cui valutazione risulterà maggiormente affidabile in quanto ottenuta eliminando le inevitabili incertezze connesse alla simulazione dei complessi fenomeni fisici, chimici e biologici che accompagnano il trasporto e la dispersione dei contaminanti in falda.

17.4 Modelli e parametri tossicologici

I potenziali effetti nocivi sulla salute della popolazione, sottoposta all'esposizione di sostanze contaminanti in corrispondenza del punto di esposizione, possono essere definiti utilizzando i dati pubblicati dall'U.S. EPA Integrated Risk Information System (IRIS) e da altri centri di ricerca e documentazione. In Italia, è possibile fare riferimento alla banca dati messa a punto dall'Istituto Superiore di Sanità (ISS) e dall'Istituto Superiore per la Prevenzione e la Sicurezza sul Lavoro (ISPESL), che raccoglie le proprietà chimico-fisiche e tossicologiche dei principali inquinanti.

Lo studio di analisi di rischio sanitario ambientale prende in considerazione le sostanze tossiche croniche, valutando i rischi che l'inquinamento dell'ambiente con tali sostanze può causare sulla salute degli individui a seguito di un'assimilazione cronica. L'U.S. Environmental Protection Agency propone una classificazione della pericolosità delle sostanze in sei categorie. Tuttavia, la classificazione più importante ai fini dell'analisi di rischio è quella che divide le sostanze tossiche croniche in cancerogene e non cancerogene sulla base del diverso modello dose-risposta che seguono, vedasi paragrafo 10.3.

I parametri tossicologici che vengono utilizzati nell'analisi di rischio sono pertanto la dose di riferimento RfD per le sostanze tossiche non cancerogene e la pendenza (*slope factor*) SF per le sostanze cancerogene.

17.5 Valutazione del rischio

Il rischio sanitario ambientale rappresenta l'incremento di rischio a cui il recettore è soggetto per effetto dell'esposizione ad un determinato stato di contaminazione ambientale.

Il valore del rischio è ovviamente legato al valore di concentrazione del contaminante in corrispondenza del punto di esposizione, del tasso di esposizione e della natura tossicologica del contaminante.

17.5.1 Determinazione della concentrazione nel punto di esposizione

La procedura di analisi di rischio richiede di individuare tutte le vie (o percorsi) di effettiva migrazione, attraverso le quali gli inquinanti indice possono raggiungere i punti di esposizione. Premesso che l'esposizione di un soggetto recettore può avvenire direttamente sulla sorgente inquinante o a distanza da questa, si ha che, nel caso di esposizione diretta, la concentrazione del contaminante nel punto di conformità coincide con la concentrazione assunta come rappresentativa della sorgente di inquinamento. Per contro, per il calcolo dell'esposizione indiretta occorre modellizzare i meccanismi che regolano la migrazione del contaminante dalla sorgente di inquinamento sino al punto di conformità, come è stato dettagliato nel paragrafo 17.3.2 per quanto concerne la matrice ambientale acque sotterranee.

Con riferimento ad un approccio di tipo deterministico, il calcolo della concentrazione nel punto di esposizione può essere fatto mediante modelli analitici o modelli numerici. I modelli analitici (analisi di 2° livello) sono ovviamente più facili da trattare ma presuppongono alcune semplificazioni del modello fisico per quanto riguarda le caratteristiche del mezzo (che deve essere considerato omogeneo e isotropo), la geometria della sorgente inquinante e le condizioni al contorno.

I modelli numerici (analisi di 3° livello) consentono, viceversa, di poter considerare le eterogeneità del sistema e di generalizzare la geometria della sorgente inquinante e delle condizioni al contorno; per contro la loro applicazione richiede una maggiore conoscenza del sistema fisico e, conseguentemente, una fase di caratterizzazione più approfondita.

Qualsiasi sia il modello utilizzato, il risultato consiste nel calcolo, per ciascuna via di esposizione, del *fattore naturale di attenuazione NAF* (*Natural Attenuation Factor*), determinato come rapporto tra la concentrazione del contaminante indice nella sorgente di inquinamento C_s e la concentrazione nel punto di esposizione C_{POE}, determinata in condizioni stazionarie. Ovviamente per le vie di esposizione diretta il valore di NAF è pari ad 1.

17.5.2 Tasso di esposizione

Per ciascuna via di trasporto, *l'esposizione o il tasso di esposizione E* (*exposure rate*) a cui ciascun individuo è sottoposto definisce la quantità media di ciascun mezzo ambientale (acqua, aria, terreno) assunto per unità di peso corporeo e per giorno di esposizione.

L'esposizione o il tasso di esposizione E è pertanto calcolabile mediante la formula generale:

$$E = \frac{CR \cdot EF \cdot ED}{BW \cdot AT},$$ (17.38)

essendo:

- CR il fattore di contatto, vale a dire la quantità di ciascun mezzo ambientale (acqua, aria, terreno) ingerito, inalato o contattato per unità di tempo o evento. Dimensionalmente, vale L^3/T per l'acqua e l'aria, M/T per il suolo; usualmente è espresso in l/d o m^3/d o mg/d;
- EF la frequenza di esposizione, adimensionale ma usualmente espressa in giorni/anno;
- ED la durata dell'esposizione $[T]$, usualmente espressa in anni;
- BW il valore medio del peso corporeo durante il periodo di esposizione $[M]$;
- AT periodo di tempo durante il quale l'esposizione è mediata, $[T]$, usualmente espresso in giorni.

Ne deriva che l'esposizione (o tasso di esposizione) vale dal punto di vista dimensionale:

- $L^3 M^{-1} T^{-1}$ per le vie di trasporto acqua o aria;
- T^{-1} per la via di trasporto suolo.

Tenuto conto delle unità pratiche usualmente impiegate, E si misura in:

- $\dfrac{l}{Kg \cdot d}$ per l'acqua,

- $\dfrac{m^3}{Kg \cdot d}$ per l'aria,

- $\dfrac{mg}{Kg \cdot d}$ per il suolo.

La Tabella 17.1 riporta i valori di esposizione suggeriti dalle linee guida U.S. EPA o, quando mancanti, da altri riferimenti internazionali. L'esposizione è un parametro standard indipendente dalla locale situazione di rischio analizzata.

Come si può osservare, il valore di esposizione dipende dalla tipologia di utilizzo del sito indagato (residenziale o commerciale-industriale) e dal fattore di sicurezza assunto nella stima. Da questo punto di vista, la Tabella 17.1 riporta due valori:

- MLE (Most Likely Exposure), che rappresenta l'esposizione media più probabile dal punto di vista statistico per il campione medio di popolazione;
- RME (Reasonable Maximum Exposure), che rappresenta l'esposizione massima ragionevolmente possibile, vale a dire l'esposizione massima sopportata dal 95% della popolazione esposta. Se si vuole dare carattere conservativo alla stima, ci si riferisce a questo valore.

Va infine notato che per le sostanze cancerogene l'esposizione è mediata sulla durata media della vita (AT = 70 anni × 365 giorni/anno), mentre per quelle non cancerogene è mediata sull'effettivo periodo di esposizione (AT = ED × 365).

La dose media giornaliera (*Average Daily Intake*) di sostanze chimiche assunta, per unità di peso corporeo, dall'individuo recettore in corrispondenza del punto di esposizione (POE) è data dal prodotto dell'esposizione (o tasso di esposizione) per la concentrazione del singolo componente attesa o misurata in corrispondenza del POE. Dimensionalmente vale T^{-1}, ma si misura usualmente in $\frac{mg}{Kg \cdot d}$.

17.5.3 Calcolo del rischio

Per il calcolo del rischio, occorre distinguere fra sostanze tossiche non cancerogene e sostanze cancerogene.

17.5.3.1 Rischio cancerogeno

L'incremento di probabilità di contrarre un tumore nel corso della vita a causa dell'esposizione ad una singola sostanza è dato dal prodotto della dose media giornaliera (calcolata per la durata di vita) per la tangente SF alla correlazione dose-effetto:

$$IELCR = C_{POE} \cdot E \cdot SF = \frac{C_s}{NAF} \cdot E \cdot SF. \tag{17.39}$$

Il parametro adimensionale $IELCR$ (**I**ndividual **E**xcess **L**ifetime **C**ancer **R**isk) quantifica, pertanto, il numero di eventi di cancro probabilmente rilevabile in una popolazione esposta, eventi da considerarsi in eccesso rispetto al numero di casi di cancro che normalmente colpiscono un'analoga popolazione non esposta (popolazione di controllo).

Il rischio calcolato con l'espressione precedente va inteso come un limite di confidenza superiore al 95%, ossia vi è soltanto il 5% di probabilità che il rischio effettivo possa essere più alto di quello stimato.

Gli effetti cumulativi conseguenti all'esposizione di più composti tossici e/o cancerogeni non sono ancora ben noti. In assenza di informazioni più dettagliate, al fine di procedere a valutazioni di carattere conservativo, si è soliti procedere alla sommatoria dei singoli valori di rischio di tutte le N sostanze indice considerate per tutte le M vie di esposizione. Il rischio cancerogeno totale vale pertanto:

$$IELCR_T = \sum_{i=1}^{N} \sum_{j=1}^{M} IELCR_{ji}. \tag{17.40}$$

17.5.3.2 Rischio Tossico

Per le sostanze non cancerogene il rischio è espresso da un indicatore definito "quoziente di rischio" (*hazard quotient*) HQ, determinato dividendo la dose

Tabella 17.1. Valori standard di esposizione adottati nella procedura RBCA (modificata da [24])

Via di esposizione		CR	EF (giorni/anno)	ED (anni)	BW (kg)	SA (cm²)	AF (mg/cm²/d)	DA	Equazione	Esposizione (E) Valore per sostanze cancerogene	Valore per sostanze non cancerogene
						Uso residenziale					
Ingestione di acqua potabile	MLE	1.4 l/d	350	8	70	-	-	-	$\dfrac{CR \times EF \times ED}{BW \times AT}$	0.0022 l/kg/d	0.019 l/kg/d
	RME	2 l/d	350	30	70	-	-	-		0.012 l/kg/d	0.027 l/kg/d
Ingestione di suolo e polveri	MLE	25 mg/d	350	8	70	-	-	-	$\dfrac{CR \times EF \times ED}{BW \times AT}$	0.039 mg/kg/d	0.34 mg/kg/d
	RME	100 mg/d	350	30	70	-	-	-		0.59 mg/kg/d	1.4 mg/kg/d
Inalazione di particelle volatili	MLE	Totale = 18 m³/d Indoor = 12 m³/d	350	8	-	-	-	-	$\dfrac{CR \times EF \times ED}{BW \times AT}$	0.028 m³/kg/d	0.25 m³/kg/d
	RME	Totale = 20 m³/d indoor = 15 m³/d	350	30	-	-	-	-		0.12 m³/kg/d	0.27 m³/kg/d
Contatto dermico col suolo	MLE	-	40	9	70	5000	0.2	organici: 0.04 metalli: 0.001	$\dfrac{SA \times AF \times DA \times EF \times ED}{BW \times AT}$	0.008 mg/kg/d	0.063 mg/kg/d
	RME	-	350	30	70	5800	1.0	organici: 0.04 metalli: 0.001		1.4 mg/kg/d	3.2 mg/kg/d
						Uso commerciale/industriale					
Ingestione di acqua potabile	MLE	1 l/d	250	4	70	-	-	-	$\dfrac{CR \times EF \times ED}{BW \times AT}$	0.0056 l/kg/d	0.0098 l/kg/d
	RME	1 l/d	250	25	70	-	-	-		0.0035 l/kg/d	0.0098 l/kg/d
Ingestione di suolo e polveri	MLE	50 mg/d	250	4	70	-	-	-	$\dfrac{CR \times EF \times ED}{BW \times AT}$	0.028 mg/kg/d	0.49 mg/kg/d
	RME	50 mg/d	250	25	70	-	-	-		0.17 mg/kg/d	0.49 mg/kg/d
Inalazione di particelle volatili	MLE	20 m³/d	250	4	70	-	-	-	$\dfrac{CR \times EF \times ED}{BW \times AT}$	0.011 m³/kg/d	0.20 m³/kg/d
	RME	20 m³/d	250	25	70	-	-	-		0.070 m³/kg/d	0.20 m³/kg/d
Contatto dermico col suolo	MLE	-	40	4	70	5000	0.2	organici: 0.04 metalli: 0.001	$\dfrac{SA \times AF \times DA \times EF \times ED}{BW \times AT}$	0.0036 mg/kg/d	0.063 mg/kg/d
	RME	-	250	25	70	5800	1.0	organici: 0.04 metalli: 0.001		0.81 mg/kg/d	2.3 mg/kg/d

CR = fattore di contatto; EF = frequenza di esposizione; ED = durata di esposizione; BW = peso corporeo medio; SA = superficie di contatto; AF = fattore di aderenza del suolo; DA = fattore di absorbimento dermico.

media giornaliera (calcolata sulla durata effettiva di esposizione) per la dose
di riferimento:

$$HQ = \frac{C_{POE} \cdot E}{RfD}.$$ (17.41)

Il quoziente di rischio esprime quante volte la dose media giornaliera, calcolata sulla base dell'effettivo periodo di esposizione, supera la dose di riferimento. Poiché entrambi i parametri citati sono espressi in $mg/kg/d$, anche
HQ è adimensionale.

L'indicatore HQ non esprime, pertanto, una probabilità, ma rappresenta
il rapporto tra l'effettivo livello di esposizione e la soglia che non comporta
effetti tossici sulla popolazione.

È evidente che se $HQ < 1$ non c'è rischio, mentre se $HQ \geq 1$ potrebbero potenzialmente prodursi effetti non cancerogeni, ma patologici sulla
popolazione più sensibile.

Analogamente a quanto riportato per le sostanze cancerogene, anche per
le sostanze tossiche il rischio totale HI (Hazard Index) viene calcolato sommando i contributi dovuti a tutte le N sostanze indice considerate per tutte
le M vie di esposizione attive:

$$HI = \sum_{i=1}^{N} \sum_{j=1}^{M} HQ_{ji}.$$ (17.42)

L'approccio additivo sopra esposto è valido nell'ipotesi che non vi sia interazione sinergica e/o antagonista tra le differenti sostanze chimiche in oggetto.
Va in ogni caso osservato che i rischi dovuti a distinte vie di esposizione dovrebbero essere sommati solo se lo stesso individuo o gruppo di individui ha
elevata probabilità di essere esposto, in corrispondenza del POE, attraverso
diverse vie.

17.5.4 Criteri di accettabilità

Gli standard per la protezione della salute umana prevedono i seguenti criteri:

Rischio cancerogeno
L'incremento di probabilità di contrarre un tumore nel corso della vita per effetto dell'esposizione al processo di contaminazione non deve superare il range
$10^{-6} \div 10^{-4}$.

In particolare, la normativa italiana ritiene accettabile un rischio individuale, ovvero associato ad un'unica specie inquinante, minore di 10^{-6} (1
probabilità di tumore in più ogni milione di persone esposte), e un rischio cumulativo, ovvero dovuto alla cumulazione degli effetti per più sostanze, minore
di 10^{-5}.

Rischio tossico
Il quoziente di rischio, sia esso individuale o cumulativo, non deve superare il valore limite di 1.0.

17.6 La gestione del rischio

Sulla base dei risultati dell'analisi di rischio, si possono verificare due distinte situazioni:

a) Il livello di rischio calcolato in tutti i punti di esposizione e per tutti i contaminati indice è da ritenersi accettabile; ne consegue che nessun tipo di intervento è richiesto, se non quello di realizzare una adeguata rete di monitoraggio finalizzata a verificare, a medio e lungo termine, che la condizione di rischio accettabile perduri nel tempo, anche al possibile mutare delle condizioni al contorno.

b) Il livello di rischio cumulato supera gli standard di accettabilità; ne consegue che occorre intervenire operativamente sul sito con tre possibili alternative:
   - azione di bonifica del sito, rimuovendo la sorgente di contaminazione o comunque riducendo la concentrazione dei composti responsabili della situazione di rischio;
   - azione di messa in sicurezza permanente, intervenendo sui meccanismi e/o sulla possibilità di migrazione del contaminante, al fine di ridurre la massa che a partire dalla sorgente può raggiungere il punto di esposizione (es. processo di solidificazione, capping, barriere di contenimento fisico, contenimenti idraulici, ecc.);
   - intervento sui soggetti recettori, ad esempio modificando la destinazione d'uso del sito (es. da residenziale a commerciale/industriale).

Nel caso si scelga la prima soluzione di intervento, occorre definire, per ciascuno dei contaminanti indice, la concentrazione residua superata la quale il livello di rischio non risulta più accettabile, vedasi Fig. 17.7.

È interessante al riguardo notare come la procedura di analisi di rischio sia di fatto bidirezionale. Nel caso infatti in cui si voglia calcolare il rischio conseguente alla presenza di una sorgente contaminante si procede a sviluppare il sistema relazionale:

$$\text{concentrazione} \Rightarrow \text{esposizione} \Rightarrow \text{tossicità} \Rightarrow \text{rischio}$$

Per contro, quando si vogliano determinare gli obiettivi di bonifica del sito (concentrazione residua o limiti di accettabilità sito-specifici), è necessario sviluppare la relazione inversa:

$$\text{rischio} \Rightarrow \text{tossicità} \Rightarrow \text{esposizione} \Rightarrow \text{concentrazione}$$

La Fig. 17.8 schematizza il concetto sopra esposto.

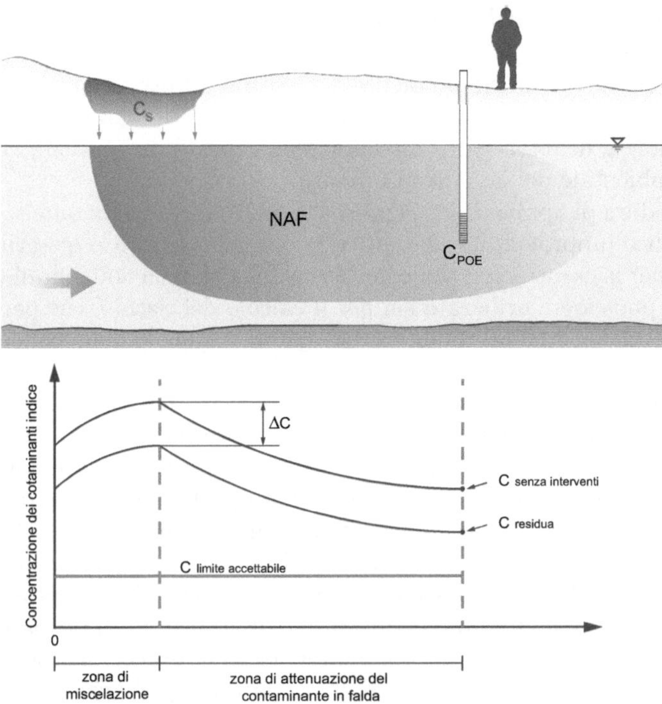

Fig. 17.7. Riduzione del grado di contaminazione di un acquifero con l'obiettivo di raggiungere una curva di concentrazione residua che, pur essendo superiore al valore limite accettabile, garantisce un rischio sanitario accettabile

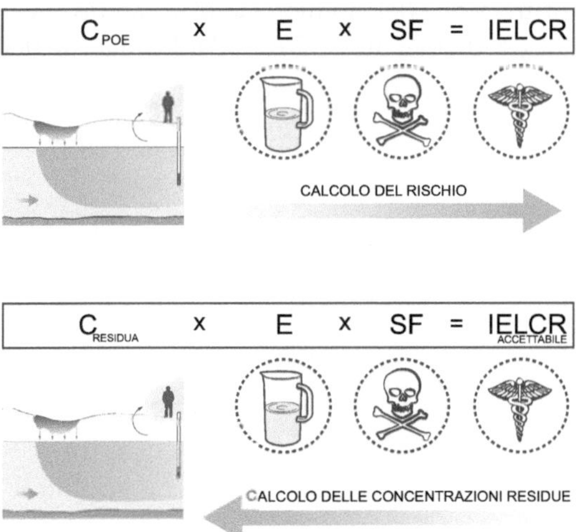

Fig. 17.8. Schematizzazione del principio bidirezionale di applicazione della procedura di analisi di rischio (applicazione ad un impianto di interramento controllato di rifiuti)

17.7 Considerazioni conclusive

L'analisi di rischio sanitario ambientale costituisce lo strumento metodologico più efficace oggi disponibile per valutare lo stato di contaminazione di un sito e le priorità di intervento, finalizzate alla messa in sicurezza, bonifica e recupero ambientale dell'area contaminata.

La procedura di applicazione si presenta molto flessibile in quanto consente diversi livelli di approfondimento, in relazione alla qualità e quantità di dati disponibili per la caratterizzazione del sito e delle matrici ambientali coinvolte, e in quanto può essere utilizzata sia per il calcolo del rischio, che per la determinazione degli obiettivi di bonifica attraverso il calcolo delle concentrazioni residue.

La procedura di applicazione standard è una procedura di tipo deterministico basata sull'attribuzione ai vari parametri di input di un valore numerico definito con criteri di conservatività, in maniera da ottenere il massimo valore di rischio per i soggetti esposti. Stante l'elevata probabilità di sovrastimare in tal modo il rischio reale a cui il recettore è soggetto, nei casi in cui l'approccio deterministico indichi il superamento dei limiti di accettabilità è opportuno affiancare il calcolo del rischio con un approccio di tipo probabilistico, attribuendo ai principali parametri di input distribuzioni di probabilità.

Qualunque sia il livello di approfondimento e l'approccio metodologico impiegato, occorre tuttavia sottolineare, da un lato l'importanza di un accurato Piano di caratterizzazione che consenta di definire geometria e caratteristiche della sorgente inquinante e proprietà delle matrici ambientali coinvolte nel processo di migrazione dei contaminanti, dall'altra la necessità di adeguate competenze per la corretta applicazione della metodologia in maniera da pervenire ad una quantificazione del rischio, che passi attraverso la comprensione delle ipotesi e delle assunzioni implicite nell'adozione di determinate scelte procedurali.

Bonifica e messa in sicurezza di acquiferi contaminati

Le tecniche di bonifica dei siti contaminati possono essere classificate secondo vari criteri. Ad esempio in base alla matrice ambientale contaminata (terreno, acqua di falda), all'ubicazione del trattamento (in situ, on site, ex situ o off site), alla natura dei contaminanti (metalli, cianuri, *LNAPL*, *DNAPL*, materiali radioattivi, ecc.), ai meccanismi ed alle tecniche utilizzate (ossidazione, riduzione, biodegradazione, volatilizzazione, flusso, ecc.).

Per quanto attiene all'ubicazione del trattamento, gli interventi si distinguono in:

- *in situ*, quando la matrice inquinata viene trattata direttamente sul posto, senza essere asportata;
- *on site*, se la matrice inquinata viene estratta e trattata in un impianto mobile installato in loco, per essere poi – al termine del trattamento – riposizionata in situ;
- *off site*, se il materiale contaminato viene rimosso e trasportato ad un impianto di trattamento fisso, localizzato lontano dal sito.

La normativa italiana privilegia il ricorso a tecniche che favoriscano la riduzione della movimentazione, il trattamento in situ ed il riutilizzo del suolo, del sottosuolo e dei materiali di riporto sottoposti a bonifica. Questo poiché l'asportazione delle matrice contaminata comporta solitamente costi elevati, difficoltà considerevoli nella gestione del materiale contaminato, nonché rischi elevati, sia per i lavoratori sia per l'ambiente. In alcuni casi, tuttavia, le tecniche *ex situ (on/off site)* permettono un più efficace contatto tra il materiale contaminato e l'agente decontaminante e un controllo diretto dei parametri di processo e dei risultati conseguiti.

Nel trattamento di acquiferi contaminati è praticamente d'obbligo l'intervento diretto *in situ* o al massimo quello *on site*. Nel caso si faccia riferimento a contaminazioni a carico del sistema acquifero, gli interventi possono essere anche classificati sulla base della finalità degli stessi:

Di Molfetta A., Sethi R.: Ingegneria degli acquiferi.
DOI 10.1007/978-88-470-1851-8_18, © Springer-Verlag Italia 2012

- *Trattamento della sorgente.* Obiettivo principale è la rimozione della sorgente o dei composti presenti in fase segregata.
- *Controllo del plume.* L'obiettivo è il trattamento del plume di contaminanti disciolti ed il suo contenimento per evitare che vengano raggiunti i punti di esposizione.
- *Polishing.* Le tecniche di bonifica sono utilizzate, in questi casi, come interventi di pulizia attuati a seguito dell'applicazione di altre tecniche più aggressive (es. trattamento diretto della sorgente).

Di seguito vengono prese in esame le diverse tecniche di bonifica di acquiferi contaminati analizzandone i principi di funzionamento, le principali caratteristiche, vantaggi e limiti.

18.1 Recupero del prodotto libero

Il recupero della fase libera è una tecnica di intervento sulla sorgente contaminante volta alla rimozione del cosiddetto *pancake* di *LNAPL* surnatante. Tale intervento può essere portato a termine con differenti modalità:

- recupero della sola fase libera mediante l'utilizzo di skimmer;
- recupero della fase libera mediante depressione della tavola d'acqua;
- bioslurping (estrazione bifase o dual phase extraction).

18.1.1 Recupero della fase libera mediante skimmer

Il metodo più semplice per la raccolta del prodotto libero consiste nell'utilizzo di sistemi di raccolta diretta del prodotto in assenza di pompaggio d'acqua.

Il recupero del prodotto viene effettuato per mezzo di *skimmer* introdotti all'interno di piezometri di diametro superiore a 2" o di trincee drenanti che intersechino la sorgente. Gli *skimmer* sono delle apparecchiature che permettono di separare la fase oleosa e di raccoglierla in appositi contenitori. Si distinguono in:

- *Skimmer galleggianti (floating skimmers).* Caratterizzati dalla presenza di una membrana costituita da materiale idrorepellente che permette la raccolta della sola fase oleosa. Il funzionamento si basa, pertanto, sulla differenza di tensione superficiale dei due liquidi. Si noti come la selettività della membrana idrorepellente sia efficace solo in presenza di piccoli battenti di acqua ed in assenza di eventuali precipitati. La membrana necessita di manutenzione e di un ricondizionamento periodico.
- *Skimmer pneumatici (pneumatic skimmers).* Si basano sulla raccolta simultanea sia della fase acquosa sia di quella oleosa, in seguito separate mediante una coppia di valvole comandate pneumaticamente. Il funzionamento è garantito nei casi in cui la fase oleosa surnatante sia caratterizzata da una densità significativamente inferiore a quella della fase acquosa. Inol-

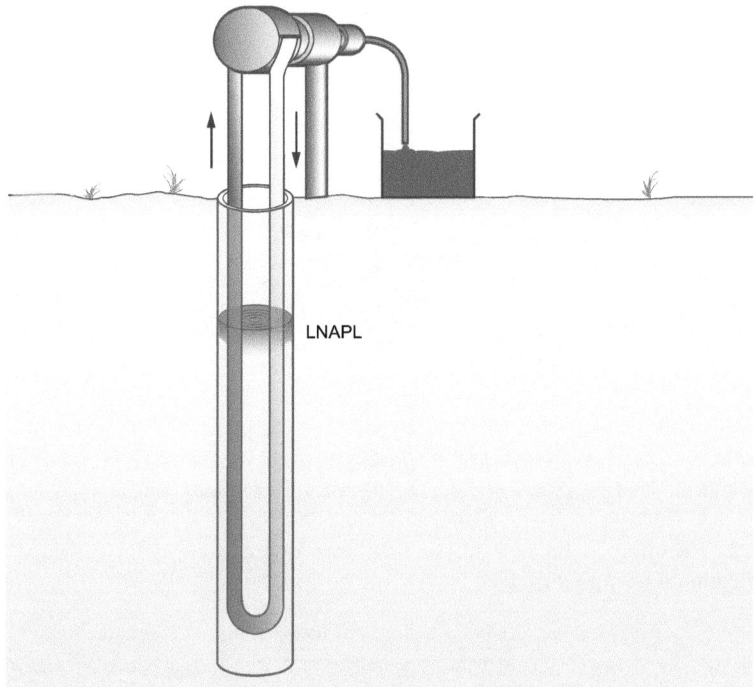

Fig. 18.1. Skimmer a nastro

tre, detriti e particolato possono limitare il recupero del LNAPL oltre ad interferire con il funzionamento delle valvole pneumatiche.

- *Skimmer a nastro (belt skimmers).* Si basano sull'utilizzo di un nastro assorbente nei confronti della fase oleosa, vedasi Fig. 18.1. Il nastro viene introdotto nel piezometro ed immerso nella fase oleosa che viene estratta in superficie comprimendolo tra rulli rotanti. Il vantaggio è legato all'assenza di sistemi di pompaggio.

18.1.2 Recupero della fase libera mediante depressione della tavola d'acqua

Questo metodo di recupero è basato sul richiamo di prodotto libero indotto dal pompaggio di acqua in corrispondenza del punto trattato. Sono possibili due configurazioni:

- *a pompa singola*: viene utilizzata la stessa pompa per il recupero sia della fase acquosa che di quella oleosa (Fig. 18.2). In questo caso è necessario attuare una separazione a valle delle due fasi;
- *a doppia pompa*: viene utilizzata una pompa per l'emungimento dell'acqua e una pompa/skimmer per il recupero della fase oleosa (Fig. 18.3). In

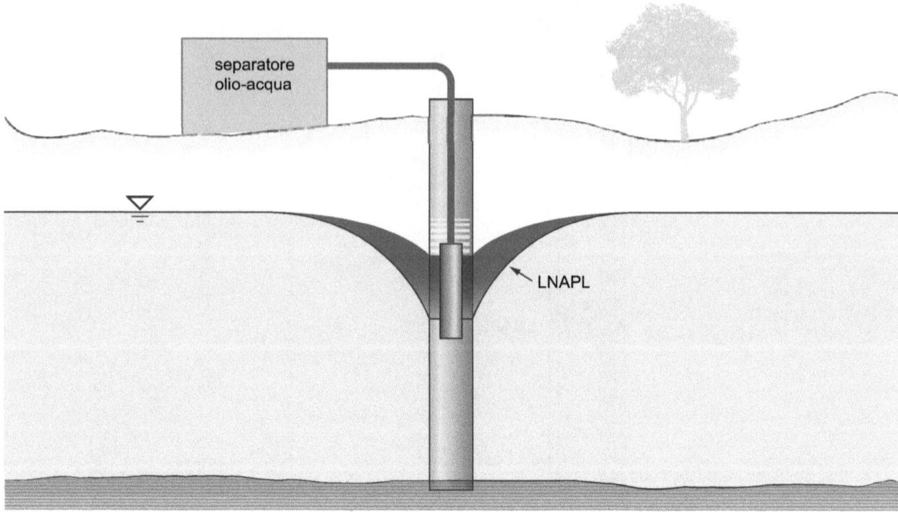

Fig. 18.2. Recupero della fase libera mediante depressione della tavola d'acqua. Configurazione a pompa singola

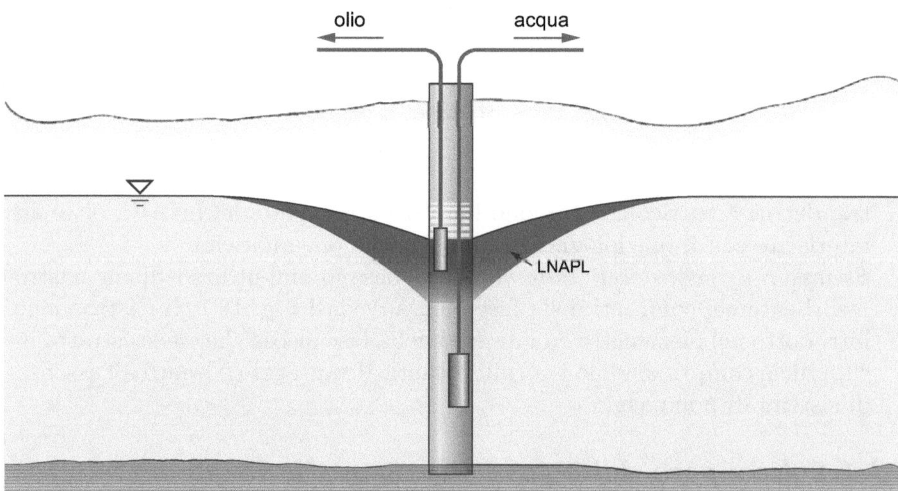

Fig. 18.3. Recupero della fase libera mediante depressione della tavola d'acqua. Configurazione a doppia pompa

questo caso si evita la miscelazione delle due fasi, non risulta pertanto necessario alcun sistema di separazione a valle. È tuttavia da rilevare che, a causa della presenza di contaminazione in fase disciolta, molto raramente l'acqua emunta è idonea allo scarico senza ulteriori trattamenti.

L'ottimizzazione di questi sistemi implica la contemporanea minimizzazione della portata d'acqua emunta e la massimizzazione del recupero di prodot-

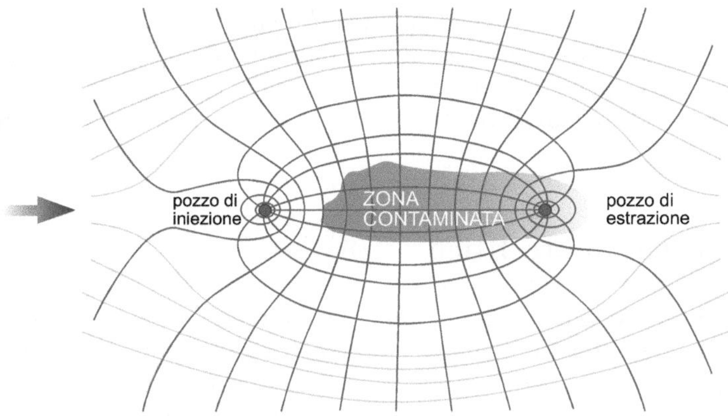

Fig. 18.4. Creazione di una zona dell'acquifero isolata idraulicamente mediante un sistema costituito da un pozzo di estrazione e uno di iniezione

to libero. L'esigenza di ottenere piccoli abbassamenti si impone sia per una questione economica, ovvero minori costi energetici o di trattamento, sia per evitare che la fase libera raggiunga strati profondi dell'acquifero dove si accumulerebbe sotto forma di prodotto alla saturazione residua, liberando la componente solubile.

Un metodo ideale per il contenimento dell'inquinamento nella fase solubile ed accelerare il processo di recupero è quello di creare aree isolate idraulicamente mediante un pozzo di emungimento ed uno di reiniezione dell'acqua trattata a monte, nella direzione di deflusso, vedasi Fig. 18.4. Una tale configurazione presenta il non indifferente vantaggio di non necessitare di alcun trattamento dell'acqua emunta se non quello di separazione delle fasi.

18.1.3 Bioslurping

È una tecnica relativamente recente, studiata allo scopo di minimizzare i consumi energetici, consentendo nel contempo di ottenere un buon recupero di prodotto.

Questo metodo si basa sull'estrazione sotto vuoto di $NAPL$ e di acqua dal sottosuolo per mezzo di un sistema di pompaggio a vuoto. Il sistema richiede la realizzazione di un piezometro, generalmente di piccolo diametro, finestrato anche al di sopra della tavola d'acqua. Un tubo viene calato all'interno del piezometro e, successivamente, viene applicato un tappo che impedisca l'entrata di aria atmosferica all'interno del piezometro. Al tubo, che si estende fino al di sotto dell'interfaccia $LNAPL - acqua$, viene applicata una pressione negativa. La pompa a vuoto richiama, quindi, una fase liquida ($LNAPL$ e acqua) ed una aeriforme. La separazione delle fasi viene effettuata in un serbatoio dedicato.

Il termine bioslurping deriva dal fatto che l'aspirazione applicata determina il richiamo di volumi notevoli di aria dal mezzo non saturo, contribuendo all'apporto di ossigeno all'acquifero contaminato e, in tal modo, facilitando l'instaurarsi di fenomeni di biodegradazione aerobica dei contaminanti.

18.2 Contenimento fisico

I metodi di contenimento fisico sono costituiti da interventi che mirano a isolare la sorgente contaminante in situ, evitando che ulteriori rilasci di inquinanti si propaghino nell'acquifero. Non rientrano, pertanto nei sistemi di bonifica propriamente detti, ma nei sistemi di messa in sicurezza permanente. L'incapsulamento della sorgente contaminante viene ottenuto realizzando barriere impermeabili con tecnologie che comprendono:

- diaframmi plastici cemento-bentonite;
- diaframmi plastici terreno-bentonite;
- diaframmi compositi con l'aggiunta di teli impermeabili;
- diaframmi in calcestruzzo;
- barriere mediante jet-grouting;
- diaframmi cellulari.

In alcuni casi, alla barriera perimetrale può essere aggiunta anche una barriera di fondo; ciò può divenire indispensabile quando il substrato impermeabile su cui poggia l'acquifero contaminato risulti troppo profondo.

È evidente che il confinamento ottenuto con diaframmi impermeabili modifica permanentemente il campo di flusso dell'acquifero contaminato; in alcuni casi devono essere, pertanto, studiate misure di mitigazione. Se i diaframmi perimetrali sono intestati in una formazione impermeabile, bisogna tener conto che l'alimentazione creata dalle precipitazioni meteoriche potrebbe far tracimare l'acqua contaminata contenuta all'interno del sistema di contenimento: per evitare questa situazione, deve essere realizzata anche una copertura o barriera superficiale che impedisca o riduca l'infiltrazione efficace, oppure deve essere predisposto un sistema di pompaggio che mantenga costante il livello idrico all'interno dell'incapsulamento. In quest'ultimo caso, ovviamente, l'acqua estratta deve essere trattata prima di poter essere smaltita.

Tenuto conto dei costi di realizzazione, della necessità di un controllo idrodinamico e, soprattutto, del fatto che non si rimuove la sorgente di contaminazione, il contenimento fisico mediante barriere impermeabili perimetrali appare un intervento da realizzarsi in casi estremi, come misura di messa in sicurezza di emergenza a tutela della salute umana. Più frequente, laddove se ne dimostri l'utilità e la convenienza, è la realizzazione di una barriera di superficie (o capping), con lo scopo di ridurre la quota delle precipitazioni meteoriche che si infiltra nel sottosuolo e trasporta in falda le frazioni solubili presenti nella sorgente contaminante.

18.3 Pump and Treat

È il metodo classico di bonifica degli acquiferi contaminati ed è ancora quello più applicato. Come si desume dalla denominazione, il metodo consiste nel realizzare un certo numero di pozzi completati nella falda da bonificare, mediante i quali estrarre l'acqua contaminata, da inviare al trattamento per separare i contaminanti.

Questa tecnica è utilizzata per la rimozione di inquinanti miscibili con l'acqua o la frazione solubile di una contaminazione imputabile ad un $NAPL$ (Fig. 18.5); non è ovviamente efficace per rimuovere $NAPL$ presenti come saturazione residua.

I sistemi Pump and Treat (di seguito sinteticamente definiti P&T) possono essere progettati sia per rimuovere i contaminanti dall'acquifero, in tal modo bonificando la falda idrica inquinata, sia per realizzare un controllo idraulico del plume inquinante, senza con ciò rimuovere una massa significativa dello stesso. In quest'ultimo caso, l'intervento si configura piuttosto come una messa in sicurezza, dal momento che la sorgente non viene rimossa e, allorquando cessa il pompaggio, la propagazione del plume riprende pressoché nelle condizioni originarie.

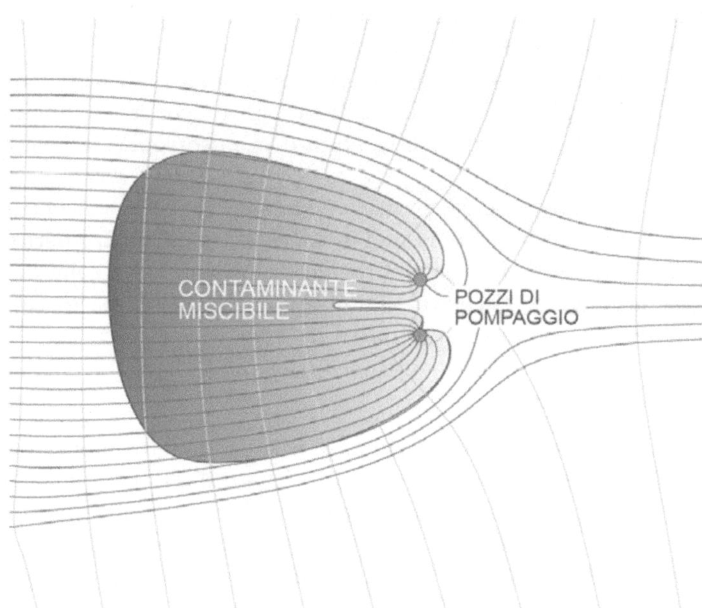

Fig. 18.5. Trattamento pump and treat per la rimozione di un contaminante perfettamente miscibile

18.3.1 Progettazione di un sistema P&T

L'obiettivo primario di tutti i sistemi P&T è il controllo idraulico del plume inquinante e questo obiettivo viene raggiunto quando il contaminante, che si propaga disciolto nell'acqua di falda, percorre una delle linee di flusso che convergono verso uno dei pozzi in pompaggio. Il progetto deve assicurare, inoltre, che l'obiettivo previsto venga raggiunto con la massima efficienza e con il minor costo possibile.

Particolare attenzione deve essere posta:

- nella individuazione della portata totale dell'acqua da emungere, oltre che del numero, dell'ubicazione, della profondità e della portata dei singoli pozzi;
- nel calcolo dei volumi d'acqua necessari alla bonifica della zona contaminata ed al raggiungimento delle concentrazioni desiderate;
- nella valutazione dell'efficacia e dell'efficienza dell'intervento.

Nella maggior parte dei casi reali, un progetto di P&T richiede l'ausilio di un modello numerico in grado di simulare il comportamento idrodinamico dell'acquifero interessato dalla contaminazione e le traiettorie percorse dai contaminanti, ma esistono anche casi, particolarmente semplici, in cui l'obiettivo progettuale può essere raggiunto mediante l'applicazione di soluzioni analitiche. Qualunque sia la metodologia impiegata, l'elemento progettuale fondamentale è la determinazione della *zona di captazione* o *zona di cattura*, denominazione con la quale si intende la porzione di acquifero interessata dal flusso verso la o le opere di captazione.

La sua forma ed estensione dipendono da numerosi fattori, fra cui la tipologia idraulica dell'acquifero, il gradiente idraulico, la conducibilità, la portata emunta, la presenza di ctcrogcncità e/o anisotropia, la geometria di completamento dei pozzi.

La zona di captazione non va confusa con la zona di influenza, che indica la porzione di acquifero interessata da una modifica piezometrica, e pertanto non può essere determinata sulla base del raggio di influenza. La zona di cattura si estende per la maggior parte verso monte rispetto all'opera di captazione e, solo limitatamente, verso valle, vedasi Fig. 18.6.

18.3.1.1 Pozzo singolo

Se si considera il regime di flusso stazionario in un acquifero confinato, omogeneo e isotropo, di spessore costante e caratterizzato da un gradiente idraulico uniforme i, l'equazione analitica che descrive l'andamento della linea che separa la porzione di falda confluente verso un pozzo completo, erogante la portata volumetrica costante Q, da quella che invece continua a migrare verso valle, assume la seguente espressione [51]:

$$x = \frac{-y}{\tan(2\pi K b i y/Q)}. \tag{18.1}$$

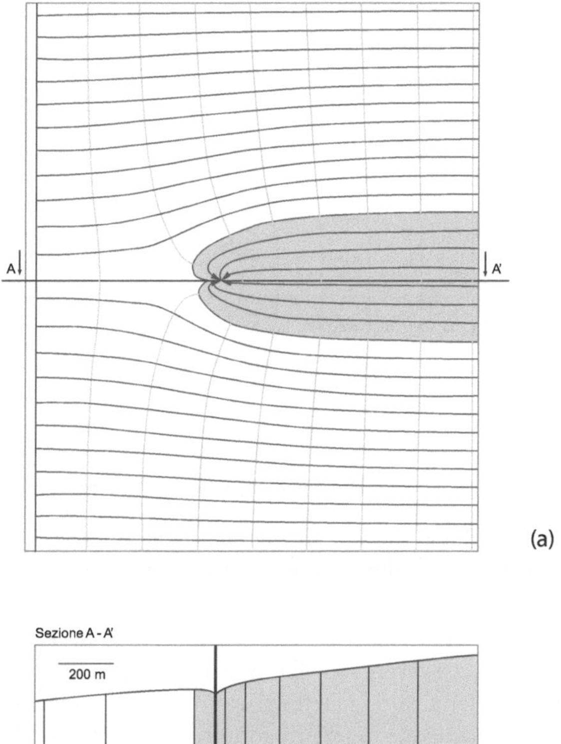

Fig. 18.6. Zona di cattura creata in regime di flusso stazionario da un pozzo (P1) completo che estrae una porta di 10 l/s da un acquifero non confinato omogeneo ed isotropo (K = 0.0001 m/s) avente un gradiente idraulico iniziale pari a 0.005. a) Vista in pianta; b) vista in sezione, simulata impiegando Visual MODFLOW v.2.8.2 (modificata da [75])

Nella (18.1) x e y sono le coordinate rispetto ad un sistema di assi cartesiani come in Fig. 18.7, con il pozzo di captazione ubicato in corrispondenza dell'origine degli assi.

Come appare in Fig. 18.7, l'estensione della zona di cattura verso valle è delimitata dal *punto di stagnazione* x_0, caratterizzato da un gradiente nullo, che vale:

$$x_0 = \frac{-Q}{2\pi K b i},\tag{18.2}$$

mentre la massima ampiezza verso monte si ottiene per x tendente all'infinito ed è data dal doppio della distanza $y_{\max}$ definità come:

$$y_{\max} = \pm\frac{Q}{2K b i}.\tag{18.3}$$

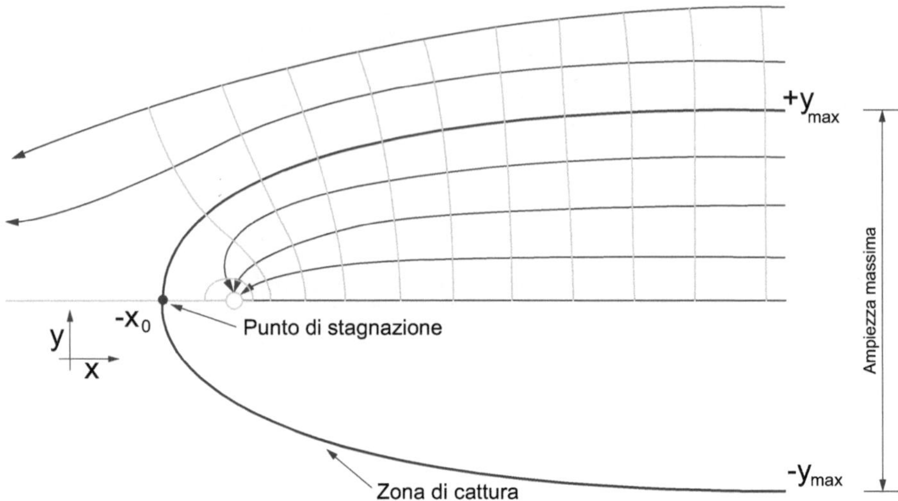

Fig. 18.7. Campo di flusso creato da un pozzo in pompaggio in un acquifero caratterizzato da un regime di flusso uniforme (modificata da [51])

Nel caso di un acquifero non confinato, invece, è necessario conoscere i valori di carico idraulico esistenti in due pozzi situati lungo l'asse che esprime la direzione di flusso della falda. Definiti h_1 il carico a monte, h_2 il carico a valle e d la distanza tra i due pozzi di monitoraggio, la configurazione della zona di cattura è data dalla seguente relazione [51]:

$$x = \frac{-y}{\tan[\pi K(h_1^2 - h_2^2)y/Qd]}. \tag{18.4}$$

La massima ampiezza della zona di captazione, ottenuta per x tendente all'infinito, è esprimibile come:

$$y_{\max} = \pm\frac{Qd}{K(h_1^2 - h_2^2)}, \tag{18.5}$$

mentre la posizione del punto di stagnazione rispetto al pozzo vale

$$x_0 = \frac{-Qd}{\pi K(h_1^2 - h_2^2)}. \tag{18.6}$$

Le equazioni sopra riportate non tengono conto della coordinata verticale e possono, di conseguenza, essere applicate solo in situazioni in cui sia sufficiente un'analisi bidimensionale, ovvero in presenza di pozzi finestrati su tutto lo spessore saturo dell'acquifero.

18.3.1.2 Pozzi multipli allineati

Nella maggior parte delle situazioni reali, anche ricorrendo alla massima portata erogabile dal singolo pozzo, non si genera una zona di cattura di estensione

Tabella 18.1. Caratteristiche geometriche delle zone di cattura generate da 2, 3 e 4 pozzi in pompaggio, in presenza di flusso uniforme

Numero di pozzi in pompaggio	Distanza ottimale D fra pozzi contigui	Ampiezza della zona di cattura lungo la congiungente i pozzi	Ampiezza massima della zona di cattura
2	$\dfrac{Q}{\pi bv}$	$\dfrac{Q}{bv}$	$2\dfrac{Q}{bv}$
3	$1.26\dfrac{Q}{\pi bv}$	$1.5\dfrac{Q}{bv}$	$3\dfrac{Q}{bv}$
4	$1.20\dfrac{Q}{\pi bv}$	$2\dfrac{Q}{bv}$	$4\dfrac{Q}{bv}$

tale da catturare tutto il plume inquinante. È necessario in tal caso ricorrere all'ubicazione di ulteriori pozzi di emungimento per generare una zona di cattura di dimensioni adeguate.

Nell'ipotesi di disporre i pozzi perpendicolarmente alla direzione di flusso e di estrarre da ciascuno la stessa portata Q, ferme restando le ipotesi di acquifero confinato, omogeneo e isotropo, di spessore e gradiente idraulico costante, in regime stazionario caratterizzato dalla velocità darcyana v, è possibile calcolare per via analitica [66], applicando la teoria dei potenziali complessi, la massima distanza D tra n pozzi completi, che assicura la completa cattura del plume contaminante. Le caratteristiche della zona di cattura sono sintetizzate in Tabella 18.1.

Il metodo proposto da Javandel e Tsang consente, inoltre, di determinare il numero, la portata e la posizione ottimali dei pozzi di estrazione in grado di rimuovere un certo plume inquinante, note la distribuzione spaziale delle concentrazioni del contaminante e la direzione e la velocità di flusso della falda, potendo disporre di una serie di curve campione, rappresentanti le zone di captazione create da 1, 2, 3 e 4 pozzi per diversi valori del parametro Q/bv, vedasi Fig. 18.8.

Il procedimento prevede le seguenti fasi:

- preparazione di una mappa delle concentrazioni avente la stessa scala delle curve campione ed indicante la direzione di flusso della falda e la linea di contorno della massima concentrazione ammissibile nell'acquifero;
- sovrapposizione della mappa alle curve campione relative ad un pozzo singolo con particolare attenzione alla coincidenza della direzione del flusso della falda e lettura del valore del parametro Q/bv relativo alla curva che circonda completamente il perimetro del plume;
- calcolo della portata Q, ottenuta moltiplicando il valore del parametro Q/bv per lo spessore dell'acquifero b e per la velocità del flusso della falda v;
- se il pozzo è in grado di sostenere la portata sopra ricavata, allora il numero ottimale è 1 e la posizione ottimale è quella coincidente con la posizione del pozzo nelle curve campione;

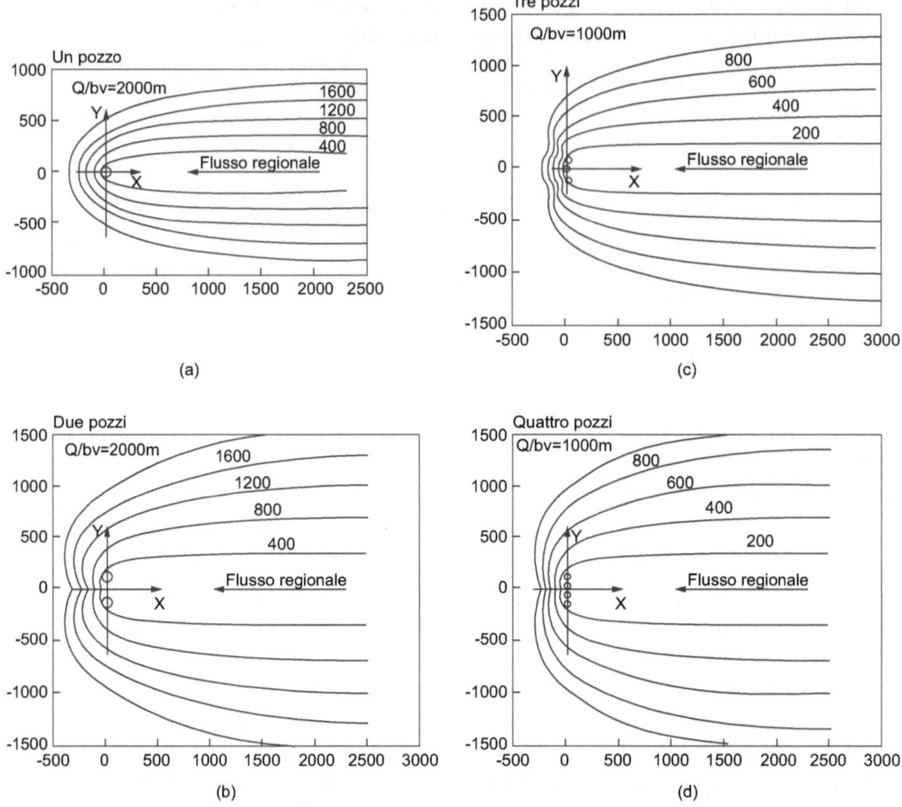

Fig. 18.8. Serie di curve campione rappresentanti le zone di captazione di a) 1; b) 2; c) 3; d) 4 pozzi di estrazione per diversi valori del parametro Q/bv

- se il pozzo non è in grado di produrre la portata Q, allora è necessario ripetere le fasi sopra elencate utilizzando le curve campione relative a 2 pozzi; se l'acquifero è capace di fornire le portate calcolate per i due pozzi di estrazione, allora 2 è il numero ottimale, altrimenti le stesse operazioni devono essere condotte impiegando le curve campione relative prima a 3 pozzi, poi a 4 pozzi, fino a trovare il numero ottimale. È da notare che l'ubicazione delle opere di captazione può essere tracciata direttamente dalle curve campione nella posizione di sovrapposizione, mentre la distanza tra i pozzi dipende dalla specifica curva scelta, ovvero dal valore del parametro Q/bv e viene determinata sulla base delle relazioni riportate in Tabella 18.1. In aggiunta, si ricorda che, a causa della sovrapposizione degli effetti indotti dalla presenza di più pozzi in pompaggio, non è possibile estrarre da ciascuna opera la stessa portata che verrebbe emunta da un singolo pozzo, per lo stesso abbassamento ammissibile.

Naturalmente a causa delle assunzioni formulate durante la sua costruzione, questo semplice modello non può essere applicato in presenza di acquiferi non confinati, ricariche, disomogeneità, anisotropie e pozzi parzialmente penetranti.

18.3.1.3 Casi generali

Come è stato già riportato, il più delle volte la geometria della sorgente o del plume contaminane è tale per cui nessuna delle soluzioni analitiche è adeguata per progettare un sistema P&T. In tal caso è necessario ricorrere all'impiego di un modello numerico per la descrizione del campo di moto e delle traiettorie percorse dall'acqua e dai contaminanti (MODFLOW e MODPATH sono tra gli strumenti più impiegati a tale scopo). La Fig. 18.9 rappresenta il progetto di un sistema P&T in un caso reale. È bene ricordare, tuttavia, che non sono solo le dimensioni o la particolare geometria a rendere indispensabile il ricorso ad un modello numerico, ma tutte le condizioni che si differenziano da quelle ideali per cui esiste una soluzione analitica: acquifero eterogeneo e/o anisotropo, gradiente piezometrico non uniforme, pozzi a completamento parziale, inquinamento non diffuso lungo tutto lo spessore saturo, pozzi eroganti a portate diverse sono solo alcuni esempi di situazioni facilmente riscontrabili nelle applicazioni pratiche che richiedono l'utilizzo di modelli numerici.

Ad esempio, la Fig. 18.10 evidenzia la limitazione della zona di cattura sul piano verticale creata da un pozzo a parziale completamento.

La Fig. 18.11 evidenzia, invece, come l'anisotropia sul piano orizzontale possa comportare una insufficiente zona di cattura.

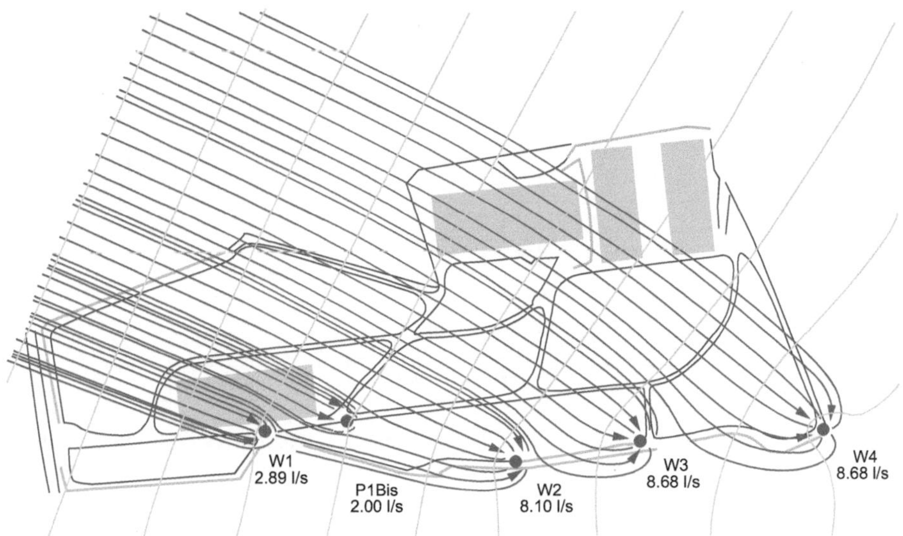

Fig. 18.9. Esempio di realizzazione di un impianto P&T in un caso reale

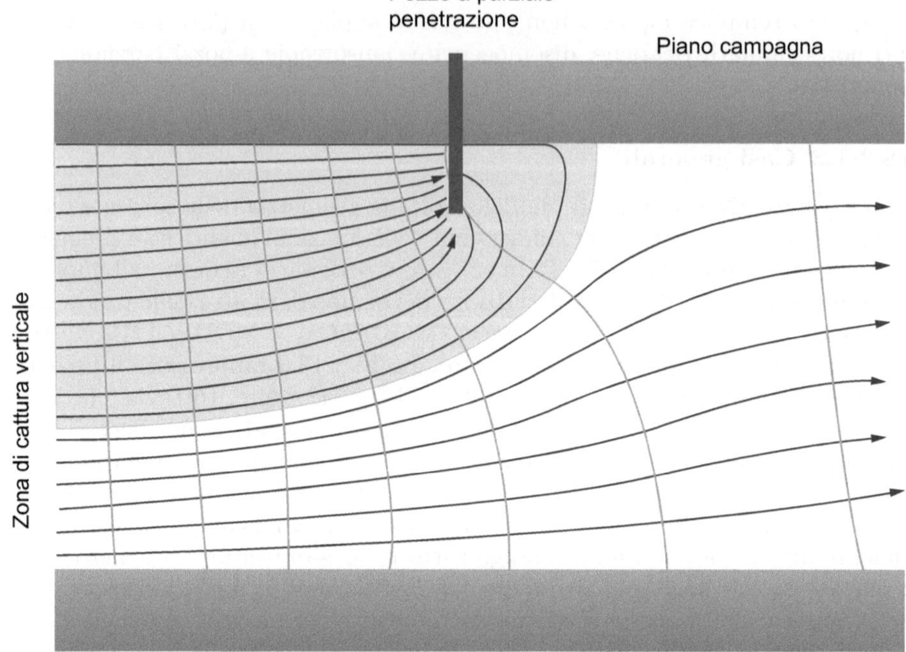

Fig. 18.10. Zona di captazione creata da un pozzo a parziale penetrazione

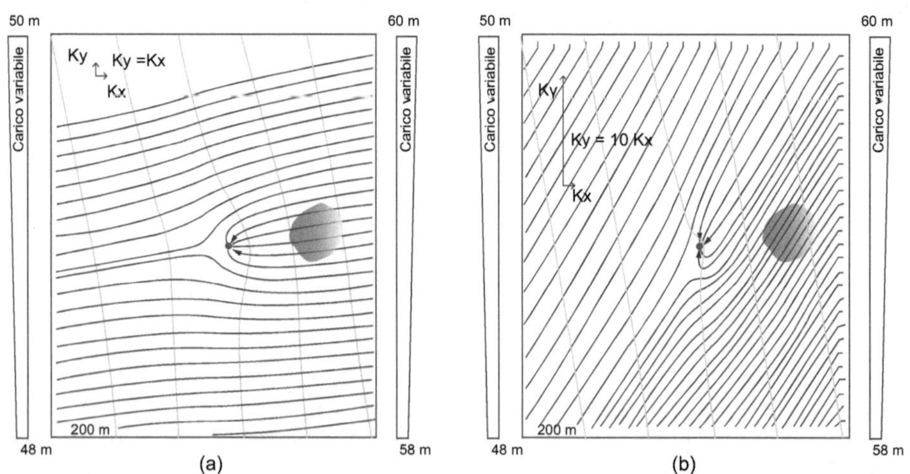

Fig. 18.11. Effetto dell'anisotropia sull'operazione di estrazione della falda contaminata simulato impiegando Visual Modflow v.2.8.2: caso di un acquifero confinato in regime di flusso stazionario a) in condizioni isotrope: $K_x = K_y = K_z = 0.0001\ m/s$; b) in condizioni anisotrope: $K_x = K_z = 0.0001\ m/s$ e $K_y = 0.0001\ m/s$ (modificata da [75])

18.3.1.4 Sistemi integrati

In taluni casi, i pozzi di emungimento possono essere integrati da altri interventi che consentono di migliorare l'efficienza e l'efficacia del sistema: diaframmi impermeabili, pozzi di iniezione, trincee drenanti.

L'installazione di barriere fisiche, costituite da materiali a bassa permeabilità, accoppiata alla realizzazione di un sistema di estrazione può implementare la riuscita di entrambi gli obiettivi di contenimento e di bonifica.

I diaframmi impermeabili consentono un maggior controllo della falda, impedendo il contatto tra l'acqua non contaminata e l'acquifero inquinato, ostacolando la migrazione del contaminante verso aree non ancora impattate ed evitando ulteriori rilasci dell'inquinante all'interno del plume; essi favoriscono, inoltre, la creazione ed il mantenimento di un gradiente idraulico verso l'interno, condizione necessaria al contenimento del flusso contaminato, limitano l'aggressività del sistema P&T, consentendo il pompaggio di portate non troppo elevate e semplificano il monitoraggio delle zone di captazione.

Le barriere verticali a permeabilità ridotta (diaframmi) possono essere ubicate a monte o a valle della matrice contaminata o tutt'intorno ad essa e possono, inoltre, essere utilizzate per isolare le fonti di contaminazione dal resto della zona inquinata. L'accoppiamento barriera a monte e pozzi a valle (Fig. 18.12), ad esempio, inibisce il dilavamento della porzione di acquifero contaminata ad opera della falda pulita che sopraggiunge da monte, consentendo la riduzione della quantità d'acqua da estrarre per il raggiungimento delle concentrazioni residue volute e l'adozione di basse portate ai fini del contenimento idraulico; tale associazione permette, inoltre, di catturare anche il contaminante che ha oltrepassato i confini grazie al cono di influenza indotto dall'operazione di pompaggio.

L'accoppiamento barriera a valle e pozzi a valle (Fig. 18.13), invece, riduce l'estrazione dell'acqua non contaminata che si trova a valle, limitando il volume d'acqua catturato e rendendo, dunque, il risanamento più veloce e meno costoso.

L'installazione di un diaframma perimetrale infine, consente di isolare la sorgente contaminante, evitando la propagazione di ulteriori rilasci d'inquinante nell'acquifero e favorendo l'ottenimento degli obiettivi di bonifica in un intervallo di tempo accettabile.

Perché l'azione sia efficace, ovvero il flusso non aggiri e superi i diaframmi impermeabili, tali opere devono estendersi fino al limite impermeabile che delimita l'acquifero. Il sistema di estrazione può essere associato non solo a barriere verticali, ma anche a barriere superficiali di copertura, allo scopo di limitare l'infiltrazione delle acque meteoriche e di ridurre ulteriormente i requisiti per il pompaggio.

Esempi di situazioni in cui l'impiego di tali sistemi può risultare vantaggioso, sia tecnicamente che economicamente, includono:

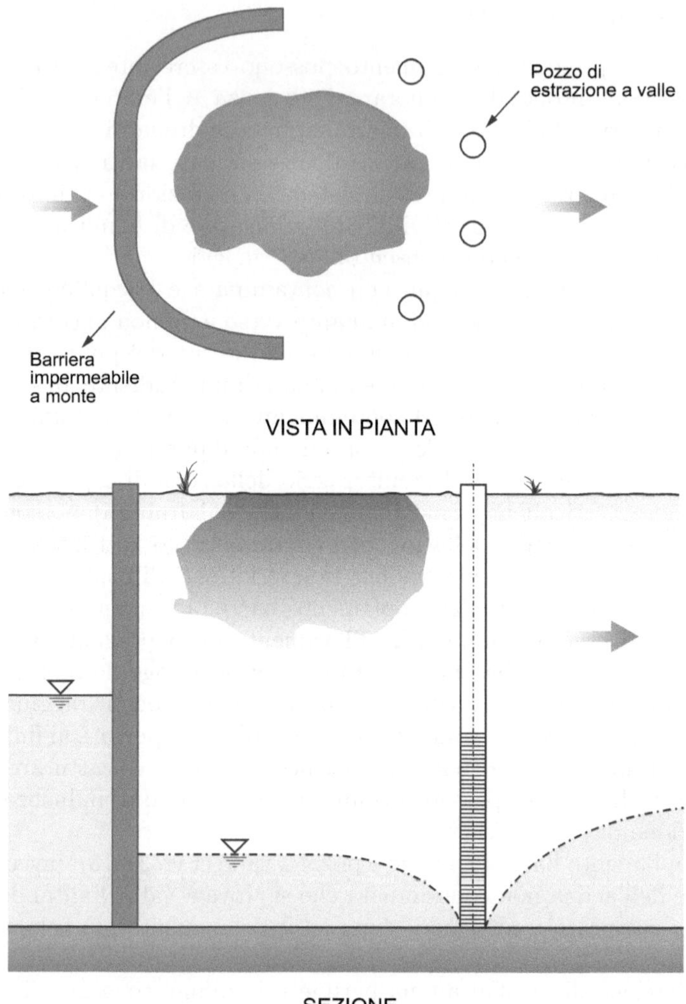

Fig. 18.12. Pozzi di estrazione affiancati da una barriera impermeabile a monte (modificata da [71])

- una limitata capacità di trattamento dell'acqua estratta;
- una riduzione dei costi di trattamento, maggiore dei costi di costruzione delle barriere;
- uno spessore limitato dell'acquifero;
- un gradiente idraulico iniziale relativamente alto;
- una base della formazione acquifera di discreta pendenza;
- un'alta permeabilità del mezzo poroso;
- eterogeneità del sistema acquifero.

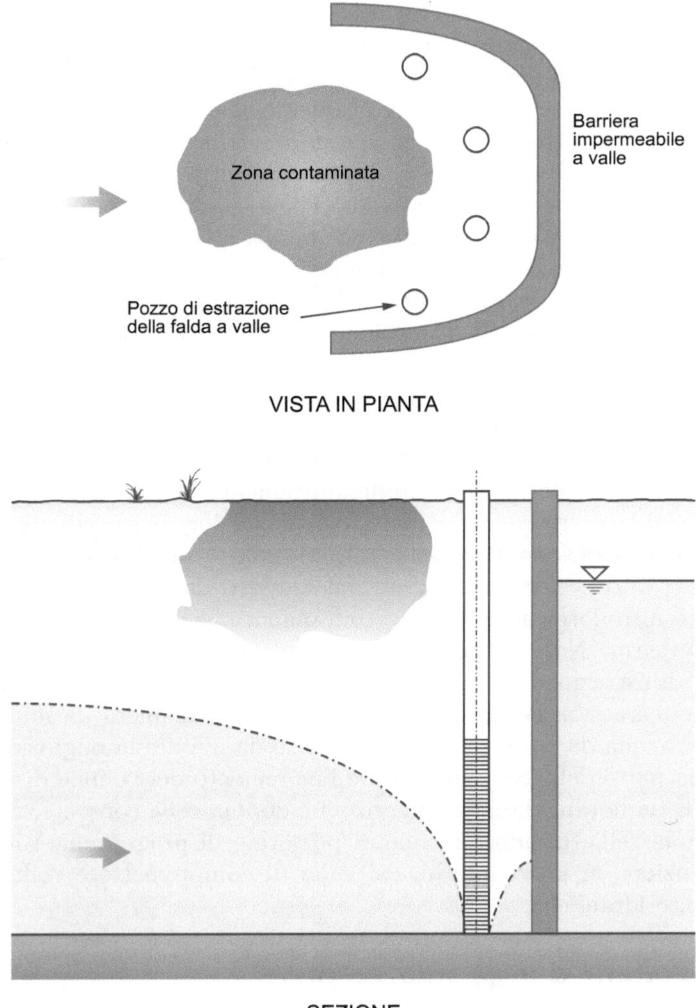

Fig. 18.13. Pozzi di estrazione affiancati da una barriera impermeabile a valle

Altro esempio di sistema integrato è l'accoppiamento di pozzi di emungimento e di pozzi di iniezione.

L'iniezione in falda di acqua, ovviamente non contaminata, ha come fine primario l'incremento del gradiente idraulico, ovvero l'aumento della velocità di flusso all'interno della zona contaminata, la quale determina un incremento della velocità di dilavamento della matrice inquinata, accelerando, di conseguenza, la rimozione delle sostanze pericolose verso i pozzi di estrazione. L'ubicazione di pozzi di ricarica a monte, inoltre, provoca la diversione del flusso di acqua non contaminata attorno alla sorgente o al plume inquinante, mentre l'installazione a valle impedisce l'espansione della contaminazione.

L'iniezione dell'effluente dell'impianto di trattamento o dell'acqua derivante da un'altra fonte di approvvigionamento può essere effettuata sopra o sotto la superficie piezometrica, mediante pozzi, trincee, dreni o bacini d'infiltrazione, e può essere controllata o mantenendo un certo livello piezometrico all'interno di tali opere o pompando a specifiche portate.

Sulla base dei risultati di alcuni studi mirati alla valutazione degli effetti positivi e negativi di tali configurazioni sul raggiungimento degli obiettivi di contenimento idraulico e di ripristino dell'acquifero, si può ritenere che gli schemi a 3 punti, doppia cella e singola cella si dimostrano efficaci in presenza di un basso gradiente idraulico, che l'opzione 3 punti è superiore alle altre alternative in condizioni di alto gradiente idraulico e che l'opzione 5 punti si dimostra relativamente inefficiente in tutte le situazioni [93].

Gli schemi singola cella (Fig. 18.14) o doppia cella, in particolare, possono essere adottati per isolare idrodinamicamente la zona contaminata dal resto della falda e creare un ricircolo dell'acqua inquinata all'interno della cella iniezione/estrazione. Il flusso catturato, infatti, può non essere depurato fino ai limiti di concentrazione accettabili previsti dalla normativa ed essere nuovamente introdotto nella matrice contaminata, senza per questo generare ulteriore impatto. Naturalmente la posizione di tali pozzi e le portate d'iniezione e di estrazione devono essere progettate con particolare cura sulla base di una caratterizzazione del sito affidabile, in maniera da minimizzare il volume d'acqua da trattare, ma soprattutto da evitare la migrazione verso valle di una parte dell'acqua iniettata e l'incremento del volume di acqua da pompare. È da notare che la configurazione doppia cella consente, rispetto a quella singola cella, di adottare minori portate e di programmare interventi di manutenzione ai pozzi interni, evitando di compromettere l'efficacia del contenimento idraulico.

18.3.2 Volumi d'acqua da estrarre

Il ripristino dell'acquifero richiede che una quantità sufficiente di acqua di falda fluisca attraverso la zona contaminata e rimuova non solo l'inquinante disciolto, ma anche quello che continua ad andare in soluzione in seguito ai meccanismi di desorbimento, dissoluzione dei precipitati e diffusione. Il volume d'acqua di falda presente all'interno di un plume inquinante viene denominato *pore volume* (*PV*) ed è definito come:

$$PV = \int_A b \cdot n_e \cdot dA, \tag{18.7}$$

in cui b rappresenta lo spessore del plume, n_e la porosità efficace della formazione acquifera ed A l'area del plume. Nel caso in cui lo spessore e la porosità

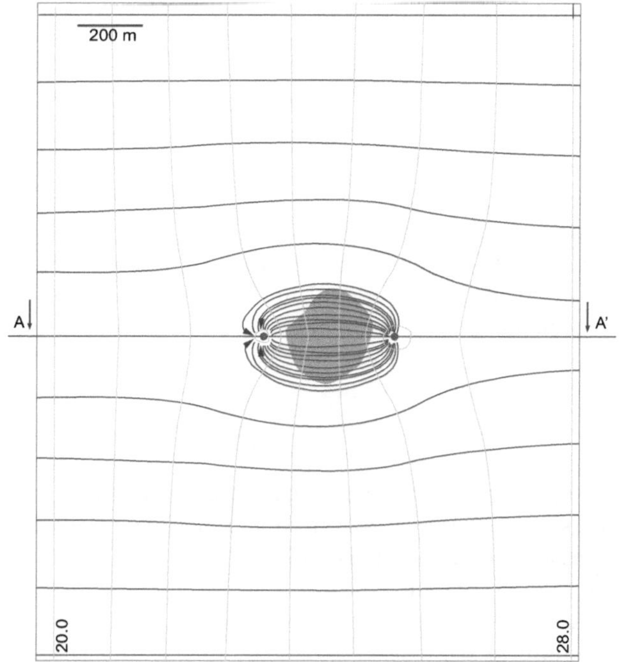

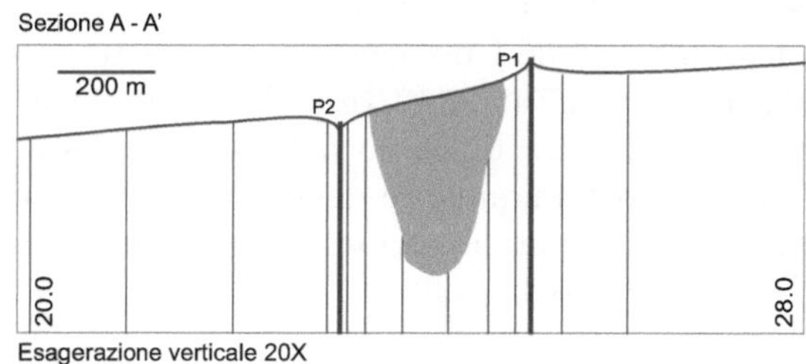

Fig. 18.14. Contenimento idraulico della zona contaminata realizzato mediante installazione di un sistema doublet, simulato impiegando Visual Modflow v.2.8.2. in condizioni stazionarie: caso di un acquifero non confinato omogeneo ed isotropo ($K = 0{,}0001\ m/s$) avente un gradiente idraulico iniziale pari a 0,005; il pozzo P2 estrae una porta di 10 l/s, mentre il pozzo P1 ricarica la stessa portata

efficace si possano ritenere uniformi, allora:

$$PV = B \cdot n_e \cdot A, \tag{18.8}$$

dove B rappresenta lo spessore medio del plume.

Assumendo il meccanismo d'adsorbimento lineare, reversibile ed istantaneo, l'assenza di fasi solide precipitate e del fenomeno di dispersione, il numero teorico di PV richiesti per la rimozione del contaminante da un acquifero omogeneo è approssimato dal fattore di ritardo R, definito come:

$$R = \frac{v_e}{v_c}$$

in cui v_e rappresenta la velocità media effettiva della falda e v_c la velocità media del contaminante disciolto.

Supponendo un adsorbimento di tipo lineare, alcuni studi hanno dimostrato l'esistenza di una relazione circa di proporzionalità lineare tra il fattore di ritardo R e la durata del pompaggio o volume pompato NPV, necessari al raggiungimento dei livelli voluti. Alcuni modelli di flusso batch spesso considerano un adsorbimento lineare per il calcolo degli NPV richiesti per portare la concentrazione iniziale dell'inquinante disciolto C_{wo} al valore finale C_{wt}:

$$NPV = -R \cdot \ln\left(\frac{C_{wt}}{C_{wo}}\right). \tag{18.9}$$

Sebbene tale approssimazione possa essere utilizzata con successo nei sistemi semplici, spesso, però, può portare a significative sottostime del tempo necessario al ripristino dell'acquifero. Ad esempio, il desorbimento di molti contaminanti inorganici, tra cui il cromo e l'arsenico, non segue una legge di tipo lineare. In aggiunta, alcuni vuoti della formazione acquifera potrebbero non essere disponibili al passaggio del flusso. In queste situazioni, il dilavamento non dà risultati soddisfacenti e, di conseguenza, diviene necessaria la rimozione di un numero maggiore di PV. Oltre a ciò, le limitazioni imposte dalla cinetica possono impedire il sostentamento delle concentrazioni d'equilibrio all'interno della falda. Tale fenomeno è tipicamente presente quando il trasferimento della massa contaminante verso le acque fluenti risulta relativamente più lento della velocità di flusso delle acque stesse. Un esempio è costituito dalla rimozione dell'inquinante dalle zone a bassa permeabilità per diffusione nelle zone a permeabilità maggiore. In casi come questi, un aumento della velocità della falda e, quindi, della velocità di dilavamento, può mettere in crisi il sistema.

Il numero di PV che deve essere estratto per la bonifica dell'acquifero, dipende dai valori delle concentrazioni residue volute, dalla distribuzione iniziale del contaminante e dai complessi meccanismi chimici e fisici che intercorrono tra la matrice contaminante e l'inquinante. Una sua stima può essere ottenuta tracciando l'andamento della concentrazione dell'inquinante in funzione del numero di PV rimossi. Il numero di PV estratti all'anno NPV_a può costituire una misura dell'aggressività dell'operazione di P&T e viene calcolato come:

$$NPV_a = \frac{Q_a}{PV}, \tag{18.10}$$

in cui Q_a è la portata totale estratta annualmente.

Il tempo richiesto per il pompaggio di un PV dalla zona contaminata costituisce un parametro fondamentale, che deve essere stimato per la progettazione di un sistema efficace ed efficiente. Spesso, però, risulta impraticabile una caratterizzazione del sito talmente dettagliata da rendere insignificanti le incertezze relative alla determinazione della durata del pompaggio. Le difficoltà nel quantificare la distribuzione iniziale della massa contaminante ed i processi che danno origine al fenomeno di *tailing*, infatti, complicano la valutazione di tale parametro, vedasi paragrafo 18.3.4.

18.3.3 Stima dell'efficienza di un sistema P&T

In generale, un sistema di intervento del tipo P&T si dimostra efficace se è in grado di catturare l'intero plume inquinante, rimuovendo nel contempo la minima quantità possibile di acqua. Un sistema sovradimensionato, infatti, oltre ad incrementare i costi del prelievo e del trattamento delle acque contaminate, determina un depauperamento eccessivo delle risorse idriche sotterranee.

L'efficienza dello schema di risanamento comprendente uno o più pozzi di captazione può essere valutata calcolando il rapporto tra l'ampiezza massima del fronte inquinante L, misurata perpendicolarmente ad una linea di flusso, e l'ampiezza massima della zona di cattura creata dai pozzi F, noto come *efficienza idraulica*:

$$E_i = \frac{L}{F}. \tag{18.11}$$

Ovviamente E_i non può assumere valori maggiori all'unità, poiché se L fosse maggiore di F, il sistema sarebbe sottodimensionato e non consentirebbe la completa rimozione del plume inquinante. L'efficienza così definita, però, tiene conto del solo fenomeno advettivo e non considera il meccanismo della dispersione idrodinamica, per effetto della quale la massa inquinante tende ad interessare zone sempre più ampie dell'acquifero, determinando una diminuzione progressiva delle concentrazioni.

Altro metodo di valutazione delle prestazioni di un sistema di pompaggio è quello della *efficienza idrochimica* E_{id} [69], che viene determinata paragonando la concentrazione media di inquinante $\bar{c}_P(t)$ nell'acqua estratta nel tempo t (data dal rapporto tra la massa di contaminante rimossa nel tempo t ed il volume di acqua pompata nello stesso intervallo di tempo) con la concentrazione media $\bar{c}_O$ presente nella zona contaminata al tempo $t = 0$:

$$E_{id}(t) = \frac{\bar{C}_P(t)}{\bar{C}_O}, \tag{18.12}$$

essendo:

$$\bar{c}_P(t) = \frac{\displaystyle\int_0^t C_p(\tau)Q(\tau)d\tau}{\displaystyle\int_0^t Q(\tau)d\tau} = \frac{\text{massa estratta}}{\text{volume estratto}}. \tag{18.13}$$

Per comparare due o più configurazioni progettuali alternative, è opportuno determinare l'efficienza idrochimica per un tempo t_p corrispondente a quello per cui viene rimossa la stessa percentuale della massa totale iniziale di contaminante presente nell'acquifero: l'opzione più efficiente sarà naturalmente quella caratterizzata da un valore di $\bar{C}_P(t_P)$maggiore. Nella maggior parte degli studi progettuali l'andamento delle concentrazioni del soluto nel pozzo viene ottenuto considerando il solo fenomeno advettivo, ma lo stesso procedimento può essere applicato tenendo conto degli altri meccanismi che governano il trasporto.

È bene precisare che il metodo di valutazione appena esposto risulta valido solo in presenza di una sorgente inquinante di tipo impulsivo o in casi in cui la fonte di contaminazione sia stata già rimossa.

Quando la sorgente contaminate non è di tipo impulsivo, la massa rilasciata non è costante ma aumenta nel tempo (si pensi, ad esempio, alla perdita di percolato da una discarica). In questo caso, è opportuno fare riferimento ad un modo diverso per valutare la capacità di un determinato intervento del tipo P&T di rimuovere le acque di falda contaminate. Si definisce *rendimento* del sistema P&T il rapporto tra la massa totale d'inquinante $M_P(t)$ estratta dai pozzi di emungimento in un determinato intervallo di tempo e la massa totale emessa dalla sorgente fino al medesimo tempo $M_S(t)$:

$$\eta(t) = \frac{M_P(t)}{M_S(t)} = \frac{\displaystyle\int_0^t C_P(\tau) \cdot Q_P(\tau)d\tau}{\displaystyle\int_0^t C_S(\tau) \cdot Q_S(\tau)d\tau} = \frac{\text{massa estratta}}{\text{massa emessa}}. \tag{18.14}$$

Nella precedente equazione, le masse $M_P(t)$ ed $M_S(t)$ vengono calcolate integrando fra l'istante iniziale $t = 0$ e l'istante t, rispettivamente, il prodotto della concentrazione di soluto $C_P(\tau)$ in corrispondenza del pozzo al tempo τ per la portata volumetrica emunta allo stesso tempo $Q_P(\tau)$,ed il prodotto della concentrazione di soluto rilasciata dalla sorgente $C_S(\tau)$ per la portata volumetrica dell'acqua di falda che l'attraversa $Q_S(\tau)$.

Per poter confrontare tra loro differenti configurazioni alternative di sistemi di estrazione della falda contaminata, però, è necessario che la fonte simulata da un qualsiasi modello numerico introduca nell'acquifero in esame, nell'intervello di tempo t, la stessa massa inquinante per le diverse opzioni progettuali, indipendentemente dalle condizioni di flusso generate dai vari schemi. In aggiunta, affinché il paragone sia maggiormente significativo, il parametro η deve essere valutato a sorgente esaurita, una volta rimossa tutta la massa di contaminante presente nel mezzo poroso.

Nel caso sia presente un focolaio di contaminazione, invece, l'*efficienza* di un intervento di bonifica viene meglio stimata dal rapporto tra la portata in massa estratta dal pozzo nell'istante t,$\dot{M}_P(t)$, e la portata in massa emessa dalla sorgente nello stesso istante, $\dot{M}_S(t)$:

$$\varepsilon(t) = \frac{\dot{M}_P(t)}{\dot{M}_S(t)} = \frac{C_P(t) \cdot Q_P(t)}{C_S(t) \cdot Q_S(t)} = \frac{\text{portata in massa estratta}}{\text{portata in massa emessa}}, \tag{18.15}$$

in cui $\dot{M}_P(t)$ viene calcolata moltiplicando la concentrazione di soluto nell'acqua pompata $C_P(t)$ per la portata volumetrica emunta $Q_P(t)$ dal pozzo nello stesso istante, ed $\dot{M}_S(t)$ moltiplicando la concentrazione di soluto rilasciata dalla sorgente $C_S(t)$ per la portata volumetrica di acqua di falda $Q_S(t)$ che l'attraversa.

La precedente definizione di efficienza consente di affermare che, dal momento in cui la portata in massa estratta dal pozzo eguaglia quella emessa dalla sorgente fino alla fine dell'intervento, tutta la massa di contaminante introdotta nell'acquifero verrà rimossa dal pozzo medesimo. In aggiunta, qualora l'opera di captazione venga ubicata all'interno del plume inquinante, nelle prime fasi del pompaggio il flusso catturato potrebbe addirittura superare il flusso iniettato e l'efficienza potrebbe, di conseguenza, eccedere l'unità; per contro il rendimento η si mantiene sempre inferiore ad uno.

18.3.4 Potenziali limitazioni al metodo P&T

Il monitoraggio delle concentrazioni del contaminante in funzione del tempo consente di evidenziare i fenomeni cosiddetti di *tailing* e di *rebound* (Fig. 18.15). Il primo si riferisce al progressivo rallentamento della capacità di rimozione dell'inquinante che si manifesta man mano che l'operazione di pompaggio prosegue; il secondo, invece, consiste nell'incremento abbastanza rapido della concentrazione del contaminante in soluzione, che si presenta una volta interrotta o terminata l'estrazione.

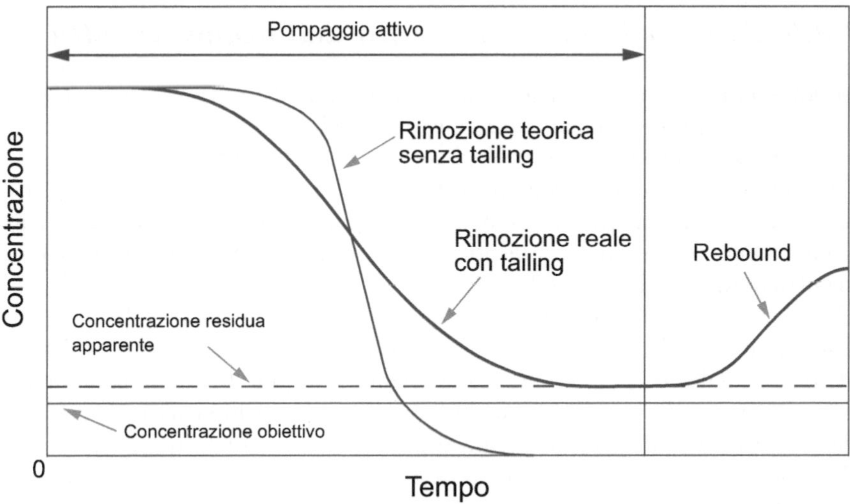

Fig. 18.15. Effetto dei fenomeni di *tailing* e *rebound* sull'andamento della concentrazione del contaminante disciolto in falda in funzione del tempo di pompaggio o del volume pompato

Entrambi i meccanismi possono determinare il fallimento dell'intervento di bonifica, portando le concentrazioni residue dell'inquinante all'interno delle acque di falda ad eccedere i livelli ammessi dalla normativa vigente. La decrescita asintotica delle concentrazioni verso un valore non nullo, o comunque superiore al limite accettabile, determina, inoltre, un aumento significativo del tempo di funzionamento del sistema, che in assenza di tale fenomeno corrisponderebbe a quello richiesto per pompare un volume d'acqua pari al volume del plume inquinante.

Il grado d'influenza di tali meccanismi è funzione delle caratteristiche fisiche e chimiche del contaminante, oltre delle proprietà della falda e dei grani solidi costituenti l'acquifero.

La caratterizzazione del sito deve mirare all'investigazione dei fenomeni causa del *tailing* e del *rebound*:

- desorbimento del contaminante associato alle superfici delle particelle solide costituenti l'acquifero;
- dissoluzione dell'inquinante precipitato;
- lenta diffusione dalle zone a bassa permeabilità a quelle ad alta permeabilità;
- variazioni della velocità della falda.

Il fenomeno del rebound, comunque, si può presentare anche quando il pompaggio viene arrestato perché si è raggiunta la concentrazione limite accettabile, ma la sorgente contaminante è ancora presente all'interno dell'acquifero.

18.3.5 Tecnologie di trattamento dell'acqua estratta

Una volta portato in superficie, il flusso contaminato deve essere sottoposto ad una serie di processi fisici, chimici e/o biologici in modo da ridurre le concentrazioni del contaminante a valori accettabili. La valutazione e la selezione della migliore tecnologia di trattamento per un determinato sito si basano su considerazioni sia tecniche che economiche. I parametri chiave che influenzano la scelta della tecnologia sono la portata, la composizione della soluzione e le concentrazioni iniziali e finali.

La portata da trattare è direttamente collegata al valore della portata estratta richiesta ai fini del raggiungimento degli obiettivi di bonifica. Le concentrazioni finali, invece, dipendono essenzialmente dal destino ultimo dell'acqua trattata: tra le varie opzioni da valutare ci sono lo scarico in un corpo idrico superficiale, il rilascio ad un altro sistema di trattamento, l'iniezione all'interno del sito e l'uso diretto. Lo scarico ad un impianto già esistente, di solito, rappresenta l'alternativa meno restrittiva, anche se ogni sistema richiede che i valori di concentrazione e di portata rientrino in intervalli precisi e prefissati. Il rilascio in un corpo idrico superficiale e l'iniezione in falda invece, richiedono particolari autorizzazioni ed un trattamento più spinto.

In presenza di una miscela di inquinanti, una particolare tecnologia può non essere adatta al trattamento completo, ma può essere considerata come pretrattamento o come affinamento di un processo a catena. Esistono situazioni in cui il trattamento differenziato delle acque di falda estratte da aree differenti del sito può portare dei benefici: ad esempio nel caso in cui si abbia a che fare con un flusso molto concentrato proveniente dalla sorgente ed un flusso diluito pompato a valle.

Accertata l'applicabilità tecnica dei metodi candidati al trattamento del plume, occorre valutarne l'efficienza, l'attuabilità ed i costi. L'efficienza viene determinata sulla base del valore di portata di progetto, del livello di trattamento richiesto da ciascun costituente e dell'affidabilità del metodo. Quest'ultima è difficilmente stimabile per le tecnologie innovative, a causa del numero limitato di dati disponibili. Quindi, in assenza di informazioni attendibili in merito alle prestazioni, è opportuno condurre delle analisi in laboratorio e degli studi su impianti pilota, per identificare quali siano i dati critici e gli eventuali problemi che possono insorgere. Il tempo richiesto dal trattamento può essere stimato, valutando i risultati ottenuti dalle analisi su impianti pilota. L'attuabilità di un certo metodo, invece, dipende dagli aspetti tecnico/amministrativi che caratterizzano il sito, ovvero dalla possibilità di ottenere i permessi necessari, dalle limitazioni imposte dallo spazio, dalle alternative di stoccaggio e smaltimento, dalla disponibilità dell'attrezzatura richiesta e di lavoratori esperti, dall'impatto ambientale e dalle relazioni con la comunità locale. La valutazione dei costi, infine, comprende la stima dei costi di investimento, dei costi annuali di gestione e della durata del trattamento.

Le strategie di trattamento devono essere progettate ed implementate in modo da far fronte ad eventuali cambiamenti delle condizioni del flusso di alimentazione, quali portata e composizione, che possono verificarsi durante il ciclo di vita del sistema P&T. Un approccio di questo tipo assicura migliori prestazioni e minori costi.

Così come per le operazioni di pompaggio, anche l'ottimizzazione del processo di trattamento richiede un'attività di monitoraggio intenso, protratto nel tempo.

18.4 Air sparging e biosparging

L'air sparging (AS) è una tecnologia di trattamento che estende alla zona satura le capacità e potenzialità del soil vapor extraction usato nella zona non satura.

Il processo consiste nell'iniezione di aria in pressione al di sotto della tavola d'acqua attraverso un sistema di pozzi verticali (Fig. 18.16) eventualmente accoppiati ad un sistema per la cattura ed il trattamento dei vapori inquinanti che vengono catturati nel mezzo non saturo. Il sistema di captazione dei vapori è necessario nel caso in cui questi possano migrare verso la superficie o all'interno di strutture sotterranee andando a costituire una fonte di rischio.

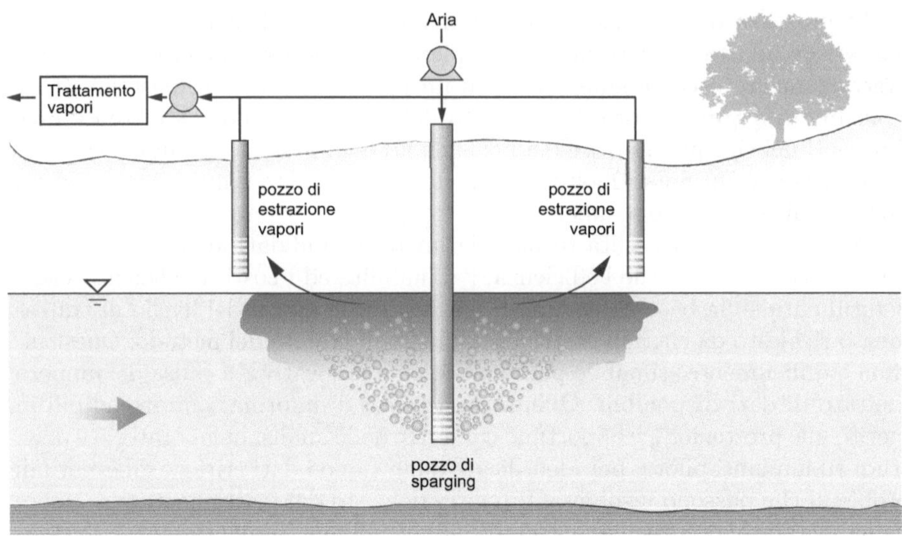

Fig. 18.16. Air sparging

La rimozione dell'inquinante avviene grazie alla combinazione di tre meccanismi:

- stripping del contaminante disciolto in fase acquosa;
- volatilizzazione diretta del contaminante presente in fase segregata o adsorbito;
- biodegradazione del contaminante per metabolismo aerobico.

La capacità di un impianto di air sparging di rimuovere un contaminante disciolto in fase acquosa per effetto del solo stripping è fortemente legato alla costante di Henry del composto ed alla modalità con cui l'aria si distribuisce sia nel mezzo saturo che in quello non saturo. Il meccanismo di volatilizzazione diretta del contaminante è legato invece alla tensione di vapore del composto. Infine, la biodegradazione per metabolismo aerobico è fortemente dipendente dalla tipologia del contaminante, dalla presenza di colonie microbiche adeguate e dalla presenza di macronutrienti in quantità sufficienti.

Per quanto concerne gli idrocarburi petroliferi è stato verificato sperimentalmente come i meccanismi di volatilizzazione e di stripping abbiano una maggior influenza nei primi periodi di intervento, mentre l'effetto della biodegradazione si esplica su tempi più lunghi.

Nel caso in cui venga privilegiato il meccanismo di rimozione di contaminanti mediante biodegradazione, il processo viene comunemente identificato come Biosparging (BS). Da un punto di vista impiantistico, le tecnologie dell'AS e del BS sono integrabili ed è possibile passare dalla prima alla seconda con una semplice riduzione delle portate di esercizio.

18.4.1 Configurazione e finalità

La configurazione di un sistema air/bio sparging dipende dall'obiettivo prefissato per l'intervento:

- bonifica della sorgente;
- bonifica del contaminante disciolto in fase acquosa;
- contenimento del plume contaminante.

L'air sparging è una delle tecniche più efficaci tra quelle esistenti per il trattamento di sorgenti sommerse. In molti casi alla rimozione della sorgente dell'inquinamento segue la dissipazione del pennacchio inquinante grazie all'instaurarsi di processi di natural attenuation.

Qualora si voglia intervenire sulla contaminazione disciolta in fase acquosa la configurazione del sistema prevede la realizzazione di una griglia di pozzi d'iniezione in modo da realizzare una copertura completa del plume mediante la sovrapposizione delle aree di influenza dei singoli pozzi, vedasi Fig. 18.17.

Nel caso l'obiettivo consista nel contenimento del pennacchio contaminante (caso c), il sistema dovrà essere dimensionato in modo da massimizzare l'efficienza in uno spazio limitato e la localizzazione dei pozzi sarà prevalentemente ortogonale alla direzione di deflusso.

Varianti al sistema air sparging classico sono:

- utilizzo di trivellazioni direzionali;
- iniezione supplementare di nutrienti per aumentare la biodegradazione;
- sostituzione dell'aria con azoto per ridurre la formazione di ossidi di ferro in acquiferi con elevate concentrazioni di questo metallo;
- iniezione supplementare di altri gas quali ozono, ossigeno o la sostituzione di ossigeno all'aria, per aumentare la disponibilità di O_2 per la biodegradazione.

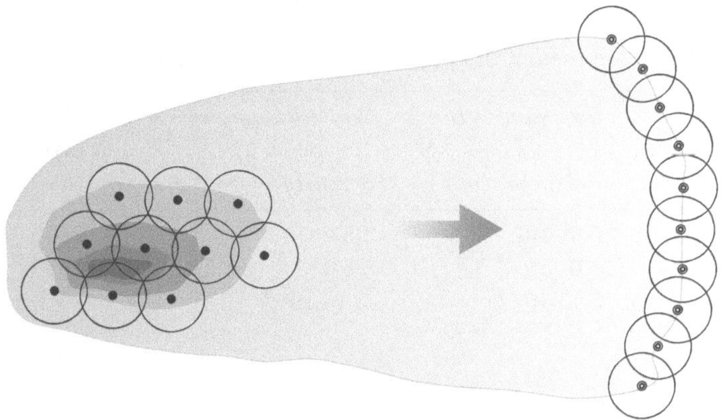

Fig. 18.17. Ubicazione dei pozzi di air sparging per la bonifica della sorgente ed il contenimento del plume

18.4.2 Applicabilità

L'applicabilità delle tecnologie dell'AS e del BS dipende fortemente dalle caratteristiche del contaminate e del mezzo poroso inquinato. Queste tecniche di bonifica possono essere soddisfacentemente utilizzate quando il contaminante:

- è presente come NAPL in fase segregata ed è caratterizzato da una tensione di vapore superiore a 0.5 – 1 mmHg;
- si trova disciolto nell'acqua di falda e presenta una costante di Henry superiore a $1 \cdot 10^{-5} \ \frac{\text{atm} \cdot \text{m}^3}{\text{mol}}$;
- presenta un basso tempo di dimezzamento per biodegradazione aerobica, vedasi Tabella 18.2 e Fig. 18.18.

L'utilizzo dell'air sparging è in genere limitato al trattamento di zone contaminate che abbiano profondità rispetto alla tavola d'acqua inferiore a 15–20 m. All'aumentare della profondità della contaminazione aumentano considerevolmente i costi di installazione ed esercizio degli impianti di iniezione dell'aria.

L'efficacia dell'air sparging dipende essenzialmente dalla possibilità di interessare con un flusso di aria uniforme estese porzioni di acquifero contaminato. A tal fine, il sito contaminato deve presentare caratteristiche di omogeneità per evitare che l'aria possa seguire percorsi di flusso preferenziali. La presenza di strati aventi permeabilità bassa impedisce la migrazione verticale dell'aria riducendo l'efficacia del sistema di trattamento (Fig. 18.19). Alcune prove di laboratorio, infatti, hanno dimostrato che in tali condizioni l'aria iniettata tende ad accumularsi al di sotto degli strati a permeabilità minore, muovendosi poi in direzione orizzontale, ed è ragionevole supporre che all'interno dell'acquifero tale comportamento possa causare un allargamento del pennacchio inquinante. Allo stesso modo, strati ad alta permeabilità possono creare una migrazione dell'aria in direzione orizzontale causando, anche in questo caso,

Tabella 18.2. Alcuni esempi di applicabilità dell'air sparging ai contaminanti [85]

Contaminante	Stripping – H	Volatilizzazione – τ	Biodegradazione aerobica – $t_{1/2}$
	$(\text{atm} \cdot m^3/mol)$	$(mmHg)$	(h)
Benzene	$5.5 \cdot 10^{-3}$	95.2	240
Toluene	$6.6 \cdot 10^{-3}$	28.4	168
Xilene	$5.1 \cdot 10^{-3}$	$5.1 \cdot 10^{-3}$	
Etilbenzene			
TCE			
PCE			
Benzine	alta	alta	alto
Oli combustibili	bassa	molto bassa	moderato

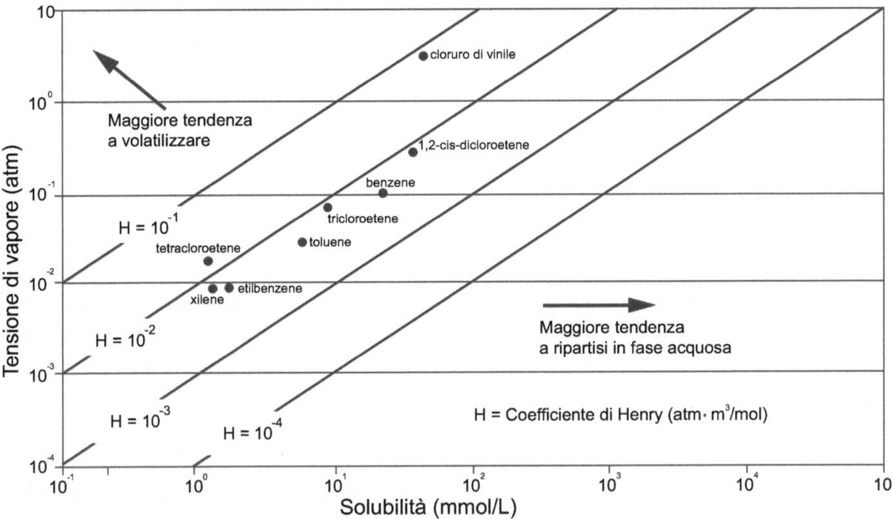

Fig. 18.18. Relazione tra tensione di vapore, solubilità e costante di Henry per alcuni composti organici volatili

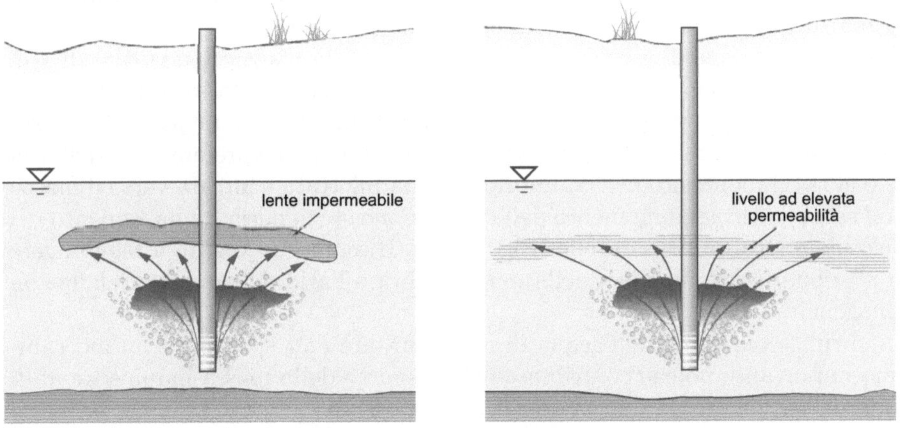

Fig. 18.19. Limitazioni all'applicabilità dell'AS imputabili alla presenza di livelli caratterizzati da forti disomogeneità di permeabilità rispetto al sistema acquifero (modificata da [85])

un allargamento del pennacchio inquinante. Inoltre, la migrazione orizzontale dell'aria crea notevoli difficoltà nella cattura dei contaminanti strippati, e può condurre a situazioni di potenziale pericolo nel caso in cui i vapori raggiungano fondazioni o altre strutture sotterranee.

La permeabilità verticale del terreno è direttamente proporzionale alla porosità efficace ed alla dimensione media dei grani del sedimento; l'utilizzo dell'air sparging è consigliabile in zone sature in cui la conducibilità idraulica presenti valori maggiori di $10^{-5}\,m/s$.

18.4.3 Dinamica del processo

La capacità di predire il funzionamento dei sistemi di air sparging è strettamente legata alla comprensione dei meccanismi di flusso dell'aria nei mezzi saturi. In letteratura, esistono due scuole di pensiero che descrivono tali fenomeni. Secondo la prima, e più ampiamente accettata, l'aria iniettata si muove in direzione verticale in canali e vie preferenziali. Secondo l'altra, invece, l'aria si muove in direzione verticale sotto forma di piccole bolle.

In alcune fasi dell'iniezione di aria all'interno del sistema acquifero è possibile notare un innalzamento della tavola d'acqua in corrispondenza del punto di iniezione (*water table mounding*). Il fenomeno del *mounding* può costituire un problema progettuale in quanto genera un movimento radiale dell'acqua e del contaminante nell'intorno del pozzo.

Alcune simulazioni effettuate con modelli numerici [85] e confermate da misurazioni in campo hanno evidenziato come il fenomeno di iniezione di aria in un sistema acquifero sia caratterizzato da due fasi in regime transitorio prima di raggiungere la stazionarietà. Nella prima fase si verifica un'espansione nella regione di iniezione dell'aria dovuta alla maggiore quantità di aria iniettata nella zona satura rispetto a quella che viene trasferita verso il mezzo non saturo (Fig. 18.20). Durante il secondo transitorio la tavola d'acqua sopraelevata si contrae a causa della formazione di percorsi preferenziali dell'aria fino al raggiungimento dell'equilibrio tra aria iniettata e filtrata verso il mezzo non saturo. Al raggiungimento della condizione stazionaria l'innalzamento del pelo libero risulta trascurabile (Fig. 18.21). Il tempo impiegato a raggiungere la stazionarietà è funzione della permeabilità all'aria del sistema e dalla sua omogeneità.

Il rimescolamento dell'acqua di falda durante l'air sparging è un meccanismo importante poiché contribuisce al trasporto della massa inquinante al di fuori dell'acquifero ed al trasporto di ossigeno al suo interno. Le cause primarie del rimescolamento dell'acqua durante l'air sparging sono:

- spiazzamento dovuto all'aria iniettata;
- interazione capillare tra aria e acqua;
- sforzi di taglio indotti dall'aria;
- flusso di acqua per recuperare le perdite per evaporazione;
- convezione termica;
- migrazione di materiale fine all'interno del mezzo poroso.

Lo spiazzamento dell'acqua è causato dalla risalita dell'aria all'interno della zona satura durante il periodo transitorio che precede la formazione delle vie di migrazione preferenziali di aria. L'entità di tale fenomeno dipende essenzial-

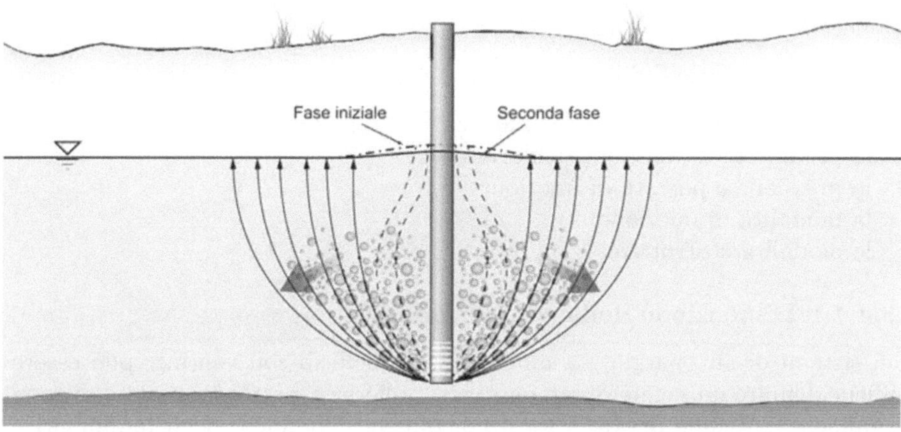

Fig. 18.20. Fase iniziale dell'iniezione di aria con conseguente mounding

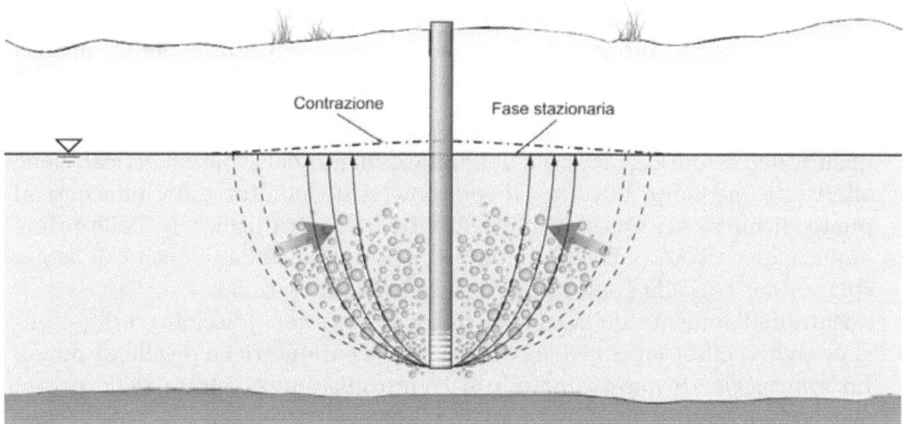

Fig. 18.21. Contrazione della zona di iniezione e raggiungimento delle condizioni stazionarie

mente dalla durata del transitorio, che a sua volta è funzione della permeabilità del mezzo poroso; in particolare, il tempo necessario al raggiungimento delle condizioni stazionarie diminuisce al decrescere della permeabilità. L'iniezione pulsante di aria crea fenomeni transitori di lunga durata che migliorano la miscelazione in falda.

Al contrario del rimescolamento fisico, che è legato alla variazione della saturazione in aria dei pori, l'interazione capillare tra acqua e aria può causare, soprattutto durante la fase di transitorio, il flusso dell'acqua di falda anche in assenza di variazioni di saturazione.

Per quanto visto, l'efficacia dell'air sparging può essere incrementata se si prolunga la durata del transitorio e tale obiettivo può essere raggiunto, ad esempio, variando la portata di aria iniettata in modo ciclico.

18.4.4 Dimensionamento

I parametri importanti dimensionamento di un intervento di air sparging sono:

- la dimensione della zona di influenza;
- la profondità di iniezione dell'aria;
- la pressione e portata di iniezione;
- la modalità di iniezione;
- le modalità costruttive.

18.4.4.1 Dimensione della zona di influenza

Nei sistemi di air sparging, a differenza di quelli di soil venting, può essere difficile definire un raggio di influenza e si preferisce, pertanto, parlare di zona di influenza. Al fine di garantire il trattamento completo degli inquinanti è necessario fare in modo che l'interasse tra i pozzi di iniezione garantisca la sovrapposizione delle zone di influenza.

L'estensione della zona di influenza viene determinata mediante test, generalmente di breve durata, condotti in campo. Le tecniche per la misura dell'area di influenza si sono evolute a partire dalla prime applicazioni di questa tecnologia:

- misura dell'estensione laterale dell'innalzamento della piezometrica: viene effettuata mediante l'utilizzo di piezometri di monitoraggio adiacenti al punto di iniezione. Questo è un metodo che veniva utilizzato nelle prime applicazione di AS poiché il mounding è correlabile alla quantità di acqua spiazzata e non alla zona in cui si distribuisce l'ossigeno;
- misura dell'aumento della concentrazione di ossigeno disciolto o di potenziale redox: effettuata mediante sonde multiparametriche o celle di flusso. Lo svantaggio di questo metodo è legato alla breve durata delle prove, che non permette di apprezzare il trasporto di ossigeno per diffusione ma solo del trasporto che avviene in canali di flusso preferenziale e per cortocircuitazione con il piezometro di monitoraggio;
- misura della pressione dei gas interstiziali: questo metodo si presenta inaccurato in quanto l'aria, dopo essere entrata nel mezzo non saturo, tende a portarsi rapidamente in equilibrio con la pressione dei gas interstiziali ed inoltre si diffonde su aree decisamente più grandi rispetto a quelle corrispondenti alla zona di influenza;
- misura della pressione all'interno di un piezometro sigillato finestrato al di sotto della tavola d'acqua: questo metodo risulta essere uno dei più efficaci per la misura della zona di influenza;
- utilizzo e misura di traccianti insolubili quali elio ed esafluoruro di zolfo. La concentrazione di questi gas viene misurata nel mezzo non saturo mediante appositi rivelatori. L'utilizzo di esafluoruro di zolfo è consigliato dal momento che presenta una solubilità in acqua simile a quella dell'ossigeno.

- metodi geofisici: in particolare i metodi TDR possono essere utili per la misura della diminuzione del contenuto in acqua del suolo durante l'iniezione di aria;
- sonde a neutroni: anche in questo caso viene misurata la diminuzione del tenore in acqua della formazione.

18.4.4.2 Profondità di iniezione dell'aria

La profondità a cui viene effettuata l'iniezione dell'aria deve trovarsi da 30 a 50 cm al di sotto della contaminazione per una maggiore efficacia del processo di stripping. In realtà, la profondità di iniezione è influenzata dalla struttura del suolo ed a questo proposito è necessario evitare l'iniezione di aria al di sotto di livelli caratterizzati da una bassa permeabilità.

Nella scelta della profondità di iniezione si deve tenere conto del fatto che da questo parametro dipende la pressione di insufflazione dell'aria. All'aumentare della profondità di iniezione corrisponde un aumento di dimensione dell'area di influenza e quindi sarà richiesta una maggiore portata di gas per fornire una sufficiente saturazione in aria.

18.4.4.3 Pressione e portata di iniezione

Per quanto riguarda la pressione di iniezione dell'aria, questa, deve essere tale da vincere:

- la pressione idrostatica della colonna d'acqua sovrastante le finestrature (p_h);
- la pressione di soglia per lo spiazzamento dell'acqua dalla formazione acquifera (p_a);
- la caduta di pressione che avviene nelle tubazioni, nel pozzo, nelle finestrature e nel dreno (p_d).

Pertanto la pressione di iniezione deve essere almeno pari a:

$$p_i = p_h + p_a + p_d.$$

Il calcolo della p_i deve essere effettuato accuratamente e la credenza che ad elevate pressioni di iniezione corrispondano altrettanto elevate efficienze di funzionamento risulta essere infondata. Infatti, nel caso in cui l'iniezione venga effettuata a pressioni eccessive, sussiste il rischio di fratturare il terreno e creare, quindi, vie di migrazione preferenziali diminuendo l'efficienza di rimozione del contaminante.

18.4.4.4 Modalità di iniezione

Lo studio dei sistemi di air sparging ha messo in evidenza che la presenza di canali e flussi preferenziali limita la rimozione del contaminante e rimpicciolisce la zona di influenza. La formazione di vie di migrazione privilegiate può essere evitata pulsando l'aria all'interno della formazione acquifera.

Un beneficio ulteriore derivante dall'utilizzo di una portata pulsante risiede nell'incremento di miscelazione a carico del sistema acquifero e derivante dalla ciclica formazione e collasso dei canali d'aria. Inoltre, la fase transitoria di espansione che si ha durante l'air sparging sembra essere caratterizzata da una maggiore zona di influenza.

I punti di iniezione devono essere costruiti utilizzando una adeguata sigillatura in modo da evitare fenomeni di cortocircuitazione con l'atmosfera.

La dimensione delle tubazioni di iniezione o di estrazione variano generalmente tra 1 e 4" senza che si modifichino significativamente le prestazioni dell'intervento. La scelta di tubazioni di piccolo diametro accoppiate a tecniche di perforazione di tipo *direct push* permette di minimizzare i costi di installazione.

18.5 Barriere reattive permeabili (PRB)

Le barriere reattive permeabili sono una tecnologia di bonifica consolidata che ha generato, fin dagli anni '90 un notevole interesse. La prima barriera reattiva permeabile realizzata in Italia è stata installata ad Avigliana in provincia di Torino ed è descritta in Di Molfetta e Sethi [42].

Il principio su cui si basano è relativamente semplice: del materiale reattivo viene posto all'interno del sistema acquifero, in modo da essere attraversato dall'acqua contaminata che si muove per effetto del gradiente naturale. Le reazioni che si instaurano all'interno della barriera permeabile consentono di degradare o di immobilizzare il contaminante nella fase di attraversamento, vedasi Fig. 18.22.

Le possibili configurazioni di una barriera reattiva (Fig. 18.23) sono costituite da:

- trincee continue che si estendono su tutto o su una porzione dello spessore saturo;
- sistemi Funnel and Gate, costituiti da una barriera a bassa permeabilità a forma di imbuto (funnel) utilizzata per indirizzare il flusso di acqua, dalla regione contaminata, ad una zona di trattamento permeabile (gate).

Le PRBs costituiscono sistemi di trattamento in situ, che possono rimanere operativi per anni con costi di gestione estremamente limitati.

In tutte le soluzioni progettuali è necessario che la permeabilità del materiale reattivo non sia inferiore alla permeabilità dell'acquifero, onde evitare la diversione delle linee di flusso attorno alla barriera permeabile.

Nella zona di trattamento si realizzano processi che rimuovono, eliminano o attenuano la migrazione dei contaminanti dalla sorgente; questi possono essere:

- reazioni chimiche;
- separazione fisica;

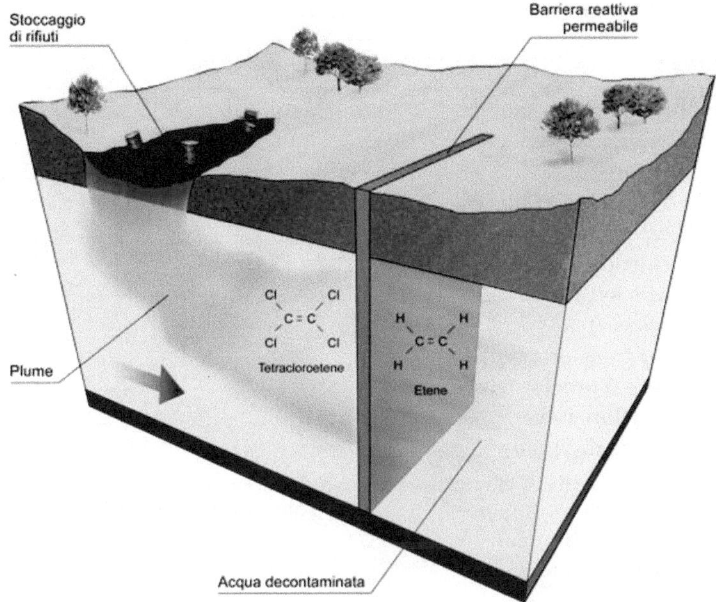

Fig. 18.22. Barriera reattiva permeabile di tipo continuo

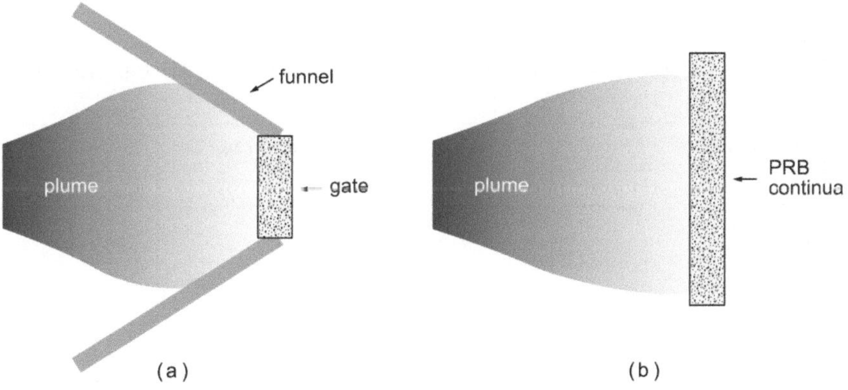

Fig. 18.23. Varie configurazioni di barriere reattive permeabili: a) funnel e gate; b) trincea continua

- degradazione biologica;
- adsorbimento.

Gli studi più promettenti si rivolgono all'utilizzo di ferro zero-valente (Fe^0) quale mezzo reattivo per la degradazione di alcuni contaminanti in specie non tossiche (si veda Tabella 18.3, Tabella 18.4, Tabella 18.5) ed in particolare per la rimozione dei solventi clorurati.

Tabella 18.3. Contaminanti trattabili mediante barriere reattive permeabili a Fe^0

Composti organici		*Composti inorganici*	
Metani	Tetraclorometano	Metalli in traccia	Nickel
	Triclorometano		Piombo
Etani	Esacloroetano		Uranio
	1,1,1-tricloroetano		Tecnezio
	1,1,2-tricloroetano		Ferro
	1,1-dicloroetano		Manganese
Eteni	Tetracloroetene		Selenio
	Tricloroetene		Rame
	Cis-1,2-dicloroetene		Cobalto
	Trans-1,2-dicloroetene		Cadmio
	1,1-dicloroetene		Zinco
	Cloruro di vinile		
	1,3-dicloropropene		
Propani	1,2,3-tricloropropano	Contaminanti anionici	Solfati
	1,2-dicloropropano		Nitrati
Altri	Esaclorobutadiene		Fosfati
	1,2-dibromoetano		Arsenico
	freon 113		
	N-nitrosodimetilammina		

Tabella 18.4. Contaminanti non trattabili mediante barriere reattive permeabili a Fe^0

Composti organici	*Composti Inorganici*
Diclorometano	Cloro
1,2-dicloroetano	Perclorato
Cloroetano	
Clorometano	

Tabella 18.5. Composti di cui non è nota la trattabilità mediante Fe^0

Composti organici	*Composti inorganici*
Clorobenzeni	Mercurio
Clorofenoli	
Alcuni pesticidi	
PCB	

I solventi clorurati vengono rimossi dall'acqua di falda attraverso un processo di ossidoriduzione nel corso del quale il Fe^0 si ossida a Fe^{2+} riducendo le sostanze alogenate a idrocarburi con l'eliminazione degli ioni cloruro:

$$Fe^0 \rightarrow Fe^2 + 2e^-$$
$$\frac{RCl + 2e^- + H^+ \rightarrow RH + Cl^-}{Fe^0 + RCl + H^+ \rightarrow Fe^{2+} + RH + Cl^-} \ .$$

Dalla reazione complessiva che avviene, per ogni atomo di cloro presente nella molecola, vengono scambiati 2 elettroni, messi a disposizione da un atomo di ferro, e viene addizionato alla molecola uno ione idrogeno presente nell'acqua di falda. In linea teorica il processo dovrebbe essere costituito da una serie di reazioni a catena che portano alla progressiva dealogenazione della sostanza clorurata fino alla formazione di alcani ed alcheni.

È stata però osservata la presenza di altri prodotti di reazione: in particolare nella degradazione del tetracloroetilene (PCE) e del tricloroetene (TCE) possono essere rilevati, oltre che etene ed etano, anche composti, quali l'acetilene, che non sono contemplati dalla reazione sopraesposta. Si è giunti alla conclusione che esistano due principali meccanismi di reazione (Fig. 18.24):

- *idrogenolisi sequenziale*: due elettroni e uno ione idrogeno attaccano la molecola di solvente provocando l'eliminazione di uno ione cloruro e la formazione di un prodotto a minor grado di saturazione;
- *β-eliminazione riduttiva*: due elettroni vengono trasferiti dal ferro all'etene clorurato provocando l'eliminazione di due atomi di cloro dalla molecola sotto forma di CL^- e la formazione di un triplo legame; il prodotto intermedio che si forma (cloroetilene e acetilene) viene velocemente trasformato per idrogenolisi ed infine idrogenato.

I prodotti intermedi del percorso (a), ovvero il *c-DCE* ed il *VC* sono più lentamente degradabili dello stesso tricloroetilene. Per contro, il cloroacetilene prodotto dalla β-eliminazione riduttiva ha una vita molto breve ed è rapidamente ridotto ad etene. Vari studi hanno ormai dimostrato come il processo di degradazione avvenga prevalentemente attraverso il percorso di β-eliminazione riduttiva e quindi sia ridotta al minimo la produzione di prodotti intermedi tossici quali il *VC*.

Generalmente gli idrocarburi peralogenati tendono a ridursi più rapidamente di quelli meno alogenati, così come la declorinazione si mostra più veloce per quelli saturi di carbonio (es. tetracloruro di carbonio) rispetto a quelli insaturi (es. *TCE* o *VC*).

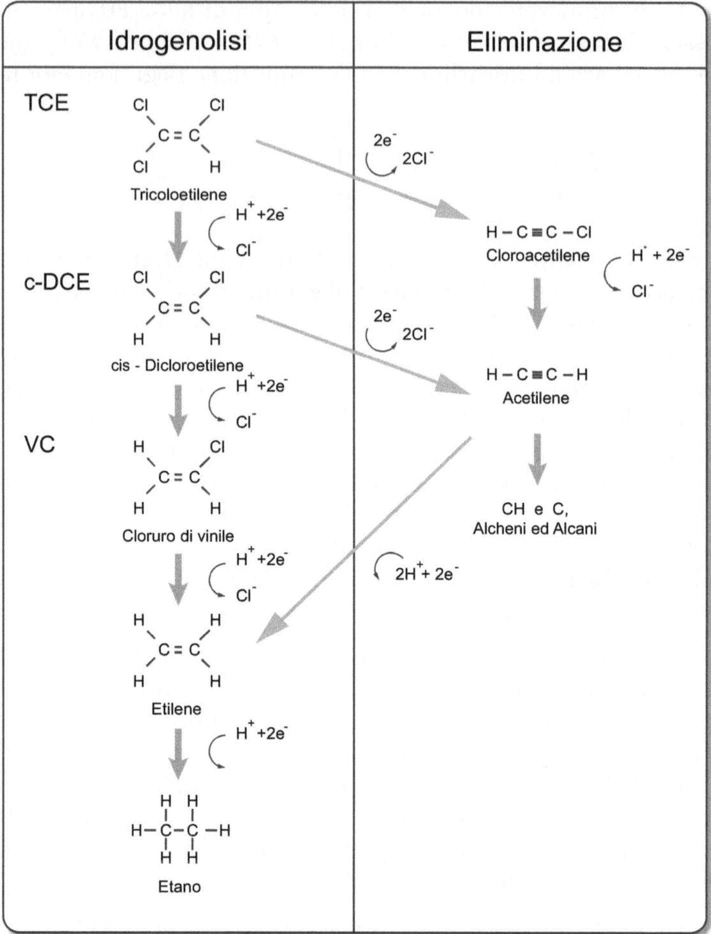

Fig. 18.24. Percorsi principali di degradazione del TCE in una barriera reattiva permeabile a Fe^0

18.5.1 Prove in laboratorio

Le prove di laboratorio sono finalizzate alla determinazione:

- del materiale reattivo ideale per la realizzazione della cella di trattamento;
- delle costanti di degradazione relative alle reazioni di rimozione dei contaminanti;
- della possibile durata della barriera reattiva.

La scelta del materiale reattivo da utilizzare nella barriera permeabile è da effettuarsi valutando i seguenti parametri:

- *reattività*: un riempimento che permetta di raggiungere alti valori delle costanti di degradazione è preferibile. Nel caso di Fe^0 la reattività aumenta all'aumentare della superficie specifica del materiale reagente;
- *stabilità*: intesa come tempo durante il quale il riempimento continua ad assolvere le proprie funzioni;
- *disponibilità e costo*: è necessario ottimizzare tra queste due grandezze considerando anche la reattività del materiale;
- *conducibilità idraulica*: la conducibilità idraulica del materiale permeabile deve essere superiore, o quanto meno paragonabile, a quella del sistema acquifero in modo che la cattura dell'acqua contaminata sia assicurata e che non si instaurino fenomeni di diversione delle linee di flusso;
- *compatibilità ambientale*: il mezzo reattivo deve essere scelto in modo da non introdurre ulteriori fenomeni di inquinamento all'interno del sistema acquifero.

Rimanendo valide queste considerazioni di massima, il ferro zero valente è il mezzo reattivo più utilizzato per barriere pilota o in scala reale. Viene commercializzato da diverse società con caratteristiche differenti in quanto a purezza ed a capacità di degradazione.

Le prove di laboratorio per la determinazione delle cinetiche di degradazione possono essere condotte in modalità batch o in colonna.

La modalità batch, che studia l'andamento delle concentrazioni dei contaminanti in un reattore chiuso ed agitato in funzione del tempo, è generalmente utilizzata solamente nelle fasi preliminari dello studio delle cinetiche di degradazione. Le prove batch sono caratterizzate da alcuni vantaggi quali la velocità di esecuzione, l'economicità e la semplicità. Gli svantaggi sono da imputarsi al fatto che l'agitazione del reattore modifica molti dei meccanismi di trasporto che avrebbero potuto essere limitanti rispetto alla degradazione del contaminante in sistemi non agitati. Inoltre, i rapporti tra materiale reagente e soluzione utilizzati nelle prove batch sono molto inferiori a quelli che possono essere raggiunti con prove in colonna o nelle applicazioni pratiche.

La possibilità di determinare le cinetiche di degradazione in condizioni più prossime a quelle reali risulta essere il maggiore vantaggio delle prove eseguite in colonna (Fig. 18.25). Nonostante queste risultino essere più costose ed impegnative delle prove batch, generalmente conducono a risultati più realistici, oltre a fornire maggiori informazioni relative alla durata ed alle prestazioni di lungo termine.

È possibile, infatti, effettuare campionamenti lungo la colonna per analizzare, non solo l'andamento della concentrazione degli inquinanti, ma anche le variazioni della composizione ionica e di proprietà quali il potenziale redox ed il pH, oltre a permettere la valutazione della formazione di precipitati.

Sia gli studi batch che quelli in colonna possono essere effettuati su:

- acqua deionizzata addizionata ai contaminanti;
- acqua di falda pulita addizionata ai contaminati;
- acqua di falda contaminata.

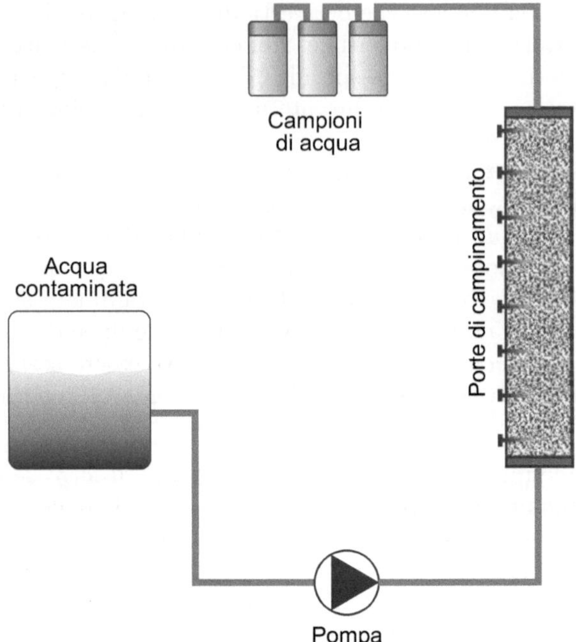

Fig. 18.25. Prove in colonna per la determinazione delle cinetiche di degradazione

Per estendere la validità dei risultati sperimentali al caso reale si rende spesso necessaria l'applicazione di alcuni fattori correttivi che tengano conto delle differenti condizioni di esercizio del materiale reagente:

- temperatura: l'acqua di falda presenta generalmente una temperatura variabile tra 10 e 15°C, decisamente più bassa di quella esistente in laboratorio. Le prove di laboratorio forniscono, pertanto, delle cinetiche di degradazione sovrastimate che dovranno essere corrette con un coefficiente ricavato dalla legge di Arrehnius;
- densità di bulk: le celle reagenti reali presentano una densità di bulk minore di quella misurata in laboratorio a causa delle diverse condizioni di sedimentazione del mezzo. Di conseguenza la superficie di materiale reagente può risultare inferiore in campo rispetto alla colonna, richiedendo un ulteriore correzione delle cinetiche.

La longevità della barriera può essere studiata mediante prove in colonna utilizzando velocità di filtrazione superiori a quelle che si riscontrano in realtà, per accelerare il processo di invecchiamento e di intasamento causato dalla formazione di precipitati.

Nel caso di barriera a Fe^0, una diminuzione della funzionalità nel corso del tempo può essere imputabile ad una serie di reazioni chimiche indesiderate:

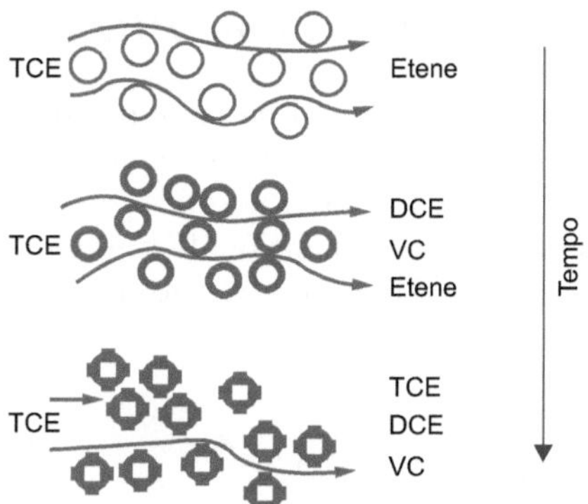

Fig. 18.26. Possibili conseguenze dell'effetto di "coating" nelle PRB

- ossidazione del ferro a contatto con l'acqua: la cinetica di questa reazione è comunque più bassa rispetto a quella di degradazione dei solventi clorurati

$$Fe + 2H_2O \rightarrow Fe^{2+} + 2OH^- + H_2;$$

- ossidazione del ferro per effetto dell'ossigeno disciolto: elevate concentrazioni di ossigeno all'interno dell'acqua di falda possono ossidare i primi centimetri di barriera e creare problemi di precipitazione di idrossidi di ferro, tale situazione è evitabile grazie a semplici misure progettuali;

- aumento del pH: dal momento che i processi di dealogenazione, che avvengono nella zona reattiva, generano ioni OH^-, il pH dell'acqua tende ad aumentare raggiungendo valori anche superiori a 9. Una conseguenza diretta dell'aumento del pH è la predisposizione alla formazione di precipitati che possono coprire la superficie del metallo riducendone la reattività e riducendo il tempo di residenza dell'acqua contaminata all'interno del tratto reattivo (Fig. 18.26).

In aggiunta alle prove già citate, è possibile condurre una serie di studi specifici per ottenere parametri aggiuntivi. Tra questi studi, si ricordano:

- determinazione della superficie specifica (m^2/g), importante parametro che concorre alla determinazione delle cinetiche di degradazione del contaminante;
- determinazione della conducibilità idraulica e della porosità del materiale reagente, parametri utilizzati nei modelli numerici di flusso e di trasporto;
- analisi microbiologiche del materiale reattivo e dell'acqua per valutare la degradazione dei contaminanti mutuata da microrganismi;
- studi con traccianti per osservare gli effetti della riduzione della conducibilità idraulica e di porosità dovute a fenomeni di occlusione dei pori causati dalla precipitazione di idrossidi;
- analisi per valutare lo stato di ossidazione della superficie del materiale reagente.

18.5.2 Dimensionamento di una PRB

Per un corretto dimensionamento di una barriera permeabile, ed in particolare del *gate* reattivo, occorrerebbe simulare i fenomeni di advezione, dispersione idrodinamica, adsorbimento sulla matrice solida, reazioni di degradazioni a rete (Fig. 18.27) su un dominio tridimensionale in regime transitorio, secondo un sistema di equazioni differenziali alle derivate parziali descrivibili secondo l'espressione [95]:

$$R_i \frac{\partial C_i}{\partial t} + v_e \frac{\partial C_i}{\partial x} - D_x \frac{\partial^2 C_i}{\partial x^2} - D_y \frac{\partial^2 C_i}{\partial y^2} - D_z \frac{\partial^2 C_i}{\partial z^2} =$$

$$= \sum_{j=1}^{i-1} y_{i/j}\lambda_j C_j - \lambda_i C_i + \sum_{j=i+1}^{n} y_{i/j}\lambda_j C_j \qquad (18.16)$$

dove:

- C_i = concentrazione della i-esima specie $[ML^{-3}]$;
- $y_{i/j}$ = fattore di resa che descrive la massa della specie i prodotta dalla specie j;
- λ_i = cinetica di degradazione del primo ordine della specie i-esima $[T^{-1}]$;
- v_e = velocità effettiva dell'acqua di falda $[LT^{-1}]$;
- D_x, D_y, D_z = coefficienti di dispersione idrodinamica $[L^2 T^{-1}]$;
- n = numero totale di specie coinvolte nel processo di degradazione a rete.

Solitamente, in fase di progettazione preliminare il dimensionamento del *gate* permeabile viene più semplicemente effettuato considerando il problema unidimensionale e trascurando alcuni meccanismi quali adsorbimento, dispersione idrodinamica, reazioni di degradazione a catena. In regime transitorio, l'equazione differenziale semplificata, per ciascuna specie contaminante, risulta essere:

$$\frac{\partial C}{\partial t} = -v_{e,gate} \frac{\partial C}{\partial x} - \lambda C, \qquad (18.17)$$

dove $v_{e,gate}$ rappresenta la velocità effettiva media presente all'interno del *gate* della barriera. La stessa equazione in regime stazionario, che è quello utilizzato

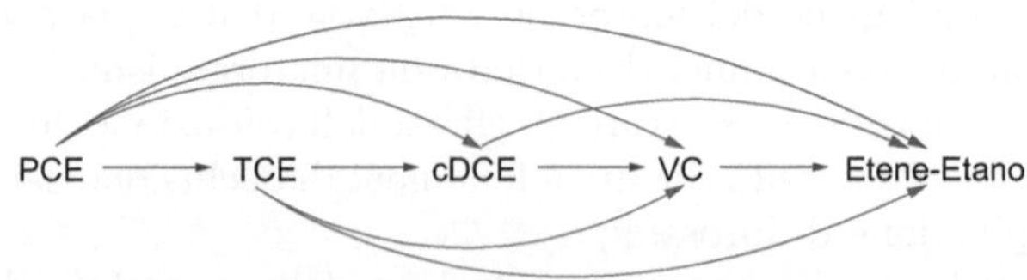

Fig. 18.27. Percorsi di degradazione a rete di alcuni eteni clorurati

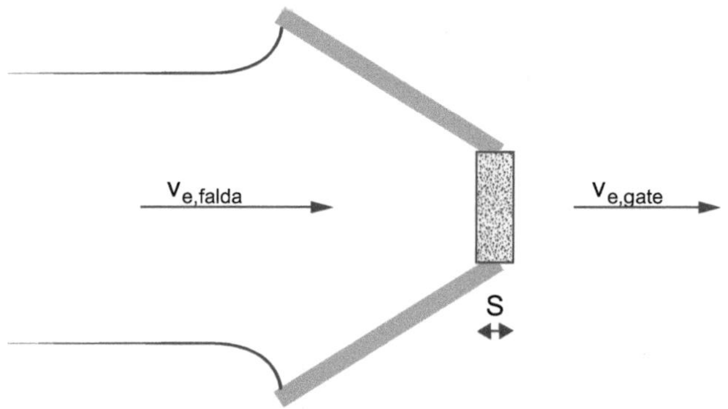

Fig. 18.28. Schema semplificato di una barriera reattiva permeabile

per il dimensionamento, assume la forma:

$$v_{e,gate}\frac{\partial C}{\partial x} = -\lambda C, \tag{18.18}$$

la cui soluzione esprime l'andamento delle concentrazioni all'interno della barriera in funzione dello spazio:

$$C = C_{in}e^{-\lambda \frac{x}{v_{e,gate}}}. \tag{18.19}$$

Fissata la concentrazione in uscita dal *gate* reattivo, lo spessore risulta essere pari a (Fig. 18.28):

$$S = -\frac{v_{e,gate}}{\lambda}\ln\left(\frac{C_{out}}{C_{in}}\right), \tag{18.20}$$

il tempo di permanenza dell'acqua all'interno del *gate* permeabile vale:

$$t_P = \frac{S}{v_{e,gate}} = -\frac{1}{\lambda}\ln\left(\frac{C_{out}}{C_{in}}\right), \tag{18.21}$$

e la massa di ferro all'interno della barriera è:

$$W = SA\rho_b = -\frac{A\rho_b v_{e,gate}}{\lambda}\ln\left(\frac{C_{out}}{C_{in}}\right). \tag{18.22}$$

Nelle precedenti equazioni C_{in} indica la concentrazione del generico contaminante in ingresso e C_{out} la concentrazione obiettivo da raggiungere.

In Tabella 18.6 sono riportati alcuni parametri caratteristici del ferro zero-valente commercializzato dalla società ETI.

Solitamente, per calcolare la velocità effettiva all'interno del *gate* permeabile, è indispensabile utilizzare un modello di flusso per valutare la modifica del campo di flusso naturale apportato dalla realizzazione della PRB. Nel caso di una barriera reattiva a trincea continua (Fig. 18.29) è possibile farne a

Tabella 18.6. Caratteristiche del ferro zero-valente commercializzato da ETI

Porosità del riempimento	ε	0,5
Densità di *bulk*	ρ_b	2600 $kg\ m^{-3}$
Superficie specifica	a	$7-1000\ m^2 kg^{-1}$
Conducibilità idraulica *gate*	K_g	$5\cdot10^{-4}m\ s^{-1}$

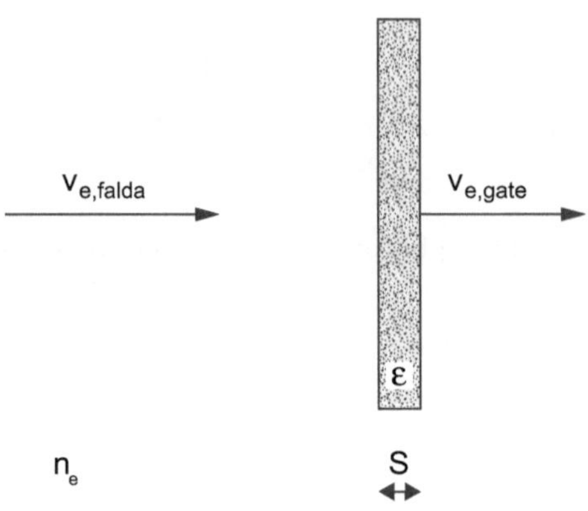

Fig. 18.29. Schema semplificato di una PRB a trincea continua

meno, esprimendo la velocità effettiva all'interno del *gate* in funzione di quella nell'acquifero secondo un bilancio di portate di acqua che conducono alla relazione:

$$v_{e,gate} = \frac{v_{e,falda} n_e}{\varepsilon}, \qquad (18.23)$$

dove n_e ed ε rappresentano la porosità efficace del sistema acquifero e del *gate* reattivo. Utilizzando tale relazione è possibile riscrivere le equazioni che esprimono lo spessore della barriera e la massa di ferro:

$$S = -\frac{v_{e,falda} n_e}{\lambda \varepsilon} \ln\left(\frac{C_{out}}{C_{in}}\right), \qquad (18.24)$$

$$W = SA\rho_b = -\frac{A\rho_b v_{e,falda} n_e}{\lambda \varepsilon} \ln\left(\frac{C_{out}}{C_{in}}\right) = -\frac{A\rho_b K i}{\lambda \varepsilon} \ln\left(\frac{C_{out}}{C_{in}}\right), \quad (18.25)$$

dove:

- $K=$ conducibilità idraulica dell'acquifero $[LT^{-1}]$;
- $i =$ gradiente piezometrico.

Un livello successivo di approfondimento potrebbe prevedere l'impiego di un modello di degradazione che tenga conto dei prodotti intermedi generati all'interno della barriera. Il processo di rimozione di un contaminante passa attraverso la formazione di una serie di prodotti intermedi, anch'essi tossici, che a loro volta devono permanere all'interno della barriera un tempo sufficiente per essere degradati. Lo spessore della barriera dovrebbe essere determinato

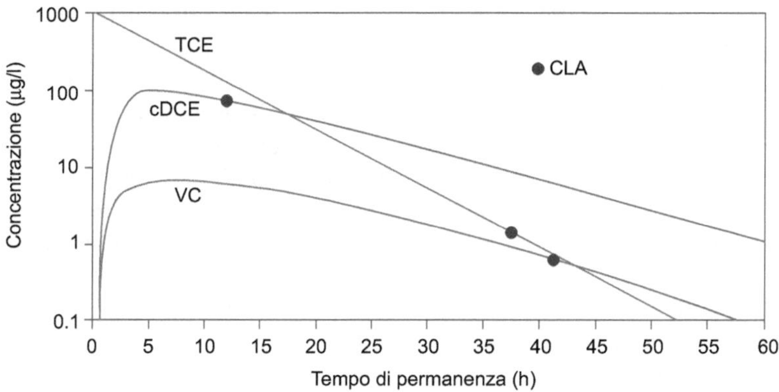

Fig. 18.30. Determinazione del tempo di permanenza tramite un modello di degradazione sequenziale

in modo da garantire un tempo di residenza dell'acqua sufficientemente alto da permettere l'abbattimento dei contaminanti e dei sottoprodotti al di sotto delle concentrazioni accettabili dalla normativa vigente (Fig. 18.30).

È comunque opportuno che un dimensionamento più accurato venga effettuato mediante un modello numerico di flusso ed eventualmente di trasporto, almeno bidimensionale.

18.5.3 Soluzioni tecniche per la realizzazione della barriera reattiva permeabile

Una volta determinata la localizzazione, la configurazione e le dimensioni della barriera reattiva, deve essere selezionata una opportuna tecnologia che ne permetta la realizzazione. I fattori che, in ultima analisi, concorrono alla scelta del metodo sono:

- profondità dello scavo;
- permeabilità della cella;
- caratteristiche dei terreni e vincoli geotecnici.
- smaltimento di eventuali terreni contaminati risultanti dallo scavo in trincea;
- accessibilità al sito e spazio per la realizzazione del cantiere di lavoro;
- costi.

In linea generale, l'estensione e la geometria della barriera devono essere tali da garantire, al variare delle condizioni di flusso e anche in presenza di oscillazioni esterne (oscillazioni della tavola d'acqua, fenomeni di ricarica, pompaggio, ecc.), di intercettare completamente il pennacchio inquinante.

Nei casi particolari in cui non tutto lo spessore saturo sia interessato dal fenomeno di inquinamento è possibile intervenire con una barriera "sospesa" limitando, in questo modo, le profondità degli scavi alla parte più superficiale dell'acquifero. Se la contaminazione è distribuita su tutto lo spessore saturo dell'acquifero, o nel caso in cui coinvolga gli strati più profondi, è necessario realizzare una barriera che raggiunga il basamento impermeabile dell'acquifero. Una corretta localizzazione della cella reagente ed un adeguato immorsamento nel substrato impermeabile servono ad evitare l'instaurarsi di fenomeni di overflow e di underflow. Risulta evidente che, all'aumentare della profondità della barriera aumentano anche le complicazioni dal punto di vista tecnico per la realizzazione ed il sostentamento dello scavo e quindi anche i costi realizzativi.

Per quanto riguarda la permeabilità della cella, questa deve essere superiore a quella del sistema acquifero per evitare fenomeni di aggiramento e per favorire il deflusso dell'acqua contaminata attraverso la barriera reattiva. D'altro canto, solitamente, ad un aumento della conducibilità idraulica corrisponde anche una diminuzione della superficie specifica del materiale che deve essere compensata tramite un aumento dello spessore della cella reagente.

Per valutare le caratteristiche geotecniche dei terreni si rende indispensabile l'esecuzione di una serie di prove quali: sondaggi a carotaggio continuo con esecuzione di prove penetrometriche (SPT), prove di carico su piastra, prove Lefranc oltre a prove di laboratorio sui campioni di terreno prelevati per di valutarne i parametri di resistenza al taglio e di deformabilità. Devono essere, inoltre, studiate opportune miscele di fanghi che permettano il sostegno delle pareti degli scavi. Nella realizzazione del gate permeabile vengono utilizzate miscele biodegradabili che possano essere eliminate in breve tempo a seguito della sostituzione con il ferro granulare.

Nella scelta della tecnologia realizzativa non devono essere trascurati fattori quali l'accessibilità del sito e lo spazio per l'allestimento del cantiere dal momento che i lavori di scavo, generalmente, comportano l'utilizzo di mezzi pesanti caratterizzati da un notevole ingombro. Il materiale di risulta dagli scavi e l'acqua estratta per deprimere la falda dovranno essere smaltiti o trattati in impianti off-site o con impianti on-site dedicati.

18.5.3.1 Realizzazione della cella permeabile reattiva

Vengono di seguito descritte alcune tecniche convenzionali o innovative per la realizzazione del gate in cui verrà alloggiato il materiale reattivo:

- *Tecniche di scavo convenzionali*. Solitamente vengono utilizzati escavatori a braccio rovescio o benne per la realizzazione della trincea (Fig. 18.31). Per assicurare la stabilità dello scavo durante la costruzione della cella, possono essere utilizzate delle palancole disposte lungo il perimetro della trincea ed, eventualmente, un sistema di pompaggio che dreni l'acqua nel caso si lavori ad elevate profondità sotto la tavola d'acqua. In alternativa, è possibile riempire lo scavo con fanghi composti da biopolimeri che impediscono il collasso delle pareti e vengono in seguito biodegradati

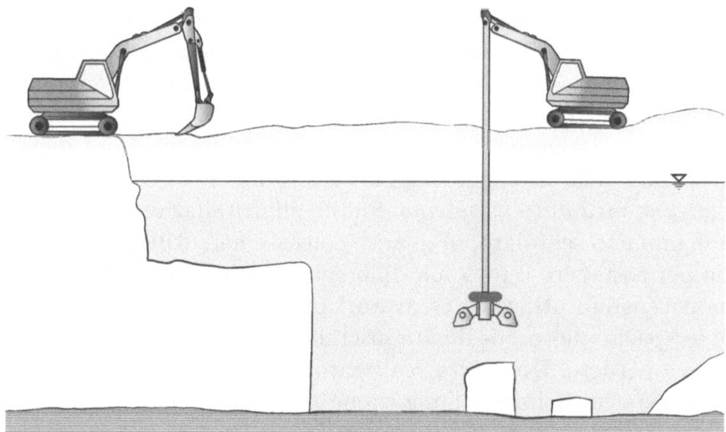

Fig. 18.31. Tecniche di scavo convenzionali (modificata da [54])

senza ripercussioni sulla permeabilità della cella. Le profondità massime raggiungibili mediante l'utilizzo di benne è dell'ordine dei 50–60 m.

- *Trincee continue mediante fresatura.* Questa tecnica prevede l'utilizzo di una fresa meccanica che realizza una trincea continua (Fig. 18.32) con spessori compresi tra 30–60 cm immediatamente riempita da materiale reattivo o da uno strato continuo di HDPE per garantirne l'impermeabilità. Le profondità raggiungibili si attestano intorno ai 10–15 m.
- *Tecniche di scavo mediante manufatto scatolare (cassone).* Il cassone viene utilizzato per stabilizzare le pareti di un foro nella fase di esecuzione.

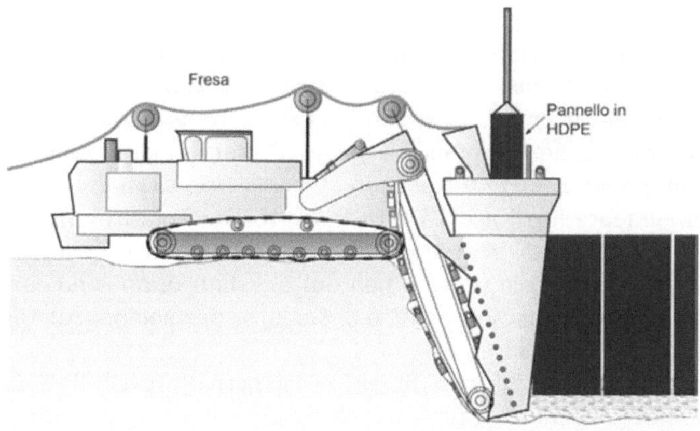

Fig. 18.32. Trincee continue mediante fresatura (modificata da [54])

Viene impiantato nel suolo e per la realizzazione del (o dei) gate viene usualmente scelto di forma cilindrica e con diametri dell'ordine dei 2 m. Una volta che il cassone è stato infisso, è possibile eliminare il materiale in esso contenuto e rimpiazzarlo con quello reattivo. Questa è una soluzione economica, che ha come limitazione la profondità massima di infissione, che a seconda della litologia si aggira sui 15 m.

- *Installazione mediante mandrino.* Simile all'installazione mediante palancole o manufatto scatolare, in quanto consiste nell'utilizzare una struttura esterna per sostenere il foro. La differenza consiste nel fatto che in questo caso non vengono utilizzati escavatori per l'asportazione del terreno, ma si crea lo spazio vuoto per il gate inserendo un tubo cavo dotato di scarpa tagliente a perdere. Una volta realizzato il foro, si inserisce il materiale di riempimento e si procede all'estrazione della tubazione.

18.5.3.2 Realizzazione dei diaframmi impermeabili

La costruzione di una barriera reattiva nella configurazione Funnel and Gate prevede la realizzazione di alcuni setti verticali impermeabili, in modo da indirizzare il flusso verso il "gate" reattivo.

In Tabella 18.7 è elencata una panoramica dei sistemi costruttivi utilizzati per la realizzazione di barriere verticali di contenimento.

I sistemi più comunemente utilizzati nella realizzazione di barriere reattive permeabili risultano essere:

- *Diaframmi plastici cemento-bentonite.* È il tipo di barriera comunemente più utilizzata, viene realizzata mediante scavo di pannelli alternati o di una trincea continua. Questo tipo di diaframma può essere realizzato mediante una fase unica (monofase), utilizzando direttamente la miscela cemento-bentonite definitiva durante lo scavo, o in doppia fase (bifase), sostituendo, a scavo terminato, la miscela di stabilizzazione delle pareti con quella definitiva. I normali spessori di questi tipi di diaframma sono dell'ordine di 0.6–1 m, le massime profondità raggiungibili pari a circa 30–40 m con attrezzature normali; utilizzando speciali frese di recente costruzione si possono raggiungere profondità anche di gran lunga superiori.
- *Diaframmi plastici terreno-bentonite.* Questo tipo di diaframma, utilizzato principalmente negli Stati Uniti, viene realizzato scavando una trincea continua con le pareti sostenute da fanghi bentonitici, successivamente riempita da una miscela terreno-bentonite. I diaframmi sono caratterizzati da uno spessore medio pari a 0.8–1.5 m e permettono di raggiungere profondità pari a 20–30 m.
- *Diaframmi compositi.* Il procedimento costruttivo prevede la realizzazione di una trincea continua in presenza di fanghi cemento-bentonite o terreno bentonite e l'inserimento di teli in materiale plastico dotati di speciali giunti a tenuta prima della solidificazione della miscela impermeabilizzante. Le profondità massime fino ad oggi raggiunte con questo tipo di diaframma risultano pari a circa 50 m.

Tabella 18.7. Elenco dei sistemi per la realizzazione di barriere verticali impermeabili. Il parametro S indica lo spessore del diaframma, L la massima profondità raggiungibile (modificata da [76])

Tecnologia	Denominazione convenzionale	Materiale impermeabilizzante	Dimensioni $S(m)$	$L(m)$
Scavo, asportazione del terreno e sostituzione con miscele impermeabilizzanti	Diaframma plastico monofase	Miscele cemento bentonite	0.4–1.6	100–170
	Diaframma plastico bifase	Miscele cemento bentonite	0.4–1.6	40–70
	Diaframma plastico con geomembrana	Miscela cemento bentonite e geomembrana	0.4–1.6	20–50
	Diaframma formato da pali secanti	Miscela cemento bentonite o calcestruzzo	0.4–1.5	20–40
Spiazzamento del terreno ed immissione di miscele impermeabilizzanti o infissione di palancole e manufatti prefabbricati	Diaframma sottile con miscela plastica	Miscele cemento bentonite con inerti o additivi	0.05–0.3	10–35
	Diaframma sottile con geomembrana	Miscela cemento bentonite e geomembrana	> 0.002	10–40
	Palancole	Acciaio	0.02	20–30
	Diaframmi ad elementi prefabbricati infissi	Calcestruzzo	> 0.4	15–25
Riduzione della permeabilità del terreno in sito	Iniezioni	Miscele cemento bentonite, silicati, miscele cementizie con o senza filler	1.5–2.5	20–80
	Jet-grouting	Miscele bentonitiche con cemento	0.15–2.5	20–70
	Mescolamento del terreno	Calce, cemento, bentonite	0.8–1.5	30–60
	Congelamento	Azoto liquido con impianto di congelamento	> 0.7	50–100

- *Diaframmi plastici sottili.* Le metodologie di esecuzione sono molteplici: preinfissione, mediante battitura o jetting di palancole metalliche o di manufatti scatolari metallici o ancora prefabbricati in calcestruzzo e successivo riempimento della cavità così formata nel terreno con miscele a base di bentonite.
- *Barriere realizzate mediante mescolamento del terreno in sito con additivi.* La barriera viene realizzata inserendo nel terreno un'elica cava al centro, rimescolando il terreno ed iniettando contemporaneamente bentonite in polvere e/o cemento. La continuità della barriera è assicurata da un cer-

to grado di sovrapposizione tra le colonne. La permeabilità globale del sistema risulta fortemente influenzata dal tipo di terreno.

- *Barriere realizzate mediante jet grouting.* È una delle tecniche più versatili ed utilizzate e consiste nell'iniezione di miscele bentonitiche o cementizie direttamente nel suolo. Le permeabilità minime dipendono fortemente dalle caratteristiche del terreno iniettato, dall'interasse di perforazione e dal tipo di iniezione. Le profondità massime raggiungibili si aggirano intorno ai 70 m.
- *Palancole metalliche infisse.* Questo tipo di intervento viene in genere utilizzato per interventi di massima urgenza per la sua rapidità di esecuzione. L'installazione avviene mediante martelli a vibrazione o magli a caduta libera che spingono le palancole direttamente nel terreno. Si riscontrano problemi di tenuta alle giunture salvo nei casi in cui vengano eseguite speciali sigillature dei giunti delle palancole.

18.5.4 Rete di monitoraggio

Realizzata la barriera, si rende indispensabile una fase di monitoraggio che assolva ai seguenti compiti:

- assicurare che il plume venga adeguatamente catturato e trattato, ovvero verificare che le concentrazioni dei contaminati siano al di sotto dei valori previsti, che non si generino prodotti intermedi tossici, che non si verifichino problemi di under o di overflow, che la zona di cattura sia conforme a quella prevista, così come anche il tempo di residenza all'interno della cella. Questi controlli comportano la realizzazione di una serie di piezometri di monitoraggio a monte, a valle ed all'interno della zona reattiva della barriera;
- stimare la longevità della barriera mediante studi geochimici e piezometrici che evidenzino la presenza di fenomeni di occlusione dei pori all'interno del materiale reattivo o con analisi su campioni prelevati nella zona di trattamento permeabile.

Deve essere a tal proposito predisposta una rete di monitoraggio, possibilmente multilivello, interna ed esterna alla barriera permeabile, che permetta di valutare la variazione spaziale e temporale delle proprietà geochimiche e di contaminazione dell'acqua. In Fig. 18.33 sono illustrate alcune possibili configurazioni della rete di monitoraggio:

a) i piezometri si trovano ad una decina di centimetri all'interno della cella reagente, posizionati lungo una direzione perpendicolare al flusso; in questo modo è possibile osservare le variazioni di concentrazioni dovute ad eterogeneità del mezzo;
b) i punti di monitoraggio sono ubicati all'esterno della barriera per monitorare la degradazione del contaminante e l'eventuale liberazione di prodotti intermedi;

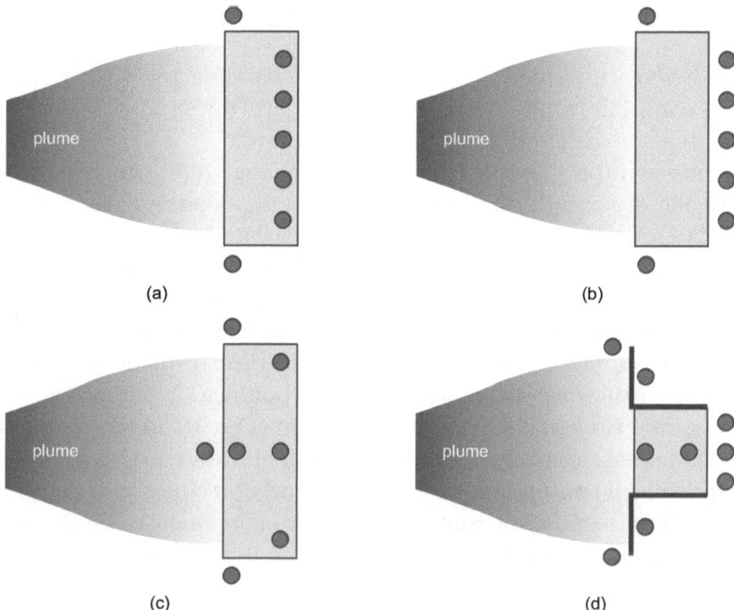

Fig. 18.33. Differenti configurazioni della rete di monitoraggio di una barriera reattiva permeabile

c) alcuni piezometri sono disposti a monte e lungo lo spessore della barriera per studiare le cinetiche di abbattimento dei contaminanti;

d) alcuni piezometri sono disposti a valle ed a monte del funnel in modo da evidenziare eventuali aggiramenti o problemi di tenuta delle barriere impermeabili.

Nell'effettuare i prelievi dai piezometri realizzati in prossimità della barriera devono essere adottate alcune precauzioni quali il campionamento simmetrico rispetto alla direzione di flusso e l'utilizzo di piccole portate di spurgo onde evitare l'instaurazione di gradienti artificiali o il richiamo di acqua non trattata.

Per valutare eventuali eterogeneità di velocità all'interno della cella reattiva e per la valutazione della zona di captazione vengono condotte prove di tracciamento utilizzando, generalmente, soluzioni di bromuro di sodio. Una alternativa alle prove di tracciamento consiste nell'utilizzare, in piezometri realizzati all'interno della cella reattiva, sonde sommerse che misurano puntualmente il vettore tridimensionale della velocità.

Il prelievo di campioni di materiale reagente può essere effettuato mediante sondaggi verticali che si approfondiscono lungo lo spessore della cella. Nella fase di estrazione del campione bisogna evitare che questo entri in contatto con l'aria; a seguito di questa operazione, è suggeribile introdurre nuovo materiale reattivo per rimpiazzare quello estratto.

18.5.5 Micro e nanoparticelle di ferro

L'impiego di ferro millimetrico zerovalente in barriere reattive permeabili è una tecnica consolidata per la bonifica di acquiferi contaminati ove la sorgente contaminante sia areale o difficilmente individuabile.

Un recente sviluppo, proposto da Zhang e Wang [109], consiste nell'impiego di particelle di ferro di dimensione micro- o nanometrica (rispettivamente MZVI e NZVI). Il diametro estremamente ridotto delle particelle (da 10 a 100 nm per il NZVI e da 100 nm a 100 µm per il MZVI) rende possibile l'iniezione del materiale reattivo all'interno del sistema acquifero superando i limiti di profondità imposti dallo scavo delle PRB [96]. Viene generata in tal modo una zona reattiva (RZ) che permette il trattamento diretto della sorgente, e non del solo plume, riducendo pertanto i tempi di bonifica.

Le dimensioni ridotte delle particelle di ferro (Fig. 18.34) conferiscono loro una notevole superficie specifica cui consegue un'elevata reattività. Nell'ipotesi semplificativa che il contaminante sia soggetto ad una cinetica di degradazione del primo ordine, se posto a contatto con ferro zerovalente, l'influenza della superficie specifica può essere espressa mediante la relazione:

$$\frac{dC_{TCE}}{dt} = -kC_{TCE} = -(k_{SA} \cdot ssa \cdot C_{Fe}) \cdot C_{TCE} \qquad (18.26)$$

dove k rappresenta la pseudocinetica di degradazione globale del I ordine (T^{-1}), ssa la superficie specifica (L^2M^{-1}), C_{Fe} la concentrazione di ferro per volume di acqua (ML^{-3}), C_{TCE} la concentrazione del contaminante (ML^{-3}), k_{SA} la cinetica di degradazione all'unità di superficie specifica e di concentrazione di ferro zerovalente (LT^{-1}). L'espressione mette in luce come a parità di cinetica di degradazione normalizzata (k_{SA}) e di concentrazione di ferro zero-

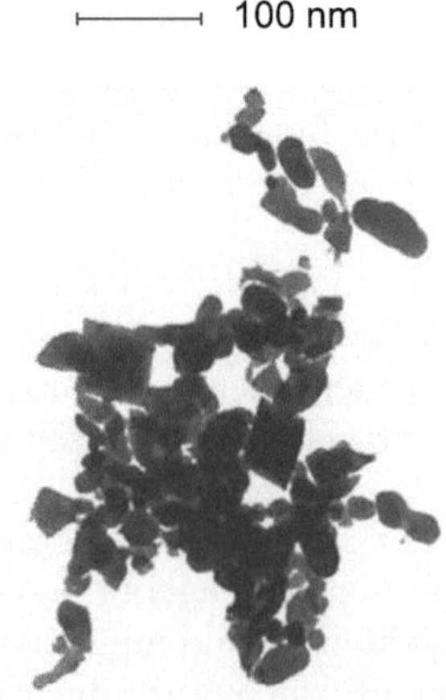

Fig. 18.34. Nanoparticelle di ferro zerovalente (immagine al microscopio elettronico)

valente (c_{Fe}), la cinetica globale di degradazione aumenti linearmente con il crescere della superficie specifica, rendendo quindi il ferro micro e nanoscopico più reattivo di quello millimetrico.

A causa della tendenza ad aggregare ed a sedimentare [100], le particelle devono, tuttavia, essere stabilizzate ad esempio ricorrendo all'uso di biopolimeri. Tali composti naturali conferiscono alle sospensioni di ferro un comportamento reologico non newtoniano di tipo pseudo plastico [24] che permette la stabilizzazione delle particelle di ferro in condizioni statiche e minimizza le pressioni di iniezione nell'acquifero. Le tecniche più idonee per l'iniezione di tale fluidi nel sottosuolo consistono nell'abbinare sistemi di pompaggio ad elevata pressione (fino a 100 bar) alla realizzazione di postazioni fisse di iniezione multipla (PIM) dotate di valvole selettive a differenti profondità, o di postazioni spot mediante l'utilizzo di sistemi ad infissione diretta. Nella maggior parte dei casi è sconsigliata l'iniezione diretta all'interno di piezometri tradizionali. La mobilità delle particelle nel sottosuolo può essere prevista con l'ausilio di modelli matematici di trasporto colloidale [31, 102] che sono anche di ausilio al dimensionamento dell'intervento ed alla stima del raggio di influenza (ROI).

18.5.6 La barriera reattiva permeabile di Avigliana

Di seguito viene descritta in dettaglio la procedura seguita per il dimensionamento e per la realizzazione della prima barriera reattiva permeabile a ferro zero-valente realizzata in Italia ad Avigliana, in Provincia di Torino, nell'ottobre del 2004 [42].

L'area oggetto di intervento è situata in una porzione di territorio ubicata nei pressi del fiume Dora Riparia. Il sito è stato utilizzato in passato per lo smaltimento e lo stoccaggio di materiali provenienti da attività di lavorazione meccanica e di fonderia (Fig. 18.35).

Lo spessore saturo dell'acquifero superficiale oscilla, nell'area in esame, tra circa 11 e 9 m, e mostra una riduzione progressiva in direzione del corso della Dora Riparia, che costituisce l'asse drenante dell'acquifero superficiale. La direzione di deflusso della falda è SW–NE con gradiente idraulico medio pari a ca. 1.1%. La conducibilità idraulica media, derivata da prove di falda a portata costante, prove Lefranc e *slug test*, è pari a $1.8 \cdot 10^{-4}$ m/s.

La caratterizzazione dell'inquinamento a carico delle diverse matrici ambientali è stata condotta mediante l'ausilio di strumentazione ad infissione diretta, campionando suolo, gas interstiziali ed acque di falda (anche lungo la verticale) in corrispondenza di 73 punti. Sono stati, inoltre, analizzati campioni di acqua di falda prelevati in corrispondenza della rete fissa di monitoraggio costituita da 28 piezometri, di cui 4 multilivello.

I risultati analitici hanno evidenziato, in falda, la presenza di due plume contaminanti caratterizzati dalla presenza di solventi clorurati in concentrazioni superiori a quelle limite stabilite dal D.M. 471/99 (Fig. 18.36). I contaminanti che risultano essere presenti in concentrazioni più elevate sono

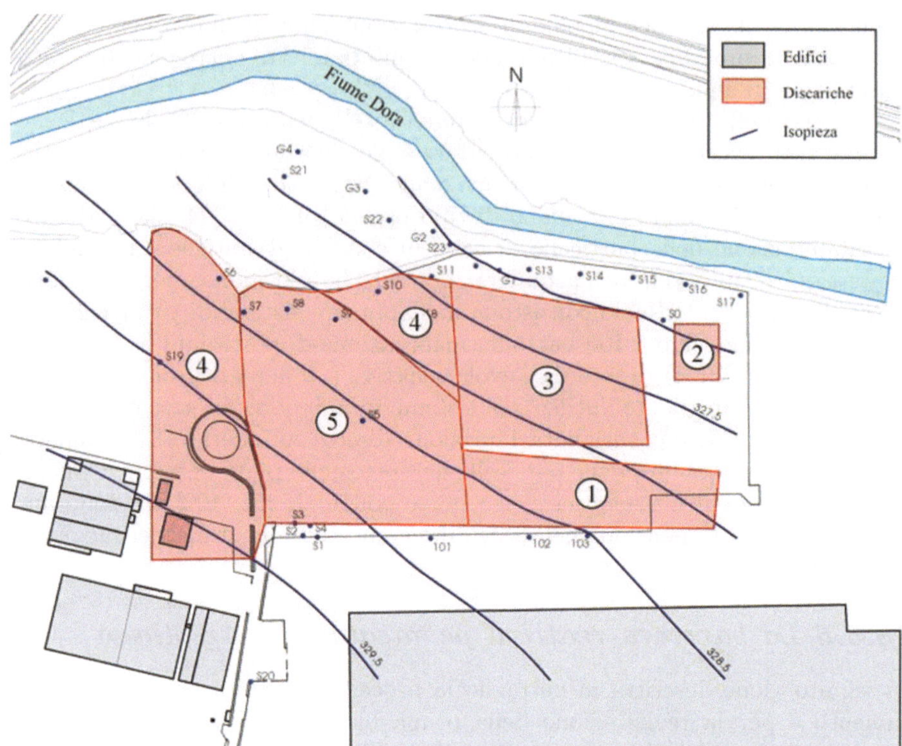

Fig. 18.35. Planimetria del sito e piezometria media dell'acquifero superficiale

il percloroetilene, il tricloroetilene ed i loro sottoprodotti di biodegradazione (area 1, TCE: 130 μg/l, cDCE: 130 μg/l; area 2, PCE: 56 μg/l, TCE: 36 μg/l).

L'intervento approvato è finalizzato alla bonifica con misure di sicurezza dell'inquinamento da solventi clorurati nell'area 1, mediante la realizzazione di una barriera reattiva permeabile a ferro zero-valente, ed alla messa in sicurezza permanente dell'inquinamento da solventi clorurati nell'area 2 mediante la realizzazione di una barriera di superficie.

Gli obiettivi consistono nel raggiungimento di una concentrazione a valle della barriera pari 30 μg/l come sommatoria dei solventi clorurati cancerogeni; l'accettabilità di tale soglia è stata verificata mediante un'analisi di rischio sito-specifica di terzo livello.

18.5.6.1 Dimensionamento della barriera

Il dimensionamento della barriera reattiva permeabile ha richiesto la definizione della configurazione, dell'ubicazione e dell'orientamento, la determinazione della geometria (altezza, lunghezza, spessore), la verifica dell'area di cattura

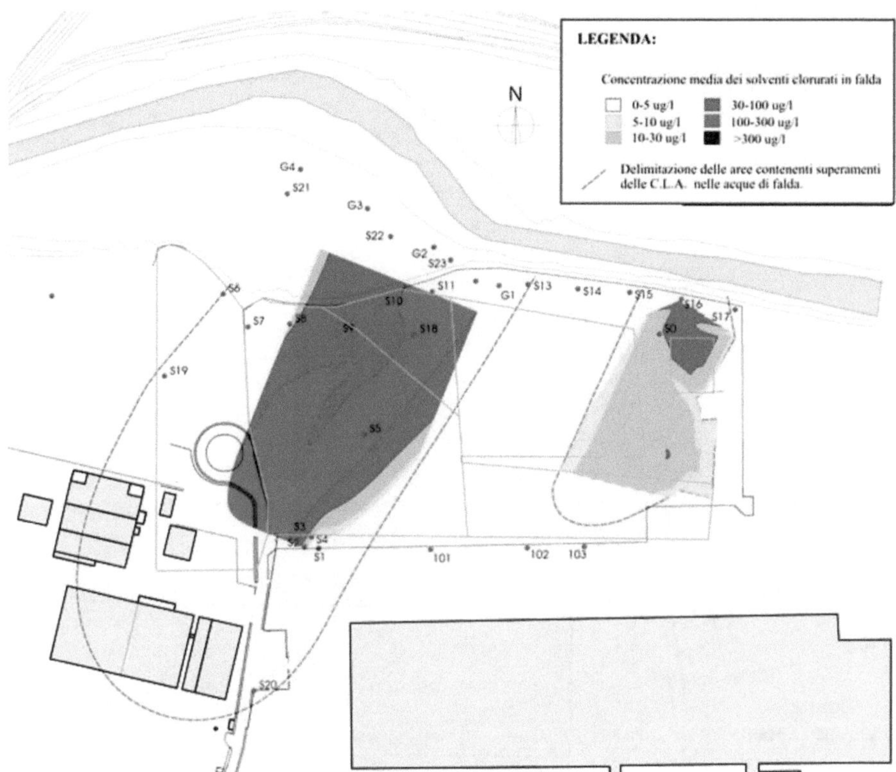

Fig. 18.36. Delimitazione delle aree contaminate da solventi clorurati ai sensi del D.M. 471/99

ed il calcolo della quantità di ferro zero-valente necessario al trattamento dei contaminanti [41].

Tra le differenti configurazioni possibili, si è ritenuto opportuno ricorrere a una barriera a trincea continua. Tale configurazione garantisce un'interferenza trascurabile sul deflusso naturale della falda e permette di limitare i costi di installazione.

Sulla base della caratterizzazione geochimica, delle simulazioni numeriche di flusso (Fig. 18.37), e degli obiettivi dell'intervento, l'estensione longitudinale della barriera è stata determinata pari a 120 m, la profondità dello scavo tale da penetrare per almeno 60 cm nella formazione limoso-argillosa che costituisce il bottom dell'acquifero e si rinviene ad una profondità di circa 14 m dal piano campagna. Ne consegue un altezza del tratto reattivo della barriera compreso tra 9.16 e 11.16 m.

L'ubicazione della barriera è stata individuata (Fig. 18.37) in modo tale che essa sia disposta:

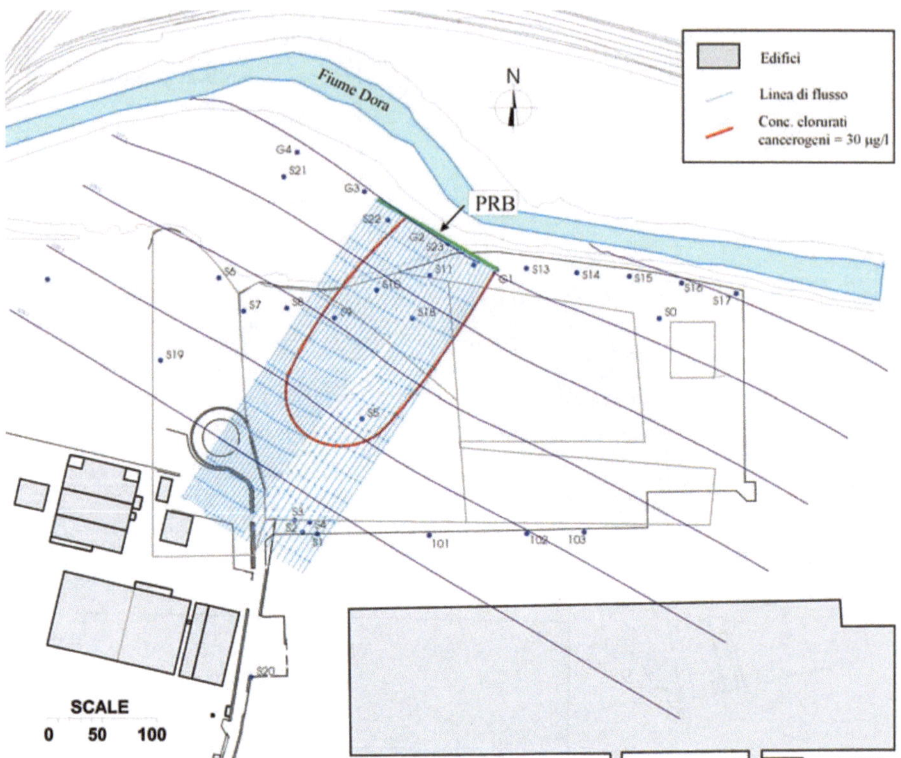

Fig. 18.37. Ricostruzione dell'area di cattura della barriera mediante modello numerico di flusso

- in direzione ortogonale alle linee di flusso, in modo da minimizzarne la lunghezza;
- in una posizione la più a valle possibile, nel senso del deflusso idrico sotterraneo, in modo da garantire l'intercettazione di tutte le sorgenti contaminanti;
- in una posizione tale da non dover intaccare, con lo scavo, l'impermeabilizzazione delle discariche limitrofe.

Il dimensionamento dello spessore della barriera è stato impostato a valle di una prova di degradazione in colonna.

La colonna utilizzata è stata costruita in *plexiglass*, con una lunghezza pari a 100 cm, un diametro interno di 5 cm e quattro porte di campionamento. La colonna è stata riempita con 5846 g di ferro (Gotthart Maier Metallpulver) caratterizzato da una distribuzione granulometrica compresa tra 0.5 mm e 3 mm.

La prova è stata condotta dopo aver campionato l'acqua di falda nel sito in corrispondenza di un piezometro posto in prossimità della traccia della

Tabella 18.8. Tempi di dimezzamento prima e dopo la correzione per tener conto dell'influenza della temperatura

	$t_{1/2}$ *non corretto* h	$t_{1/2}$ *corretto (x3)* h
TCE	0.74	2.2
cDCE	8.4	25.2
1,1-DCE	1.5	4.5
1,2-DCP	20.5	61.5
VC	8.2	24.6

barriera a progetto. L'acqua prelevata è stata ulteriormente contaminata in laboratorio, in modo da presentare concentrazioni sufficientemente elevate da poter essere monitorate e quindi fatta passare attraverso la colonna. La prova è stata protratta nel tempo per 60 giorni, al fine di raggiungere uno stato che si avvicinasse a quello stazionario.

Le cinetiche di degradazione e le emivite sono state calcolate utilizzando un fitting non lineare sui dati sperimentali (Tabella 18.8). Le emivite, sono state corrette per tenere conto della differente temperatura tre le condizioni di campo (10.8°C) e di laboratorio (22°C) applicando un fattore moltiplicativo pari a 3.

La determinazione dello spessore della barriera è stata effettuata utilizzando un modello con cinetica di degradazione del primo ordine in condizioni stazionarie. Le concentrazioni in ingresso alla barriera, utilizzate per il dimensionamento, sono state calcolate come massimo storico della media tra le concentrazioni riscontrate nei due piezometri più contaminati.

Un tempo di permanenza pari a 28 h permette di raggiungere una sommatoria delle concentrazioni dei composti alifatici clorurati cancerogeni pari a 12,8 μg/l, valore ben al di sotto dei 30 μg/l posti come obiettivo. Ciò corrisponde all'assunzione progettuale di un ulteriore fattore di sicurezza superiore a 2, che tenga conto delle incertezze sui valori di conducibilità idraulica, porosità efficace, concentrazione, ecc.

Il calcolo dello spessore del ferro zero-valente è condotto sulla base delle caratteristiche di progetto del ferro e delle caratteristiche idrogeologiche ricavate dalla prove condotte sul sito fornendo un valore pari a 0.5 m. Considerando che lo spessore minimo degli utensili di scavo è pari a 0.6 m, è stato necessario compensare tale differenza addizionando al ferro il 17% in volume di sabbia.

18.5.6.2 Costruzione della barriera

Lo scavo della barriera reattiva permeabile a trincea continua è stato realizzato mediante un escavatore dotato di benna idraulica (Fig. 18.38), utilizzando un fango a biopolimeri per assicurare la stabilità delle pareti fino al riempimento con il ferro zerovalente [42].

Fig. 18.38. Gru dotata di benna idraulica utilizzata per lo scavo della barriera

La barriera reattiva è caratterizzata da una lunghezza di 120.37 m suddivisa in 17 pannelli aventi una lunghezza media di 7 m, uno spessore pari a 60 cm ed una profondità variabile tra gli 11.90 ed i 13.80 m. La costruzione della barriera è stata effettuata per pannelli per evitare che tempi di scavo troppo lunghi potessero compromettere la stabilità del fango. Le fasi di lavorazione hanno previsto pertanto (Fig. 18.39):

- l'apertura di una porzione di scavo di lunghezza pari a quella di un pannello;
- il posizionamento di un tubo separatore provvisorio (t.s.p. 15) in acciaio, con funzione di "tappo" per evitare l'intercomunicazione tra un pannello e quello adiacente;
- il posizionamento di un tubazione in PVC microfessurato per il ricircolo degli enzimi (t.r.e);
- lo spiazzamento del fango all'interno della trincea mediante la miscela reattiva ferro-sabbia;
- la rottura del fango biopolimerico mediante iniezione di enzimi;
- il riempimento della porzione sommitale della barriera mediante sabbia e la chiusura dello scavo mediante tre strati di argilla compattati dello spessore di 20 cm ciascuno.

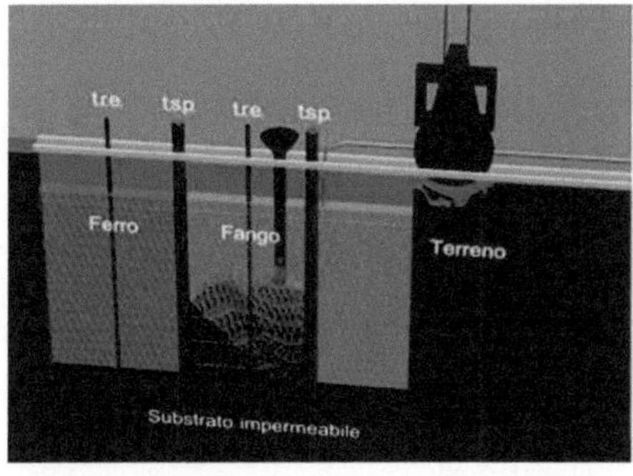
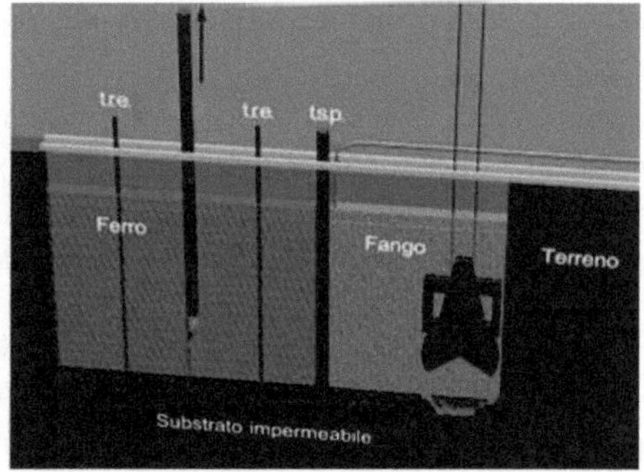

Fig. 18.39. Sequenza costruttiva dei pannelli della barriera reattiva permeabile a ferro zerovalente

Il ferro zerovalente utilizzato per il riempimento della barriera è stato fornito dalla ditta tedesca Gotthart Maier Metallpulver GmbH in quantità pari a 1700 t.

18.5.6.3 Valutazione economica e monitoraggio

Il costo dell'installazione della barriera è pari a 1.400.800 euro cifra che comprende:

- i costi per l'acquisizione dei dati di progettazione, che comprendono il rilievo plano-altimetrico dell'area, una caratterizzazione litostratigrafica ed idrogeologica, la determinazione delle cinetiche di degradazione mediante prova in colonna, uno studio modellistico di flusso;
- i costi per la realizzazione della barriera che comprendono la fornitura del ferro zero-valente, dei polimeri biodegradabili, degli enzimi, le opere di scavo della barriera, la preparazione del cantiere e la produzione dei fanghi, le royalties al brevetto EnvironMetal Process (E.T.I.);
- i costi per il monitoraggio post-operam comprendenti l'attrezzatura degli ulteriori piezometri di monitoraggio e delle analisi per la certificazione dell'avvenuta bonifica con misure di sicurezza.

Il costo unitario di trattamento, stimato in 0.62 Euro per metro cubo di acqua trattata (nell'ipotesi di una longevità della barriera di 30 anni) è inferiore ai valori unitari relativi ad altre tecnologie potenzialmente impiegabili nel sito in esame.

La fase di monitoraggio ha dimostrato la piena funzionalità della barriera ed una capacità di degradazione anche superiore a quella stimata in laboratorio.

18.6 Lavaggio in situ (in situ flushing)

Il lavaggio in situ consiste nell'iniezione o nell'infiltrazione di una soluzione acquosa in un terreno o in un acquifero contaminato, seguita da una estrazione a valle dell'acqua di falda e dell'eluato che vengono, in seguito, depurati e scaricati (in acque superficiali o in fognatura) o eventualmente ricircolati, vedasi Fig. 18.40.

L'introduzione della soluzione di lavaggio può avvenire per gravità, tramite trincee, gallerie filtranti o irrigazione superficiale, o con sistemi a pressione, quali pozzi verticali od orizzontali di iniezione.

Il liquido estraente è generalmente costituito da acqua, in alcuni casi si ricorre all'addizione di tensioattivi, alcol, acidi, basi, ossidanti, chelanti o solventi per aumentare la mobilità o la solubilità dei contaminanti.

L'acqua viene utilizzata ancora diffusamente come estraente; la sua azione solvente può essere tuttavia sfruttata solo nei confronti di un ristretto numero di contaminanti, come il cromo esavalente, i cloruri, i solfati ed i tempi di lavaggio richiesti sono spesso eccessivamente lunghi.

L'utilizzo di soluzioni acide di acido cloridrico, solforico e nitrico consentono invece di mobilizzare i metalli grazie alla risolubilizzazione dei precipitati ed alla limitazione del fenomeno di adsorbimento. L'utilizzo di acidi organici può essere interessante in virtù della buona biodegradabilità. Sempre per la rimozione dei metalli, è possibile utilizzare soluzioni contenenti agenti chelanti (acido citrico, gluconato, glicina, EDTA).

L'utilizzo di acqua addizionata a tensioattivi si presta, invece, ad essere utilizzata nel caso di contaminazioni da idrocarburi. La molecola di tensioattivo

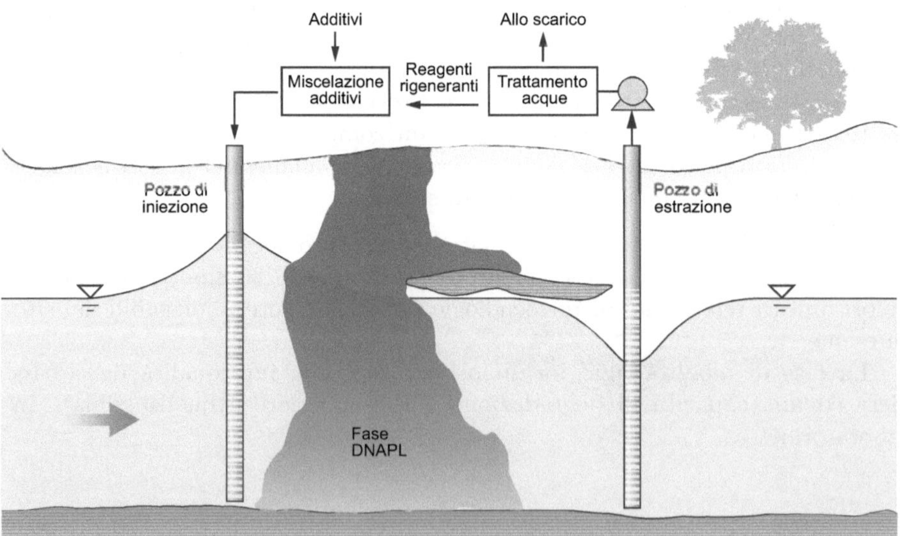

Fig. 18.40. Lavaggio in situ mediante iniezione ed estrazione per mezzo di pozzi

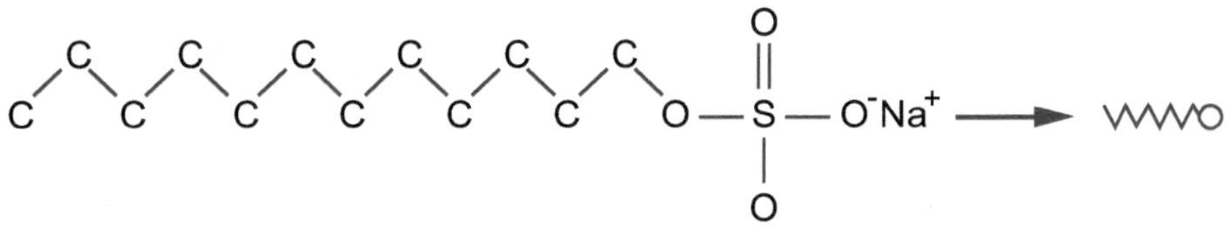

Fig. 18.41. Monomero di tensioattivo

(*surfactant*) è composta da un gruppo idrofilo, detto testa, e da uno idrofobo, detto coda, costituito da una lunga catena idrocarburica, vedasi Fig. 18.41.

Per le loro particolari caratteristiche, i tensioattivi, si dispongono all'interfaccia acqua-NAPL con la testa idrofila rivolta all'interno dell'acqua e la coda idrofoba immersa nella fase idrocarburica. L'azione dei tensioattivi si esplica riducendo le tensioni superficiali all'interfaccia fra le due fasi liquide non miscibili.

Dopo la separazione del contaminante, l'effetto emulsionante del tensioattivo stabilizza la goccia e previene la sua successiva adesione al terreno.

I tensioattivi vengono classificati in base alla loro carica in:

- *Tensioattivi anionici.* Disciogliendosi in acqua, liberano uno ione positivo caricandosi negativamente. Hanno una bassa tossicità e vengono generalmente utilizzati nelle bonifiche dei suoli contaminati.
- *Tensioattivi cationici.* Disciogliendosi in acqua, liberano uno ione negativo caricandosi positivamente. Sono generalmente tossici e quindi non utilizzati per operazioni di bonifica in campo ambientale; inoltre, vengono adsorbiti su superfici anioniche subendo un notevole ritardo nell'eliminazione.
- *Tensioattivi non ionici.* Sono caratterizzati da gruppi idrofili che non si ionizzano al contatto con l'acqua. Sono caratterizzati, generalmente, da una bassa tossicità e quindi ampiamente diffusi nelle operazioni di bonifica di inquinamenti. L'efficienza dei tensioattivi non ionici, a differenza di quelli anionici, risente poco della presenza di sali in soluzione acquosa.

Non appena un tensioattivo viene aggiunto ad una soluzione acquosa, questo tende ad accumularsi sulle interfacce fluido-fluido e fluido-solido, oltre a disperdersi sotto forma di monomeri all'interno di ciascuna fase. Aumentando la concentrazione del tensioattivo all'interno della fase acquosa, si assiste alla formazione delle cosiddette **micelle.**

La concentrazione alla quale comincia la formazione delle micelle è detta concentrazione micellare critica (CMC). Le micelle sono formate da un gran numero di monomeri di tensioattivo che si dispongono a gruppi, con la parte idrofila rivolta verso l'esterno e quella idrofoba verso l'interno, dove possono essere presenti delle molecole organiche. La formazione delle micelle determina un aumento della solubilità totale del contaminante nella fase acquosa. Qualsiasi aumento di concentrazione di tensioattivo al di sopra della CMC non

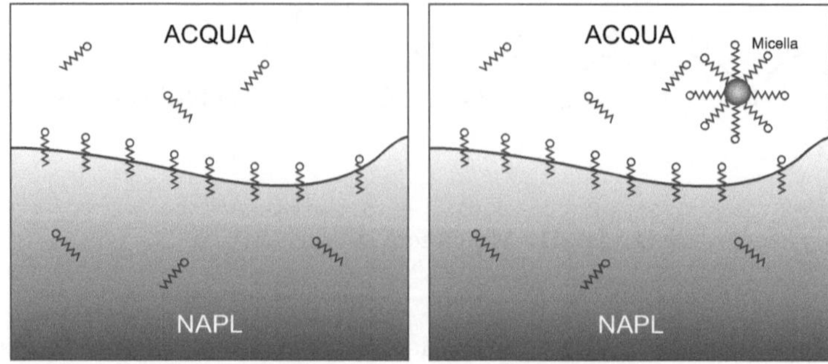

Fig. 18.42. Formazione micellare in seguito al raggiungimento della concentrazione micellare critica

aumenta il numero di monomeri presenti in soluzione acquosa, ma contribuisce alla formazione di ulteriori micelle (Fig. 18.42).

La concentrazione di tensioattivo necessario alla formazione delle micelle è generalmente bassa e dipende da fattori quali la tipologia di tensioattivo, la temperatura e la durezza dell'acqua.

Un parametro importante è l'HLB (hydrophile-lipophile balance), numero che indica la forza della porzione idrofila in relazione a quella idrofobica e può essere utilizzato per caratterizzare l'affinità del tensioattivo alla fase acquosa o a quella organica. Un elevato valore di HLB indica generalmente una buona solubilità in acqua del tensioattivo, un basso valore indica invece una scarsa solubilità nella fase acquosa ed una elevata affinità alla fase organica (ad es. NAPL). Un tensioattivo caratterizzato da HLB basso tende a ripartirsi soprattutto nella fase non acquosa e a formare delle micelle inverse, internamente idrofile ed esternamente lipofile. La presenza di micelle inverse è un fenomeno indesiderato e da evitare nel dosaggio del tensioattivo. Generalmente per ogni contaminante organico la solubilizzazione ottimale in fase acquosa si ottiene per mezzo di tensioattivi con valori specifici di HLB. Contaminanti più solubili generalmente richiedono un tensioattivo caratterizzato da un HLB più elevato.

L'aggiunta di un tensioattivo in una soluzione modifica una serie di proprietà. La tensione interfacciale tra aria ed acqua e tra NAPL ed acqua diminuiscono asintoticamente fino ad un minimo in corrispondenza del CMC.

Dosando in maniera ottimale la concentrazione di tensioattivo e di cosolventi in funzione della salinità e della temperatura, è possibile raggiungere valori estremamente bassi di tensione interfacciale. In generale la solubilizzazione di un tensioattivo abbassa la tensione interfacciale di un valore compreso tra $1 - 5 \cdot 10^{-3} N/m$. Anche se questa diminuzione non è sufficiente a creare una significativa mobilizzazione del NAPL in forma residuale, può essere sufficiente a mobilizzare verticalmente il NAPL in fase libera. In Fig. 18.43 viene evidenziato come per valori di concentrazione più elevati del CMC aumenti notevolmente la solubilità del composto organico all'interno della fase acquosa

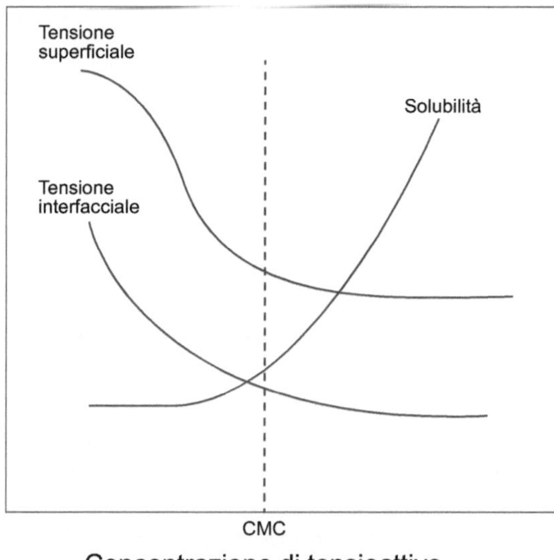

Fig. 18.43. Andamento qualitativo dei parametri in funzione della concentrazione di tensioattivo

e quindi anche la rimozione del contaminante presente alla saturazione residua. La solubilità è in effetti una solubilità "totale", perché rappresenta sia le molecole di contaminante presenti in acqua, che il contaminante intrappolato all'interno delle micelle.

Il trattamento dei terreni con tensioattivi richiede una attenta indagine preliminare per individuare quale sia quello più adeguato per la situazione in esame: l'industria chimica ha sviluppato per il trattamento dci suoli detergenti specifici, generalmente costituiti da una miscela di tensioattivi ionici e non ionici.

Il lavaggio in situ di un sito contaminato può essere effettuato anche con l'utilizzo di **alcol**. Gli alcol sono dei composti chimici miscibili sia nell'acqua che nel NAPL, che hanno la capacità di incrementare la solubilità della fase organica in acqua e di abbassare la tensione interfacciale acqua-NAPL. Questi possono essere utilizzati secondo due tecniche differenti:

- in soluzioni a bassa concentrazione (1–5%); in questo modo l'alcol aumenta la solubilità in acqua di molti contaminanti organici per il cosiddetto effetto cosolvente. Per raggiungere risultati significativi è necessario immettere grosse quantità di soluzione lavante attraverso la zona contaminata. La presenza dell'alcol in acqua ha inoltre la funzione di ridurre l'adsorbimento del contaminate sulla matrice solida dell'acquifero;
- in concentrazioni elevate; l'alcol si ripartisce tra la fase acquosa e il NAPL creando variazioni nella viscosità, densità, solubilità e tensione interfacciale del NAPL. Nel caso in cui il dosaggio sia sufficiente la tensione interfac-

ciale può essere ridotta a zero. In questo modo si genera un'unica fase fluida caratterizzata da una densità che dipende dalle proporzioni relative di acqua, alcol e NAPL.

La maggiore limitazione del lavaggio in situ è il rischio di una mobilizzazione incontrollata di contaminanti. Per tale motivo gli interventi di lavaggio sono spesso realizzati dopo aver predisposto un diaframma di contenimento a valle, ed anche in questo caso è difficile impedire eventuali estensioni della regione contaminata in senso verticale. La massima attenzione va anche posta nella valutazione preventiva delle reazioni possibili tra contaminanti diversi ed agenti estrattivi, al fine di evitare la formazione di vapori tossici o di composti ancora più dannosi di quelli originari.

La bonifica in situ con tensioattivi e/o cosolventi rimane ad oggi ancora poco testata sul campo: sono infatti circa 20 i casi concreti di studio documentati in letteratura. Del resto, nonostante l'efficienza di rimozione della fase NAPL sia alquanto elevata ($> 90\%$), i costi sostenuti nei casi pratici sino ad oggi realizzati risultano ancora superiori alle tecnologie più tradizionali di trattamento (60–200 € per tonnellata di terreno contaminato).

La carenza di dati ed informazioni, fanno si che rimanga ad oggi elevata l'incertezza legata alla scelta della miscela più efficace da iniettare in falda al variare dei contaminanti e del contesto idrogeologico, nonché i tempi richiesti ed i quantitativi di tensioattivi o cosolventi che possono disperdersi in falda a seguito dei processi di adsorbimento, vedasi Tabella 18.9.

Le considerazioni sopra esposte portano a concludere che il trattamento di lavaggio in situ si possa ad oggi proporre solamente nei casi in cui il rischio ecologico si presenti eccessivamente elevato con l'impiego di altre tecnologie o come soluzione di intervento da impiegarsi affiancata a metodologie più tradizionali di intervento.

18.7 Ossidazione in situ (In situ oxidation)

L'ossidazione in situ consiste nell'iniezione di composti fortemente ossidanti nel mezzo non saturo o direttamente nel sistema acquifero in modo da aggredire direttamente la sorgente di contaminazione. Si tratta di una tecnologia relativamente rapida, poco costosa, e la cui efficacia è dipendente dalle caratteristiche e dalle concentrazioni dei contaminanti. Alcune limitazioni derivano, tuttavia, dall'incertezza legata ad alcune reazioni intermedie di degradazione dei contaminanti ed ai prodotti finali di reazione dei quali è necessaria una valutazione della tossicità.

Per applicare con successo l'ossidazione chimica in situ, occorre selezionare il tipo di ossidante ed il meccanismo di distribuzione più appropriato in funzione del tipo di contaminante da degradare e delle condizioni del sottosuolo. Tra i contaminanti ossidabili per via chimica si ricordano i BTEX (benzene, toluene, etilbenzene, xilene), alcuni solventi clorurati quali PCE (tetracloroe-

Tabella 18.9. Tabella di screening per il lavaggio in situ

Fattori critici relativi al SITO	*Possibilità di successo*		
	Bassa	*Media*	*Alta*
Fase predominante della contaminazione	Vapore	Liquida	In soluzione
Conducibilità idraulica (m/s)	$< 10^{-7}$	$10^{-7} - 10^{-5}$	$> 10^{-5}$
Superficie specifica del terreno (m^2/kg)	> 1	0,1–1,0	$< 0,1$
TOC (%)	> 10	1–10	< 1
pH	Può interagire con gli additivi e va considerato nella scelta dei materiali		
Capacità di scambio cationico (CEC)	Alta	Media	Bassa
Contenuto di argilla	Può influenzare la mobilità di alcuni contaminanti e la circolazione della soluzione estraente.		
Fratture nella formazione geologica	Presenti	—	Assenti
Fattori critici relativi al contaminante	*Possibilità di successo*		
	Bassa	*Media*	*Alta*
Solubilità in acqua (mg/l)	< 100	100–1000	> 1000
Adsorbimento sul terreno (mg/kg)	> 10000	100–10000	< 100
Pressione di vapore (mmHg)	> 100	10–100	< 10
Viscosità (cPoise)	> 20	2–20	< 2
Densità (g/cm^3)	< 1	1–2	> 2
K_{ow}	—	—	10–1000

tilene), TCE (tricloroetilene), VC (cloruro di vinile), gli idrocarburi policiclici aromatici ed altre molecole organiche.

Gli agenti ossidanti più frequentemente utilizzati e disponibili in commercio, risultano essere:

- permanganato di potassio ($KMnO_4$);
- reagente di Fenton (H_2O_2+ ferro);
- ozono (O_3);
- persolfato di sodio ($Na_2S_2O_8$);

i potenziali di ossidazione delle specie reattive che si generano nel sistema acquifero sono riportati in Tabella 18.10, mentre i contaminanti trattabili in Tabella 18.11.

Il permanganato di potassio è in grado di ossidare direttamente il contaminante senza l'aggiunta di catalizzatori, è efficace in un ampio range di pH, ed è estremamente stabile. I prodotti di ossidazione sono formati generalmente da biossido di carbonio, ioni, ed ossido di manganese.

L'introduzione del permanganato in falda, apporta del manganese che può precipitare o formare biossido di manganese, minerale naturale presente nel terreno. Nel caso in cui la precipitazione del manganese sia eccessiva è possibile notare una riduzione della permeabilità del mezzo che potrebbe limitare

Tabella 18.10. Potenziali di ossidoriduzione delle principali specie ossidanti

Ossidante	Potenziale di ossidazione (V)
Radicale Ossidrile	2.80
Radicale Solfato	2.60
Ozono	2.07
Ione Persolfato	2.01
Perossido di Idrogeno	1.70
Ione Permanganato	1.68

Tabella 18.11. Contaminanti trattabili con i diversi ossidanti (per le sigle si veda Tabella 10.2)

Ossidante	Contaminanti degradabili	Contaminanti riluttanti	Contaminanti recalcitranti
Fenton	TCA, PCE, TCE, DCE, VC, BTEX, clorobenze, fenoli, MTBE, esplosivi	DCA, MC, IPA, CT, PCB	CF, pesticidi
Ozono	PCE, TCE, DCE, VC, BTEX, clorobenzene, fenoli, MTBE, esplosivi	DCA, MC, IPA	TCA, CT, CF, PCB, pesticidi
Permanganato	PCE, TCE, DCE, VC, TEX, IPA, fenoli, esplosivi	Pesticidi	Benzene, TCA, CT, CF, PCB
Persolfato attivato	PCE, TCE, DCE, VC, BTEX, clorobenzene, fenoli, MTBE	IPA, esplisivi, pesticidi	PCB

nel tempo la distribuzione dell'ossidante. Confrontato con altri ossidanti in uso, il potenziale di ossidoriduzione del permanganato non è elevatissimo e può, pertanto, richiedere lunghi tempi per la rimozione dell'inquinante.

Il permanganato di potassio è in genere disponibile in soluzioni acquose al 3–4%, mentre il permanganato di sodio è disponibile in soluzioni acquose al 40%. Tipiche concentrazioni di iniezione si aggirano intorno al 25% e dipendono dalla temperatura e dai solidi disciolti in acqua. La dose viene determinata attraverso test di laboratorio, prove pilota in situ, oltre che in funzione dell'idrogeologia del sito in esame.

Il reagente di Fenton, invece, è ottenuto dall'utilizzo contemporaneo di perossido di idrogeno e di ferro come catalizzatore. La presenza del catalizzatore di ferro facilita la formazione di radicali ossidrile che hanno un potenziale di ossidazione molto superiore al perossido di idrogeno. Il radicale ossidrile è un agente ossidante in grado di degradare in modo non selettivo le molecole di contaminante, ed in quanto a capacità ossidante è secondo solo al fluoro. L'efficacia di tale composto è legata anche alla generazione di alcuni composti riducenti che concorrono alla degradazione dei contaminanti.

Le soluzioni di Fenton che si trovano in commercio sono miscele in acqua di H_2O_2 (con concentrazioni del 5–35%); l'iniziale quantità di H_2O_2 e ioni di ferro è determinata dal livello di contaminazione, dal volume di terreno e acquifero da trattare, ed in particolare il rapporto stechiometrico tra H_2O_2 e Fe^{2+} viene individuato durante gli studi di laboratorio.

Talvolta occorre iniettare una quantità maggiore di soluzione ossidante per la presenza di eterogeneità che rendono difficile l'effettivo contatto con il contaminante e per una ritardata decomposizione dell'H_2O_2 in radicali ossidrili, che renderebbe minore il tempo di contatto tra reagente e contaminante.

Le soluzioni Fenton sono relativamente poco costose e molto aggressive, ma richiedono un pH acido (da 2 a 4). Per ovviare a tale limitazione alcuni prodotti commerciali utilizzano un chelante per mantenere il ferro in soluzione anche a pH prossimi alla neutralità.

Le prime applicazioni dell'ossidazione chimica in situ con utilizzo della chimica di Fenton prevedevano elevate concentrazioni di perossido di idrogeno in acqua (dal 35 al 50%), con lo scopo di generare calore per volatilizzare le concentrazioni residue del contaminate. L'inconveniente è che a tali concentrazioni la reazione può diventare incontrollata, provocando un innalzamento eccessivo della temperatura del sottosuolo con il rischio di possibili esplosioni. Si preferisce, pertanto, l'utilizzo di concentrazioni relativamente basse, comprese in un range 8–10%, che determinano incrementi di temperatura più contenuti.

L'ozono è caratterizzato da un elevata capacità ossidante e pertanto può essere convenientemente utilizzato nell'ossidazione chimica in situ. Esso viene iniettato tramite pozzi verticali o orizzontali e provoca l'ossidazione diretta dei contaminanti. Viene correntemente utilizzato per degradare contaminanti quali PAH, BTEX, VOC ed è in grado di ossidare contaminanti come il fenolo in forme meno tossiche. In particolare, essendo una molecola particolarmente instabile, risulta essere indicato per il trattamento di contaminanti, come gli idrocarburi derivati dal petrolio, per i quali l'incremento di ossigeno favorisce la degradazione aerobica.

L'ozono è un gas che viene generato in situ, a partire da ossigeno oppure aria atmosferica, tramite processi che coinvolgono fenomeni di tipo elettrico; le concentrazioni di ozono sono dell'ordine del 5% se generato da ossigeno e dell'1% nell'altro caso.

Il costo dell'ossidazione con ozono è piuttosto elevato, in quanto il sistema di generazione dell'ozono deve essere costruito direttamente nel sito in cui viene utilizzato.

La quantità e la concentrazione di soluzione ossidante da iniettare è funzione essenzialmente della quantità di contaminante, dell'idrogeologia del sito precedentemente caratterizzato e del particolare tipo di reagente impiegato. Inoltre, l'iniezione di un quantitativo eccessivo di soluzione reagente rischia di diffondere la contaminazione all'interno dell'acquifero.

La soluzione ossidante viene generalmente immessa in più punti, mediante pozzi appositamente costruiti con tecnologia tradizionale (simili ai pozzi di monitoraggio) o pozzi di piccolo diametro installati usando la tecnologia Geoprobe. È importante disporre i punti di iniezione in modo da creare un adeguata copertura della zona contaminata per far si che vi sia un contatto ottimale tra reagente e contaminante in tutta la zona da bonificare. Affinché il meccanismo di ossidazione sia efficace, è importante che si realizzi il contatto tra agente ossidante e contaminante. Per questo è indispensabile conoscere nel dettaglio il sottosuolo ed in particolare il grado di eterogeneità del sistema acquifero.

18.8 Biorisanamento in situ

Le tecnologie di biorisanamento in situ (*in situ bioremediation*) sono metodi basati sulla biodegradazione naturale dei contaminanti nel sottosuolo. L'obiettivo di questi interventi di bonifica è quello di controllare e stimolare l'attività microbica e creare condizioni ambientali ottimali per i processi di biodegradazione [90]. Sono necessari lo studio e la comprensione dei processi microbici responsabili della degradazione dei contaminanti e delle condizioni fisiche, chimiche e idrologiche del sito in esame.

La biodegradazione è definita come il processo biochimico, cioè mediato da microrganismi, per effetto del quale si ottiene una diminuzione della concentrazione di un contaminante. Gli inquinanti disciolti, attraverso una serie di reazioni di ossido-riduzione, vengono infine trasformati dai microrganismi in prodotti innocui, quali ad esempio anidride carbonica, acqua, cloro e metano. In alcuni casi, però, i prodotti intermedi possono essere più pericolosi dei composti di partenza; successivamente tali prodotti intermedi possono essere, a loro volta, degradati.

La biodegradazione viene condotta da consorzi microbici interagenti fra loro, in cui le singole specie si specializzano in processi elementari che, combinati, possono portare alla completa mineralizzazione del substrato organico. L'interazione dei microrganismi fra loro è frutto del loro adattamento alle condizioni chimiche e fisiche dell'ambiente in cui essi vivono. Per questo motivo, la biodegradazione compiuta da specie indigene già presenti nell'acquifero dà risultati di gran lunga superiori rispetto a quelli ottenibili introducendo artificialmente i microrganismi.

I principali vantaggi che caratterizzano le tecniche di "bioremediation" sono:

- eliminazione permanente degli inquinanti: i processi biologici sono in grado di distruggere la maggior parte dei contaminanti organici evitando, così, di realizzare soltanto un trasferimento di tali composti tra diverse matrici ambientali;
- possibile realizzazione direttamente sul sito dei sistemi necessari per il trattamento biologico;
- potenziale risparmio rispetto ad altre tecnologie;
- assenza dei rischi e dei costi connessi al trasporto di materiale contaminato;
- minimo disturbo al sito contaminato in cui tali tecniche vengono applicate;
- potenziale applicazione combinata dei metodi di "bioremediation" con altri tipi di tecnologie di bonifica;
- impatto positivo sull'opinione pubblica.

A fronte di questi vantaggi vi sono però anche potenziali svantaggi connessi ai metodi di biorisanamento:

- presenza di contaminanti per i quali non sono applicabili tecniche di "bioremediation";
- necessità di accurato monitoraggio;
- tossicità di alcuni prodotti di degradazione dei contaminanti originari;
- potenziale produzione di prodotti sconosciuti;
- percezione di una tecnologia non sufficientemente provata;
- necessità di una preparazione multidisciplinare.

18.8.1 Fattori che concorrono alla biodegradazione

Le tecniche di "bioremediation" sfruttano la capacità dei microrganismi di degradare i contaminanti.

Affinché i processi di degradazione biologica possano essere sfruttati per il biorisanamento di siti contaminati, devono essere presenti, contemporaneamente, alcuni fattori e condizioni ambientali adeguati come, di seguito illustrato.

18.8.1.1 Microrganismi

Innanzitutto devono essere presenti microrganismi capaci di produrre gli enzimi in grado di degradare un determinato composto organico.

In un sito contaminato non vi è un'unica specie responsabile della "bioremediation", ma è necessario l'intervento di una comunità di microrganismi. Mentre le singole specie agiscono in modo specifico su determinati composti, una comunità microbica risulta invece essere molto versatile ed in grado di degradare un'ampia varietà di contaminanti. Spesso, soprattutto per i contaminanti più complessi e refrattari alla biodegradazione, si instaurano delle catene alimentari microbiche in cui i diversi tipi di microrganismi sono in grado di realizzare solo un singolo passo del percorso di degradazione, ma il risultato finale, dovuto alle interazioni tra le diverse specie, è la mineralizzazione dei composti organici.

Tabella 18.12. Suddivisione dei microrganismi

Classificazione dei microrganismi	*Fonte di energia*	*Fonte di carbonio (substrato)*
Autotrofi		
fotoautrofi	Luce	CO_2
chemiolitotrofi	reazioni di ossido-riduzione di composti inorganici	CO_2
Eterotrofi	reazioni di ossido-riduzione di composti organici	carbonio organico

18.8.1.2 Fonte di carbonio ed energia

I microrganismi necessitano di un substrato per la crescita ed il mantenimento. In particolare ciò che spinge i microrganismi a degradare i composti organici è la necessità di ottenere energia. L'energia è ottenuta attraverso una complessa serie di reazioni di ossido-riduzione che costituiscono il metabolismo cellulare. La fonte di energia determina una importante suddivisione dei microrganismi (Tabella 18.12).

I microrganismi più importanti per la degradazione dei contaminanti organici sono quelli eterotrofi che utilizzano i composti organici come energia e come substrati.

18.8.1.3 Contaminanti

È di fondamentale importanza la valutazione delle proprietà dei contaminanti. Non tutti i composti organici risultano essere prontamente biodegradabili e, di conseguenza, un approccio basato sui meccanismi di degradazione biologica non è sempre corretto.

Vi sono composti recalcitranti (o refrattari) che sono resistenti alla degradazione biologica ed altre sostanze, composti persistenti, per le quali la degradazione microbica è talmente lenta da rendere inefficiente ed improponibile un trattamento di "bioremediation". La biodegradabilità dei composti organici è fortemente influenzata dalla loro struttura molecolare. In particolare, i composti recalcitranti o persistenti sono spesso caratterizzati da una o più delle seguenti proprietà:

- presenza di alogeni nella struttura molecolare;
- struttura molecolare altamente ramificata;
- bassa solubilità in acqua;
- struttura molecolare complessa e/o caratterizzata da un elevato grado di simmetria.

Oltre alle proprietà strutturali delle molecole è importante la concentrazione dei contaminanti organici. Un composto che è biodegradabile ad una de-

Tabella 18.13. Tipologie di metabolismo microbico e relativi accettori di elettroni

Tipo di Metabolismo	Accettore di elettroni	Resa energetica
Respirazione aerobica	O_2	Elevata
Respirazione anaerobica		
riduzione di nitrato	NO_3^-	
riduzione di manganese	Mn^{4+}	
riduzione di ferro	Fe^{3+}	
riduzione di solfato	SO_4^{2-}	
metanogenesi (riduzione di anidride carbonica)	CO_2	
Fermentazione	Composti organici	Bassa

terminata concentrazione può diventare persistente a concentrazioni più elevate, in tali condizioni la sostanza risulta tossica ed inibisce le attività dei microrganismi.

18.8.1.4 Accettori di elettroni

Nelle reazioni di ossido-riduzione alla base del metabolismo microbico è necessaria la presenza di un adeguato accettore di elettroni o TEAs ("terminal electron-acceptors"). I diversi accettori di elettroni forniscono differenti rese energetiche e determinano il tipo di metabolismo e, di conseguenza le reazioni di degradazione, vedasi Tabella 18.13. I principali accettori di elettroni sono: O_2, NO_3^-, Mn^{4+}, Fe^{3+}, SO_4^{2-}, CO_2 e composti organici.

La successione di zone redox in acquiferi contaminati da composti organici è stata documentata in numerosi studi [9, 18, 20, 74]. In Fig. 18.44 è riportata una tipica zonazione redox di un acquifero in seguito al rilascio di percolato da una discarica. Si può osservare come in prossimità della sorgente di contaminazione gli accettori di elettroni che garantiscono una resa energetica più elevata siano stati consumati e prevalga il processo di metanogenesi; allontanandosi dalla sorgente si assiste alla successione di zone redox progressivamente più favorevoli dal punto di vista termodinamico (solfato, ferro, manganese e nitrato riducente) sino a giungere alle condizioni ossiche naturali.

La Fig. 18.45 illustra i risultati di una simulazione 1D nella zonazione redox di un acquifero superficiale contaminato da materiale organico.

18.8.1.5 Nutrienti

L'energia sviluppata nelle reazioni di ossido-riduzione è, in parte, utilizzata dai microrganismi per la biosintesi di nuovo materiale cellulare. Per attuare la sintesi di nuove molecole i microrganismi necessitano non solo della presenza degli elementi che rappresentano i principali costituenti della struttura cellulare: C, O, N, H e P, ma anche di micronutrienti: S, K, Ca, Fe, Cu, Co, ecc.

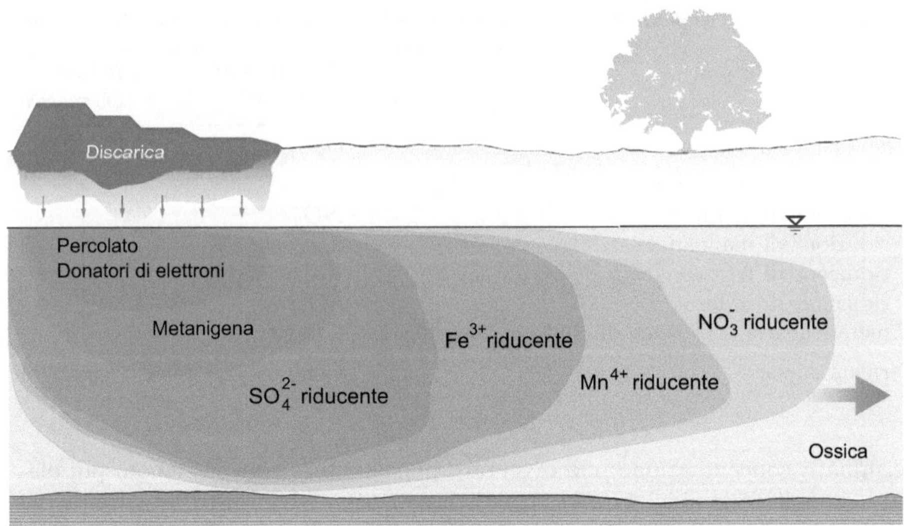

Fig. 18.44. Zonazione redox in un acquifero in seguito al rilascio di percolato da una discarica

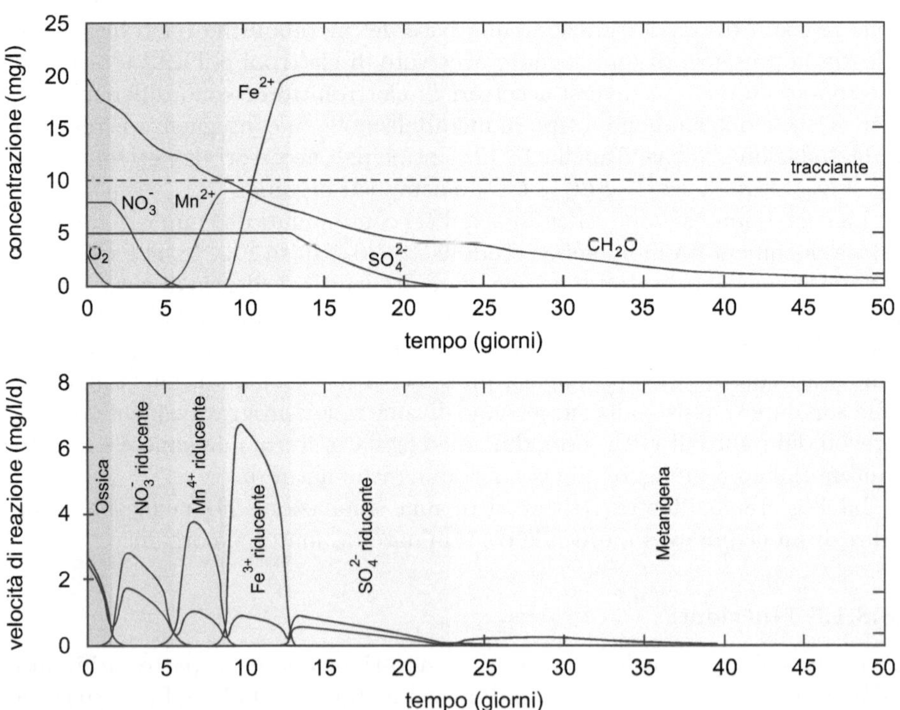

Fig. 18.45. Simulazione 1D della zonazione redox di un acquifero contaminato da materiale organico (modificata da [91])

Quando uno di questi elementi è presente in quantità inadeguata, la crescita microbica risulta limitata.

In un progetto di "bioremediation" occorre, di solito, considerare la disponibilità di carbonio, azoto e fosforo; infatti gli altri elementi sono presenti in concentrazioni adeguate nella maggior parte dei suoli e dei sistemi acquiferi.

18.8.1.6 Condizioni ambientali

Le condizioni ambientali devono essere tali da sostenere le attività microbiche. Affinché un progetto di "bioremediation" abbia successo è necessario controllare le condizioni ambientali ed in particolare i parametri: umidità, temperatura e pH.

L'umidità è un parametro molto importante non solo perché l'acqua è una componente fondamentale delle cellule ma anche perché essa influisce sulla disponibilità dei contaminanti, sul trasferimento delle fasi gassose e sul livello di effettiva tossicità dei contaminanti.

La temperatura influenza le velocità delle reazioni di degradazione ed è quindi un parametro da considerare quando si applica una metodologia di biorisanamento. Il pH influisce sulle attività cellulari dei microrganismi e sugli equilibri delle reazioni catalizzate di ossido-riduzione.

La maggior parte dei batteri presenta un'attività ottimale quando il pH è mantenuto nell'intorno della neutralità. Tuttavia la sopravvivenza di tali microrganismi si osserva in presenza di un ampio intervallo: da pH = 4 a pH = 10. I funghi, invece, richiedono un pH al di sotto della neutralità; le loro attività sono ottimali in ambienti debolmente acidi.

18.8.2 Biodegradazione di contaminanti organici

Come è stato ampiamente trattato, la contaminazione dei sistemi acquiferi da contaminanti organici è un problema ambientale estremamente diffuso.

I principali percorsi di biodegradazione dei contaminanti organici sono:

- respirazione (aerobica o anaerobica): il contaminante è utilizzato dalle specie microbiche come fonte di carbonio ed energia e viene ossidato attraverso reazioni redox;
- fermentazione: il composto organico che viene degradato ha sia il ruolo di donatore che di accettore di elettroni. I prodotti di tali reazioni (es: H_2, acido acetico, acido formico) sono poi utilizzati come substrati da altre specie microbiche;
- cometabolismo: il contaminante è degradato fortuitamente per opera di enzimi prodotti dai microrganismi presenti per compiere attività metaboliche diverse. I microrganismi non ricevono direttamente alcun beneficio da questo processo;
- alorespirazione: è una tipologia particolare di respirazione in cui il contaminante è utilizzato come accettore di elettroni e, di conseguenza, viene ridotto. Tale percorso di degradazione è molto importante per i composti alogenati.

Tra i composti che si ritrovano con maggior frequenza nelle acque sotterranee vi sono sicuramente gli idrocarburi alifatici alogenati e i prodotti petroliferi, in particolare la frazione più solubile, BTEX (Benzene, Toluene, Etilbenzene e Xilene).

In adeguate condizioni ambientali, sia gli idrocarburi alifatici alogenati che i BTEX sono suscettibili a reazioni di biodegradazione che avvengono secondo diversi percorsi metabolici.

18.8.3 Biodegradazione dei prodotti petroliferi

I microrganismi in grado di degradare i prodotti petroliferi, ed in particolare la frazione più solubile costituita da BTEX, sono ubiquitari nel suolo e nei sistemi acquiferi. Tali specie microbiche sono in grado di utilizzare le molecole di idrocarburo come fonte di carbonio ed energia: il contaminante organico viene ossidato e, parallelamente, si assiste alla riduzione di un accettore di elettroni.

In presenza di ossigeno si osserva il percorso di biodegradazione aerobica dei BTEX, secondo il quale i microrganismi utilizzano l'ossigeno come accettore di elettroni.

In condizioni anaerobiche, la degradazione dei BTEX avviene attraverso diversi percorsi di ossidazione anaerobica, in cui le specie microbiche utilizzano diversi composti (nitrati, ferro, solfati, ecc) come accettori di elettroni.

Nel seguito vengono riportate le reazioni di degradazione di un comune prodotto petrolifero, il benzene, in presenza di differenti accettori elettronici.

Condizioni aerobiche
Respirazione aerobica

$$7.5 O_2 + C_6 H_6 \rightarrow 6 CO_2 + 3 H_2 O$$

0.32 mg/l di benzene degradato per ogni mg/l di O_2 consumato.

Condizioni anaerobiche
Denitrificazione

$$6 NO_3^- + 6 H^+ + C_6 H_6 \rightarrow 6 CO_2 + 6 H_2 O + N_2$$

0.21 mg/l di benzene degradato per ogni mg/l di NO_3^- consumato.

Riduzione di ferro (III)

$$60 H^+ + 30 Fe(OH)_3 + C_6 H_6 \rightarrow 6 CO_2 + 30 Fe^{2+} + 78 H_2 O$$

0.045 mg/l di benzene degradato per ogni mg/l di Fe^{2+} prodotto.

Riduzione di solfato

$$7.5H^+ + 3.5SO_4^{2-} + C_6H_6 \rightarrow 6CO_2 + 3.75H_2S + 3H_2O$$

0.22 mg/l di benzene degradato per ogni mg/l di solfato consumato.

Metanogenesi

$$4.5H_2O + C_6H_6 \rightarrow 2.25CO_2 + 3.75CH_4$$

1.3 mg/l di benzene degradato per ogni mg/l di metano prodotto.

I microrganismi, per la degradazione dei contaminanti organici, utilizzano diversi accettori di elettroni in modo sequenziale in base alla loro resa energetica.

18.8.4 Biodegradazione dei solventi clorurati

I principali meccanismi microbici di degradazione dei CAHs possono essere classificati in:

- ossidazione aerobica diretta;
- ossidazione aerobica cometabolica;
- declorazione riduttiva anaerobica, RD;
- ossidazione anaerobica.

18.8.4.1 Ossidazione aerobica diretta

Nelle zone aerobiche del sottosuolo alcuni CAHs possono essere ossidati direttamente dai microrganismi che usano tali composti come donatori di elettroni e substrati per la crescita. Dalla degradazione dei contaminanti i batteri ricevono direttamente nutrimento ed energia per il mantenimento e per la crescita cellulare. Gli elettroni generati nella reazione di ossidazione (forniti dal CAH che viene ossidato) sono trasferiti all'ossigeno molecolare che è l'accettore di elettroni e viene ridotto a H_2O.

La reazione può essere riassunta come:

$$R - Cl + O_2 \quad \rightarrow \quad CO_2 + H_2O + HCl + energia.$$

Il processo di ossidazione aerobica diretta funziona soltanto per i CAHs meno clorurati (con uno o al massimo due atomi di cloro); pertanto, i composti che possono essere degradati con questo meccanismo sono: DCE, DCA, VC, CA, MC e CM. L'ossidazione aerobica diretta è un processo rapido che porta alla mineralizzazione del contaminante, cioè alla conversione del composto organico nei suoi componenti inorganici.

Molte specie batteriche sono in grado di attuare il processo di ossidazione aerobica. Tali batteri sono ritenuti essere ubiquitari; non si ricorre quindi a tecniche di "bioaugmentation" (inoculo di microrganismi dall'esterno) quando ci si basa sull'ossidazione aerobica diretta per la bonifica di un sito contaminato. L'attività dei microrganismi può essere però stimolata dall'aggiunta di ossigeno. La solubilità dell'ossigeno in acqua è limitata: all'equilibrio con aria, la concentrazione di ossigeno disciolto in acqua è pari a circa 10 mg/l. Di conseguenza le concentrazioni di contaminanti trattabili sono basse.

L'ossigeno è generalmente il fattore limitante per il trattamento *in situ* di acquiferi contaminati in condizioni aerobiche e può essere aggiunto sfruttando la capacità dell'ossigeno molecolare di essere trasportato in acqua, in forma disciolta oppure in aria.

18.8.4.2 Ossidazione aerobica cometabolica

Con il termine cometabolismo si intende la biotrasformazione di un composto organico attuata da microrganismi incapaci di utilizzare la molecola come fonte di carbonio e di energia.

I contaminanti degradati attraverso il processo di cometabolismo aerobico subiscono un'ossidazione fortuita ad opera di batteri che crescono aerobicamente utilizzando altri composti come substrati primari. Le reazioni cometaboliche avvengono grazie alla presenza di enzimi aspecifici, in grado di agire su più di un substrato.

Nel caso di contaminazione dovuta ai solventi clorurati, vi sono popolazioni batteriche capaci di operare l'ossidazione aerobica cometabolica dei CAHs utilizzando come substrati primari: metano, propano, etene, propene, toluene, fenolo, cresolo, ammoniaca, isoprene e isopropilbenzene. Crescendo su tali substrati i microrganismi producono degli enzimi tra i quali le ossigenasi, che sono in grado di attaccare fortuitamente le molecole di contaminante.

I solventi clorurati suscettibili di degradazione aerobica cometabolica sono: TCE, DCE, VC, TCA, DCA, CF e MC. Di notevole importanza è stata l'osservazione dell'efficacia del processo aerobico nella degradazione di DCE e VC [62]; infatti questi composti si trovano spesso nei siti contaminati da CAHs essendo i prodotti della trasformazione in ambiente anaerobico di PCE e TCE.

Non tutti i CAHs sono degradati attraverso il cometabolismo aerobico: le sostanze completamente clorurate quali il PCE e il CT risultano essere persistenti in condizioni aerobiche.

Alcuni studi hanno evidenziato la presenza di altri CAHs che sono difficilmente degradabili per mezzo del cometabolismo aerobico; si comportano in questo modo quei solventi clorurati che presentano una struttura molecolare caratterizzata da una distribuzione asimmetrica degli atomi di cloro. Un esempio è il composto 1,1-DCE che ha origine dalla deidroalogenazione abiotica di 1,1,1-TCA, contaminante molto comune tra i CAHs [43].

18.8.4.3 Declorazione anaerobica riduttiva

Molti composti alifatici alogenati sono trasformati in condizioni anaerobiche. In presenza di un consorzio di microrganismi tali composti possono essere mineralizzati. Il meccanismo dominante per la trasformazione dei solventi clorurati in ambiente anaerobico è la dealogenazione (o declorazione) riduttiva. Essa consiste nella sostituzione sequenziale di un atomo di cloro della molecola di CAH con un atomo di idrogeno.

Il meccanismo di RD ("Reductive Dechlorination") prevede l'utilizzo della molecola di CAH come accettore di elettroni; questa molecola viene così ridotta per mezzo degli elettroni messi a disposizione dalla reazione di ossidazione di un substrato primario, che si comporta come donatore di elettroni. Il substrato primario può essere un composto organico semplice oppure idrogeno molecolare.

Il processo di RD ha successo per la maggior parte degli idrocarburi alifatici alogenati convertendo i composti più clorurati in composti progressivamente meno sostituiti. La RD risulta efficace, generalmente, nella riduzione di eteni clorurati o etani clorurati a etene o etano attraverso una serie di reazioni sequenziali.

La RD può avvenire sia in modo diretto che per via cometabolica:

- *Meccanismo Diretto.* I microrganismi utilizzano il composto clorurato come accettore di elettroni e per mezzo di questa reazione riescono ad ottenere un guadagno energetico. Il donatore di elettroni nella reazione redox che porta alla dealogenazione del solvente clorurato è in genere l'idrogeno molecolare che spesso viene fornito indirettamente dalla fermentazione di un substrato organico. Con questo meccanismo i batteri utilizzano i solventi clorurati come accettori di elettroni, per respirare ed è per questo motivo che il processo viene anche indicato con il termine di dealorespirazione.

  Solo alcune specie di batteri ("dehalorespiring bacteria") sono in grado di attuare il processo di dealorespirazione che comporta la completa riduzione di PCE e TCE a etene.

  Questi microrganismi sono presenti in molti ambienti naturali e siti contaminati, ma non sono ubiquitari.

  Solo pochi anni fa, alcuni ricercatori [77] sono riusciti ad isolare un batterio (ceppo 195, denominato *Dehalococcoides ethenogens*) in grado di rimuovere tutti gli atomi di cloro dalle molecole di PCE e TCE attraverso il processo di dealorespirazione dando così origine a etene, un prodotto finale innocuo.

- *Cometabolismo.* In questo processo di cometabolismo anaerobico gli enzimi, che intervengono in una reazione di riduzione che avviene utilizzando altri accettori di elettroni quali solfati e anidride carbonica, possono attaccare fortuitamente e dealogenare il solvente clorurato.

La reazione di RD cometabolica è effettuata da molte specie di batteri metanogeni e riduttori di solfato. Tali microrganismi non sono in grado di ridurre completamente PCE e TCE a etene, ma la riduzione si interrompe a DCE.

L'esempio più importante di reazione di dealogenazione riduttiva è la degradazione sequenziale del PCE, a TCE, a DCE (in particolare si ha la formazione dell'isomero 1,2-cisDCE), a VC e infine ad ETH. La velocità delle trasformazioni intermedie nel processo di riduzione del PCE a etene non è la

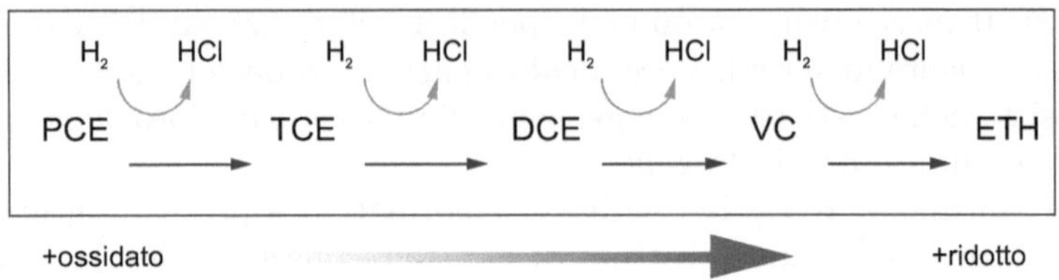

Fig. 18.46. Declorazione anaerobica riduttiva del PCE (modificata da [90])

stessa. Questo è dovuto al diverso grado di ossidazione delle molecole coinvolte nel processo (Fig. 18.46): PCE e TCE essendo altamente sostituite da atomi di cloro presentano uno stato di ossidazione del carbonio maggiore mentre per DCE, VC e ETH il grado di ossidazione è progressivamente minore.

I microrganismi hanno la capacità di selezionare la tipologia di reazione redox che garantisce loro la maggior resa energetica. Così la quantità di energia che un microrganismo riesce ad ottenere accoppiando una reazione di ossidazione con più reazioni di riduzione potenziali stabilisce quale sia l'accettore di elettroni privilegiato.

PCE e TCE sono degradati più velocemente infatti essendo più ossidati sono accettori di elettroni più forti, la reazione di riduzione PCE/TCE dà una resa energetica maggiore rispetto alle altre reazioni parziali. Quindi in assenza di ossigeno e nitrato, il PCE diventa l'accettore di elettroni privilegiato e la sua riduzione avviene rapidamente (Fig. 18.47). Diversa è invece la situazione per i composti meno clorurati: la loro riduzione fornisce una resa energetica sensibilmente minore e quindi si può verificare una competizione con altri accettori di elettroni (es: solfati). Il risultato del fenomeno di compe-

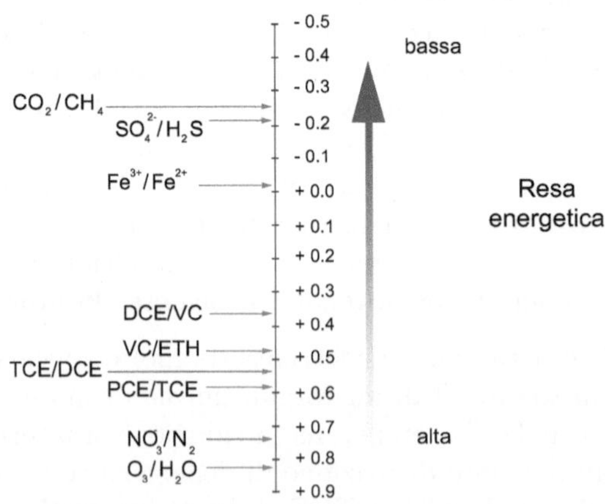

Fig. 18.47. Potenziali redox (in volt) associati alle reazioni di riduzione dei possibili accettori di elettroni (modificata da [90])

tizione tra diversi accettori di elettroni è il rallentamento o l'inibizione della dealogenazione riduttiva per i CAHs meno clorurati.

Molti studi hanno confermato che le velocità relative di degradazione degli eteni clorurati siano: PCE>TCE>VC>DCE.

La differenza nelle velocità di degradazione dei diversi CAHs può causare l'accumulo, riscontrato in alcuni siti, dei composti meno clorurati quali DCE e VC. Tale fenomeno è preoccupante soprattutto a causa della pericolosità del cloruro di vinile che risulta essere superiore a quella dei composti originari (PCE e TCE).

In molti siti contaminati, quali ad esempio le discariche per rifiuti urbani e molte discariche industriali, i composti clorurati sono solo una piccola porzione del carico totale di contaminanti. Gli altri composti organici possono fornire gli elettroni richiesti per la dealogenazione. Però anche in presenza di tali composti, che si comportano come donatori di elettroni, la riduzione di PCE e TCE risulta, di solito, incompleta e comporta l'accumulo di cis-DCE e VC. Questo è dovuto alla competizione che si instaura tra le specie microbiche che intervengono nel trasferimento di elettroni tra composti datori e composti accettori di elettroni.

18.8.4.4 Ossidazione anaerobica

Gli acquiferi contaminati sono in genere un ambiente anossico in cui la degradazione microbica è basata su processi che non richiedono la presenza di ossigeno. La dealogenazione anaerobica riduttiva, descritta nei paragrafi precedenti, rappresenta un percorso di biotrasformazione particolarmente efficace per i solventi clorurati altamente sostituiti come il PCE e il TCE.

Recenti ricerche indicano che alcuni CAHs meno clorurati possono essere rimossi attraverso il percorso di ossidazione anaerobica. Questo meccanismo prevede l'ossidazione dei composti clorurati in assenza di ossigeno. I CAHs sono utilizzati dai batteri come donatori di elettroni, come fonti di energia e di carbonio per la crescita ed il mantenimento cellulare.

18.8.5 Enhanced in situ bioremediation EISB

L'obiettivo delle tecniche di Enhanced in Situ Bioremediation (EISB) è quello di controllare e di stimolare l'attività microbica creando le condizioni ottimali affinché avvengano i processi di biodegradazione. L'accrescimento dell'attività dei microrganismi è ottenuto essenzialmente attraverso la distribuzione nel sottosuolo di:

- *Substrati* dei quali i microrganismi necessitano come fonte di carbonio ed energia (donatori di elettroni) a volte insufficienti a garantirne la crescita ed il mantenimento. A volte il contaminante stesso costituisce il substrato utilizzato dai microrganismi.

- *Microrganismi.* Particolari consorzi microbici possono essere inoculati o accresciuti, se presenti naturalmente in situ, al fine di accelerare i processi di rimozione dei contaminati.
- *Nutrienti.* Oltre alla presenza di micronutrienti, i batteri necessitano di opportune quantità di azoto e di fosforo.
- *Accettori elettronici.* Poiché i processi di degradazione per via aerobica sono solitamente i più rapidi, può essere utile reintegrare l'ossigeno ove questo sia carente. La distribuzione dell'ossigeno in falda può avvenire mediante impiego di:

  - "bio sparging": consiste nell'iniezione di aria al di sotto della tavola d'acqua permettendo di raggiungere solo in corrispondenza del punto di iniezione concentrazioni di ossigeno pari a 8–10 mg/l;
  - acqua con ossigeno puro disciolto. Con tale sistema, che è il più utilizzato, si possono raggiungere concentrazioni anche superiori alla saturazione (es. 40 mg/l);
  - acqua con perossido di idrogeno. Il perossido di idrogeno (H_2O_2) è un composto altamente solubile in acqua e si decompone fornendo acqua e ossigeno molecolare. In questo modo è possibile raggiungere elevate concentrazioni di ossigeno disciolto: ad esempio, una soluzione di 500 mg/l di perossido di idrogeno in acqua fornisce una concentrazione di ossigeno disciolto pari a 235 mg/l. I principali limiti di questo metodo sono l'elevato costo dell'H_2O_2 e la sua tossicità nei confronti di alcune specie microbiche;
  - sostanze a rilascio di ossigeno. Questi prodotti sono costituiti da una particolare formulazione di perossido di magnesio che, a contatto con l'acqua di falda è in grado di rilasciare ossigeno nel tempo.

La distribuzione nel sottosuolo di tali componenti può essere effettuata mediante le seguenti modalità:

- *Sistemi di iniezione ed estrazione.* Tale configurazione stabilisce un ricircolo dell'acqua di falda contaminata: essa viene estratta da una porzione di valle del "plume", rifornita delle sostanze necessarie a stimolare i processi biologici ed infine iniettata a monte. Si forma così una cella di ricircolo in cui è possibile un'efficace miscelazione delle sostanze addizionate all'interno del "plume" (Fig. 18.48–18.50).
  In questo modo viene creata una zona di trattamento attivo attraverso la quale viene fatta ricircolare più volte l'acqua di falda contaminata. Il sistema di ricircolo non è completamente chiuso: una porzione dell'acqua di falda a monte è in grado di entrare all'interno della cella di ricircolo, mentre parte dell'acqua contenuta nella zona di trattamento esce a valle della cella. La portata di acqua di falda, che entra ed esce dalla cella di ricircolo, dipende dalla portata di ricircolo, dal gradiente piezometrico, dalla conducibilità idraulica dell'acquifero e dall'angolo tra il sistema di iniezione ed estrazione e la direzione di flusso della falda.

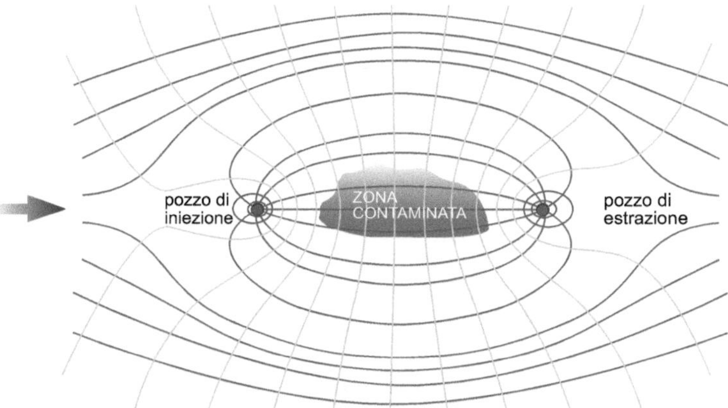

Fig. 18.48. Confinamento idraulico della zona contaminata

In molti casi risulta necessario creare celle di ricircolo multiple, disponendo una linea di pozzi di iniezione a monte, orientati perpendicolarmente alla direzione di flusso della falda, ed una corrispondente linea di pozzi di estrazione a valle, anch'essi orientati in direzione perpendicolare a quella di flusso. I sistemi di iniezione ed estrazione sono di solito realizzati utilizzando pozzi verticali; tuttavia risulta possibile realizzare tali sistemi anche facendo uso di trincee e pozzi orizzontali. Sistemi di ricircolo realizzati come celle chiuse o praticamente chiuse, sono ideali per il trattamento di porzioni di "plume" caratterizzate da elevate concentrazioni di contaminanti disciolti, oppure zone in cui è presente la sorgente di contaminazione.

- *Sistemi a sola iniezione.* Permettono di introdurre nell'acquifero substrati, nutrienti e/o accettori di elettroni disciolti in soluzione acquosa. Le variazioni indotte rispetto al flusso naturale dell'acqua di falda risultano, in genere, modeste. Tali sistemi sono utili per ridurre i livelli di contaminazione in acquiferi poco contaminati, oppure come intervento di polishing.

- *Sistemi di iniezione in fase gassosa.* Questi sistemi possono essere utilizzati per stimolare i processi di ossidazione aerobica diretta e di ossidazione aerobica cometabolica dei contaminanti. Risulta in tal modo possibile distribuire nell'acquifero ossigeno allo stato gassoso (sottoforma di aria oppure di O_2 puro) ed alcune sostanze (es: il metano) utilizzate come substrato primario nel processo di ossidazione aerobica cometabolica.

- *Sistemi passivi.* Non prevedono né ricircolo, né iniezione forzata. Le sostanze necessarie per accrescere e stimolare i processi microbici sono distribuite nell'acquifero contaminato per mezzo di pozzi passivi o di barriere reattive permeabili.

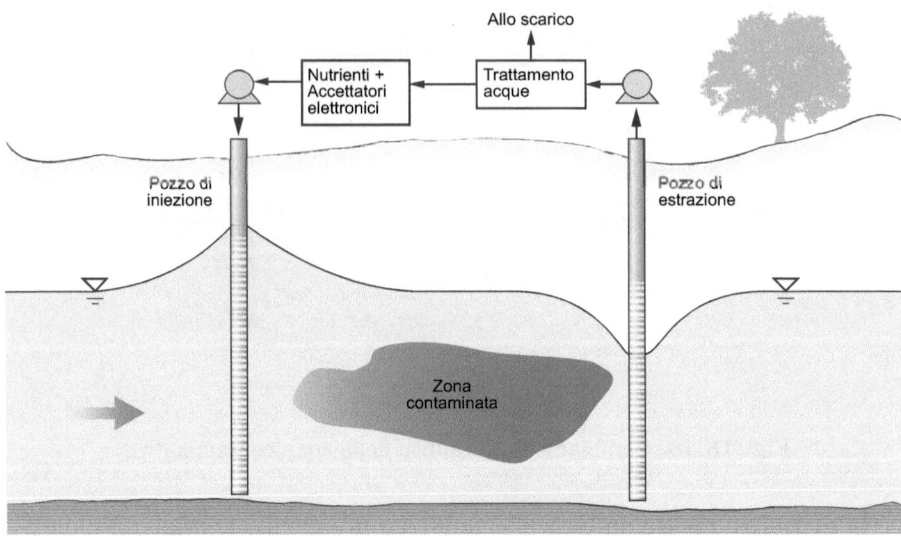

Fig. 18.49. Metodo di biorisanamento a iniezione ed estrazione

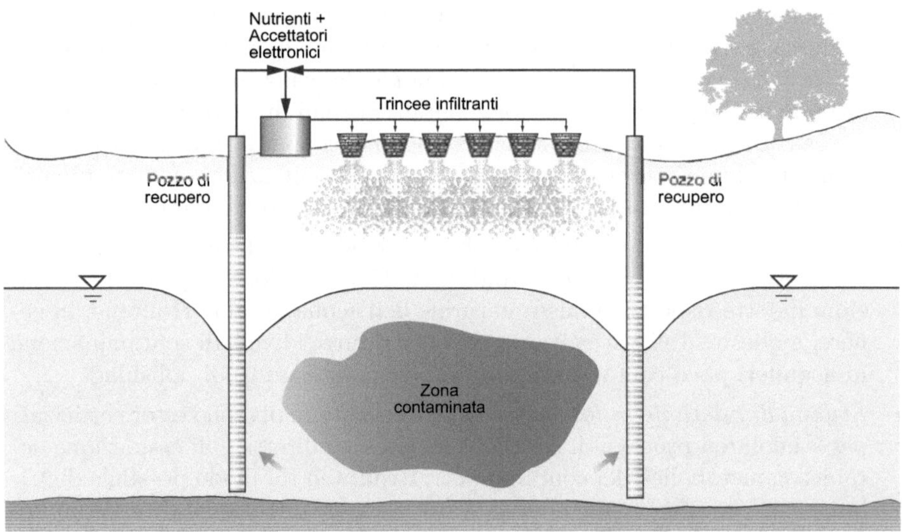

Fig. 18.50. Metodo di biorisanamento a trincee infiltranti

Bibliografia

[1] Albinet M., Margat J.: Cartographie de la vulnerabilitè à la pollution des nappes d'eaux souterraines. Bull BRGM (1970).

[2] Aller L., Bennett T., Lehr J.H., Petty R.: DRASTIC: a standardized system for evaluating groundwater pollution potential using hydrogeologic settings. US EPA, Robert S. Kerr: Environmental Research Laboratory, Ada, Oklahoma, EPA/600/2-85/0108 (1985).

[3] Andreottola G., Ferrarese E.: Application of advanced oxidation processes and electrooxidation for the remediation of river sediments contaminated by PAHs. Journal of Environmental Science and Health. Part A Toxic/Hazardous Substances and Environmental Engineering **43**(12), 1361–1372 (2008).

[4] APAT/ISPRA: Criteri metodologici per l'applicazione dell'analisi assoluta di rischio ai siti contaminati. Rev. 2, marzo 2008.

[5] Arya A.: Dispersion and reservoir heterogeneity. Ph.D. dissertation, University of Texas, Austin (1986).

[6] ASTM: Practice D5088-90 Standard practice for decontamination of field equipment used at nonradioactive waste sites (1990).

[7] ASTM: E-1739 Emergency standard guide for Risk Based Corrective Action applied at petroleum release sites. American Society for Testing and Materials, West Conshohocken, PA 19428 (1995).

[8] ASTM: PS.104 Standard provisional guide for Risk-Based Corrective Action. American Society for Testing and Materials, West Conshohocken, PA 19428 (1998).

[9] Baedecker et al.: Hydrogeological processes and chemical reactions at a landfill. Ground Water **17**, 429–437 (1979).

[10] Baetslé L.H.: Migration of Radionuclides in Porous Media. Progress in Nuclear Energy. Pergamon Press, Elmsford, New York (1969).

[11] Batu V.: Aquifer Hydraulics: A Comprehensive Guide to Hydrogeologic Data Analysis. John Wiley, New York (1998).

[12] Bear J., Jacobs M.: On the movement of water injected into aquifers. Journal of Hydrology, 37–57 (1965).

[13] Bear J.: Dynamics of Fluids in Porous Media. Elsevier, New York (1972).

[14] Bouwer H., Rice R.C.: A slug test method for determining hydraulic conductivity of unconfined aquifers with completely or partially penetrating wells. Water Resources Research **12**(3), 423–428 (1976).

[15] Bouwer H.: The Bouwer and Rice slug test. An update. Ground Water **27**(3), 304–309 (1989).

[16] Brons F., Marting V.E.: The effect of restricted fluid entry on well productivity. Journal of Petroleum Technology **13**(2), 172–174 (1961).

[17] Butler J.J. Jr.: The Design, Performance, and Analysis of Slug Tests. Lewis Publishers, New York (1998).

[18] Brun A. et al.: Modelling of transport and biogeochemical processes in pollution plumes: Vejen Landfill. Denmark. J. Contam. Hydrol. **256**, 228–247 (2002).

[19] Celico P.: Prospezioni idrogeologiche. Liguori, Napoli (1986).

[20] Chapelle F.H. et al.: Deducing the distribution of terminal electron-accepting processes in hydrologically diverse groundwater systems. Water Resour. Res. **31**, 359–371 (1995).

[21] Civita M.: Una metodologia per la definizione e il dimensionamento delle aree di salvaguardia delle opere di presa delle sorgenti normali. Bollettino dell'Associazione Mineraria Subalpina **25**(4), 423–440. (1988).

[22] Civita M.: Il programma, gli obiettivi e le realizzazioni della linea di ricerca 4 (valutazione della vulnerabilità degli acquiferi) del gruppo nazionale per la difesa dalle catastrofi idrogeologiche, del CNR, nel primo quinquennio di attività. Memorie della società geologica italiana **45**, 187–197 (1990).

[23] Civita M., De Maio M.: SINTACS: Un sistema parametrico per la valutazione e la cartografia delle vulnerabilità degli acquiferi all'inquinamento. Metodologia e automatizzazione. Pitagora, Bologna (1997).

[24] Comba S, Sethi R.: Stabilization of highly concentrated suspensions of iron nanoparticles using shear-thinning gels of xanthan gum. Water Research, DOI: 10.1016/j.watres.2009.05.046 (2009).

[25] Comitato Tecnico Discariche – CTD: Linee guida per le discariche controllate di rifiuti solidi urbani. CISA, Cagliari (1997).

[26] Connor J.A., Bowers R.L., Paquette S.M., Newell C.J.: Soil attenuation model (SAM) for derivation of risk-based soil remedaition standards. Groundwater Services Inc., Houston (1997).

[27] Connor J.A., Bowers R.L., Nevin J.P. Fisher R.T.: Guidance manual for Risk-Based Corrective Action Tool Kit for Chemical Releases. Groundwater service, Inc. 2211 Norfolk, Suite 1000, Houston (1998).

[28] Cooper H.H., Bredehoeft J.D., Papadopulos S.S.: Response of a finite-diameter well to an instantaneous charge of water. Water Resources Research **3**(1), 263–269 (1967).

[29] Cordero P.: Determinazione delle aree di salvaguardia di pozzi ad uso idropotabile mediante criterio cronologico. Politecnico di Torino per Regione Piemonte. Responsabili: Di Molfetta A., Sethi R. (2005).

[30] Custodio E., Llamas R.: Hidrología Subterránea. Ed. Omega, Torino (1983).

[31] Dalla Vecchia E., Luna M., Sethi R.: Transport in Porous Media of Highly Concentrated Iron Micro- and Nanoparticles in the Presence of Xanthan Gum. Environmental Science and Technology. DOI: 10.1021/es901897d (2009).

[32] De Fraja Frangipane E., Andreottola G., Tatàno F.: Terreni Contaminati. CIPA, Milano (1994).

[33] De Glee G.J.: Pver grondwaterstromingen bij wateronetrekking soor middel van putten. J. Waltman, Delft (1930).

[34] De Marchi G.: Idraulica. Hoepli, Milano (1977).

[35] Di Molfetta A., Bortolami G.: Valutazione delle aree di protezione di impianti idropotabili: aspetti tecnici e normativi. Bollettino dell'Associazione Mineraria Subalpina **4** (1989).

[36] Di Molfetta A.: Determinazione della trasmissività degli acquiferi mediante correlazione con la portata specifica. IGEA **1** (1992).

[37] Di Molfetta A.: Determinazione delle caratteristiche idrodinamiche degli acquiferi e produttive dei pozzi mediante prove di pompaggio. IGEA **4**, 13–30 (1995).

[38] Di Molfetta A., Gautero L.: Il monitoraggio delle acque sotterranee in siti pericolosi: impostazione metodologica, strumenti e costi. IGEA **9**, 37–46 (1997).

[39] Di Molfetta A., Aglietto I.: La procedura di analisi di rischio sanitario ambientale. IGEA **12**, 67–78 (1999).

[40] Di Molfetta A., Sethi R.: Caratterizzazione di acquiferi contaminati. Atti delle conferenze di geotecnica di Torino XVIII ciclo. Indagini in sito per la caratterizzazione meccanica ed ambientale del sottosuolo. Vol. 18.09, 1–62 (2001).

[41] Di Molfetta A., Sethi R.: Barriere reattive permeabili. In: Bonomo L. (ed.): Bonifica dei siti contaminati: caratterizzazione e tecnologie di risanamento. McGraw-Hill, Milano, 562–605 (2005).

[42] Di Molfetta A., Sethi R.: Clamshell excavation of a permeable reactive barrier. Environmental Geology (2006).

[43] Dolan M.E., McCarty P.L.: Methanotrophic Chloroethene Transformation Capacities and 1,1-Dichloroethene Transformation Product Toxicity. Environmental Science and Technology **29**(11), 2741–2747 (1995).

[44] Domenico P.A., Palciauskas V.V.: Alternative boundaries in solid waste management. Ground Water **20**, 303–311 (1982).

[45] Domenico P.A., Robbins G.A.: A new method of contaminant plume analysis. Ground Water **23**(4), 51–59 (1985).

[46] Domenico P.A.: An analytical model for multidimensional transport of a decaying contaminant species. J. Hydrology **91**, 49–58 (1987).

[47] Domenico P.A., Schwartz F.W.: Physical and Chemical Hydrogeology. Wiley & Sons, New York (1998).

[48] EPA: Risk assessment guidance for superfund. Vol. 1: Human Health Evaluation. Manual Office of Emergency and Remedial Response, Washington, DC (1989).

[49] EPA: Guidance for choosing a Sampling Design for Environmental Data Collection. EPA QA/G-5S (2000).

[50] Ferris J.G., Knowles D.B., Brown R.H., Stallman R.W.: Theory of aquifer tests. US Geolical Survey Water Supply Paper 153-E (1962).

[51] Fetter C.W.: Contaminant Hydrogeology. MacMillan Publ., New York, 1–458 (1992).

[52] Foster S.: Fundamental concepts in aquifer vulnerability, pollution risk and protection strategy. In: van Duijvanbooden W., van Waegeningh H.G. (eds.) Vulnerability of Soil and Groundwater to Pollution. Proceedings and Information No. 38 of the International Conference held in the Netherlands in 1987. TNO Committee on Hydrological Research (1987).

[53] Foster S., Hirata R., Gomes D., D'Elía M., Paris M.: Groundwater Quality Protection A guide for water utilities, municipal authorities and environment agencies. The World Bank, New York (2002).

[54] Gavaskar A.R.: Design and costruction techniques for permeable reactive barrier. Journal of Hazardous Materials **68**, 41–71 (1999).

[55] Genetier B.: La pratica delle prove di pompaggio in idrogeologia. Flaccovio, Palermo (1993).

[56] Giasi C.I., Masi P.: Considerazioni sulle modalità di campionamento nella caratterizzazione dei siti contaminati. Ranieri Editore, Milano (2001).

[57] Gibb J.P., Schuller R.M., Griffin R.A.: Procedures for the collection of representative Water quality data from monitoring wells. Cooperative Groundwater Report 7, Illinois state Water Survey, Illinois State Geological Survey (1981).

[58] Hampton D.R., Miller P.D.G.: Laboratory investigation of the relationship between actual and apparent product thickness in sand. In: NWWA Conf. on Hydrocarbons, vol. I., 157–181 (1988).

[59] Hantush M.S.: Aquifer tests on partially penetrating wells. J. Hyd. Div., Proc. of the Am. Soc. of Civil Eng. **87**, 171–194 (1961).

[60] Hantush M.S., Jacob C.E.: Non-steady radial flow in an infinite leaky aquifer. Am. Geophys. Union Trans. **36**(1), 95–100 (1955).

[61] Heath R.C.: Basic groundwater hydrology. U.S. Geological Survey Water Supply Paper 2220 (1983).

[62] Hopkins G.D., Semprini L., McCarty P.L.: Microcosm and In Situ Field Studies of Enhanced Biotransformation of Trichloroethylene by Phenol-Utilizing Microorganisms. Applied and Environmental Microbiology **59**, 2277–2285 (1993).

[63] Hvorslev M.J.: Time Lag and Soil Permeability in Ground-Water Observations. Bull. 36, Waterways Exper. Sta. Corps of Engrs, U.S. Army, Vicksburg, Mississippi, 1–50 (1951).

[64] Hyder Z., J.J. Butler Jr., McElwee C.D., Liu W.: Slug tests in partially penetrating wells. Water Resources Research **30**(11), 2945–2957 (1994).

[65] Idel'cik I.E.: Handbook of hydraulic resistance. Hemisphere Publishing Corporation, Washington (1986).

[66] Javandel I., Tsang C.F.: Capture-zone type curves: a tool for aquifer cleanup. Ground Water **24**(5), 616–625 (1986).

[67] Johnson A.I.: Specific yield – compilation of specific yields for various materials. U.S. Geological Survey Water Supply Paper 1662-D (1967).

[68] Johnson P.C., Ettinger R.A.: Heuristic model for predicting the intrusion rate of contaminant vapors into buildings. Environmental Science and Tehcnology **25**, 1445–1452 (1991).

[69] Kinzelbach W.: Groundwater Modelling. Elsevier, Amsterdam (1986).

[70] Kruseman G.P., de Ridder N.A.: Analysis and Evaluation of Pumping Test Data. Publication 47, Intern. Inst. for Land Reclamation and Improvement, Wageningen, Netherlands (1994).

[71] La Grega M.D., Buckingham P.L., Evans J.C.: Hazardous Waste Management. McGraw-Hill, New York (1993).

[72] Lallemande-Barres A., Peaudecerf. P.: Recherche des relations entre la valeur de la dispersivité macroscopique d'un milieu aquifere, ses autres caracteristiques et les conditions de mesure. Bull. Bur. Rech. Geol. Min., Sect. 3, Se. 2, 4 (1978).

[73] Lewis T.E., Crockett A.B., Siegrist R.L., Zarrabi K.: Soil sampling and analysis for volatile organic compounds. EPA/540/4-91/001. U.S. Environmental Protection Agency, Cincinnati OH (1991).

[74] Lovley D.R., Woodward J.C., Chapelle F.H.: Stimulated anoxic biodegradation of aromatic. Nature **370**(6485), 128–131 (1994).

[75] Maldi L.: Pump and Treat come metodo di trattamento di acquiferi contaminati da metalli. Tesi di laurea presso il Politecnico di Torino, Relatore A. Di Molfetta (2002).

[76] Manaserro M., Deangeli C.: Incapsulamento, In: Bonomo L. (ed.) Bonifica di Siti Contaminanti – Caratterizzazione e Tecnologie di Risanamento, vol. 1, pp. 281–303. McGraw-Hill, New York (2005).

[77] Maymò-Gattel X., Chien Y.T., Gosset J.M., Zinder S.H.: Isolation of a bacterium that reductively dechlorinates tetrachloroethene to ethene. Science **276**, 568–1571 (1997).

[78] Mercado A.: The spreading pattern of injected water in permeability stratified aquifer. Proc. Int. Assoc. Sci. Shydrol. Symp. Haifa, Pubbl. **72**, 23–26 (1967).

[79] Mercer J.W., Pinder G.F.: Finite element analysis of hydrothermal systems. Finite Element Methods in Flow Problems. Proc. 1st Symp., Swansea, Oden J.T. et al. (eds.). University of Alabama Press, 401–414 (1974).

[80] Moench A.F.: Computation of type curves for flow to partially penetrating wells in water-table aquifer. Ground Water **31**, 966–971 (1993).

[81] Neuman S.P. Witherspoon P.A.: Applicability of current theories of flow in leaky aquifers. Water Resources Research **5**(4), 817–829 (1969).

[82] Neuman S.P.: Theory of flow in unconfined aquifers considering delayed gravity response of the water table. Water Resources Research **8**(4), 1031 1045 (1972).

[83] Neuman S.P.: Supplementary comments on 'Theory of flow in unconfined aquifers considering delayed gravity response of the water table'. Water Resources Research **9**(4), 1102–1103 (1973).

[84] Neuman S.P.: Universal scaling of hydraulic conductivities in geologic media. Water Resources Resecarch **16**(8), 1749–1758 (1990).

[85] Nyer E.K.: In situ treatment technology. Lewis Publishers, New York (2001).

[86] Ogata A., Banks R.: A solution of the differential equation of longitudinal dispersion in porous media. U.S. Geological Survey, Paper 411-A (1961).

[87] Pankow J.F.: Magnitude of artifacts caused by bubbles and headspace in the determination of volatile organic compounds in water. Analytical Chemistry **58**, 1822–1826 (1986).

[88] Perrochet P.: Personal communication, EPFL Lausanne. GEOLEP Laboratoier de geologie, Lausanne (Switzerland). In: Feflow reference Manual H.-J.G. Diersch. WASY GmbH (1996).

[89] Puls R.W., Barcelona M.J.: Low-Flow (Minimal drawdown) Ground-Water Sampling Procedure. EPA/540/S-95/504 (1996).

[90] Rolle M.: Biorecupero di acquiferi contaminati da solventi clorurati. Tesi di Laurea, Politecnico di Torino (2002).

[91] Rolle M., Sethi R., Di Molfetta A.: Modello cinetico per la descrizione della zonazione redox in acquiferi contaminati a valle di discariche. Siti Contaminati **3**, 98–111 (2004).

[92] Rorabaugh M.I.: Estimating changes in bank storage and ground-water contribution to streamflow. International Association of Scientific Hydrology **63**, 432–441 (1964).

[93] Satkin R.L., Bedient P.B.: Effectiveness of variuos aquifer restoration schemes under variable hydrogeologic conditions. Ground Water **26**(4), 488–498 (2006).

[94] Schröter J.: Mikro und Makrodispersivitat poroser Grundwasserleiter. Meyniana **36**, 1–34, Kiel (1984).

[95] Sethi R.: Barriere reattive permeabili a ferro zerovalente: modellazione dei fenomeni di trasporto e degradazione multicomponente. Tesi di dottorato in Geoingegneria Ambientale XVI ciclo. Tutor: Prof. Antonio Di Molfetta (2004).

[96] Sethi R., Freyria F.S., Comba S, Di Molfetta A.: Ferro nanoscopico per la bonifica di acquiferi contaminati. GEAM **3**, 48–56 (2007).

[97] Theis C.V.: The relation between the lowering of the piezometric surface and the rate and duration of discharge of a well using groundwater storage. Am. Geophys. Union Trans. **16**, 519–524 (1935).

[98] Theolab S.r.l.: Comunicazione personale (2002).

[99] Thiem G.: Hydrologische Methoden. Gebhardt, Leipzig (1906).

[100] Tiraferri A., Chen K.L, Sethi R, Elimelech M.: Reduced aggregation and sedimentation of zero-valent iron nanoparticles in the presence of guar gum. Journal Of Colloid And Interface Science **324**, 71–79. DOI: 10.1016/j.jcis.2008.04.064 (2008).

[101] Tosco T., Sethi R., Di Molfetta A.: An automatic, stagnation point based algorithm for Wellhead Protection Areas delineation. Water Resources Research. DOI: 10.1029/2007WR006508 (2008).

[102] Tosco T., Sethi R.: Transport of Non-Newtonian Suspensions of Highly Concentrated Micro- And Nanoscale Iron Particles in Porous Media: A Modeling Approach. Environmental Science and Technology **44**(23), 9062–9068. DOI: 10.1021/es100868n (2010).

[103] Troisi S.: Propagazione di inquinanti in sistemi porosi e fessurati. Cap. 1: La determinazione dei parametri idrodispersivi e la gestione delle risorse idriche sotterranee. Bios (1996).

[104] U.S. EPA: Pump-and-treat Ground-Water Remediation. A guide for decision Makers and practiotioners. EPA/625/R-95/005 (1996).

[105] van der Gun J.A.M.: Estimation of the elastic storage coefficient of sandy aquifers. 77V0 Dienst Grondwaterverkenning, pp. 51–61. Jaarverslag (1979).

[106] Walton W.C.: Selected analytical methods for well and aquifer evaluation. Illinois State Water Survey Bulletin **49** (1962).

[107] Wilson J., Miller P.: Two-dimensional plume in uniform groundwater flow. ASCE J. Hydraulics Div. **104**(HY4), 503–514 (1978).

[108] Xu M. Eckstein Y.: Use of Weighted Least Squares Method in Evaluation of the Relationship Between Dispersivity and Field-Scale. Ground Water **33**(6), 905–908 (1995).

[109] Zhang, W., Wang, C.: Synthesizing nanoscale iron particles for rapid and complete dechlorination of TCE and PCBs. Environmental Science And Technology **31**(7), 2154–2156 (1997).

[110] Zolla V.: Analisi dei fenomeni di contaminazione da Fe, Mn e Ni nelle acque sotterranee mediante applicazione di modelli numerici. Tesi di laurea in Ingegneria per l'Ambiente e il Territorio. Politecnico di Torino (2004).

Unitext – Collana di Ingegneria

Editor in Springer:
F. Bonadei
francesca.bonadei@springer.com

G. Riccardi, D. Durante
Elementi di fluidodinamica. Un'introduzione per l'Ingegneria
2006, XIV+394 pp, ISBN 978-88-470-0483-2

F. Babiloni, V. Meroni, R. Soranzo
Neuroeconomia, neuromarketing e processi decisionali nell'uomo
2007, X+164 pp, ISBN 978-88-470-0715-4

D. Milanato
Demand Planning. Processi, metodologie e modelli matematici
per la gestione della domanda commerciale
2008, XIV+600 pp, ISBN 978-88-470-0821-2

S. Beretta
Affidabilità delle costruzioni meccaniche. Strumenti e metodi
per l'affidabilità di un progetto
2009, X+276 pp, ISBN 978-88-470-1078-9

M.G. Tanda, S. Longo
Esercizi di Idraulica e di Meccanica dei Fluidi
2009, VI+386 pp, ISBN 978-88-470-1347-6

A. Giua, C. Seatzu
Analisi dei sistemi dinamici
2009, XVI+566 pp, ISBN 978-88-470-1483-1

P.C. Cacciabue
Sicurezza del Trasporto Aereo
2010, X+274 pp, ISBN 978-88-470-1453-4

D. Capecchi, G. Ruta
La scienza delle costruzioni in Italia nell'Ottocento.
Un'analisi storica dei fondamenti della scienza delle costruzioni
2011, XII+358 pp, ISBN 978-88-470-1713-9

S. Longo
Analisi Dimensionale e Modellistica Fisica.
Principi e applicazioni alle scienze ingegneristiche
2011, XII+370 pp, ISBN 978-88-470-1871-6

R. Pinto, M.T. Vespucci
Modelli decisionali per la produzione, la logistica e i servizi energetici
2011, XIV+149 pp, ISBN 978-88-470-1790-0

A. Di Molfetta, R. Sethi
Ingegneria degli acquiferi
2012, XIV+416 pp, ISBN 978-88-470-1850-1

La versione online dei libri pubblicati nella serie è disponibile
su SpringerLink. Per ulteriori informazioni, visitare il sito:
http://www.springer.com/series/7281